ABITUR

Prüfungsaufgaben
mit Lösungen

2013

Mathematik

Gymnasium
Bayern

2011–2012

STARK

ISBN 978-3-8490-0030-1

3. neu bearbeitete und ergänzte Auflage
www.stark-verlag.de

Inhalt

Vorwort
Stichwortverzeichnis

Hinweise und Tipps zum Abitur

1 Ablauf der Prüfung I
2 Leistungsanforderungen und Bewertung II
3 Methodische Hinweise und allgemeine Tipps zur schriftlichen Prüfung III
4 Hinweise zum CAS V

Musterabitur

Analysis I 1
Analysis II 17
Stochastik I 32
Stochastik II 40
Geometrie I 48
Geometrie II 57

Übungsaufgaben im Stil des Abiturs

Übungsaufgabe 1

Analysis 69
Stochastik 84
Geometrie 91

Übungsaufgabe 2

Analysis 102
Stochastik 116
Geometrie 123

Abiturprüfung 2011

Analysis I 2011-1
Analysis II 2011-15
Stochastik I 2011-26
Stochastik II 2011-32
Geometrie I 2011-39
Geometrie II 2011-48

Abiturprüfung 2012

Analysis I 2012-1
Analysis I mit CAS 2012-19
Analysis II 2012-36
Analysis II mit CAS 2012-51
Stochastik I 2012-68
Stochastik II 2012-77
Geometrie I 2012-86
Geometrie II 2012-97

Jeweils zu Beginn des neuen Schuljahres erscheinen die neuen Ausgaben der Abiturprüfungsaufgaben mit Lösungen.

Autoren:

Sybille Reimann (Übungsaufgaben, Lösungen ohne CAS)
Dr. Ewald Bichler (Lösungen mit CAS)

Vorwort

Liebe Schülerin, lieber Schüler,

für Sie ist Mathematik verbindlich als schriftliches Abiturfach vorgegeben. Ein Fach, auf das man sich durch konsequentes Üben optimal vorbereiten kann, wobei Sie dieses Buch hervorragend unterstützt.

Der Band enthält **alle Aufgaben der Abiturjahrgänge 2011 und 2012**, darunter auch die offiziellen Aufgabenstellungen der **CAS-Abiturprüfung 2012**. Darüberhinaus enthalten ist das vom **ISB** (Staatsinstitut für Schulqualität und Bildungsforschung München) veröffentlichte **Musterabitur**, das allen Lehrern als Beispiel für das Abitur an die Hand gegeben wurde.
Daran schließen sich noch **zwei weitere Abiturbeispiele** an, die den Vorgaben für das Abitur entsprechen und jeweils alle Teilbereiche der Abiturprüfung umfassen. Anhand dieser Fülle von Aufgaben können Sie mit eigenverantwortlichem Üben die nötige Sicherheit erlangen und somit die „Schrecksekunden" am Prüfungstag minimieren.

Zu allen Aufgaben finden Sie im Buch umfassende und ausführliche Lösungen. In den Lösungen zu den CAS-Aufgaben finden Sie jeweils mehrere Screenshots. Die **Screenshots** auf der linken Seite wurden mit dem **TI-Nspire CX CAS** erstellt, die auf der rechten Seite mit dem **ClassPad 330 von CASIO**. Die Vorgehensweise mit dem TI-Nspire CAS, dem dritten und letzten zugelassenen CAS-System, gleicht der des TI-Nspire CX CAS. Somit ist gewährleistet, dass jeder CAS-Nutzer die für sich passende Lösung im Buch findet.
Da die Aufgabenstellungen der „normalen" Abiturprüfung und der CAS-Abiturprüfung in Stochastik und Geometrie identisch sind, finden sich in den zugehörigen Lösungen nur an den Stellen zusätzliche CAS-Lösungen, an denen das CAS-System einen entscheidenden Vorteil bringt. Die Analysis-Aufgaben hingegen sind doppelt enthalten, einmal für die „normale" Abiturprüfung und einmal für die CAS-Abiturprüfung.

Sie finden bei allen Aufgaben zunächst die Aufgabenstellung, die Sie versuchen sollten, allein und in der vorgegebenen Zeit zu lösen (siehe hierzu auch den Abschnitt „Hinweise und Tipps zum Zentralabitur"). Sollten Sie sich bei einer Teilaufgabe nicht sicher sein, was sich hinter der Aufgabenstellung verbirgt, oder aber den Einstieg in die Bearbeitung nicht finden, so können Sie die **Tipps und Hinweise** unmittelbar hinter der Angabe aufschlagen. Hier werden Sie an Dinge erinnert, die in dieser Teilaufgabe wichtig sind, und Sie werden auf rechnerische Schritte aufmerksam gemacht, die Sie zur Lösung benötigen. Sie sollten immer nur den obersten Tipp lesen, es dann wieder allein versuchen und nur im Bedarfsfall auf die weiteren Tipps – möglichst immer nur einen als Anregung zum Weiterdenken – zurückgreifen. Auf diese Weise gelingt es Ihnen, die Aufgabe weitgehend selbstständig zu bearbeiten und erst anschließend Ihre Lösung mit der vorgegebenen Lösung zu vergleichen.

Sollten nach Erscheinen dieses Bandes noch wichtige Änderungen in der Abitur-Prüfung 2013 vom Kultusministerium bekannt gegeben werden, finden Sie aktuelle Informationen dazu im Internet unter:
www.stark-verlag.de/info.asp?zentrale-pruefung-aktuell

So vorbereitet kann Ihr Abitur in Mathematik nur ein Erfolg werden!

Sybille Reimann

Dr. Ewald Bichler

Stichwortverzeichnis

Das Verzeichnis gliedert sich in die drei Themenbereiche Analysis, Stochastik und Geometrie.
Folgende Abkürzungen wurden zur Kennzeichnung der einzelnen Aufgaben gewählt:

M I T2 1	**M**usterabitur, Aufgabengruppe **I**, **T**eil **2**, Aufgabe **1**
Ü1 2c	**Ü**bungsaufgabe **1**, Aufgabe **2c**
12 I T2 2a	Abiturprüfung 20**12**, Aufgabengruppe **I**, **T**eil **2**, Aufgabe **2a**

Analysis

Ableitung	M I T1 2, 5, T2 1b, 2ac; M II T1 2, T2 1ab, 2b; Ü1 T1 1b, T2 1c, 2c; Ü2 T1 2, T2 1bcd, 2a; 11 I T1 1, 2, T2 2a; 11 II T1 3c, T2 1a; 12 I T1 1, T2 1c; 12 II T1 2a, T2 1bd, 2c **CAS:** 12 I T1 1, T2 1c; 12 II T1 1, T2 1b, 2c
• Kettenregel	M II T2 1ab, 2b; Ü1 T2 1c; Ü2 T1 2; 11 II T2 1a; 12 I T1 1a; 12 II T1 2a
• Produktregel	M I T2 2ac; 11 I T1 2; 12 II T1 2a
• Quotientenregel	M I T1 2; M II T2 2b; Ü1 T1 1b, T2 1c; Ü2 T2 1bcd, 2a; 11 I T1 1; 11 II T1 3c; 12 I T1 1b, T2 1c
Ablesen aus gegebenem Graphen	11 I T2 2a; 12 II T2 2abc **CAS:** 12 II T2 2abc
Änderungsrate	12 II T2 2c **CAS:** 12 II T2 2c
Annäherung	Ü1 T2 3c; Ü2 T2 3; 12 I T2 2d **CAS:** 12 I T2 2d
Asymptote	
• schiefe/schräge	M II T1 4; 11 I T2 2; 11 II T2 1b
• waagerechte	Ü1 T2 1a; 11 I T2 2a; 11 II T1 4
Begründung von Eigenschaften	M II T1 3a, 4, T2 1d, 2c; Ü2 T1 1; 11 I T2 2b; 11 II T2 1b
Beispiel wählen	M II T1 3b
Berührung	
• Graph mit x-Achse	M I T1 3; Ü2 T1 1b

Beschreibung eines Graphen	M II T2 1d
Beschreibung eines Lösungswegs	12 II T2 1f
Definitionsbereich	M I T1 2; M II T1 1; Ü1 T1 1a; Ü2 T1 4ac, T2 2b; 11 I T1 1, T2 1a, 2c; 11 II T1 2, 4; 12 I T1 1, T2 1f; 12 II T1 1 **CAS:** 12 I T1 1, T2 1e
Deutung einer Eigenschaft	11 II T2 2b
Deutung eines Ergebnisses	M I T2 2e; M II T2 1d; 11 II T2 2c; 12 II T2 2abc **CAS:** 12 II T2 2abc
Differenzierbarkeit	12 I T1 2b **CAS:** 12 I T1 2b
Differenz von Funktionswerten	Ü1 T2 3b **CAS:** 12 II T2 1e
Entfernung zweier Punkte	11 I T2 1b
Extrempunkte/-stellen	M I T2 2c; M II T2 1ad, 2b; Ü1 T1 2; 11 II T2 1a; 12 I T1 2a, 4; 12 II T2 1b, 2a **CAS:** 12 I T1 2a, 4; 12 II T2 1be, 2a
Extremwertaufgabe	M I T2 1b; 11 I T2 1c; 12 II T2 1d **CAS:** 12 II T2 1e
Flächenbilanz	M I T2 2ef; M II T1 3ab, T2 1d; 11 I T1 4; 12 I T1 3b **CAS:** 12 I T1 3b
Flächeninhalt	M I T2 1bc; M II T2 1c; Ü1 T2 1f; 11 I T2 1e; 11 II T1 1, T2 2c; 12 I T1 3b, T2 1e; 12 II T1 4b, T2 1ef, 2b **CAS:** 12 I T1 3b; 12 II T1 4, T2 1c, 2b
Funktion	
• Betrag	12 I T1 2b **CAS:** 12 I T1 2b
• cos	M I T2 2; Ü2 T1 4
• exponential	M I T1 1, T2 2; M II T2 1, 2; Ü1 T1 3, T2 1, 2; 11 I T1 3; 11 II T2; 12 I T2; 12 II T1 2 **CAS:** 12 I T2; 12 II T1 1
• gebrochen	M I T1 2; M II T2 2; Ü1 T2 1, 2
• gebrochen-rational	M I T1 3, 5; M II T1 1, 4; Ü1 T1 1, 4; Ü2 T2 1, 2; 11 I T1 1, T2 2; 11 II T1 4; 12 I T1 1b; 12 II T1 1 **CAS:** 12 I T1 1b; 12 II T1 2
• Logarithmus	M I T1 2, 4, 5; M II T1 1; Ü2 T1 4; 11 I T1 2, T2 2c; 12 I T1 1a; 12 II T1 3a **CAS:** 12 I T1 1a; 12 II T1 3a

• Polynom	M I T1 1, T2 1; M II T1 2; Ü2 T1 1, T2 3; 11 II T1 1; 12 I T1 2a; 12 II T2 1
	CAS: 12 I T1 2a; 12 II T2 1
• sin	Ü2 T1 2; 11 I T1 4; 11 II T1 3; 12 I T1 3
	CAS: 12 I T1 3; 12 II T2 1f
• Wurzel	M I T1 5; M II T1 1; 11 I T2 1; 11 II T1 2
Funktionenschar	Ü2 T2 2; 11 II T2 3
	CAS: 12 I T1 3
Funktionsterm	
• aus Eigenschaften ermitteln	M I T1 3; 11 I T1 2, 3, T2 2b; 11 II T1 4; 12 I T1 2, T2 2e; 12 II T1 4b, T2 1a
	CAS: 12 I T1 2, T2 2e; 12 II T2 1ac
• aus Grafik ermitteln	Ü2 T1 1; 12 II T2 1ac
	CAS: 12 II T2 1acf
Funktionswerte (pos/neg)	M I T1 5, T2 1b, 2ab; M II T2 1ab, 2ad; Ü1 T1 1b, T2 1de, 2c; Ü2 T1 3, T2 1f; 12 I T2 2ab; 12 II T1 2a, 3b, T2 1bc
	CAS: 12 I T2 2ab; 12 II T1 2, T2 1c
Gemeinsame Punkte bei Scharen	11 II T2 3a
Gerade	12 I T2 2d
	CAS: 12 I T2 2d
Gleichung lösen/umformen	Ü1 T1 3; Ü2 T1 3, 4, T2 1e, 2b; 12 I T2 2b
	CAS: 12 I T2 2b
grafische Darstellung	M I T2 1a, 2a; M II T2 1a; Ü1 T2 1e, 2b, 3b; Ü2 T2 1g; 11 I T1 4a, T2 2a; 11 II T2 1c; 12 I T1 4, T2 1f
	CAS: 12 I T1 4, T2 1e
grafische Lösung	12 I T2 2b; 12 II T2 2c
	CAS: 12 I T2 2b; 12 II T2 2c
Grenzwert für	
• $x \to a$	M I T1 5; M II T2 1a; Ü2 T2 2b; 11 I T2 2c; 12 I T1 4; 12 II T2 2c
	CAS: 12 I T1 4; 12 II T2 2c
• $x \to \pm\infty$	M I T2 2ad; M II T1 4, T2 1a; Ü1 T2 1a; Ü2 T2 2b; 11 I T2 2ac; 11 II T1 3b, T2 1b, 2b, 3a; 12 I T2 1b; 12 II T1 2b
	CAS: 12 I T2 1b
Integral	
• bestimmtes	M I T2 1c, 2ef; M II T1 3ab, T2 1c; Ü1 T2 1f; 11 I T1 4, T2 1e; 11 II T1 1, T2 2c; 12 I T1 3b, T2 1e; 12 II T2 1e, 2b
	CAS: 12 I T1 3b; 12 II T2 2b
Integralfunktion	M II T2 1d; 12 II T1 4
	CAS: 12 II T1 4

Integralfunktion	
o. Integration	M II T2 1d
Integration	M I T2 1c, 2ef; M II T1 3ab, T2 1c; Ü1 T1 4; 11 I T1 1e; 11 II T1 1, 2, T2 2c; 12 I T1 3b, T2 1e; 12 II T1 4b, T2 1e **CAS:** 12 I T1 3b; 12 II T1 4
• von $\frac{f'(x)}{f(x)}$	Ü1 T1 4, T2 1f; 12 I T2 1e
• von $f'(x)e^{f(x)}$	M II T2 1c
• von $f(ax+b)$	11 I T1 1e; 11 II T1 2, T2 2c; 12 I T1 3b **CAS:** 12 I T1 3b
Krümmungsverhalten	Ü2 T2 1d; 11 II T2 1a
Modellierung	Ü2 T2 1; 11 II T2 2bc; 12 I T2 2; 12 II T2 **CAS:** 12 I T2 2; 12 II T2
Monotonieeigenschaften	M I T2 2a; M II T2 1d, 2b; Ü1 T2 1c; Ü2 T1 1c, T2 1b, 2a; 11 II T2 1a, 2b, 3a; 12 I T2 1c **CAS:** 12 I T2 1c
Näherungswert	12 I T1 4, T2 2cd; 12 II T2 1f, 2abc **CAS:** 12 I T1 4, T2 1d, 2cd; 12 II T2 1c, 2abc
Neigungswinkel	M II T1 2
Newton-Verfahren	M II T2 1b; Ü1 T2 2c; 11 II T2 3b
Normale	11 I T2 1d
Nullstellen	M I T1 1, T2 2b; M II T1 1; Ü1 T1 2; Ü2 T1 1a; 11 I T1 2, T2 2ac; 11 II T1 3a, T2 3b; 12 I T1 3a, 4; 12 II T1 1, 4 **CAS:** 12 I T1 3ab, 4; 12 II T1 2, 5
Parameter	
• Bestimmung von	M I T1 5, T2 2f; M II T2 2c; Ü2 T2 1ac, 3; 11 I T1 3, T2 2b; 12 I T2 2f **CAS:** 12 I T2 2f
Polstelle	M I T1 3; 11 I T2 2; 11 II T1 4 **CAS:** 12 II T1 2
Proportionalität	M II T2 2d
Punkt auf Funktionsgraph	11 I T1 2, T2 1bc, 2a; 11 II T1 2
Schnittpunkte	
• m. d. Koordinatenachsen	11 II T2 3a; 12 I T2 1a, 2d **CAS:** 12 I T2 1a, 2d
• zweier Graphen/Kurven	M I T2 2b; Ü2 T1 3, T2 1e **CAS:** 12 II T2 1d
Spiegelung	
• an x-Achse	M I T2 2a
Stammfunktion	M I T1 4, T2 1c, 2e; M II T1 3b, T2 1c; Ü1 T1 2, 4, T2 1f; 11 I T1 2, 4b; 11 II T1 2

Steigung	Ü1 T2 3a; 11 I T2 1d, 2a; 12 I T1 4, T2 1d, 2cd; 12 II T1 3b, T2 2c **CAS:** 12 II T2 2c
Symmetrie	
• bez. Ursprung	M II T1 3ab; 11 II T1 3b
• bez. y-Achse	12 II T2 1b
Tangente	M I T1 2; M II T1 2; Ü1 T1 1b, T2 1d; Ü2 T1 2; 11 I T2 1d, 2a; 11 II T2 1c; 12 I T1 4, T2 1d; 12 II T1 3b **CAS:** 12 I T1 4, T2 1d; 12 II T1 1, 3b
• waagrechte	12 II T1 2a
Trapez	**CAS:** 12 I T2 1d
Umkehrfunktion	Ü2 T1 4, T2 2; 12 I T2 1f **CAS:** 12 I T2 1e
Ungleichung	Ü1 T2 1b; Ü2 T2 1f; 11 II T2 1a
Verhältnis von Flächen	M I T2 1; 12 II T2 1f
Verschiebung/Streckung von Graphen	Ü1 T2 2a; Ü2 T1 4; 11 I T2 1; 11 II T1 1, T2 2a
Wachstum	Ü1 T2 3a; 12 I T2 2cd **CAS:** 12 I T2 2cd
• linear	Ü1 T2 3c
Wachstumsrate	12 I T2 2c **CAS:** 12 I T2 2c
Wendepunkt	12 II T2 2a **CAS:** 12 II T2 2a
Wendetangente	Ü1 T2 1d
Wertemenge	Ü1 T2 1b; Ü2 T1 4ac, T2 2b; 12 I T2 1f **CAS:** 12 I T2 1e
Zuordnung Term–Graph	M I T1 5; M II T2 2c; Ü1 T1 2; Ü2 T1 1
Zusammenhang von	
• Graphen	Ü1 T2 2a; 11 I T2 1a; 11 II T1 1, T2 2a; 12 II T1 3a
• Funktion und Ableitungsfunktion	Ü2 T1 1c; 11 I T2 2a; 12 I T1 4 **CAS:** 12 I T1 4
• Funktionen	M I T2 2bc; M II T2 2b; 11 I T2 2c

Stochastik

Abhängigkeit/Unabhängigkeit	
• von Ereignissen	M II 2bc; Ü1 4c; 11 II 1c
Ablehnungs-/Annahmebereich	M I 3b; M II 1d; Ü1 3; Ü2 4; 11 I 4; 11 II 2a; 12 II 2
Ablesen von Werten	M I 1abc, 2
absolute Häufigkeit	M I 1c; Ü2 2a; 11 I 1ab; 11 II 1c
Additionssatz	12 II 1b
Anzahl von Möglichkeiten	12 II 3
Baumdiagramm	M II 2a; Ü1 1a, 4a; Ü2 2a; 12 I 1, 3e; 12 II 1a
Begründung v. Eigenschaft	M II 3c; Ü1 2c; 11 I 1c; 11 II 2b
Bernoulli-Kette/Binomialverteilung	
• mit genau k Treffern	M I 3a, 4a; M II 3a; Ü1 1c; 11 I 2b; 11 II 1b; 12 I 2a, 3c; 12 II 4ac
• mit höchstens k Treffern	M I 3a; M II 1c, 3b; Ü1 3; Ü2 1a, 3a, 4; 11 I 4; 11 II 1a
• mit mehr als k Treffern	M II 1ab; 12 II 2, 4c
• mit mind. k Treffern	M I 4b; Ü1 2b; Ü2 1b, 3b; 11 II 1a, 2a
• mit k1 bis k2 Treffern	Ü2 1c
• mit unbekannter Länge n und mind. 1 Treffer	12 I 3d
• mit unbekannter Wahrscheinlichkeit und mind. 1 Treffer	11 I 3
• mit weniger als k Treffern	Ü1 2a
Beschreibung eines Ereignisses	11 II 3a; 12 II 1b, 4b
Bewertung von Termen	M I 4a; 12 I 2a
Entscheidungsregel	siehe Ablehnungs-/Annahmebereich
Erwartungswert	M II 3b; Ü1 2c; 11 I 2a; 12 I 3b; 12 II 4c
Gegenereignis	M I 1a, 2; 11 I 3; 11 II 3c; 12 I 1; 12 II 1ab
Graph einer Binomialverteilung	Ü1 2c
Interpretation stochastischer Zusammenhänge	M I 1c; M II 3c; 11 I 1c; 11 II 2b; 12 II 3
Mittelwert, arithmetischer	M I 1b
Nullhypothese	M I 3b; M II 1d; Ü1 3; Ü2 4; 11 I 4; 11 II 2ab; 12 II 2
Parameterbestimmung	Ü1 1a
Produktregel	M I 2, 4b; M II 1a, 2b; Ü1 1a; 12 I 1, 3abe; 12 II 1a
Reingewinn	11 I 2a
relative Häufigkeit	M I 1c; Ü2 2a; 11 I 1a; 11 II 1c
Signifikanztest	M I 3b; Ü1 3; Ü2 4; 11 I 4; 11 II 2; 12 II 2
Simulation	12 II 4b

Stabdiagramm	M I
Standardabweichung	12 II 4c
Stellungnahme	M I 1c; M II 3c; Ü2 2a
Summenregel	M I 4b; M II 1a, 2b; Ü1 1a, 3; 12 I 3abe; 12 II 1a
Umformungen bei Mengen	11 II 3c
Varianz	12 II 4c
Vierfeldertafel	M II 2a; Ü1 4a; Ü2 2a; 11 I 1a; 11 II 3ac; 12 I 1; 12 II 1a
Verteilungsfunktion	siehe Wahrscheinlichkeitsfunktion/-verteilung
Wahrscheinlichkeit	
• bedingte	Ü1 1b; Ü2 2ac; 11 I 1ab; 11 II 3b; 12 I 3f; 12 II 1a
• Berechnung	M I 1ab, 2, 3a, 4abc; M II 1abc, 2b, 3ab; Ü1 1abc, 2ab, 4bc; Ü2 1abc, 2bc; 11 I 1ab, 2ab; 11 II 3b; 12 I 1, 2b, 3a; 12 II 1a, 4ac
• Laplace	M I 4c; 11 I 1ab, 2b; 11 II 1c
Wahrscheinlichkeitsfunktion/ -verteilung	11 I 2a; 12 I 3b

Geometrie

Ablesen	
• von Koordinaten	M II ab; Ü1 1, 5
• von Längen	12 I f
Abstand	
• Ebene/Ebene	M II d
• Ebene/Gerade	11 I d; 12 I f; 12 II f
• Punkt/Ebene	M I 2; M II d; Ü2 3; 11 I d; 12 I b; 12 II f
• Punkt/Gerade	11 I e; 11 II b; 12 I f
• windschiefer Geraden	Ü2 3
Begründung einer geometrischen Eigenschaft	M I 1ad; Ü2 4a; 11 II e; 12 II de
Beschreibung eines Rechenweges	Ü2 4ab; 12 I f
Darstellung, räumlich	M II ae; 11 I bc; 12 II ad
Deutung, geometrisch	M I 1a
Deutung, physikalisch	M I 1e
Drachenviereck	M I 3
Dreieck	
• rechtwinklig	11 II ab
Ebenengleichung	
• Normalenform	M I 2; M II a; Ü1 2a, 3a; Ü2 1a, 2b, 3; 11 I a; 11 II c; 12 I a; 12 II b

• Parameterform	M II a; Ü1 3a; Ü2 1a
Einheitsvektor	Ü2 2d
Entfernung	M I 1f; 11 I e
Extremwert	11 I e
Flächeninhalt	
• eines Dreiecks	M II b; Ü1 2c; 11 II b
• eines Rechtecks	11 I bc; 12 I c
• eines Sechsecks	M II e
Geradengleichung	Ü1 2d, 4, 5; Ü2 2a, 3; 12 I d
Halbkugel	M I 1f
Hesse'sche Normalenform	M I 2; M II d; Ü2 3
Interpretation eines Ergebnisses	M I 1d
Kegel, gerade	11 II f
Kongruenz	11 II b
Kreis	11 II b
Kugel	M I 1f; 12 II f
Lage	
• Ebene/Gerade	11 I d; 11 II e
• einer Ebene	11 I a; 12 II a
• eines Punktes	Ü1 5; 11 I f; 12 I c; 12 II a
• von Geraden	Ü2 2a, 3; 12 I cf
Länge	M I 1f; Ü1 2d; Ü2 2cd; 11 I bcf; 11 II a; 12 I cef; 12 II af
Lotfußpunkt	M I 1f; Ü1 2d
Lotgerade	Ü1 2d; 12 II f
Maßstab	12 I f
Mittelpunkt einer Strecke	M II e; Ü1 2b; Ü2 3; 11 II f; 12 I e; 12 II d
Normalenvektor	M I 1b, 2; M II acd; 11 I a; 11 II c; 12 I a; 12 II b
Oberfläche	
• einer Pyramide	Ü1 2c
Orthogonalität	
• bei Gerade/Gerade	M I 1d
Parallelität	
• von Ebenen	M II d
• von Geraden	12 II g
• von Vektoren	11 I f; 11 II f
Parameterbestimmung	M I 1c; M II f
Parameterdeutung	M I 1e
Prisma	12 I; 12 II
Projektion	
• einer Ebene	11 I c
• eines Punktes	M I 1c; 11 I c

Punkt
- auf einer Geraden M I 3; 12 I c
- in einer Ebene M II e; 11 I f
- im Koordinatensystem 12 II a

Pyramide Ü2 4ab
Pyramidenstumpf Ü1 defghijk
Pythagoras M I 1f; Ü1 2c; 11 II b

Radius 12 II f
Rechteck 11 I b; 12 I c
Richtungsvektor M I 1ae
Rotation 11 II b

Schnitt
- von Ebene/Ebene Ü2 1b
- von Gerade/Ebene M II e; Ü1 4, 5; Ü2 2b; 12 I df; 12 II f
- von Gerade/Gerade M I 1d
- von Gerade/Kugel M I 1f

Schnittfiguren M II f; 12 II de
Skalarprodukt M I 1d, 3; M II b; Ü1 2d; 11 I bd; 11 II ad
Spiegelung
- e. Punktes an einer Geraden M I 3

Teilkörper Ü2 4; 12 II de
Thaleskreis 11 II f

Umkreis 11 II f

Verhältnis von
- Volumina M II b; 11 II f

Vektorprodukt M II ab; Ü1 2a, 3a; Ü2 1a, 2b, 3; 11 I a; 11 II cd; 12 I a; 12 II b

Volumen
- eines Kegels Ü1 3b; 11 II f
- eines Prismas Ü1 3b; 12 II a
- einer Pyramide M II b; Ü2 4b; 11 II d; 12 II e
- eines Quaders Ü1 3b
- eines Zylinders Ü1 3b

Winkel
- zwischen Ebene/Ebene M II c; Ü1 2b; 11 I a
- zwischen Gerade/Ebene M I 1b; 11 II d; 12 I d
- zwischen Gerade/Gerade M I 1d; 12 II c
- zwischen Vektor/Vektor Ü1 2b; 12 II c

Hinweise und Tipps zum Zentralabitur

1 Ablauf der Prüfung

Die zentrale schriftliche Abiturprüfung

Die Aufgaben werden im Auftrag des Bayerischen Staatsministeriums für Unterricht und Kultus von einer Fachkommission zusammengestellt, die dabei Aufgaben verwendet, die von Fachlehrern erstellt wurden. Die verbindlichen curricularen Vorgaben (siehe auch www.isb.bayern.de), nach denen in den Jahrgangsstufen 11 und 12 der Qualifikationsphase unterrichtet wird, bestimmen Inhalte und Anforderungen der Abituraufgaben.

Prüfungsvarianten

Die Schulen des Modellversuchs haben im Schuljahr 2011/2012 erstmalig ein CAS-Abitur geschrieben und wiederholen dies im Schuljahr 2012/2013. Ab dem Schuljahr 2013/2014 wird in Bayern für alle Schulen eine CAS-Abiturprüfung angeboten. Jedes Gymnasium kann bereits jetzt entscheiden, ob es ab der Jahrgangsstufe 10 Klassen oder Kurse einrichtet, die mit CAS arbeiten. Selbst wenn Sie in einer CAS-Klasse sind, können Sie ein paar Monate vor der Abiturprüfung selbst entscheiden, ob Sie die „normale“ Abiturprüfung oder die CAS-Abiturprüfung schreiben möchten.

Aufbau der Prüfungsaufgaben

Der Fachausschuss Ihrer Schule öffnet am Morgen des Prüfungstages noch vor Beginn Ihrer Prüfungszeit den versiegelten Umschlag mit den Prüfungsangaben. Diese Angabe umfasst je zwei Aufgabengruppen aus den drei Bereichen **Analysis**, **Stochastik** und **Geometrie** (gilt in gleicher Weise für die CAS-Abiturprüfung). Jeder Lehrer wählt für seine Klasse einheitlich aus den je zwei Aufgabengruppen jeweils eine aus. Sie bekommen also **aus jedem der drei Bereiche genau eine Aufgabengruppe** vorgelegt, die Sie zu bearbeiten haben.
Die Aufgabe in **Analysis** besteht aus zwei Teilen. Im Teil 1 finden Sie mehrere kürzere, voneinander unabhängige Aufgaben zum „Warmlaufen“. Der Inhalt dieser Aufgaben muss nichts mit der zusammenhängenden Aufgabe des zweiten Teils zu tun haben, kann aber möglicherweise eine Teilaufgabe aus Teil 2 vorbereiten. Bei der Analysis-Aufgabengruppe werden für beide Teile zusammen **60 Bewertungseinheiten** vergeben (Verteilung etwa 20 BE + 40 BE).
In den Aufgabengruppen in **Stochastik** und **Geometrie** sind jeweils **30 Bewertungseinheiten** ausgewiesen.

Dauer der Prüfung
Für die Bearbeitung der Aufgaben steht Ihnen in Mathematik die Zeit von **9:00 Uhr bis 13:00 Uhr** (also **240 Minuten**) zur Verfügung.
Entsprechend der Anzahl der Bewertungseinheiten sollten Sie für die Bearbeitung der **Analysis**-Aufgabengruppe (Teil 1 und 2) etwa **120 Minuten**, für die Aufgabengruppen in **Stochastik** und **Geometrie** jeweils **60 Minuten** einplanen.

Zugelassene Hilfsmittel
Der für die schriftliche Abiturprüfung im Fach Mathematik zugelassene Taschenrechner ist **entweder** ein nicht programmierbarer und nicht grafikfähiger Taschenrechner (für die „normale" Abiturprüfung) **oder** einer der folgenden CAS-Systeme (für die CAS-Abiturprüfung):

- TI-Nspire CAS
- TI-Nspire CX CAS
- CASIO ClassPad 330

Weitere für beide Prüfungsvarianten gleichermaßen zugelassene Hilfsmittel sind die Merkhilfe, ein zugelassenes Stochastisches Tafelwerk sowie die Schreib- und Zeichengeräte, die im Fach Mathematik Anwendung finden.
Die Merkhilfe steht auf http://www.isb.bayern.de/isb/index.asp?SUCHBEGRIFF=Merkhilfe&MNav=18 zum Download bereit.
Sämtliche Entwürfe und Aufzeichnungen gehören zur Abiturarbeit und dürfen nur auf Papier, das den Stempel der Schule trägt, angefertigt werden.

2 Leistungsanforderungen und Bewertung

Die Bewertung Ihrer Prüfungsarbeit erfolgt auf der Grundlage zweier Korrekturen:
Die Erstkorrektur führt in der Regel der Mathematiklehrer durch, der Sie in der Jahrgangsstufe 12 unterrichtet hat. Die Zweitkorrektur erfolgt in der Regel durch einen anderen Mathematiklehrer Ihrer Schule. Beide Lehrer korrigieren Ihre Prüfungsarbeit unabhängig voneinander. Jede Korrektur ist an die bei jeder Aufgabe am linken Rand des Angabenblattes vermerkte, maximal erreichbare Zahl von Bewertungseinheiten (BE) gebunden. Auf der Grundlage dieser Punkteverteilung ermittelt jeder Korrektor die erreichte Gesamtpunktzahl für jede Aufgabe und damit auch die erzielte Gesamtsumme der Bewertungseinheiten. Diese werden nach folgender Tabelle in Notenpunkte umgesetzt.

Notenpunkte	Noten	Bewertungseinheiten	Intervalle in %
15	1+	120 ... 115	
14	1	114 ... 109	15
13	1–	108 ... 103	
12	2+	102 ... 97	
11	2	96 ... 91	15
10	2–	90 ... 85	

Notenpunkte	Noten	Bewertungseinheiten	Intervalle in %
9	3+	84 … 79	
8	3	78 … 73	15
7	3−	72 … 67	
6	4+	66 … 61	
5	4	60 … 55	15
4	4−	54 … 49	
3	5+	48 … 41	
2	5	40 … 33	20
1	5−	32 … 25	
0	6	24 … 0	20

In die Bewertung geht vor allem die **fachliche Richtigkeit** und **Vollständigkeit** ein. Ein weiteres wichtiges Bewertungskriterium ist die **Darstellungsqualität**, in welche der richtige Einsatz der Fachsprache und die Strukturierung der Ausführungen einfließen. Sollten Sie in Ihrer Lösung unkonventionelle, aber richtige Wege gehen, so werden diese natürlich entsprechend gewürdigt. Auch die **Sprachrichtigkeit** (Rechtschreibung, Grammatik, Zeichensetzung) bei Erläuterungen, Beschreibungen etc. und die äußere Form gehen in die Bewertung ein.

3 Methodische Hinweise und allgemeine Tipps zur schriftlichen Prüfung

Vorbereitung

- Bereiten Sie sich **langfristig** auf die Abiturprüfung vor und fertigen Sie sich eine Übersicht über die von Ihnen bereits bearbeiteten Themen, Inhalte und Verfahren an. Teilen Sie die Inhalte in sinnvolle Teilbereiche ein und legen Sie fest, bis wann Sie welche Teilbereiche bearbeitet haben wollen.
- Es ist zweckmäßig, alle Ihre korrigierten und mit Anmerkungen (was bereitet Schwierigkeiten, was wird in der Angabe missverstanden, welche Berechnungsart ist noch zu wenig geübt, u. ä.) versehenen Bearbeitungen der Übungs- und Prüfungsaufgaben dieses Buches übersichtlich aufzubewahren, das erleichtert spätere Wiederholungen.
- Benutzen Sie zur Prüfungsvorbereitung neben diesem Übungsbuch Ihre **Unterrichtsaufzeichnungen** und das Lehrbuch.
- Verwenden Sie während der Prüfungsvorbereitung grundsätzlich die **Hilfsmittel**, die auch in der Prüfung zugelassen sind. Prägen Sie sich wichtige Stellen Ihrer Merkhilfe ein und nutzen Sie Ihren Taschenrechner mit allen Funktionen.
- Oft ist der Zeitfaktor ein großes Problem. Testen Sie, ob Sie eine Aufgabengruppe in der dafür vorgegebenen Zeit (also circa 120 bzw. 60 Minuten) allein lösen können.
  Simulieren Sie selbst eine Prüfungssituation.
- Gehen Sie optimistisch in die Prüfung. Wer sich gut vorbereitet, braucht sich keine Sorgen zu machen.

Bearbeitung der Prüfung

- Bearbeiten Sie jedes Gebiet auf gesonderten Blättern! Das schafft Ordnung, falls Sie eine Aufgabe nicht durchgehend bearbeiten, und erleichtert Ihnen den „Wiedereinstieg“.
- Lesen Sie die Aufgabenstellungen genau durch, bevor Sie mit der Lösung einer Aufgabe beginnen.
- Es ist hilfreich, wenn Sie bei der Analyse der Aufgabenstellungen wichtige Angaben oder Informationen (z. B. gegebene Größen, Lösungshinweise) **farblich markieren**.
- Um den Lösungsansatz zu einer Aufgabe zu finden oder die gegebene Problemstellung zu veranschaulichen, kann das **Anfertigen einer Skizze** nützlich sein.
- Beachten Sie, dass in manchen Aufgaben **„Zwischenlösungen“** angegeben sind, die Ihnen als Kontrolle dienen bzw. mit denen Sie unter allen Umständen weiterarbeiten sollten.
- Falls Sie bei einer Aufgabe gar nicht weiterkommen, so halten Sie sich nicht zu lange damit auf. Versuchen Sie, mit der nächsten Aufgabe oder mit einer Aufgabe aus einem anderen Gebiet weiterzumachen. Wenn Sie die anderen Aufgaben bearbeitet haben, kommen Sie nochmals auf die angefangene Aufgabe zurück und versuchen Sie in Ruhe, eine Lösung zu finden.
- Orientieren Sie sich **nicht** zu sehr an den angegebenen **Bewertungseinheiten**: Je nach dem, was Sie im Unterricht besonders geübt haben, fällt Ihnen vielleicht genau das leicht, was für andere eine Schwierigkeit darstellt.
- Achten Sie auf die **sprachliche Richtigkeit** und eine **saubere äußere Form** Ihrer Lösungen.

Lösungsplan

Aufgrund des Umfangs und der Komplexität von Aufgaben auf Abiturniveau empfiehlt es sich, beim Lösen systematisch zu arbeiten. Folgende Vorgehensweise hilft Ihnen dabei:

Schritt 1:

Nehmen Sie sich ausreichend Zeit zum **Analysieren** der Aufgabenstellung. Stellen Sie fest, zu welchem Themenbereich die Aufgabe gehört. Sammeln Sie alle Informationen, welche direkt gegeben sind, und achten Sie darauf, ob evtl. versteckte Informationen enthalten sind.

Schritt 2:

Markieren Sie die **Operatoren** (Arbeitsanweisungen) in der Aufgabenstellung. Diese geben an, was in der Aufgabe von Ihnen verlangt wird. Vergegenwärtigen Sie sich die Bedeutung der verwendeten Fachbegriffe.

Schritt 3:

Versuchen Sie, den Sachverhalt zu veranschaulichen. Beachten Sie alle vorherigen Ergebnisse. Besonders die Aufgaben, bei denen ein Zwischenergebnis angegeben ist, werden im Weiteren wieder benötigt. Fertigen Sie gegebenenfalls mithilfe der Angaben und Zwischenergebnisse aus vorherigen Aufgaben eine **Skizze** an.

Schritt 4:
Erarbeiten Sie nun schrittweise den **Lösungsplan**, um aus den gegebenen Informationen die gesuchte Größe zu erhalten. Notieren Sie sich, welche Einzel- bzw. Zwischenschritte auf dem Lösungsweg notwendig sind. Prinzipiell haben Sie zwei Möglichkeiten, oft hilft auch eine Kombination beider Vorgehensweisen:

- Sie gehen vom Gegebenen aus und versuchen, das Gesuchte zu erschließen.
- Sie gehen von dem Gesuchten aus und überlegen „rückwärts", wie Sie zur Ausgangssituation kommen.

Bei diesem Schritt wird dann sukzessive die **Lösung dargestellt**.

Schritt 5:
Suchen Sie nach geeigneten Möglichkeiten, das Ergebnis zu **kontrollieren**. Oftmals sind bereits Überschlagsrechnungen, Punktproben und Grobskizzen ausreichend.

4 Hinweise zum CAS

Das CAS ist ein Hilfsmittel zum Lernen (und auch zum Lehren) von Mathematik. In den vergangenen Jahren ist es Ihnen ein selbstverständlicher Begleiter beim Lösen von mathematischen Aufgabenstellungen geworden. Die folgenden Hinweise sollen die Vorbereitung auf die Abiturprüfung mit CAS unterstützen. Sie haben für alle CAS-Systeme Gültigkeit, sodass Sie die Hinweise auf das von Ihnen verwendete System übertragen können.

Vor der Prüfung

- Achten Sie vor Prüfungen (und insbesondere vor der Abiturprüfung) darauf, dass Sie den Akku Ihres Geräts geladen bzw. neue Batterien eingesetzt oder als Ersatz griffbereit haben.
- Vor Beginn der Prüfung sind die CAS-Geräte in einen einheitlichen Ausgangszustand zu versetzen. Ihre Schule hat dazu spezielle (systemabhängige) Anweisungen. Es kann sein, dass Ihr System in einen Prüfungsmodus versetzt wird – ebenso ist es denkbar, dass der Speicher vollständig gelöscht wird. Wenn Sie auf Ihrem System Dateien gespeichert haben, die Sie später wieder benötigen, sollten Sie vorher zu Hause ein Backup durchführen.
- Machen Sie sich rechtzeitig mit Bedienungshilfen Ihres Systems vertraut. So kann man z. B. den Kontrast oder die Bildschirmhelligkeit ändern (das kann bei bestimmten Lichtverhältnissen im Prüfungsraum nützlich sein). Bei manchen Systemen kann man auch Schriftgrößen ändern. Sie sollten auch wissen, wo Sie die Sprachlokalisation einstellen – wenn Sie in der Prüfung versehentlich Ihr System z. B. auf norwegische Sprache einstellen, sollten Sie wissen, wie Sie dies wieder ändern können.
- Machen Sie sich damit vertraut, wo Sie Grundeinstellungen Ihres Systems ändern können, z. B. die Anzahl angezeigter Dezimalstellen oder das Winkelmaß, in dem Ihr System in der Grundeinstellung rechnet.

- Machen Sie sich mit dem Variablenmanagement Ihres Geräts vertraut, sodass Sie Variablen löschen können oder überprüfen können, welche Variablen belegt sind. Das kann vermeintliche Fehlberechnungen (zustande gekommen durch belegte Variablen) verhindern. Manche CAS zeigen sogar bereits bei der Eingabe an, wenn eine Variable durch einen Wert belegt ist.
- Machen Sie sich mit dem Dokumentenmanagement Ihres Systems vertraut. Moderne CAS eröffnen die Möglichkeit, Berechnungen in Dokumenten zu speichern. Sie sollten wissen, wie Sie neue Dokumente erzeugen, abspeichern, editieren und später darauf zugreifen können.
- Ihr CAS besitzt eine „Rückgängig"-Funktion. Sie sollten wissen, wie Sie diese benutzen können.
- Machen Sie sich rechtzeitig mit Hilfesystemen Ihres Geräts vertraut. So gibt es z. B. die Möglichkeit, zu einzelnen Befehlen eine kleine Syntax-Erklärung anzeigen zu lassen. Das kann bei Unsicherheiten während der Prüfung hilfreich sein.
- Machen Sie sich mit dem Funktionsplotter Ihres Systems vertraut, sodass Sie Sicherheit im Einstellen des Anzeigebereichs gewinnen. Für verschiedene Bedürfnisse gibt es oftmals eigene Einstellungsmöglichkeiten (automatische Anpassung an vorher gewählten x-Bereich, trigonometrische Funktionen, Auswahl bestimmter Quadranten, u. ä.).
- CAS rechnen (nach Möglichkeit) exakt. Machen Sie sich damit vertraut, wie Sie bewusst Näherungslösungen erzwingen können.
- Entwickeln Sie eine eigene Systematik für die Vergabe von Variablen und Bezeichnungen. Beispiele:
  - „f(x)" für den Funktionsterm,
  - „fs(x)" für den Term der ersten Ableitung,
  - „fss(x)" für den Term der zweiten Ableitung
  - „va", „vb" für die Vektoren $\vec{a}$ und $\vec{b}$
  - „a" für den Ortsvektor des Punktes A
  - „gg(x)", „gh(x)" für die Gerade g bzw. die Gerade h
  - …

Während der Prüfung

- Wenn Ihr CAS ein Dokumentenmanagement besitzt, sollten Sie sich angewöhnen, für zumindest jede größere Aufgabenstellung ein eigenes Dokument zu verwenden. Das hat den Vorteil, dass in einem neuen Dokument der Variablenspeicher zurückgesetzt wird und Sie daher jeden Variablennamen im Dokument nutzen können. Zudem können Sie dadurch Fehler durch unwissentliches Übernehmen von Variablen, die bereits mit Werten belegt sind, vermeiden. Wenn Sie im weiteren Verlauf der Prüfung an einer anderen Aufgabe arbeiten, können Sie das zugehörige Dokument öffnen und müssen nicht alle Variablen und Funktionen neu definieren.
- Es ist zweckmäßig, Namen von Variablen und Funktionen so zu wählen, wie sie in der Aufgabenstellung vorgegeben werden. Achten Sie darauf, dass Sie den gleichen Namen nicht mehrfach vergeben und dadurch die definierten Werte oder Terme überschreiben.

- Sollte ein unerwartetes Ergebnis auftreten, überprüfen Sie immer Ihre Eingabe. So kann es sein, dass z. B. der Term „ab – a · b“ nicht vom CAS vereinfacht wird, weil Sie im ersten Teil vergessen haben, das Multiplikationszeichen einzugeben und das CAS nun dies als eigenständige Variable „ab“ interpretiert.
- Machen Sie sich stets die vorliegende Situation klar und prüfen Sie die vom CAS erhaltenen Ergebnisse auf Plausibilität. Vertrauen Sie dem CAS nicht blind.
- Vergessen Sie nicht, dass Sie mit einem CAS schnell z. B. Funktionsgraphen erhalten. Das kann Überlegungen unterstützen, wie z. B. die Frage nach Vorzeichenbereichen oder Grenzwerten.
- Beachten Sie die Formulierung von Aufgabenstellungen. Manchmal werden dadurch Anforderungen an die Dokumentation von Lösungen gestellt (vgl. weiter unten).

Zur Dokumentation von Lösungen

- Dokumentieren Sie Ihre Lösungen nachvollziehbar.
- Wenn Sie ein CAS nutzen, machen Sie dies kenntlich.
  Beispiel: Sie lösen die Gleichung $3x^3 - 2x^2 + 2 = 1$ und dokumentieren:

  $3x^3 - 2x^2 + 2 = 1$
  CAS: $x \approx -0{,}528$

- Verzichten Sie in Ihren Lösungen auf Syntax.
- Beachten Sie Formulierungen in den Aufgabenstellungen.
  Folgende Beispiele veranschaulichen mögliche Aufgabenstellungen, stellen aber keinen verbindlichen Anforderungskatalog dar:

Geben Sie … an.	Es ist keine Begründung nötig. (vgl. 2012 Analysis I Teil 1, 2)
Begründen Sie …	Hier können Ausgaben des CAS zur Begründung herangezogen werden. (vgl. 2012 Analysis I Teil 2, 1e)
Begründen Sie anhand des Funktionsterms …	Begründungen müssen von der Struktur und den Eigenschaften des Terms ausgehen. Nur mit Ausgaben des CAS allein zu argumentieren, reicht nicht aus. Das CAS kann zu Termumformungen und Rechnungen eingesetzt werden. (vgl. 2012 Analysis I Teil 1 Aufgabe 1)
Weisen Sie rechnerisch nach …	Das CAS kann uneingeschränkt genutzt werden. (vgl. 2012 Analysis I Teil 2, 1c)

Berechnen Sie schrittweise und nachvollziehbar …	Die Dokumentation muss so gestaltet sein, dass einzelne Schritte erkennbar sind. CAS kann zu Berechnungen genutzt werden. Eine schrittweise Lösung kann auch in einer schrittweisen numerischen Annäherung bestehen. (vgl. 2012 Analysis I Teil 2, 2b)
Zeigen Sie mithilfe des Funktionsterms schrittweise und nachvollziehbar …	Zur Argumentation muss der Term (seine Struktur, seine Eigenschaften) verwendet werden. Die Dokumentation muss so gestaltet sein, dass einzelne Schritte erkennbar sind. Das CAS kann zu Umformungen eingesetzt werden. (vgl. 2012 Analysis II Teil 2, 1b)
Berechnen Sie …	„Berechnen" kann auch mit CAS geschehen. (vgl. 2012 Analysis II Teil 2, 1e)
Bestimmen Sie näherungsweise mithilfe von Abbildung …	Die Abbildung muss verwendet werden (auch, wenn man die Aufgabenstellung rein rechnerisch durch CAS lösen könnte). (vgl. 2012 Analysis II Teil 2, 2b)
Begründen Sie mithilfe der Funktionsterme …	In der Argumentation der Begründung müssen die Eigenschaften der Terme herangezogen werden. Das CAS kann zu Umformungen eingesetzt werden.
Bestimmen Sie …	Die Überlegungen, die zur Bestimmung führen, müssen dokumentiert sein. CAS kann uneingeschränkt eingesetzt werden. (vgl. 2012 Analysis I Teil 2, 2c)
Ermitteln Sie …	Die Schritte der Überlegungen, die zur Bestimmung führen, müssen dokumentiert werden. CAS kann uneingeschränkt eingesetzt werden.
Machen Sie plausibel …	Es muss gezeigt werden, dass die Situation in den umgebenden Kontext passend eingeordnet werden kann. CAS kann dazu uneingeschränkt genutzt werden.

Abitur Mathematik (Bayern): Musterabitur
Analysis I

Teil 1

BE

1. Bestimmen Sie die Nullstellen der Funktion

$$f\colon\ x \mapsto (e^x - 2)\cdot(x^3 - 2x)$$

mit Definitionsbereich $\mathbb{R}$. 3

2. Gegeben ist die Funktion

$$f\colon\ x \mapsto \frac{\ln x}{x-2}$$

mit maximalem Definitionsbereich $\mathbb{D}_f$.
Geben Sie $\mathbb{D}_f$ an und bestimmen Sie die Gleichung der Tangente an den Graphen von f an der Stelle $x = 1$. 6

3. Geben Sie den Term einer gebrochen-rationalen Funktion f an, die die beiden folgenden Bedingungen erfüllt:

- Der Graph von f berührt an der Stelle $x = 1$ die x-Achse.
- f hat $x = 3$ als Polstelle. 3

4. Bestimmen Sie den Term einer Stammfunktion der Funktion

$$f\colon\ x \mapsto \ln(2x),\quad \mathbb{D}_f = \mathbb{R}^+.$$ 3

5. Für $x \geq 1$ sind die Funktionen mit den folgenden Termen gegeben:

$$f(x) = \sqrt{x-a},$$

$$g(x) = \ln x,$$

$$h(x) = -\frac{1}{x} + b \quad \text{mit } a, b \in \mathbb{N}.$$

Ordnen Sie die Funktionen den nachfolgenden Graphen zu und bestimmen Sie die Parameter a und b. Erklären Sie Ihr Vorgehen.

i)

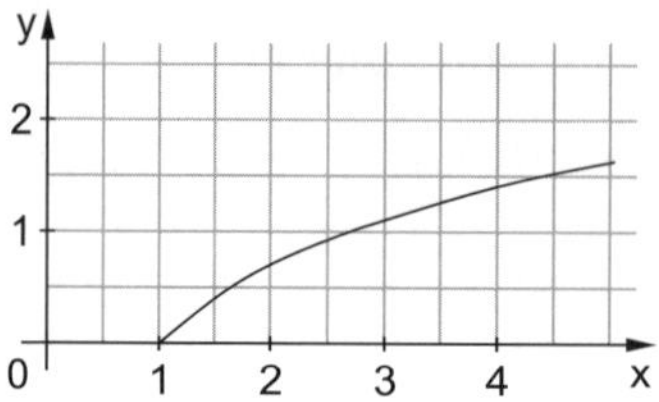

ii)

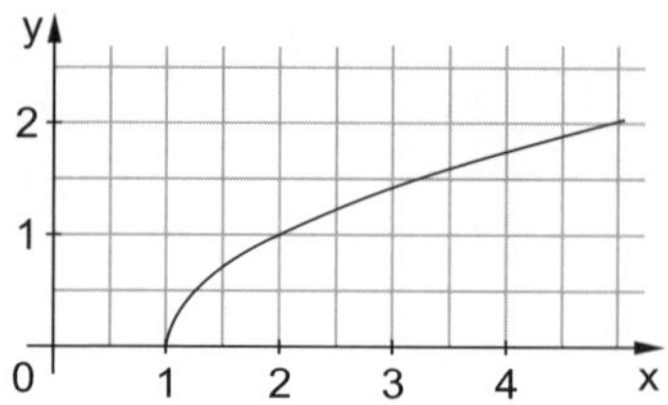

iii)

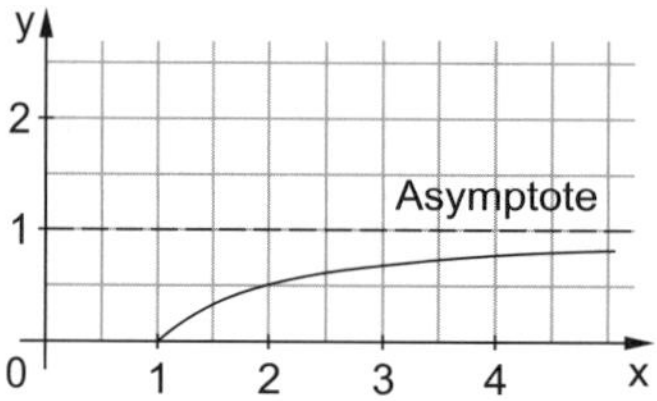

5

20

Teil 2

BE

1. Gegeben ist die Funktion

$$f\colon x \mapsto -\frac{1}{2}x^2 + 2 \text{ mit } \mathbb{D}_f = \mathbb{R}.$$

a) Zeichnen Sie den Graphen G_f in ein Koordinatensystem ein. 2

b) Dem Flächenstück, das G_f mit der x-Achse einschließt, werden Rechtecke so einbeschrieben, dass jeweils eine Rechteckseite auf der x-Achse liegt. Berechnen Sie den größtmöglichen Flächeninhalt A eines solchen Rechtecks. 6

[Ergebnis: $A = \frac{16}{9}\sqrt{3}$]

c) Berechnen Sie, wie viel Prozent des Flächenstücks, das G_f mit der x-Achse einschließt, vom Rechteck maximalen Flächeninhalts aus Aufgabe 1 b bedeckt werden. 5

2. Gegeben sind die Funktionen

$$g\colon x \mapsto e^{-\frac{1}{4}x},\ \mathbb{D}_g = \mathbb{R}, \text{ und}$$

$$h\colon x \mapsto e^{-\frac{1}{4}x} \cdot \cos x,\ \mathbb{D}_h = \mathbb{R}.$$

Der Graph von h ist für $x \geq 0$ in der Abbildung dargestellt.

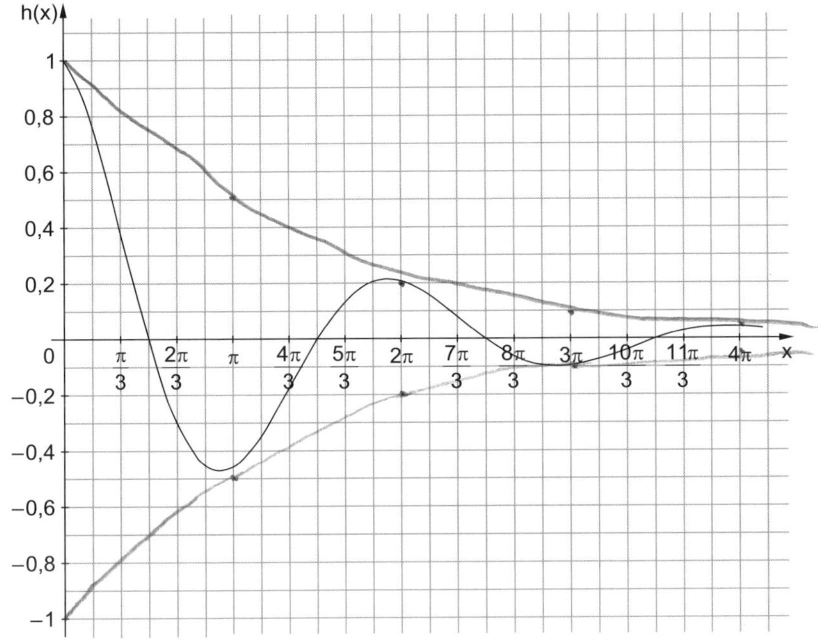

a) Untersuchen Sie das Monotonieverhalten von g und geben Sie das Verhalten von g für $x \to +\infty$ und $x \to -\infty$ an.
Berechnen Sie die Funktionswerte $g(0)$, $g(\pi)$, $g(2\pi)$, $g(3\pi)$ und $g(4\pi)$ und zeichnen Sie damit die Graphen von g und von $-g$ in obiges Koordinatensystem ein. 8

b) Die Funktion h entsteht aus der Kosinusfunktion $x \mapsto \cos x$, $\mathbb{D} = \mathbb{R}$, durch Multiplikation mit der Funktion g. Beschreiben Sie, inwiefern sich der Graph von h aufgrund dieser Multiplikation vom Graph der Kosinusfunktion unterscheidet. Gehen Sie dabei auch auf die Nullstellen von h und die Funktionswerte $h(n\pi)$, $n \in \mathbb{N}$, ein. 3

c) Berechnen Sie den Term $h'(x)$ der ersten Ableitung von h und weisen Sie nach, dass für Extremstellen von h gilt: $\tan x = -0{,}25$.
Zeigen Sie damit, dass die Extremstellen von h gegenüber den Extremstellen der Kosinusfunktion verschoben sind. 6

d) Entscheiden Sie, ob die folgenden Aussagen I und II wahr oder falsch sind, und machen Sie Ihre Antworten plausibel:

I. $\lim\limits_{x \to -\infty} h(x) = +\infty$ II. $\lim\limits_{x \to +\infty} h(x) = 0$ 4

e) Die Funktion

$$H:\ x \mapsto \frac{16}{17} e^{-\frac{1}{4}x}\left(\sin x - \frac{1}{4}\cos x\right),\ \ \mathbb{D}_H = \mathbb{R},$$

ist Stammfunktion von h. Zeigen Sie durch Rechnung, dass

$$\int_0^{2\pi} h(x)\,dx$$

positiv ist, und deuten Sie diesen Zusammenhang am Graphen von h. 3

f) Es gibt Werte $a > 0$, für die

$$\int_0^{a} h(x)\,dx$$

negativ ist. Geben Sie einen solchen Wert an und begründen Sie Ihre Wahl ohne Rechnung. 3

40

Tipps und Hinweise: Analysis I

Teil 1

Aufgabe 1

- Ein Produkt hat den Wert null, wenn einer der Faktoren null ist.
- Setzt man den ersten Faktor null, so kann man x nur bestimmen, wenn man die entstandene Gleichung logarithmiert.
- Setzt man den zweiten Faktor null, so lässt sich x ausklammern.
- Es ergeben sich insgesamt 4 Nullstellen.

Aufgabe 2

- Der Nenner eines Bruches darf nie null werden.
- Achten Sie darauf, dass hier auch der Zähler eine Einschränkung für x bedingt.
- $\ln x$ ist nur für positive x-Werte definiert!
- Jede Tangente hat als Gerade die Gleichung $y = mx + t$.
- Die Steigung der Tangente ergibt sich mithilfe der 1. Ableitung $f'(x)$ (siehe Merkhilfe).
- Beachten Sie bei der Berechnung von $f'(x)$ die Quotientenregel (siehe Merkhilfe).
- Durch welche Zahl müssen Sie in $f'(x)$ das x ersetzen, um die gesuchte Tangentensteigung zu erhalten?
- Wie lautet die y-Koordinate des Punktes auf dem Funktionsgraphen, durch den die Tangente verlaufen soll?
- Da dieser Punkt auch auf der Tangente liegt, muss er die Tangentengleichung $y = mx + t$ erfüllen.

Aufgabe 3

- „Berührung der x-Achse an der Stelle $x = 1$“ bedeutet, dass $f(x)$ für $x = 1$ eine Nullstelle besitzt, der Funktionsgraph die x-Achse aber **nicht** schneidet.

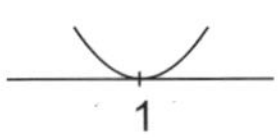

oder
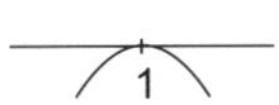

- $x = 1$ muss also doppelte Nullstelle sein.
- $f(x)$ hat an der Stelle $x = 3$ eine Polstelle, wenn 3 eine Nullstelle des Nenners (aber keine Nullstelle des Zählers!) ist.

Aufgabe 4

- Eine Stammfunktion ergibt sich durch Integration (unbestimmtes Integral).
- Die Merkhilfe liefert das unbestimmte Integral der Funktion $g(x) = \ln x$.
- Die Merkhilfe bietet auch eine Formel zur Integration beliebiger Funktionen der Form $f(ax + b)$.
- Für die gegebene Funktion $f(x) = \ln(2x)$ gilt $a = 2$ und $b = 0$.

oder:

- $f(x) = \ln(2x)$ lässt sich mithilfe der Rechenregeln für Logarithmen (siehe Merkhilfe) umformen.
- Benutzen Sie $\ln(u \cdot v) = \ln u + \ln v$.
- Beachten Sie beim Integrieren, dass $\ln 2$ eine Konstante ist.

Aufgabe 5

- Alle Funktionsgraphen haben einen Punkt gemeinsam.
- Setzen Sie diesen Punkt in jede Funktionsgleichung ein. Damit sind a und b zu bestimmen.
- Um die Graphen zuordnen zu können, suchen Sie nach „Besonderheiten" in jedem Graphen: Asymptoten, „auffällige" Steigungen

oder:

- Berechnen Sie für jede Funktion Funktionswerte (z. B. für $x = 2$ oder $x = 3$) und vergleichen Sie diese mit den entsprechenden Punkten in den Graphen.

Teil 2

Aufgabe 1 a

- Es handelt sich um eine quadratische Funktion.
- Wie lässt sich der Graph der Funktion aus dem Graphen der Normalparabel entwickeln?
- Die Normalparabel lässt sich entlang der y-Achse (nach oben bzw. unten) und entlang der x-Achse (nach rechts bzw. links) verschieben.
- Die Normalparabel lässt sich stauchen bzw. strecken. Sie kann auch an der x-Achse gespiegelt werden.
$f(x) + d$	Verschiebung in y-Richtung um d
$f(x + c)$	Verschiebung in x-Richtung um $-c$
$f(bx)$	Dehnung/Stauchung in x-Richtung
$af(x)$	Dehnung/Stauchung in y-Richtung
$-f(x)$	Spiegelung an der x-Achse

$g(x)=\frac{1}{2}x^2 \quad \Rightarrow$ Parabel verläuft nicht mehr durch die charakteristischen Punkte $(0|0)$, $(1|1)$, $(-1|1)$, sondern durch $(0|0)$, $\left(1\,\middle|\,\frac{1}{2}\right)$, $\left(-1\,\middle|\,\frac{1}{2}\right)$.

$h(x)=-\frac{1}{2}x^2 \quad \Rightarrow$ Graph von g(x) wird an der x-Achse gespiegelt.

$f(x)=-\frac{1}{2}x^2+2 \quad \Rightarrow$ Graph von h(x) wird um 2 nach oben geschoben.

Aufgabe 1 b

Die Rechtecke werden durch die y-Achse halbiert.

Die gesuchte Fläche ist doppelt so groß wie die Fläche des Rechtecks im I. Quadranten.

Drücken Sie die Seiten des Rechtecks im I. Quadranten durch x aus.

Bestimmen Sie die Rechtecksfläche in Abhängigkeit von x.

Für welche Werte von x ergibt sich ein Rechteck?

Was muss gelten, damit die Rechtecksfläche (abhängig von x!) maximal wird?

Extremstellen findet man mithilfe der 1. Ableitung.

Vergessen Sie nicht, die Maximal-Eigenschaften mithilfe der 2. Ableitung nachzuweisen.

Berechnen Sie die Größe der maximalen Fläche.

Aufgabe 1 c

Berechnen Sie die von G_f und der x-Achse eingeschlossene Fläche mithilfe eines bestimmten Integrals.

Die Integrationsgrenzen sind die Nullstellen der Funktion f(x).

Da G_f als Parabel achsensymmetrisch ist (hier zur y-Achse), lässt sich die gesuchte Fläche als das Doppelte der im I. Quadranten eingeschlossenen Fläche berechnen.

Bilden Sie den Quotienten aus Rechtecksfläche und der vom Graphen gebildeten Fläche.

Aufgabe 2 a

Das Monotonieverhalten lässt sich mit der 1. Ableitung bestimmen.

Beim Differenzieren Kettenregel beachten (siehe Merkhilfe)!

Das Vorzeichen von g'(x) entscheidet über die Art der Monotonie (siehe Merkhilfe).

Welches Vorzeichen hat der Faktor $e^{-\frac{1}{4}x}$?

Beachten Sie $e^x>0$ für $x\in\mathbb{R}$.

- Wie verhält sich $-\frac{1}{4}x$ für $x \to +\infty$ bzw. $x \to -\infty$?
- Stellen Sie sich den Graphen von $f(x) = e^x$ vor!
- Es gilt $\lim\limits_{x \to +\infty} e^x = \infty$ und $\lim\limits_{x \to -\infty} e^x = 0^+$.
- Wie entsteht der Graph von $-g(x)$ aus dem Graphen von $g(x)$?
- Liegt der Punkt $(a\,|\,b)$ auf dem Graphen von $g(x)$, so liegt der Punkt $(a\,|\,-b)$ auf dem Graphen von $-g(x)$.

Aufgabe 2 b

- Betrachten Sie zuerst die Nullstellen von $h(x)$.
- Welches Vorzeichen hat der Faktor $e^{-\frac{1}{4}x}$?
- Was folgt daraus für die Gleichung $h(x) = e^{-\frac{1}{4}x} \cdot \cos x = 0$?
- Wo liegen somit die Nullstellen von $h(x)$?
- Die Funktion $f(x) = \cos x$ besitzt in $\mathbb{R}$ unendlich viele Nullstellen.
- Beachten Sie die Periode von $f(x) = \cos x$.
- Die „erste“ Nullstelle (für $x > 0$) hat $f(x) = \cos x$ bei $\frac{\pi}{2}$. Der Abstand zweier benachbarter Nullstellen beträgt π.
- Achten Sie darauf, dass $\mathbb{D}_h = \mathbb{R}$ gilt, auch wenn der Graph nur für $x \geq 0$ dargestellt ist.
- Wie ändert sich der Graph einer beliebigen Funktion $f(x)$ beim Übergang zur Funktion $a \cdot f(x)$?
- Für $f(x) = \cos x$ gilt: $-1 \leq \cos x \leq 1$
- Wie nennt man diesen „Ausschlag“ der Funktion $f(x) = \cos x$?
- Wo nimmt $f(x) = \cos x$ die Extremwerte 1 bzw. –1 an?
- Welchen Wert hat an diesen Stellen die Funktion $h(x)$?
- Wo haben $h(x)$ und $g(x)$ gemeinsame Punkte?
- Überprüfen Sie Ihre Graphen aus Aufgabe 2 a auf diese gemeinsamen Punkte!

Aufgabe 2 c

- Beachten Sie bei der Berechnung von $h(x)$ sowohl die Produkt- als auch die Kettenregel (siehe Merkhilfe).
- Für die Extremstellen muss gelten: $h'(x) = 0$ (siehe Merkhilfe)
- Nach der Art der Extremstellen ist **nicht** gefragt. Sie benötigen also **keine** zweite Ableitung.

- Für den Faktor $-e^{-\frac{1}{4}x}$ gilt: $-e^{-\frac{1}{4}x} < 0$, da $e^{-\frac{1}{4}x} > 0$ für alle $x \in \mathbb{R}$.
- Beachten Sie die Angabe $\tan x = -0{,}25$.
- Wie lässt sich $\tan x$ durch $\sin x$ und $\cos x$ ausdrücken (siehe Merkhilfe)?
- Was folgt aus $\tan x = -0{,}25$ für x?
- Achten Sie darauf, dass Ihr Taschenrechner auf RAD gestellt ist.
- Welche Periode besitzt $\tan x$?
- Geben Sie mithilfe dieser Periode alle x an, für die $\tan x = -0{,}25$ gilt.
- Vergleichen Sie diese x-Werte mit den Extremstellen von $f(x) = \cos x$.

Aufgabe 2 d

- Gemeinsame Punkte von h(x) mit g(x) bzw. −g(x) gibt es auch für $x < 0$ (siehe Aufgabe 2 b).
- Was gilt für $\lim\limits_{x \to -\infty} g(x)$ bzw. $\lim\limits_{x \to -\infty} [-g(x)]$ (siehe Aufgabe 2 a)?
- Die Funktionswerte von h(x) „wechseln" zwischen beliebig groß und beliebig klein.
- Welche Bedingung müssen die Funktionswerte einer beliebigen Funktion f(x) erfüllen, damit $\lim\limits_{x \to -\infty} f(x) = A$?
- $\lim\limits_{x \to -\infty} f(x) = A$ bedeutet, dass sich die Funktionswerte von f(x) für $x \to -\infty$ kaum noch vom Wert A unterscheiden.
- Beachten Sie auch bei Aussage II wieder die gemeinsamen Punkte von h(x) mit g(x) bzw. −g(x).
- Was gilt für $\lim\limits_{x \to +\infty} g(x)$ bzw. $\lim\limits_{x \to +\infty} [-g(x)]$ (siehe Aufgabe 2 a)?
- Der Graph von h(x) verläuft zwischen den Graphen von g(x) und −g(x).

Aufgabe 2 e

- Sie haben **nicht** nachzuweisen, dass H(x) Stammfunktion ist, sondern können H(x) einfach verwenden.
- Für die Berechnung bestimmter Integrale liefert Ihre Merkhilfe die entsprechende Formel.
- Die Werte von $\sin 0$ und $\sin 2\pi$ bzw. $\cos 0$ und $\cos 2\pi$ sind Ihnen bekannt. Wenn Sie sicherheitshalber Ihren Taschenrechner benutzen wollen, achten Sie darauf, dass er auf RAD geschaltet ist.
- Beachten Sie den gegebenen Graphen von h(x).

Was berechnen Sie mit dem bestimmten Integral?

Jede oberhalb der x-Achse eingeschlossene Fläche schlägt in der Flächenbilanz positiv, jede unterhalb der x-Achse eingeschlossene Fläche negativ zu Buche.

Was muss für die „positiven" bzw. „negativen" Flächen insgesamt gelten, wenn die Flächenbilanz in $[0; 2\pi]$ positiv ist?

Aufgabe 2 f

Beachten Sie den gegebenen Graphen von h(x) und die von ihm in [0; a] eingeschlossenen Flächen.

Für $a = \frac{\pi}{2}$ ergibt sich für $\int_0^a h(x)\,dx$ sicher ein positiver Wert, da der Graph von h(x) in $\left[0; \frac{\pi}{2}\right]$ vollständig oberhalb der x-Achse verläuft.

Da die Integration stets bei 0 beginnt, muss das „positive Flächenstück" für $\left[0; \frac{\pi}{2}\right]$ durch ein „negatives Flächenstück" übertroffen werden, um für $\int_0^a h(x)\,dx$ einen negativen Wert zu erhalten.

Aufgrund von Aufgabe 2 e ist bekannt, dass die beiden „positiven Flächenstücke" für $\left[0; \frac{\pi}{2}\right]$ und $\left[\frac{3\pi}{2}; 2\pi\right]$ das „negative Flächenstück" für $\left[\frac{\pi}{2}; \frac{3\pi}{2}\right]$ übertreffen.

Was geschieht mit der Flächenbilanz $\int_0^{2\pi} h(x)\,dx$, wenn die obere Integrationsgrenze langsam kleiner wird (nach links verschoben wird)?

Wie weit können Sie die obere Integrationsgrenze von 2π aus nach links verschieben und dennoch ein möglichst großes „negatives Flächenstück" in die Flächenbilanz einbeziehen?

Lösungen

Teil 1

1. $f(x) = (e^x - 2)(x^3 - 2x) \qquad \mathbb{D} = \mathbb{R}$

$f(x) = 0 \;\Rightarrow\; e^x - 2 = 0 \qquad e^x = 2 \qquad x_1 = \ln 2$

$x^3 - 2x = 0 \qquad x(x^2 - 2) = 0 \qquad x_2 = 0 \qquad x_3 = \sqrt{2} \qquad x_4 = -\sqrt{2}$

2. $f(x) = \dfrac{\ln x}{x-2}$

$\left.\begin{array}{lll} \text{Zähler } \ln x & \Rightarrow & x > 0 \\ \text{Nenner } x-2 & \Rightarrow & x \neq 2 \end{array}\right\} \mathbb{D} = \mathbb{R}^+ \setminus \{2\}$

$$f'(x) = \frac{\frac{1}{x}(x-2) - 1 \cdot \ln x}{(x-2)^2} = \frac{1 - \frac{2}{x} - \ln x}{(x-2)^2}$$

$$f'(1) = \frac{1 - 2 - \ln 1}{1} = -1 = m_{\text{Tangente}}$$

$$f(1) = \frac{\ln 1}{1-2} = \frac{0}{-1} = 0 \qquad (1\,|\,0) \in \text{Tangente}$$

Tangente: $y = mx + t$

$y = -1x + t$

$0 = -1 + t \;\Rightarrow\; t = 1$

$y = -x + 1$

3. $f(x) = \dfrac{(x-1)^2}{x-3}$

4. $\int \ln(2x)\,dx = \dfrac{1}{2}[-(2x) + (2x) \cdot \ln(2x)] + C = -x + x \cdot \ln(2x) + C$

oder:

$$\int \ln(2x)\,dx = \int (\ln 2 + \ln x)\,dx = \int \ln 2\,dx + \int \ln x\,dx = x \cdot \ln 2 + (-x + x \ln x) + C$$

$$= -x + x(\ln 2 + \ln x) + C = -x + x \cdot \ln(2x) + C$$

5. Alle Funktionen verlaufen durch $(1\,|\,0)$:

$f(1) = 0 \;\Rightarrow\; \sqrt{1-a} = 0 \;\Rightarrow\; a = 1 \qquad$ Somit: $f(x) = \sqrt{x-1}$

$g(1) = 0$ erfüllt, da $\ln 1 = 0 \qquad g(x) = \ln x$

$h(1) = 0 \;\Rightarrow\; -\dfrac{1}{1} + b = 0 \;\Rightarrow\; b = 1 \qquad h(x) = -\dfrac{1}{x} + 1$

Nur h(x) besitzt eine waagrechte Asymptote (y = 1) und gehört somit zu iii.

Für g(x) gilt: $g'(x) = \frac{1}{x}$ und somit $\lim\limits_{\substack{x \to 1 \\ >}} g'(x) = 1$

Für f(x) gilt: $f'(x) = \frac{1}{2\sqrt{x-1}}$ und somit $\lim\limits_{\substack{x \to 1 \\ >}} f'(x) = +\infty$

$\Rightarrow$ i gehört zu g(x) und ii gehört zu f(x)

oder:

Für alle Funktionen den Funktionswert an der Stelle x = 2 (bzw. x = 3) berechnen und mit dem Verlauf der Graphen vergleichen.

$f(2) = \sqrt{2-1} = 1$	$g(2) = \ln 2 \approx 0{,}7$	$h(2) = -\frac{1}{2} + 1 = \frac{1}{2}$
$f(3) = \sqrt{3-1} \approx 1{,}4$	$g(3) = \ln 3 \approx 1{,}1$	$h(3) = -\frac{1}{3} + 1 = \frac{2}{3}$
Graph ii	*Graph i*	*Graph iii*

Teil 2

1. $f(x) = -\frac{1}{2}x^2 + 2 \qquad \mathbb{D}_f = \mathbb{R}$

a)

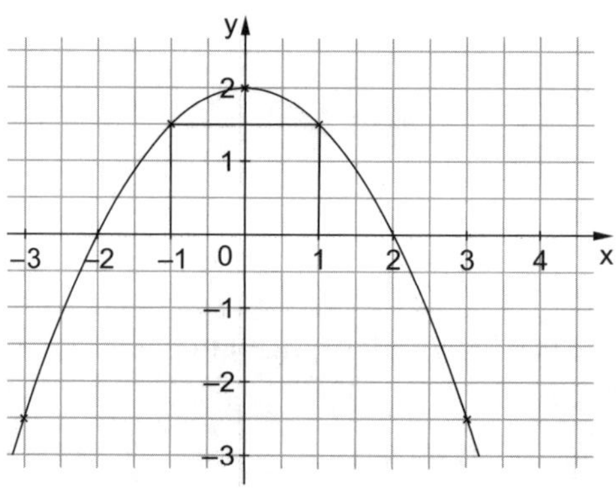

b) $A_{\square}(x) = 2 \cdot x \cdot f(x)$ mit $0 < x < 2$ (für x = 0 bzw. x = 2 wäre $A_{\square} = 0$)

$= 2 \cdot x \cdot \left(-\frac{1}{2}x^2 + 2\right)$

$= -x^3 + 4x$

$A'_{\square}(x) = -3x^2 + 4$

$A'_{\square}(x) = 0 \;\Rightarrow\; -3x^2 + 4 = 0 \;\Rightarrow\; x = +\sqrt{\frac{4}{3}} = \frac{2}{3}\sqrt{3}$

$A''_{\square}(x) = -6x$

$A''_{\square}\left(\frac{2}{3}\sqrt{3}\right) = -4\sqrt{3} < 0 \;\Rightarrow\;$ maximale Fläche für $x = \frac{2}{3}\sqrt{3}$

$$A_{\square}\left(\sqrt{\frac{4}{3}}\right) = -\sqrt{\frac{4}{3}}^{\,3} + 4\cdot\sqrt{\frac{4}{3}} = -\frac{4}{3}\cdot\sqrt{\frac{4}{3}} + 4\cdot\sqrt{\frac{4}{3}} = \frac{8}{3}\sqrt{\frac{4}{3}} = \frac{8}{3}\cdot\frac{2}{3}\sqrt{3} = \frac{16}{9}\sqrt{3}$$

oder:

$$A_{\square}\left(\frac{2}{3}\sqrt{3}\right) = -\left(\frac{2}{3}\sqrt{3}\right)^3 + 4\cdot\frac{2}{3}\sqrt{3} = -\frac{8}{27}\cdot 3\sqrt{3} + \frac{8}{3}\cdot\sqrt{3} = -\frac{8}{9}\sqrt{3} + \frac{8}{3}\sqrt{3} = \frac{16}{9}\sqrt{3}$$

c) $A = \int_{-2}^{2} f(x)\,dx = 2\cdot\int_{0}^{2} f(x)\,dx = 2\cdot\left[-\frac{1}{6}x^3 + 2x\right]_0^2 = 2\cdot\left[-\frac{8}{6} + 4\right] = \frac{16}{3}$

$\frac{A_{\square}}{A} = \frac{16}{9}\sqrt{3} : \frac{16}{3} = \frac{1}{3}\sqrt{3} \approx 57{,}7\ \%$

2. $g(x) = e^{-\frac{1}{4}x} \quad \mathbb{D}_g = \mathbb{R}$

$h(x) = e^{-\frac{1}{4}x}\cdot\cos x \quad \mathbb{D}_h = \mathbb{R}$

a) $g'(x) = e^{-\frac{1}{4}x}\cdot\left(-\frac{1}{4}\right) = -\frac{1}{4}\underbrace{e^{-\frac{1}{4}x}}_{>0} < 0$

$\Rightarrow$ g(x) ist streng monoton fallend in $\mathbb{D}_g = \mathbb{R}$

$\lim\limits_{x\to+\infty} g(x) = „e^{-\infty}“ = 0^+$

$\lim\limits_{x\to-\infty} g(x) = „e^{\infty}“ = \infty$

$g(0) = 1 \qquad g(\pi) \approx 0{,}46 \qquad g(2\pi) \approx 0{,}21 \qquad g(3\pi) \approx 0{,}09 \qquad g(4\pi) \approx 0{,}04$

Der Graph der Funktion $-g(x)$ entsteht durch Spiegelung des Graphen von g(x) an der x-Achse.

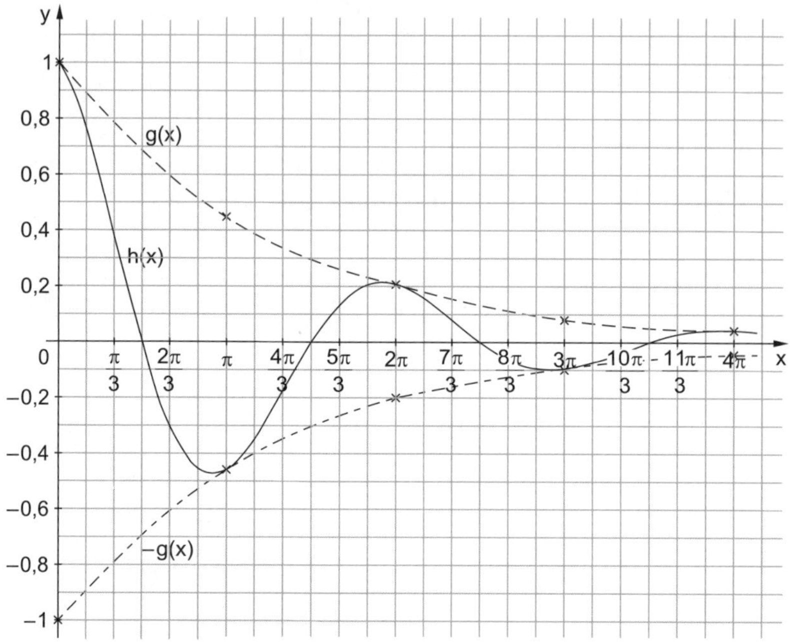

b) Die Nullstellen von h(x) sind die Nullstellen von $f(x) = \cos x$, da der Faktor $e^{-\frac{1}{4}x}$ stets positiv ist, sodass keine zusätzlichen Nullstellen entstehen. Die Nullstellen von h(x) liegen somit bei $x = (2k-1) \cdot \frac{\pi}{2}$ mit $k \in \mathbb{Z}$.

Der Faktor $e^{-\frac{1}{4}x}$ verändert die Amplitude der Funktion $f(x) = \cos x$.
Für die x-Werte $x = n \cdot \pi$ mit $n \in \mathbb{N}$ besitzt die Funktion $f(x) = \cos x$

- entweder Hochpunkte, falls n geradzahlig ist,
- oder Tiefpunkte, falls n ungeradzahlig ist.

Für die Funktion h(x) gilt somit:

- $h(x) = g(x) \cdot 1$ für $x = n \cdot \pi$ mit $n \in \mathbb{N}$ und n geradzahlig
- $h(x) = g(x) \cdot (-1)$ für $x = n \cdot \pi$ mit $n \in \mathbb{N}$ und n ungeradzahlig

Für $x = n \cdot \pi$ mit $n \in \mathbb{N}$ besitzt h(x) also gemeinsame Punkte mit g(x) bzw. $-g(x)$.

Diese Überlegung lässt sich entsprechend auch auf $x \leq 0$ übertragen, indem für die x-Werte $x = k \cdot \pi$ mit $k \in \mathbb{Z}$ gewählt wird.

c) $h'(x) = -\frac{1}{4}e^{-\frac{1}{4}x} \cdot \cos x + e^{-\frac{1}{4}x} \cdot (-\sin x) = -e^{-\frac{1}{4}x}\left(\frac{1}{4}\cos x + \sin x\right)$

$$h'(x) = 0 \;\Rightarrow\; \underbrace{-e^{-\frac{1}{4}x}}_{<0}\left(\frac{1}{4}\cos x + \sin x\right) = 0$$

$$\frac{1}{4}\cos x + \sin x = 0$$

$$\sin x = -\frac{1}{4}\cos x$$

$$\frac{\sin x}{\cos x} = -\frac{1}{4}$$

$$\tan x = -\frac{1}{4}$$

$$\tan x = -0{,}25$$

$$x \approx -0{,}245 + k \cdot \pi \quad k \in \mathbb{Z}$$

Da $f(x) = \cos x$ Extremstellen für $x = k \cdot \pi$, $k \in \mathbb{Z}$, besitzt, sind die Extremstellen von h(x) jeweils um ca. 0,245 nach links verschoben.

d) I. $\lim\limits_{x \to -\infty} h(x) = +\infty$ ist falsch

Da h(x) sowohl mit g(x) als auch mit $-g(x)$ auch für $x < 0$ gemeinsame Punkte hat (siehe Aufgabe 2 b), gibt es für $x \to -\infty$ immer wieder beliebig große (da $\lim\limits_{x \to -\infty} g(x) = +\infty$) bzw. beliebig kleine (da $\lim\limits_{x \to -\infty} [-g(x)] = -\infty$) Funktionswerte für h(x).
Die Funktion h(x) besitzt somit für $x \to -\infty$ **keinen** Grenzwert.

II. $\lim\limits_{x \to +\infty} h(x) = 0$ ist wahr

Da $\lim\limits_{x \to +\infty} g(x) = 0^+$ und $\lim\limits_{x \to +\infty} [-g(x)] = 0^-$ gilt und der Graph der Funktion h(x) zwischen den Graphen von g(x) und $-g(x)$ verläuft, muss $\lim\limits_{x \to +\infty} h(x) = 0$ gelten.

e) $\int\limits_0^{2\pi} h(x)\,dx = \left[\frac{16}{17}e^{-\frac{1}{4}x}\left(\sin x - \frac{1}{4}\cos x\right)\right]_0^{2\pi}$

$$= \frac{16}{17}e^{-\frac{1}{4}\cdot 2\pi}\left(\sin 2\pi - \frac{1}{4}\cos 2\pi\right) - \frac{16}{17}e^{-\frac{1}{4}\cdot 0}\left(\sin 0 - \frac{1}{4}\cos 0\right)$$

$$= \frac{16}{17}e^{-\frac{\pi}{2}}\left(0 - \frac{1}{4}\right) - \frac{16}{17}\cdot 1 \cdot \left(0 - \frac{1}{4}\right) = -\frac{4}{17}e^{-\frac{\pi}{2}} + \frac{4}{17}$$

$$\approx 0{,}186 > 0$$

$$\int_0^{2\pi} h(x)\,dx = \underbrace{\int_0^{\frac{\pi}{2}} h(x)\,dx}_{>0} + \underbrace{\int_{\frac{\pi}{2}}^{\frac{3\pi}{2}} h(x)\,dx}_{<0} + \underbrace{\int_{\frac{3\pi}{2}}^{2\pi} h(x)\,dx}_{>0} > 0$$

Die beiden Flächenstücke oberhalb der x-Achse (für $0 < x < \frac{\pi}{2}$ bzw. $\frac{3\pi}{2} < x < 2\pi$) sind zusammen größer als das Flächenstück unterhalb der x-Achse (für $\frac{\pi}{2} < x < \frac{3\pi}{2}$).

f) Aus Aufgabe 2 e ergibt sich: $\int_0^{2\pi} h(x)\,dx > 0$

Das Flächenstück $\int_{\frac{3\pi}{2}}^{2\pi} h(x)\,dx$ ist in dieser Flächenbilanz durch seine Lage oberhalb der x-Achse positiv gewertet. Für $a \in \left]\frac{3\pi}{2}; 2\pi\right[$ gilt somit:

$$\int_0^{a} h(x)\,dx < \int_0^{2\pi} h(x)\,dx$$

Für $a \in \left]\frac{\pi}{2}; \frac{3\pi}{2}\right[$ ist das in die Flächenbilanz negativ eingehende Flächenstück umso größer, je größer a ist.
Da es laut Angabe mehrere Werte a gibt, für die $\int_0^{a} h(x)\,dx < 0$ gilt, muss $a = \frac{3\pi}{2}$ in jedem Fall zu diesen Werten gehören.

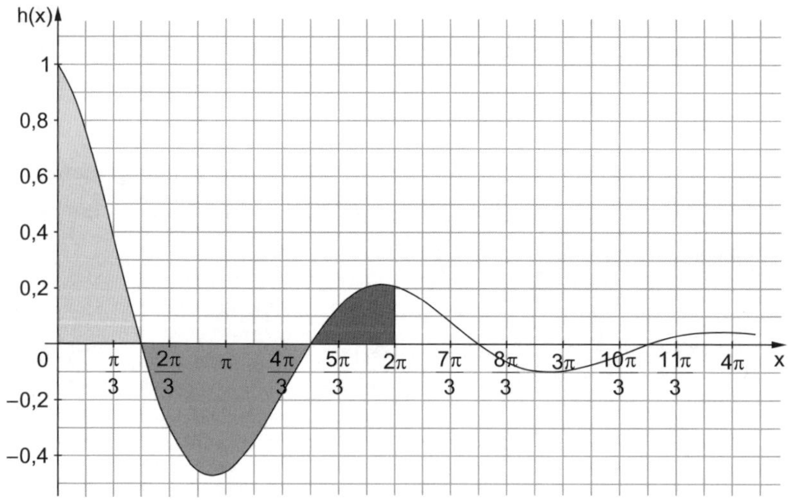

Für Neugierige: Auch für $a \in \left]\frac{4\pi}{3}; \frac{5\pi}{3}\right[$ ergeben sich für $\int_0^{a} h(x)\,dx$ negative Werte.

Abitur Mathematik (Bayern): Musterabitur
Analysis II

Teil 1

BE

1. Geben Sie für die Funktionen mit den folgenden Termen jeweils die maximale Definitionsmenge an und untersuchen Sie die Funktionen auf Nullstellen.

   $f_1(x) = \frac{1}{x-1}, \quad f_2(x) = \sqrt{x-1}, \quad f_3(x) = \ln(x-1)$ 5

2. Es gibt genau eine Tangente an den Graphen der Funktion

   $f\colon x \mapsto x^2, \; D_f = \mathbb{R},$

   deren Neigungswinkel gegen die x-Achse 135° beträgt. Bestimmen Sie eine Gleichung dieser Tangente. 5

3. Der Graph einer auf $\mathbb{R}$ definierten, integrierbaren Funktion f sei punktsymmetrisch zum Ursprung.

   a) Begründen Sie allgemein, dass dann für alle $a > 0$ gilt: $\int_{-a}^{a} f(x)\,dx = 0$ 3

   b) Wählen Sie selbst eine Funktion f, deren Graph punktsymmetrisch zum Ursprung ist, und bestätigen Sie für dieses f die Aussage aus Aufgabe 3 a, indem Sie das Integral für die gewählte Funktion f mithilfe einer Stammfunktion berechnen. 4

4. Welcher der angegebenen Terme nähert die Funktion

   $f\colon x \mapsto \frac{1}{x} + x + 1$

   für große Werte von x am besten? Machen Sie Ihre Antwort plausibel.

   i) $\frac{1}{x}$ ii) x iii) $x+1$ iv) $\frac{1}{x}+1$ v) $\frac{1}{x}+x$ 3

20

Teil 2

BE

1. Die Funktion

$$f\colon t \mapsto 3(1-e^{-t})-t$$

wird im Definitionsbereich $\mathbb{D}_f = \mathbb{R}_0^+$ betrachtet. Der Graph von f wird mit G_f bezeichnet.

a) Bestimmen Sie das Verhalten von f an den Grenzen von $\mathbb{D}_f$.
Zeigen Sie, dass G_f genau einen Hochpunkt besitzt, und berechnen Sie dessen Koordinaten.
Berechnen Sie f(3) und skizzieren Sie G_f mithilfe der bisherigen Ergebnisse. 10
[Zur Kontrolle: Hochpunkt an der Stelle $t = \ln 3$]

b) Im Intervall [2; 3] besitzt f genau eine Nullstelle a. Führen Sie mit dem Startwert 3 den ersten Schritt des Newton-Verfahrens zur näherungsweisen Berechnung von a durch.
Man erhält dadurch a auf zwei Dezimalen genau. 3
[Ergebnis: $a \approx 2{,}82$]

c) Berechnen Sie mithilfe des Näherungswerts aus Aufgabe 1 b den Inhalt des Flächenstücks, das G_f im I. Quadranten mit der t-Achse einschließt. 5

d) Betrachtet wird die Funktion

$$F\colon x \mapsto \int_a^x f(t)\,dt, \quad \mathbb{D}_F = \mathbb{D}_f.$$

Beschreiben Sie den Verlauf des Graphen von F in der Nähe des Punkts $N(a\,|\,F(a))$. Begründen Sie Ihre Ausführungen.
Welche Bedeutung hat das Ergebnis der Aufgabe 1 c für die Funktion F? 5

2. Jeder Körper sendet elektromagnetische Strahlung unterschiedlicher Frequenzen aus. Die Intensität der Strahlung hängt von der Frequenz der Strahlung ab. Im Idealfall gilt nach Max Planck für diese Intensität bei einem Körper der Temperatur T:

$$I_T(x) = \frac{x^3}{e^{\frac{x}{T}}-1}, \quad \mathbb{D}_{I_T} = \mathbb{R}^+$$

Dabei entspricht x bis auf eine Konstante der Frequenz der Strahlung und der Parameter T (Temperatur in Kelvin) ist positiv.
Die Abbildung zeigt die zu drei Werten des Parameters T gehörenden Graphen von I_T.
Jede Scharfunktion I_T hat genau eine Maximalstelle x_{max}.

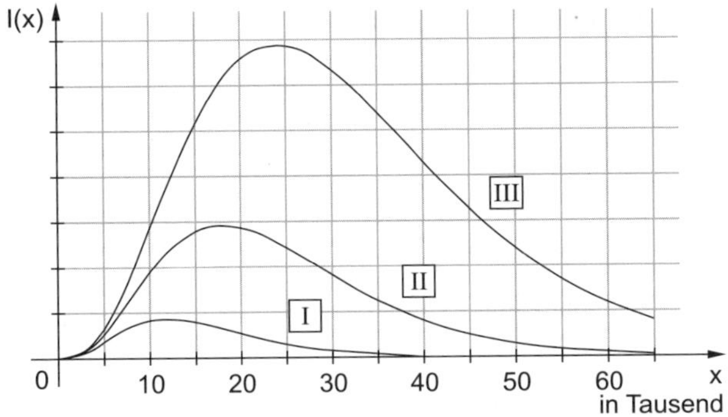

In den folgenden Aufgaben kann ohne Einheiten gerechnet werden.

a) Weisen Sie am Funktionsterm nach, dass $I_T(x)$ stets positiv ist. 3

b) Weisen Sie nach, dass für die erste Ableitung der Funktion I_T gilt:

$$I'_T(x) = \frac{x^2 e^{\frac{x}{T}} \left[3\left(1 - e^{-\frac{x}{T}}\right) - \frac{x}{T} \right]}{\left(e^{\frac{x}{T}} - 1\right)^2}$$

Vergleichen Sie diesen Term mit dem der Funktion f aus Aufgabe 1 und zeigen Sie, dass für die Maximalstelle x_{max} von I_T gilt:

$\frac{x_{max}}{T} = a$, wobei a die positive Nullstelle von f ist. 6

c) Unsere Sonne liefert maximale Intensität für $x_{max} = 17 \cdot 10^3$ (gelbgrüner Farbbereich). Welche Oberflächentemperatur ergibt sich hieraus für die Sonne?
Ordnen Sie die gezeichneten Graphen der Funktionsschar I_T den Temperaturen $T_1 = 4\,000$ Kelvin, $T_2 = 6\,000$ Kelvin, $T_3 = 8\,000$ Kelvin zu. Begründen Sie Ihre Antwort. 5

d) Ein Körper der Temperatur T liefert für x_{max} die Intensität $I_T(x_{max})$. Begründen Sie, dass sich $I_T(x_{max})$ verachtfacht, wenn ein Körper mit doppelt so hoher Temperatur betrachtet wird. 3

40

Tipps und Hinweise: Analysis II

Teil 1

Aufgabe 1

zu $f_1(x)$:

- Der Nenner eines Bruches darf nie null werden.
- Ein Bruch hat den Wert null, wenn der Zähler null ist.

zu $f_2(x)$:

- Unter der Wurzel darf nichts Negatives stehen.
- Eine Wurzel ist null, wenn der Radikand (das, was unter der Wurzel steht) null ist.

zu $f_3(x)$:

- Das Argument der ln-Funktion muss positiv sein.
- Es gilt $\ln 1 = 0$.

Aufgabe 2

- Die Steigung der Tangente ergibt sich aus der 1. Ableitung f'(x) (siehe Merkhilfe).
- Die Steigung m einer Geraden entspricht dem Tangens des Neigungswinkels gegen die x-Achse (Steigungsdreieck!).

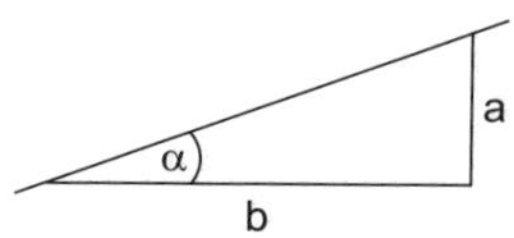

$$m = \tan\alpha = \frac{a}{b}$$

- Wie lauten die Koordinaten des Punktes P auf dem Graphen von f, durch den die Tangente verlaufen soll?
- Jede Tangente hat als Gerade die Gleichung $y = mx + t$.
- Sie kennen m und den Punkt P auf der Tangente.

Aufgabe 3 a

- Was bedeutet „punktsymmetrisch zum Ursprung“ für den Graphen von f(x)?
- Zerlegen Sie das Integrationsintervall [−a; a] in die beiden Teilintervalle [−a; 0] und [0; a].
- Was lässt sich aufgrund der geforderten Symmetrie über die vom Graphen von f(x) und der x-Achse eingeschlossenen Flächen in den Teilintervallen [−a; 0] bzw. [0; a] aussagen?
- Wie gehen bei der Flächenbilanz (bestimmtes Integral) Flächen ein, die oberhalb bzw. unterhalb der x-Achse liegen?

Aufgabe 3 b

- Welche (möglichst einfachen) zum Ursprung punktsymmetrischen Funktionen kennen Sie?
- Potenzfunktionen ($f(x) = x^n$; $n \in \mathbb{N}$) sind entweder achsensymmetrisch zur y-Achse oder punktsymmetrisch zum Ursprung.
- Was muss für $n \in \mathbb{N}$ gelten, damit der Graph von $f(x) = x^n$ punktsymmetrisch zum Ursprung ist?
- Beim Auffinden der Stammfunktion beachten Sie Ihre Merkhilfe.
- Den Wert des bestimmten Integrals erhalten Sie durch Einsetzen der Integrationsgrenzen in die Stammfunktion (siehe Merkhilfe).

Aufgabe 4

- Wie nennt man eine Funktion, die wie f(x) aufgebaut ist?
- Bei gebrochen-rationalen Funktionen können für große x-Werte ($x \to +\infty$) waagrechte oder schräge Asymptoten auftreten.
- Besitzt f(x) für $x \to \infty$ eine Asymptote? Wie lautet ihre Gleichung?

oder:

- Was bedeutet es, wenn sich zwei Terme annähern?
- Welche Rechenoperation liefert den Unterschied zweier Terme?
- Bilden Sie jeweils die Differenz aus dem Funktionsterm und einem der gegebenen Terme.
- Wohin strebt diese Differenz jeweils, wenn x große Werte annimmt?
- Nur wenn die Differenz für $x \to +\infty$ gegen null strebt, nähern sich die beiden Terme einander an.

Teil 2

Aufgabe 1 a

- Wie lauten die Grenzen des vorgegebenen Definitionsbereichs?
- Die Grenze $t = 0$ gehört zum Definitionsbereich.
- $t = 0$ kann in den Funktionsterm eingesetzt werden.
- Beachten Sie bei $t \to \infty$, dass $\lim\limits_{t \to -\infty} e^t = 0$ gilt.
- Die Art von Extremwerten ermittelt man mithilfe der 1. und 2. Ableitung (siehe Merkhilfe).

- Beim Differenzieren die Kettenregel nicht vergessen (siehe Merkhilfe).
- $(e^{-t})' = e^{-t} \cdot (-1)$
- Setzen Sie die 1. Ableitung gleich null und lösen Sie nach t auf.
- Die gesamte Gleichung logarithmieren.
- Beachten Sie die Rechenregeln für den Logarithmus (siehe Merkhilfe).
- Berechnen Sie durch Einsetzen in die Funktionsgleichung den y-Wert des Extrempunkts.
- Welches Vorzeichen hat die 2. Ableitung für alle t?
- Beachten Sie, dass $e^t > 0$ für alle $t \in \mathbb{R}$ gilt.
- Welcher Art ist somit der Extrempunkt?
- Welche Krümmung hat der Funktionsgraph für alle t?
- Kann es weitere Hochpunkte geben?
- Berechnen Sie f(3) durch Einsetzen.
- Zeichnen Sie die Punkte für $t = 0$ und $t = 3$ sowie den Hochpunkt ein und beachten Sie den Wert für $t \to \infty$.

Aufgabe 1 b

- Sie finden die Formel für das Newton-Verfahren in Ihrer Merkhilfe.
- Der Startwert $t_1 = 3$ ist vorgegeben. Es gilt also zunächst $\mathbf{n = 1}$!
- Sie suchen $t_2 = t_{1+1}$ (da $n = 1$; siehe oben).
- Sie benötigen laut Formel $f(t_1)$ und $f'(t_1)$ mit $t_1 = 3$.
- f(3) und f'(t) haben Sie in Aufgabe 1 a bereits bestimmt.
- Berechnen Sie f'(3).
- Setzen Sie in die Formel des Newton-Verfahrens ein: $t_2 = t_1 - \frac{f(t_1)}{f'(t_1)} = 3 - \frac{f(3)}{f'(3)}$
- Da nur der erste Schritt des Newton-Verfahrens verlangt ist, muss die Iteration nicht weiter durchgeführt werden.

Aufgabe 1 c

- Betrachten Sie Ihre Skizze.
- Wo hat der Funktionsgraph Punkte mit der x-Achse gemeinsam?
- Die Fläche berechnet sich mithilfe des bestimmten Integrals.

- Die Integrationsgrenzen sind 0 und a.
- Wie lautet die Stammfunktion von e^{-t}?
- Die Ableitung der Stammfunktion muss e^{-t} ergeben.
- $(e^{-t})' = -e^{-t}$ (siehe Aufgabe 1 a) $\Rightarrow$ $(-e^{-t})' = (-e^{-t}) \cdot (-1) = e^{-t}$
- Der Wert des bestimmten Integrals ergibt sich durch Einsetzen der Integrationsgrenzen in die Stammfunktion (siehe Merkhilfe).

Aufgabe 1 d

- F(a) ergibt sich durch Einsetzen von a (statt x) in F(x).
- Ein bestimmtes Integral, dessen obere Integrationsgrenze gleich der unteren Integrationsgrenze ist, hat den Wert null.
- Geben Sie die Koordinaten von N an.
- Welches Vorzeichen haben die Funktionswerte von F(x) für $x > a$?
- Wo liegt die zwischen a und $x > a$ eingeschlossene Fläche?
- Für unterhalb der x-Achse eingeschlossene Flächen ist das bestimmte Integral negativ.
- Welches Vorzeichen haben die Funktionswerte von F(x) für $0 < x < a$?
- Wo liegt die zwischen x (mit $0 < x < a$) und a eingeschlossene Fläche?
- Für oberhalb der x-Achse eingeschlossene Flächen ist das bestimmte Integral positiv.
- Welche Auswirkung hat eine Integration in „die falsche Richtung“ (also von rechts nach links)?
- Vertauschen der Integrationsgrenzen ändert das Vorzeichen.
- $\int_A^B g(x)\,dx = -\int_B^A g(x)\,dx$
- Der Funktionswert von F(x) ist also null für $x = a$ und negativ auf beiden Seiten von $x = a$.
- Ergebnis von Aufgabe 1 c: $\int_0^a f(t)\,dt \approx 1{,}66$
- $F(0) = \int_a^0 f(t)\,dt$
- Wie lässt sich F(0) durch das Ergebnis von Aufgabe 1 c ausdrücken?

Aufgabe 2 a

- Lassen Sie sich weder vom Text noch von der Funktion erschrecken.
- Betrachten Sie die Vorzeichen von Zähler bzw. Nenner.
- Welches Vorzeichen hat der Zähler, wenn $x > 0$ (siehe Definitionsmenge)?
- Welches Vorzeichen hat der Nenner?
- Welches Vorzeichen hat der Exponent, wenn $x > 0$ und $T > 0$ gilt (siehe Angabe)?
- Was lässt sich über die Größe von $e^{\frac{x}{T}}$ aussagen, wenn der Exponent positiv ist?

Aufgabe 2 b

- Auch hier wieder: Nicht erschrecken!
- Sie sollen die für Aufgabe 2 gegebene Funktion ableiten.
- Die Funktion $I_T(x)$ ist eine gebrochene Funktion.
- Beachten Sie die Quotientenregel (siehe Merkhilfe).
- Denken Sie beim Differenzieren von $e^{\frac{x}{T}}$ an die Kettenregel (siehe Merkhilfe).
- Multiplizieren Sie den Zähler zunächst so weit wie möglich aus.
- In der Vorgabe ist im Zähler außer x^2 auch $e^{\frac{x}{T}}$ ausgeklammert.
- Sie können diesen Faktor erzeugen, indem Sie statt eines Faktors 1 das Produkt $e^{\frac{x}{T}} \cdot e^{-\frac{x}{T}}$ einführen.
- Vergleichen Sie den Inhalt der eckigen Klammer mit der Funktion f(t) aus Aufgabe 1.
- Was müssen Sie bei der Funktion f(t) für die Variable t wählen, um die eckige Klammer zu erhalten?
- Schreiben Sie anstelle der eckigen Klammer $f\left(\frac{x}{T}\right)$.
- Sie erhalten eine Extremstelle von $I_T(x)$, wenn $I'_T(x) = 0$.
- Ein Bruch hat den Wert null, wenn der Zähler den Wert null hat.
- Betrachten Sie das Vorzeichen der Faktoren im Zähler.
- $I'_T(x)$ kann nur null werden, wenn $f\left(\frac{x}{T}\right)$ null wird.
- Die Nullstelle von f(t) liegt bei $t = a$ (siehe Aufgabe 1 c).
- Sie müssen noch zeigen, dass es sich um eine Maximalstelle handelt.
- Betrachten Sie das Vorzeichen von $I'_T(x)$ in der Umgebung von $x_{max} = a \cdot T$ mithilfe des Vorzeichens von f(t) in der Umgebung von $t = a$.

Aufgabe 2 c

- $x_{max} = a \cdot T$ (siehe Aufgabe 2 b)
- Setzen Sie $x_{max} = 17 \cdot 10^3$ und berechnen Sie T, indem Sie den Näherungswert aus Aufgabe 2 b verwenden.
- Berechnen Sie x_{max} für die angegebenen Temperaturen (für a setzen Sie wiederum 2,82 ein) und vergleichen Sie die berechneten Werte von x_{max} mit den Maximalstellen der bei Aufgabe 2 abgebildeten Graphen.

Aufgabe 2 d

- Bestimmen Sie $I_T(x_{max})$, indem Sie anstelle von x den Term $a \cdot T$ einsetzen.
- Wie hängt $I_T(x_{max})$ von T ab?
- Bestimmen Sie $I_{2T}(x_{max})$.
- Welcher Zusammenhang besteht zwischen $I_{2T}(x_{max})$ und $I_T(x_{max})$?

Lösungen

Teil 1

1. $f_1(x) = \frac{1}{x-1}$ $\quad \mathbb{D} = \mathbb{R} \setminus \{1\}$ $\quad$ NSt: $1 \neq 0 \Rightarrow$ keine Nullstellen

   $f_2(x) = \sqrt{x-1}$ $\quad \mathbb{D} = [1; +\infty[$ $\quad$ NSt: $x - 1 = 0 \Rightarrow x = 1 \Rightarrow (1|0)$

   $f_3(x) = \ln(x-1)$ $\quad \mathbb{D} =]1; +\infty[$ $\quad$ NSt: $x - 1 = 1 \Rightarrow x = 2 \Rightarrow (2|0)$

2. $f(x) = x^2$
   $f'(x) = 2x$
   $2x = \tan 135°$
   $2x = -1 \Rightarrow x = -\frac{1}{2}$

   Tangente: $y = mx + t$ $\quad$ mit $m = -1$ durch $P\left(-\frac{1}{2} \middle| \frac{1}{4}\right)$

   $y = -x + t$

   $\frac{1}{4} = \frac{1}{2} + t \Rightarrow t = -\frac{1}{4}$

   $y = -x - \frac{1}{4}$

3. a) „punktsymmetrisch zum Ursprung“ $\Rightarrow$ $f(-x) = -f(x)$ sowie $f(0) = 0$

   $$\int_{-a}^{a} f(x)\,dx = \int_{-a}^{0} f(x)\,dx + \int_{0}^{a} f(x)\,dx$$

   Ist f(x) punktsymmetrisch zum Ursprung, so sind auch die beiden von der x-Achse und f(x) in den Bereichen $[-a; 0]$ bzw. $[0; a]$ eingeschlossenen Flächen punktsymmetrisch zueinander.
   Da jede Punktsymmetrie flächenerhaltend ist, müssen diese beiden Flächen gleich groß sein. Ihre Lage bzgl. der x-Achse ist jedoch vertauscht (oberhalb der x-Achse $\leftrightarrow$ unterhalb der x-Achse). Sie gehen bei der Flächenbilanz also mit entgegengesetzten Vorzeichen ein, sodass ihre Summe den Wert null haben muss.

   $$\int_{-a}^{a} f(x)\,dx = \int_{-a}^{0} f(x)\,dx + \int_{0}^{a} f(x)\,dx = 0$$

b) Am leichtesten sind alle Potenzfunktionen mit ungeradem, natürlichem Exponenten.

Am allerleichtesten: f(x) = x

$$\int_{-a}^{a} x\,dx = \left[\frac{1}{2}x^2\right]_{-a}^{a} = \frac{1}{2}a^2 - \frac{1}{2}(-a)^2 = \frac{1}{2}a^2 - \frac{1}{2}a^2 = 0$$

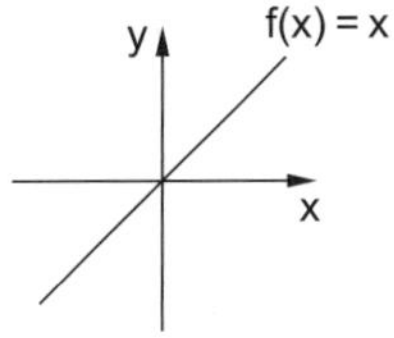

Auch möglich:

$$\int_{-a}^{a} x^3\,dx = \left[\frac{1}{4}x^4\right]_{-a}^{a} = \frac{1}{4}a^4 - \frac{1}{4}(-a)^4 = \frac{1}{4}a^4 - \frac{1}{4}a^4 = 0$$

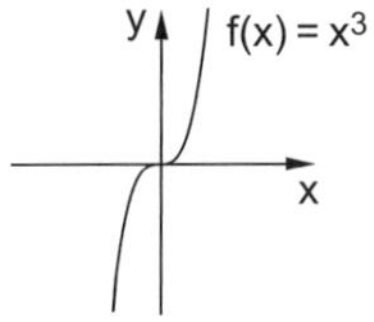

Oder etwas komplizierter

$$\int_{-a}^{a} \sin x\,dx = [-\cos x]_{-a}^{a} = -\cos a + \cos(-a)$$
$$= -\cos a + \cos a = 0$$

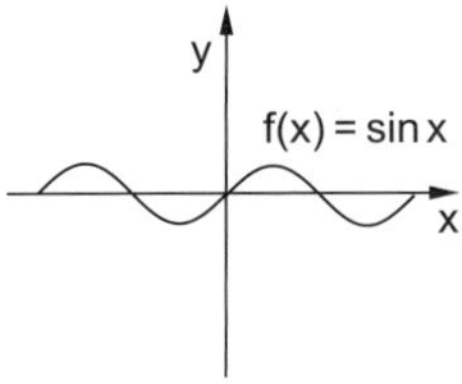

4. $f(x) = \frac{1}{x} + x + 1 \quad \Rightarrow \quad$ iii) $x+1$ ist richtig

Begründung:
f(x) ist eine gebrochen-rationale Funktion, die wegen $\lim\limits_{x \to \infty} \frac{1}{x} = 0$ die Gerade $y = x + 1$ als Asymptote hat.

oder:

Annäherung bedeutet, dass die Differenz zwischen dem gegebenen Ausdruck und dem Funktionsterm für $x \to \infty$ zu 0 wird.

i) $\left(\frac{1}{x} + x + 1\right) - \frac{1}{x} = x + 1 \qquad \lim\limits_{x \to \infty} (x+1) = \infty \neq 0$

ii) $\left(\frac{1}{x} + x + 1\right) - x = \frac{1}{x} + 1 \qquad \lim\limits_{x \to \infty} \left(\frac{1}{x} + 1\right) = 1 \neq 0$

iii) $\left(\frac{1}{x} + x + 1\right) - (x+1) = \frac{1}{x} \qquad \lim\limits_{x \to \infty} \frac{1}{x} = 0$

iv) $\left(\frac{1}{x} + x + 1\right) - \left(\frac{1}{x} + 1\right) = x \qquad \lim\limits_{x \to \infty} x = \infty \neq 0$

v) $\left(\frac{1}{x} + x + 1\right) - \left(\frac{1}{x} + x\right) = 1 \qquad \lim\limits_{x \to \infty} 1 = 1 \neq 0$

1. a) $f(t) = 3(1 - e^{-t}) - t \qquad \mathbb{D}_f = \mathbb{R}_0^+$

$f(0) = 3(1 - e^{-0}) - 0 = 3(1 - 1) - 0 = 0$

$$\lim_{x \to +\infty} 3(1 - e^{-t}) - t = 3(1 - „e^{-\infty}“) - \infty = 3(1 - 0) - \infty = 3 - \infty = -\infty$$

$f'(t) = 3(0 - e^{-t} \cdot (-1)) - 1 = 3e^{-t} - 1$

$f''(t) = 3e^{-t} \cdot (-1) = -3e^{-t} < 0, \quad$ da $e^{-t} > 0$ für $t \in \mathbb{D}$

$$f'(t) = 0 \;\Rightarrow\; 3e^{-t} - 1 = 0$$
$$e^{-t} = \frac{1}{3}$$
$$-t = \ln\frac{1}{3}$$
$$t = -\ln\frac{1}{3}$$
$$t = \ln\left(\frac{1}{3}\right)^{-1}$$
$$t = \ln 3$$

mit $f(\ln 3) = 3(1 - e^{-\ln 3}) - \ln 3$

$$= 3\left(1 - \frac{1}{3}\right) - \ln 3$$
$$= 2 - \ln 3$$

Da $f''(t)$ stets negativ ist, ist $(\ln 3 \,|\, 2 - \ln 3) \approx (1{,}1 \,|\, 0{,}9)$ ein relatives Maximum.
Wegen $f''(t) < 0$ ist der Graph in $\mathbb{D}_f$ stets rechtsgekrümmt, es kann also nur genau einen Hochpunkt geben.

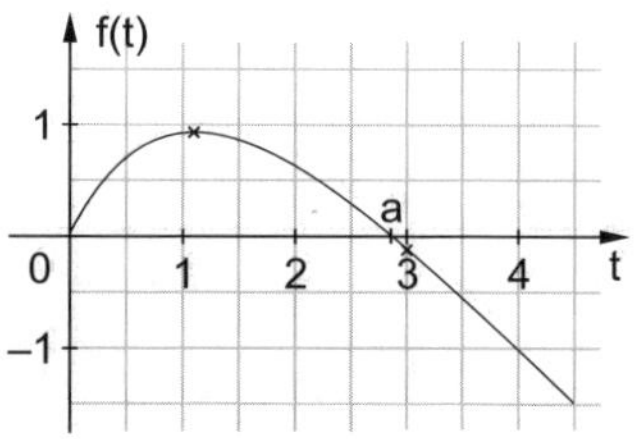

$f(3) = 3(1 - e^{-3}) - 3 = 3 - 3e^{-3} - 3 = -3e^{-3}$
$\approx -0{,}15$

b) $t_1 = 3 \qquad f(3) = -3e^{-3}$ (siehe Aufgabe 1 a)

$f'(t) = 3e^{-t} - 1 \qquad$ (siehe Aufgabe 1 a)

$f'(3) = 3e^{-3} - 1$

$$a = 3 - \frac{-3e^{-3}}{3e^{-3} - 1} \approx 2{,}82$$

c) $A = \int_0^a [3(1-e^{-t}) - t]\,dt = \left[3(t-(-e^{-t})) - \frac{1}{2}t^2\right]_0^a$

$= 3(a+e^{-a}) - \frac{1}{2}a^2 - 3(0+e^{-0}) + \frac{1}{2}0^2 \approx 3(2{,}82 + e^{-2{,}82}) - \frac{1}{2}\cdot 2{,}82^2 - 3$

$\approx 1{,}66$

d) $F(x) = \int_a^x f(t)\,dt \qquad \mathbb{D}_F = \mathbb{D}_f = \mathbb{R}_0^+$

$N(a\,|\,F(a))$ mit $F(a) = \int_a^a f(t)\,dt = 0 \quad \Rightarrow \quad N(a\,|\,0)$

Für $x > a$ gilt $f(t) < 0$.
Die zwischen a und $x > a$ eingeschlossene Fläche liegt also unterhalb der x-Achse, somit:
$F(x) < 0$ für $x > a$

Für $0 < x < a$ gilt $f(t) > 0$.
Die zwischen x $(0 < x < a)$ und a eingeschlossene Fläche liegt zwar oberhalb der x-Achse, es wird jedoch „in die falsche Richtung“ (nach links) integriert, somit:
$F(x) < 0$ für $0 < x < a$

Insgesamt gilt also:

$$\left.\begin{array}{ll} F(x) < 0 & \text{für } 0 < x < a \\ F(a) = 0 & \\ F(x) < 0 & \text{für } x > a \end{array}\right\} \text{N(a|0) ist also der Hochpunkt von F(x)}$$

$A = \int_0^a f(t)\,dt \approx 1{,}66$ (siehe Aufgabe 1 c)

$F(0) = \int_a^0 f(t)\,dt = -\int_0^a f(t)\,dt = -A \approx -1{,}66$

2. a) $I_T(x) = \dfrac{x^3}{e^{\frac{x}{T}} - 1} \qquad \mathbb{D}_{I_T} = \mathbb{R}^+$

$x^3 > 0$ für $x \in \mathbb{R}^+$

$\dfrac{x}{T} > 0$ für $x \in \mathbb{R}^+$, da $T > 0$

$e^{\frac{x}{T}} > 1$ für $\dfrac{x}{T} > 0$

$e^{\frac{x}{T}} - 1 > 0$ für $e^{\frac{x}{T}} > 1$

$\Rightarrow \quad I_T(x) > 0$ für $x \in \mathbb{R}^+$ und $T > 0$

b) $$I_T'(x) = \frac{3x^2\left(e^{\frac{x}{T}}-1\right) - x^3 \cdot e^{\frac{x}{T}} \cdot \frac{1}{T}}{\left(e^{\frac{x}{T}}-1\right)^2} = \frac{3x^2 e^{\frac{x}{T}} - 3x^2 - \frac{x^3}{T} e^{\frac{x}{T}}}{\left(e^{\frac{x}{T}}-1\right)^2}$$

$$= \frac{3x^2 e^{\frac{x}{T}} - 3x^2 \cdot e^{\frac{x}{T}} \cdot e^{-\frac{x}{T}} - \frac{x^3}{T} e^{\frac{x}{T}}}{\left(e^{\frac{x}{T}}-1\right)^2}$$

$$= \frac{x^2 e^{\frac{x}{T}}\left(3 - 3e^{-\frac{x}{T}} - \frac{x}{T}\right)}{\left(e^{\frac{x}{T}}-1\right)^2}$$

$$= \frac{x^2 e^{\frac{x}{T}}\left[3(1 - e^{-\frac{x}{T}}) - \frac{x}{T}\right]}{\left(e^{\frac{x}{T}}-1\right)^2}$$

$$= \frac{x^2 e^{\frac{x}{T}}\left[f\left(\frac{x}{T}\right)\right]}{\left(e^{\frac{x}{T}}-1\right)^2}$$

Extremstelle für $I_T(x)$, wenn $I_T'(x) = 0$.

$$\frac{x^2 e^{\frac{x}{T}} \cdot f\left(\frac{x}{T}\right)}{\left(e^{\frac{x}{T}}-1\right)^2} = 0$$

$\Rightarrow \quad f\left(\frac{x}{T}\right) = 0$, da $\quad x^2 > 0 \quad$ für $x \in \mathbb{R}^+$

$e^{\frac{x}{T}} > 1 \quad$ für $x \in \mathbb{R}^+$ und $T > 0$ (siehe 2 a)

$\left(e^{\frac{x}{T}}-1\right)^2 > 0 \quad$ für $x \in \mathbb{R}^+$ und $T > 0$ (siehe 2 a)

$f\left(\frac{x}{T}\right) = 0 \quad \Rightarrow \quad \frac{x}{T} = a \quad$ (siehe Aufgabe 1 c)

Dass für $x = a \cdot T$ eine Maximalstelle vorliegt, ergibt sich aus:
$f(t) > 0$ für $0 < x < a$ (hier ist somit auch $I_T'(x) > 0$; also $I_T(x)$ steigend) und
$f(t) < 0$ für $x > a$ (hier ist somit auch $I_T'(x) < 0$; also $I_T(x)$ fallend)

c) $$x_{max} = a \cdot T = 17 \cdot 10^3 \quad \Rightarrow \quad T \approx \frac{17 \cdot 10^3}{2{,}82} \approx 6\,028$$

Für $T_1 = 4\,000$ gilt $x_{max} \approx 11{,}3 \cdot 10^3 \Rightarrow$ Graph I

$T_2 = 6\,000$ gilt $x_{max} \approx 16{,}9 \cdot 10^3 \Rightarrow$ Graph II

$T_3 = 8\,000$ gilt $x_{max} \approx 22{,}6 \cdot 10^3 \Rightarrow$ Graph III

d) $I_T(x_{max}) = I_T(a \cdot T) = \frac{a^3T^3}{e^a - 1} = \frac{a^3}{e^a - 1} \cdot T^3 \approx 1{,}42 \cdot T^3$

$I_{2T}(x_{max}) \approx 1{,}42 \cdot (2T)^3 = 1{,}42 \cdot 8T^3 = 8 \cdot I_T(x_{max})$

Da $I_T(x_{max})$ direkt proportional zu T^3 ist, verachtfacht sich $I_T(x_{max})$ bei Verdopplung von T.

Abitur Mathematik (Bayern): Musterabitur
Stochastik I

BE

Folgendes Diagramm zeigt Daten zum Rauchverhalten in bestimmten Altersgruppen, die das Statistische Bundesamt im Rahmen einer repräsentativen statistischen Erhebung, dem Mikrozensus 2005, veröffentlicht hat.

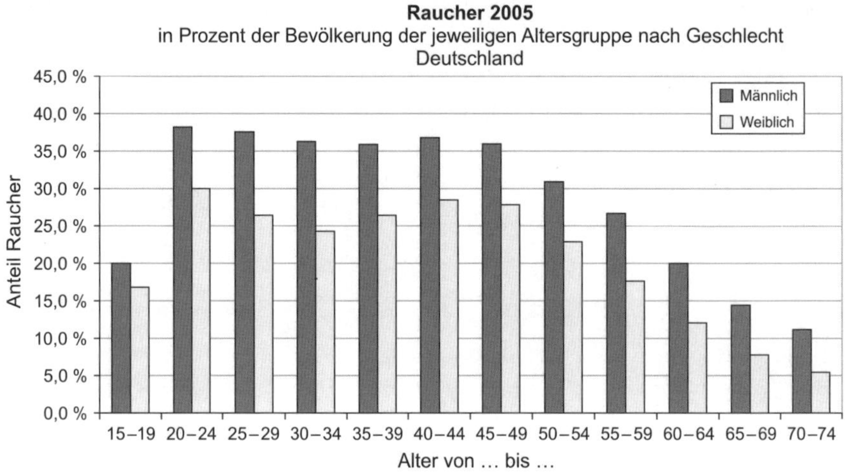

Dem Diagramm kann man beispielsweise entnehmen, dass 36 % der 35- bis 39-jährigen Männer rauchen. Somit kann im Folgenden davon ausgegangen werden, dass die Wahrscheinlichkeit dafür, dass ein zufällig ausgewählter Mann aus dieser Altersgruppe raucht, 36 % beträgt.

1. a) Mit welcher Wahrscheinlichkeit ist ein zufällig ausgewählter 20- bis 24-jähriger Mann Nichtraucher? 2

   b) Wie viel Prozent der Bevölkerung in der Altersgruppe der 20- bis 24-Jährigen rauchen, wenn man davon ausgeht, dass in dieser Altersgruppe gleich viele Frauen und Männer sind? 2

   c) In einem Zeitungsartikel steht, dass 2005 die Anzahl rauchender Männer im Alter von 40 bis 44 Jahren mit 1,3 Millionen größer war als die entsprechende Anzahl bei den 20- bis 24-Jährigen mit 0,9 Millionen.
   Erläutern Sie, inwiefern die Zeitungsmeldung mit dem obigen Diagramm in Einklang stehen kann. 3

2. Vier Frauen wurden zufällig ausgewählt. Zwei gehören zur Altersgruppe der 20- bis 24-Jährigen und je eine zur Gruppe der 15- bis 19-Jährigen bzw. 60- bis 64-Jährigen. Bestimmen Sie die Wahrscheinlichkeit dafür, dass unter ihnen mindestens eine Raucherin ist. 4

3. Zehn 20- bis 24-jährige Frauen wurden zufällig ausgewählt.

a) Bestimmen Sie jeweils die Wahrscheinlichkeit für die Ereignisse A: „Unter ihnen sind genau drei Raucherinnen“ und B: „Unter ihnen sind höchstens vier Raucherinnen“. 4

b) Ein Skeptiker meint, dass die Raucherrate unter den 20- bis 24-jährigen Frauen höher als 0,3 ist. Er testet die Nullhypothese H_0: $p \leq 0{,}3$, wobei p die Wahrscheinlichkeit dafür angibt, dass eine 20- bis 24-jährige Frau raucht. Er stellt jeder der 10 ausgewählten Frauen die Frage „Sind Sie Raucherin?“ und erhält folgendes Antwortprotokoll: „ja – nein – ja – nein – ja – ja – nein – nein –nein – ja“. Untersuchen Sie, ob das Ergebnis der Befragung die Meinung des Skeptikers auf einem Signifikanzniveau von 5 % stützt. 5

4. Zehn Raucher entschließen sich zu einer Entwöhnungskur. Zwei von ihnen sind starke Raucher, d. h., ihr Zigarettenkonsum übersteigt 20 Zigaretten pro Tag. Die Erfolgschancen der Behandlung liegen bei einem starken Raucher bei 60 %, bei einem nicht starken Raucher bei 70 %.

a) Wählen Sie die beiden Terme aus, welche die Wahrscheinlichkeit beschreiben, dass bei genau fünf der acht nicht starken Raucher die Entwöhnung erfolgreich ist.

i) $\binom{8}{3} \cdot 0{,}3^3 \cdot 0{,}7^5$ ii) $0{,}7^5 \cdot 0{,}3^3$ iii) $1-\binom{8}{3} \cdot 0{,}3^3 \cdot 0{,}7^5$

iv) $\binom{8}{5} \cdot 0{,}3^5 \cdot 0{,}7^3$ v) $\binom{8}{5} \cdot 0{,}7^5 \cdot 0{,}3^3$ vi) $\binom{8}{3} \cdot 0{,}7^3 \cdot 0{,}3^5$ 2

b) Berechnen Sie die Wahrscheinlichkeit dafür, dass die Entwöhnung bei mindestens neun Personen der ganzen Gruppe Erfolg hat. 5

c) Im Verlauf der Behandlung wird ein Medikament getestet, das die Entwöhnung unterstützen soll. Fünf zufällig ausgewählte Gruppenmitglieder bekommen das Medikament, die anderen ein Placebo.
Bestimmen Sie die Wahrscheinlichkeit dafür, dass die beiden starken Raucher das Medikament bekommen. 3

30

Tipps und Hinweise: Stochastik I

Aufgabe 1

- Die Erklärung unterhalb des Diagramms zeigt Ihnen im ersten Satz, dass Sie Werte aus dem Diagramm ohne Dezimalstellengenauigkeit ablesen dürfen, obwohl die Prozentwerte ganz links auf eine Kommastelle genau ausgewiesen sind.
- Der zweite Satz unterhalb des Diagramms sagt Ihnen, dass Sie diese Werte (die „eigentlich" relative Häufigkeiten darstellen) als Wahrscheinlichkeiten benutzen dürfen.

Aufgabe 1 a

- Lesen Sie aus dem Diagramm die Wahrscheinlichkeit ab, dass ein zufällig ausgewählter 20- bis 24-jähriger Mann raucht.
- Gefragt ist nach der Wahrscheinlichkeit, dass er **nicht** raucht.
- Arbeiten Sie mit dem Gegenereignis.

Aufgabe 1 b

- Die Wahrscheinlichkeit, dass ein 20- bis 24-jähriger Mann raucht, haben Sie bereits bei Aufgabe 1 a abgelesen.
- Entnehmen Sie dem Diagramm die Wahrscheinlichkeit, dass eine 20- bis 24-jährige Frau raucht.
- Unter der Annahme, dass es gleich viele Frauen und Männer zwischen 20 und 24 Jahren gibt, muss sich die gesuchte Wahrscheinlichkeit als Mittelwert ergeben.

Aufgabe 1 c

- Sie benötigen aus dem Diagramm auch noch die Wahrscheinlichkeit, dass ein 40- bis 44-jähriger Mann raucht.
- In der Aufgabenstellung geht es nicht um Wahrscheinlichkeiten, sondern um die Anzahl der Raucher.
- Die Anzahl entspricht der absoluten Häufigkeit H.
- Für die relative Häufigkeit h gilt $h = \frac{H}{n}$, wobei n die Gesamtzahl darstellt.
- Wann gilt für zwei Ereignisse A und B $H(A) > H(B)$, obwohl $h(A) < h(B)$?
- Was spricht dafür, dass es 2005 mehr Männer im Alter von 40 bis 44 Jahren gab als im Alter zwischen 20 und 24?

Aufgabe 2

- Lesen Sie aus dem Diagramm die Wahrscheinlichkeiten ab, dass
  - eine 20- bis 24-jährige Frau raucht,
  - eine 15- bis 19-jährige Frau raucht,
  - eine 60- bis 64-jährige Frau raucht.

- Was bedeutet „mindestens eine Raucherin“ ausführlich ausgedrückt?
- Die Berechnung bei „mindestens eine Raucherin“ erfolgt leichter über das Gegenereignis.
- Wie lautet dieses Gegenereignis?
- Beachten Sie, dass Sie nun auch jeweils das Gegenereignis (keine Raucherin) bzgl. der aus dem Diagramm abgelesenen Wahrscheinlichkeiten benötigen.
- Unter den 4 Frauen sind 2 im Alter zwischen 20 und 24 Jahren.

Aufgabe 3 a

- Die Wahrscheinlichkeit, dass eine 20- bis 24-jährige Frau raucht, haben Sie bereits in Aufgabe 2 abgelesen.
- Da die 10 Frauen aus sehr vielen Gleichaltrigen ausgewählt werden, rechnen Sie mit „Ziehen mit Zurücklegen“. (siehe Merkhilfe)
- Verwenden Sie die Binomialverteilung und Ihre Tabelle.
- Bei P(A) ist $k=3$ zu wählen.
- Was bedeutet „höchstens vier“ bei der Berechnung von P(B)?
- Achten Sie darauf, **nur** für P(B) die kumulative Tabelle zu verwenden.

Aufgabe 3 b

- Die Nullhypothese und die Stichprobenlänge sind vorgegeben.
- Bestimmen Sie eine Entscheidungsregel so, dass das Signifikanzniveau 5 % beträgt.
- Zerlegen Sie die Menge $\{0; \ldots; 10\}$ in die beiden Teilmengen $\{0; \ldots; k\}$ und $\{k+1; \ldots; 10\}$.
- $\{0; \ldots; k\}$ steht für „möglichst wenige“. $\{k+1; \ldots; 10\}$ steht für „möglichst viele“.
- Entscheidet man sich für die Nullhypothese ($p_0 \leq 0{,}3$), wenn möglichst wenige oder möglichst viele der 10 ausgewählten Frauen rauchen?
- Die Wahrscheinlichkeit, sich fälschlicherweise gegen die Nullhypothese auszusprechen, soll höchstens 5 % betragen.
- Verwenden Sie die kumulative Binomialverteilung mit der Trefferwahrscheinlichkeit $p=0{,}3$.
- Suchen Sie in der Tabelle bei $n=10$ und $p=0{,}3$ das kleinstmögliche k, für das der Tabellenwert größer 0,95 ist.
- Wie viele Raucherinnen weist das Antwortprotokoll auf?
- Sind Sie bei dieser Anzahl von Raucherinnen für oder gegen die Nullhypothese $p_0 \leq 0{,}3$?

- Ist der Skeptiker für oder gegen die Nullhypothese $p_0 \leq 0{,}3$?
- Wird die Meinung des Skeptikers durch das Testergebnis (5 Raucherinnen) unterstützt?

oder:

- Der Skeptiker ist gegen die Nullhypothese $p_0 \leq 0{,}3$.
- Wählen Sie den Ablehnungsbereich so, dass das Ergebnis der Befragung (5 Raucherinnen) zum Ablehnungsbereich gehört.
- Wählen Sie (zur Minimierung der Wahrscheinlichkeit) den Ablehnungsbereich dennoch möglichst klein.
- Berechnen Sie die Wahrscheinlichkeit, dass $p_0 \leq 0{,}3$ abgelehnt wird.
- Entspricht diese Wahrscheinlichkeit dem geforderten Signifikanzniveau?

Aufgabe 4 a

- Wie viele starke, wie viele nicht starke Raucher werden betrachtet?
- Hier geht es nur um die 8 nicht starken Raucher.
- Wie groß ist die Erfolgsquote bei nicht starken Rauchern?
- Wie berechnen Sie die Wahrscheinlichkeit, unter 8 nicht starken Rauchern genau 5 erfolgreich entwöhnte zu finden? Findet sich dieser Term unter den angegebenen?
- Wie lässt sich dieser Term abändern, **ohne** seinen Wert zu ändern?

Aufgabe 4 b

- „Die ganze Gruppe" sind starke **und** nicht starke Raucher.
- Zerlegen Sie „mindestens 9".
- „Genau 9 mit Erfolg" wird auf zweierlei Arten erfüllt. Bei „genau 9 mit Erfolg" kann der eine ohne Erfolg ein starker oder ein nicht starker Raucher sein.
- Für den einen Erfolglosen gibt es bei den starken Rauchern die Auswahl aus 2, bei den nicht starken Rauchern die Auswahl aus 8.

Aufgabe 4 c

- Für den Nenner benötigen Sie die Anzahl der Möglichkeiten, 5 Gruppenmitglieder aus der ganzen Gruppe (10 Raucher) auszuwählen.
- Für den Zähler benötigen Sie die Anzahl der Möglichkeiten, die beiden starken Raucher auszuwählen.
- Nicht vergessen, dass Sie auch im Zähler insgesamt 5 Leute auswählen müssen. Außer den beiden starken Rauchern also auch noch 3 aus den 8 nicht starken Rauchern.

Lösungen

1. a) $P(20-24 | ♂ | R) = 38\,\%$ aus dem Diagramm abgelesen

$P(20-24 | ♂ | \overline{R}) = 1 - 0{,}38 = 0{,}62 = 62\,\%$

b) $P(20-24 | R) = \dfrac{P(20-24 | ♂ | R) + P(20-24 | ♀ | R)}{2} = \dfrac{38\,\% + 30\,\%}{2} = 34\,\%$

c) $P(40-44 | ♂ | R) = 37\,\% \mathrel{\hat{=}} 1{,}3$ Millionen $\Rightarrow$ $100\,\% \mathrel{\hat{=}} 3{,}5$ Millionen

$P(20-24 | ♂ | R) = 38\,\% \mathrel{\hat{=}} 0{,}9$ Millionen $\Rightarrow$ $100\,\% \mathrel{\hat{=}} 2{,}4$ Millionen

Aufgrund der Alterspyramide (Verteilung der Bevölkerung auf die verschiedenen Altersgruppen) ist es möglich, dass es 2005 mehr männliche Einwohner im Alter zwischen 40 und 44 als im Alter zwischen 20 und 24 gab.
Somit kann die absolute Häufigkeit für einen männlichen Raucher zwischen 40 und 44 Jahren größer sein als die absolute Häufigkeit für einen männlichen Raucher zwischen 20 und 24, obwohl die Wahrscheinlichkeit (hier besser die relative Häufigkeit) für einen männlichen Raucher zwischen 40 und 44 kleiner ist als für einen männlichen Raucher zwischen 20 und 24.

2. $P(20-24 | ♀ | R) = 0{,}3$

$P(15-19 | ♀ | R) = 0{,}17$

$P(60-64 | ♀ | R) = 0{,}12$

$$\begin{aligned} P(\text{unter 4 Frauen mindestens 1 Raucherin}) &= P(\overline{\text{unter 4 Frauen keine Raucherin}}) \\ &= 1 - P(\text{unter 4 Frauen keine Raucherin}) \\ &= 1 - 0{,}7^2 \cdot 0{,}83 \cdot 0{,}88 = 0{,}6421 \approx 64\,\% \end{aligned}$$

3. $P(20-24 | ♀ | R) = 0{,}3$

a) $P(\text{unter 10 Frauen genau 3 Raucherinnen}) = B(10;\, 0{,}3;\, 3) = 0{,}26683 \approx 27\,\%$

$$P(\text{unter 10 Frauen höchstens 4 Raucherinnen}) = \sum_{i=0}^{4} B(10;\, 0{,}3;\, i) = F_{0,3}^{10}(4)$$

$$= 084973 \approx 85\,\%$$

b)

	für p_0 $0 \ldots k$	gegen p_0 $k+1 \ldots 10$	Raucherinnen
$p_0 \leq 0{,}3$		$\leq 5\,\%$	

$$\sum_{i=k+1}^{10} B(10;0{,}3;i) = 1 - \sum_{i=0}^{k} B(10;0{,}3;i) = 1 - F_{0,3}^{10}(k) \overset{!}{\le} 0{,}05$$

$$\Rightarrow \sum_{i=0}^{k} B(10;0{,}3;i) = F_{0,3}^{10}(k) \overset{!}{\ge} 0{,}95 \quad \Rightarrow \quad k \ge 5$$

Das kleinstmögliche k, mit dem das Signifikanzniveau unter 5 % liegt, ist somit 5. Damit gilt:

- für $p_0 \le 0{,}3$, wenn höchstens 5 Frauen rauchen
- gegen $p_0 \le 0{,}3$, wenn mehr als 5 Frauen rauchen

Da das Antwortprotokoll 5 Raucherinnen ausweist, ist man – mit dem Signifikanzniveau 5 % – **für** die Nullhypothese $p_0 \le 0{,}3$.
Die Meinung des Skeptikers $(p > 0{,}3)$ wird also **nicht** unterstützt.

oder:

Man wählt den Ablehnungsbereich (gegen p_0) so, dass die im Antwortprotokoll ausgewiesenen 5 Raucherinnen zu einer Ablehnung führen.

	für p_0 0 … 4	gegen p_0 5 … 10	Raucherinnen
$p_0 \le 0{,}3$		◯	

$$\sum_{i=5}^{10} B(10;0{,}3;i) = 1 - \sum_{i=0}^{4} B(10;0{,}3;i) = 1 - F_{0,3}^{10}(4) = 1 - 0{,}84973 = 0{,}15027$$

Da $0{,}15027 > 0{,}05$, würde eine Ablehnung der Nullhypothese $(p_0 \le 0{,}3)$ beim vorliegenden Antwortprotokoll ein Signifikanzniveau von mehr als 15 % haben.
Die Meinung des Skeptikers $(p > 0{,}3)$ kann also **nicht** auf dem Signifikanzniveau von 5 % unterstützt werden.

4. 2 starke Raucher mit der Erfolgschance 60 %
   8 nicht starke Raucher mit der Erfolgschance 70 %

   a) Term i) und Term v)
   Diese Auswahl erfüllt die Aufgabenstellung bereits!
   Zum besseren Verständnis werden hier alle Terme erläutert:

$$\binom{8}{3} \cdot 0{,}3^3 \cdot 0{,}7^5$$

$\binom{8}{3}$	$0{,}3^3$	$0{,}7^5$
↑ Platzwahl derer ohne Erfolg	↑ 3 ohne Erfolg	↑ 5 mit Erfolg

$$0{,}7^5 \cdot 0{,}3^3$$

$0{,}7^5$	$0{,}3^3$
↑ die **ersten** 5 mit Erfolg	↑ die **letzten** 3 ohne Erfolg

$$1 - \binom{8}{3} \cdot 0{,}3^3 \cdot 0{,}7^5$$

alles, außer genau 5 mit und genau 3 ohne Erfolg

$$\binom{8}{5} \cdot 0{,}3^5 \cdot 0{,}7^3$$

$\binom{8}{5}$	$0{,}3^5$	$0{,}7^3$
Platzwahl derer ohne Erfolg	5 ohne Erfolg	3 mit Erfolg

$$\binom{8}{5} \cdot 0{,}7^5 \cdot 0{,}3^3$$

$\binom{8}{5}$	$0{,}7^5$	$0{,}3^3$
Platzwahl derer mit Erfolg	5 mit Erfolg	3 ohne Erfolg

$$\binom{8}{3} \cdot 0{,}7^3 \cdot 0{,}3^5$$

$\binom{8}{3}$	$0{,}7^3$	$0{,}3^5$
Platzwahl derer mit Erfolg	3 mit Erfolg	5 ohne Erfolg

b) P(Erfolg bei mindestens 9 der 10 Personen) =

$$= \left[\binom{2}{1} \cdot 0{,}4 \cdot 0{,}6\right] \cdot 0{,}7^8 + 0{,}6^2 \cdot \left[\binom{8}{1} \cdot 0{,}3 \cdot 0{,}7^7\right] + 0{,}6^2 \cdot 0{,}7^8$$

$$= 0{,}11958 \approx 12\,\%$$

c) $$P = \frac{\binom{2}{2} \cdot \binom{8}{3}}{\binom{10}{5}} = 0{,}22222 \approx 22\,\%$$

Abitur Mathematik (Bayern): Musterabitur
Stochastik II

BE

1. Graphologen beschäftigen sich mit der Analyse von Handschriften. Ein Graphologe bewirbt sich um eine Stelle. Der Personalchef der betreffenden Firma möchte ihn testen und legt ihm dazu Schriftproben vor. Jede Schriftprobe stammt entweder von einer entscheidungsfreudigen oder einer zögerlichen Person. Dies wird dem Bewerber mitgeteilt.

   a) Man plant, den Bewerber einzustellen, wenn er bei mehr als zwei Dritteln von zwölf vorgelegten Schriftproben richtig entscheidet. Begründen Sie, dass der Bewerber die Stelle mit mehr als 7 % Wahrscheinlichkeit bekommen würde, wenn er nur rät. 5

   Dem Personalchef ist es zu riskant, dass ein nur ratender Bewerber die Stelle mit mehr als 7 % Wahrscheinlichkeit bekommt. Er fordert, den Test so zu modifizieren, dass die Einstellungschance eines nur ratenden Bewerbers unter 3 % gedrückt wird. Man entscheidet sich, die Anzahl vorgelegter Schriftproben auf 30 zu erhöhen und bei mehr als zwei Dritteln eine richtige Entscheidung zu verlangen.

   b) Zeigen Sie, dass bei dem modifizierten Testverfahren die Forderung des Personalchefs erfüllt wird. 3

   c) Der Graphologe interessiert sich anders als der Personalchef mehr dafür, dass seine Fähigkeiten fälschlicherweise nicht erkannt werden. Er schätzt, dass er bei jeder einzelnen Schriftprobe mit 75 % Wahrscheinlichkeit richtig entscheidet. Bestimmen Sie, wie hoch in diesem Fall die Wahrscheinlichkeit dafür ist, dass er bei dem modifizierten Test als ratend eingestuft wird. 3

   d) Das modifizierte Testverfahren kann als einseitiger Hypothesentest mit dem Signifikanzniveau 3 % gedeutet werden. Geben Sie die zugehörige Nullhypothese und den Ablehnungsbereich an. 2

2. Man liest gelegentlich, dass eine nach rechts geneigte Handschrift einen Hinweis auf Aufgeschlossenheit darstellt. In einer Abteilung mit 50 Angestellten gelten 35 als aufgeschlossen. 40 % der als aufgeschlossen geltenden Angestellten haben eine Handschrift, die nicht nach rechts geneigt ist. Weiter ist bei sechs Angestellten, die nicht als aufgeschlossen gelten, die Handschrift nach rechts geneigt.
   Die Ereignisse R: „Ein zufällig ausgewählter Angestellter hat eine nach rechts geneigte Handschrift.“ und A: „Ein zufällig ausgewählter Angestellter gilt als aufgeschlossen.“ sollen auf stochastische Abhängigkeit untersucht werden.

a) Stellen Sie die beschriebene Situation in einem vollständig beschrifteten Baumdiagramm oder in einer vollständig ausgefüllten Vierfeldertafel dar. 4

b) Begründen Sie, dass die Ereignisse A und R stochastisch abhängig sind. 2

c) Von den im Vortext gegebenen Zahlenwerten soll nur der Prozentsatz 40 % so abgeändert werden, dass die Ereignisse R und A stochastisch unabhängig sind. Geben Sie den geänderten Wert an. 2

3. Es ist bekannt, dass 25 % aller Unternehmen bei Neueinstellungen ein graphologisches Gutachten, d. h. eine Analyse der Handschrift des Bewerbers, zurate ziehen.
Ein Stellensuchender bewirbt sich bei 20 Firmen.

a) Ermitteln Sie die Wahrscheinlichkeit dafür, dass genau fünf dieser Unternehmen ein graphologisches Gutachten einholen. 2

b) Bestimmen Sie die Wahrscheinlichkeit dafür, dass die Anzahl der Unternehmen, die ein graphologisches Gutachten einholen, kleiner als der zugehörige Erwartungswert ist. 3

c) Begründen oder widerlegen Sie folgende Aussage: „Die Wahrscheinlichkeit dafür, dass eine Zufallsvariable einen Wert annimmt, der kleiner als ihr Erwartungswert ist, beträgt höchstens 50 %." 4

30

Tipps und Hinweise: Stochastik II

Aufgabe 1 a

- Wie groß ist die Wahrscheinlichkeit, richtig zu raten?
- Sollte der Bewerber nur raten, so hat er dafür die zwei Möglichkeiten „entscheidungsfreudig“ oder „zögerlich“.
- Bei wie vielen Schriftproben muss er richtig entscheiden?
- Berechnen Sie die Wahrscheinlichkeit, dass bei mehr als 8 von 12 Schriftproben richtig geraten wird.
- Es sind die Voraussetzungen einer Bernoulli-Kette erfüllt.
- Für $n = 12$ gibt es keine Werte in der Tabelle. Sie müssen also „von Hand“ rechnen.
- Zerlegen Sie „mehr als 8“ und verwenden Sie die Formel für die Binomialverteilung (siehe Merkhilfe).
- Ausklammern des Faktors $0{,}15^{12}$ erleichtert das Eintippen in den Taschenrechner.
- Vergleichen Sie die berechnete Wahrscheinlichkeit mit dem gegebenen Wert.

Aufgabe 1 b

- Wie viele Schriftproben muss der Bewerber jetzt richtig erraten?
- Für $n = 30$ sind die Werte tabellarisiert.
- Wie müssen Sie „mehr als 20“ umformulieren?
- Arbeiten Sie mit dem Gegenereignis.
- Vergleichen Sie die berechnete Wahrscheinlichkeit mit dem geforderten Wert.

Aufgabe 1 c

- Der Bewerber rät nicht, sondern schätzt seine Fähigkeit, richtig zu entscheiden, auf 75 %.
- Wann vermutet man, dass der Bewerber nur rät?
- Wie viele Schriftproben muss der Bewerber richtig zuordnen, damit er eingestellt wird, weil er nicht als nur ratend angesehen wird?
- Mit wie vielen richtig zugeordneten Schriftproben wird der Bewerber nicht eingestellt (weil man glaubt, er rate nur), obwohl er eine Fähigkeit von 75 % hat?
- Berechnen Sie die Wahrscheinlichkeit, dass der Bewerber höchstens 20 Schriftproben richtig zuordnet, obwohl seine Fähigkeit 75 % beträgt.

Aufgabe 1 d

- Die 3 % weisen auf Aufgabe 1 b hin.
- Die Nullhypothese entspricht dem „Raten".
- Wie groß ist diese Wahrscheinlichkeit bestenfalls?
- Der Ablehnungsbereich ist der Bereich, bei dem man glaubt, dass die Nullhypothese „raten" nicht stimmt.
- Wann wird der Bewerber eingestellt? (Weil man glaubt, dass er nicht rät.)

Aufgabe 2 a

- Fertigen Sie **entweder** ein Baumdiagramm **oder** eine Vierfeldertafel an.

Baumdiagramm:

- Welche Eigenschaft muss am 1. Ast stehen?
- Die 40 % sind Teil der aufgeschlossenen Angestellten.
- Die 40 % müssen am 2. Ast stehen.
- Die Wahrscheinlichkeiten für A bzw. $\overline{A}$ am 1. Ast ergeben sich als Brüche (Laplace-Wahrscheinlichkeit).

Vierfeldertafel:

- Da die meisten Angaben absolute Häufigkeiten angeben, empfiehlt sich eine Vierfeldertafel mit natürlichen Zahlen.
- In der rechten unteren Ecke steht die Gesamtzahl der Angestellten (50).
- Berechnen Sie, wie viele der aufgeschlossenen Angestellten nicht nach rechts neigend schreiben.

Aufgabe 2 b

- Berechnen Sie die Wahrscheinlichkeiten P(A), P(R) und $P(A \cap R)$.
- Vergleichen Sie $P(A) \cdot P(R)$ mit $P(A \cap R)$, um zu entscheiden, ob die Ereignisse stochastisch abhängig sind. (siehe Merkhilfe)

Baumdiagramm:

- Beachten Sie, dass sich P(R) aus $P(A \cap R)$ und $P(\overline{A} \cap R)$ zusammensetzt.

Aufgabe 2 c

- Die Ereignisse A und R sind nur dann stochastisch unabhängig, wenn das Eintreten von R gleich bleibt, egal ob gleichzeitig A oder gleichzeitig $\overline{A}$ eintritt.
- Es muss gelten: $P_A(R) = P_{\overline{A}}(R)$

Baumdiagramm:

- Zu R (bzw. $\overline{R}$) müssen dieselben Wahrscheinlichkeiten führen.

Vierfeldertafel:

- Die Verteilung der 35 Angestellten in Spalte 1 muss genauso wie die Aufteilung der 15 Angestellten in Spalte 2 sein.
- In Spalte 2 verteilen sich die 15 mit $6:9=2:3$.
- Also in Spalte 1 die 35 auch wie $2:3$, somit $14:21$.

Aufgabe 3 a

- Es liegt eine Bernoulli-Kette vor.
- Verwenden Sie Ihre Tabelle.

Aufgabe 3 b

- Berechnen Sie den Erwartungswert (siehe Merkhilfe).
- Es gilt wie in Aufgabe 3 a: $n=20$
- Verwenden Sie Ihre Tabelle.

Aufgabe 3 c

- Die Zufallsvariable muss nur **einen** Wert annehmen, der kleiner als μ ist.
- Suchen Sie in Ihrer Tabelle, ob Sie im **nicht** kumulativen Teil Werte finden, die größer als 0,5 sind.
- Für welche Werte von n bzw. p finden Sie einen Wert $>0{,}5$?
- Berechnen Sie für dieses n und dieses p den Erwartungswert.
- Welchen Wert muss die Zufallsvariable annehmen, um kleiner als der Erwartungswert zu sein?
- Wie groß ist diese Wahrscheinlichkeit?
- Es genügt bereits **ein** Beispiel zu finden, für das die Aussage **nicht** stimmt (Widerspruchsbeweis).

Lösungen

1. a) P(richtige Entscheidung beim Raten) = 0,5

$\frac{2}{3}$ von 12 = 8

P(mehr als 8 von 12 Schriftproben richtig erraten) =

$$= \sum_{i=9}^{12} B(12; 0,5; i)$$

$$= \binom{12}{9} \cdot 0,5^9 \cdot 0,5^3 + \binom{12}{10} \cdot 0,5^{10} \cdot 0,5^2 + \binom{12}{11} \cdot 0,5^{11} \cdot 0,5^1 + \binom{12}{12} \cdot 0,5^{12} \cdot 0,5^0$$

$$= 0,5^{12} \left[\binom{12}{9} + \binom{12}{10} + \binom{12}{11} + \binom{12}{12}\right] = 0,073 > 0,07$$

b) $\frac{2}{3}$ von 30 = 20

P(mehr als 20 von 30 Schriftproben richtig erraten) =

$$= \sum_{i=21}^{30} B(30; 0,5; i)$$

$$= 1 - \sum_{i=0}^{20} B(30; 0,5; i)$$

$$= 1 - F_{0,5}^{30}(20)$$

$$= 1 - 0,97861 = 0,02139 < 0,03$$

c) P(richtige Entscheidung) = 0,75

P(höchstens 20 von 30 Schriftproben richtig gewusst) =

$$= \sum_{i=0}^{20} B(30; 0,75; i)$$

$$= F_{0,75}^{30}(20)$$

$$= 0,19659 \approx 19,7\ \%$$

d) Nullhypothese: $p_0 \leq 0,5$

Ablehnungsbereich: {21; …; 30}

2. a)

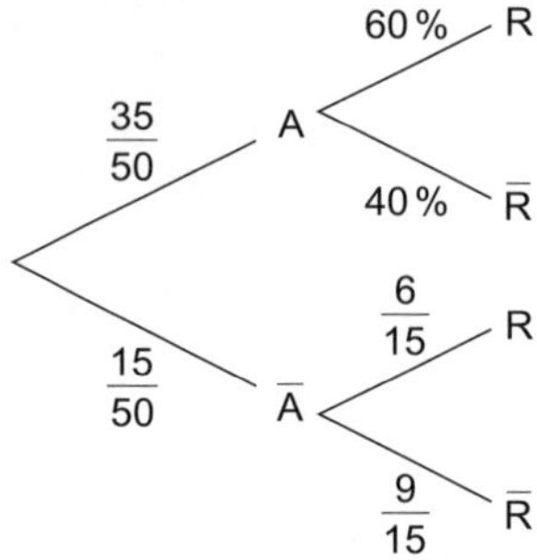

somit

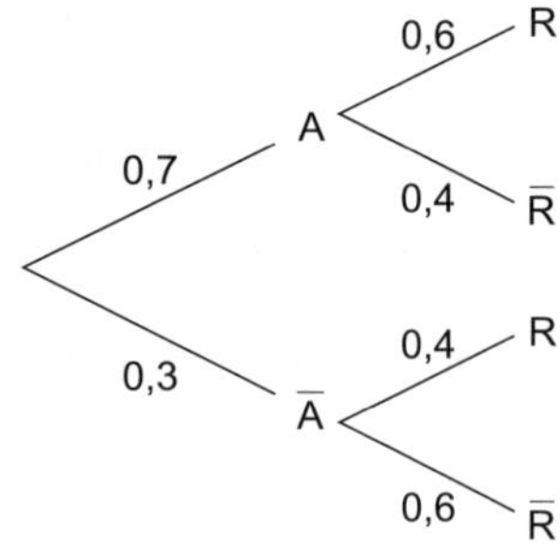

oder :

	A	$\overline{A}$	
R	**21**	6	**27**
$\overline{R}$	40 % von 35 = 14	**9**	**23**
	35	**15**	50

Zu berechnende Werte sind fett gedruckt.

b) *Mit Baumdiagramm:*

$P(A) = 0{,}7$

$P(R) = 0{,}7 \cdot 0{,}6 + 0{,}3 \cdot 0{,}4 = 0{,}54$

$P(A) \cdot P(R) = 0{,}378$

$P(A \cap R) = 0{,}7 \cdot 0{,}6 = 0{,}42 \neq P(A) \cdot P(R)$

$\Rightarrow$ A und R stochastisch abhängig

Mit Vierfeldertafel:

$$P(A) = \frac{35}{50} = 0{,}7$$

$$P(R) = \frac{27}{50} = 0{,}54$$

$$P(A) \cdot P(R) = 0{,}378$$

$$P(A \cap R) = \frac{21}{50} = 0{,}42 \neq P(A) \cdot P(R)$$

$\Rightarrow$ A und R stochastisch abhängig

c) *Mit Baumdiagramm:*

60 % (Wahrscheinlichkeiten in der 2. Stufe gleich verteilt)

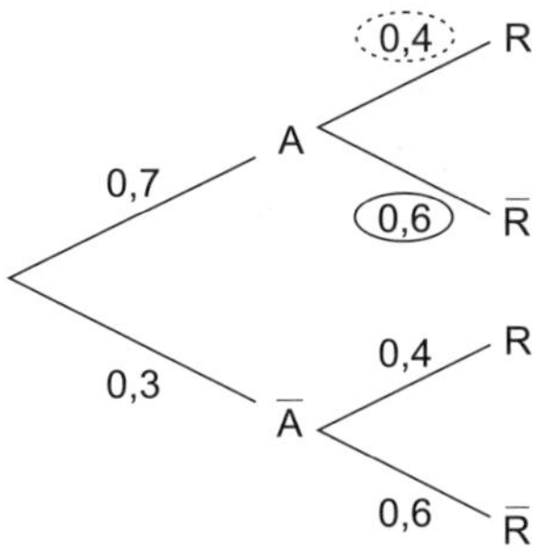

Mit Vierfeldertafel:

$\frac{21}{35} = 60\%$ (Anteile in der 1. Spalte genauso verteilt wie in der 2.)

	A	$\bar{A}$	
R	14	6	20
$\bar{R}$	21	9	30
	35	15	50

3. a) $P = B(20; 0{,}25; 5) = 0{,}20233 \approx 20{,}2\ \%$

b) $\mu = E = 20 \cdot 0{,}25 = 5$

$$P = \sum_{i=0}^{4} B(20; 0{,}25; i) = F_{0{,}25}^{20}(4) = 0{,}41484 \approx 41{,}5\ \%$$

c) Die Aussage ist falsch.
Wahrscheinlichkeiten größer 0,5 finden Sie in Ihrer Tabelle vor allem für kleine n und kleine p.

z. B. $n = 3$ und $p = 0{,}01$ und somit $\mu = 0{,}03$
für $k = 0$ ($< \mu = 0{,}03$) gilt $B(3; 0{,}01; 0) = 0{,}97030 > 0{,}5$

$n = 3$ und $p = 0{,}15$ und somit $\mu = 0{,}45$
für $k = 0$ ($< \mu = 0{,}45$) gilt $B(3; 0{,}15; 0) = 0{,}61413 > 0{,}5$

$n = 5$ und $p = 0{,}1$ und somit $\mu = 0{,}5$
für $k = 0$ ($< \mu = 0{,}5$) gilt $B(5; 0{,}1; 0) = 0{,}59049 > 0{,}5$

$n = 10$ und $p = 0{,}05$ und somit $\mu = 0{,}5$
für $k = 0$ ($< \mu = 0{,}5$) gilt $B(10; 0{,}05; 0) = 0{,}59874 > 0{,}5$

Die Aussage ist schon durch das Auffinden nur **eines** Gegenbeispiels zu widerlegen. Es können der Tabelle aber außer den oben aufgeführten noch weitere entnommen werden.

Abitur Mathematik (Bayern): Musterabitur
Geometrie I

BE

1. In einem kartesischen Koordinatensystem beschreibt die x_1-x_2-Ebene eine flache Landschaft, in der sich ein Flughafen befindet. Die x_1-Achse zeigt in Richtung Osten, die x_2-Achse in Richtung Norden, die Längeneinheit ist 1 km. Ein Flugzeug F_1 steigt unmittelbar nach dem Abheben von der Startbahn im Punkt $P(-10\,|\,0\,|\,0)$ längs der Geraden

$$g_1\colon\ \vec{X} = \vec{P} + \lambda \cdot \begin{pmatrix} 5 \\ 5 \\ 1 \end{pmatrix},\ \lambda \in \mathbb{R},$$

auf. Flugzeug F_2 fliegt entlang der Geraden

$$g_2\colon\ \vec{X} = \begin{pmatrix} 40 \\ 50 \\ 10 \end{pmatrix} + \mu \cdot \begin{pmatrix} 10 \\ -10 \\ 0 \end{pmatrix},\ \mu \in \mathbb{R}.$$

a) Geben Sie die Himmelsrichtung an, in der F_1 fliegt, und begründen Sie, dass F_2 eine konstante Flughöhe hält. 3

b) Berechnen Sie den Steigungswinkel der Flugbahn von F_1 gegen die Horizontale. 4

c) F_1 überfliegt in einer Höhe von 6 km eine Radarstation im Punkt Z der x_1-x_2-Ebene. Bestimmen Sie die Koordinaten von Z. 3
[Ergebnis: $Z(20\,|\,30\,|\,0)$]

d) Bestätigen Sie durch Rechnung, dass sich die Flugbahnen der beiden Flugzeuge senkrecht schneiden.
Legen Sie dar, dass daraus auch bei unveränderten Flugbahnen nicht zwingend eine Kollision der beiden Flugzeuge folgt. 5

e) Der Richtungsvektor von g_2 beschreibt die konstante Geschwindigkeit des Flugzeugs F_2 in der Einheit $\frac{\text{km}}{\text{min}}$. Geben Sie die physikalische Bedeutung des Parameters μ an. 2

f) Das Radar in Z erfasst alle Objekte im Luftraum bis zu einer Entfernung von 50 km. Berechnen Sie die Länge der Flugstrecke von F_2 im Überwachungsbereich des Radars. 6

2. Berechnen Sie den Abstand des Punktes $Q(2\,|\,3\,|\,-1)$ von der Ebene $E\colon 2x_1 - x_2 + 3x_3 = 4$. 3

3. Gegeben sind die Eckpunkte eines Dreiecks ABC, das sich durch einen Punkt D zu einem Drachenviereck ABCD ergänzen lässt.
Beschreiben Sie eine Abfolge von Schritten zur rechnerischen Ermittlung der Koordinaten von D. 4

30

Tipps und Hinweise: Geometrie I

Aufgabe 1 a

- Betrachten Sie den Richtungsvektor der Geraden g_1.
- Die x_3-Koordinate zeigt senkrecht nach oben, hat also keinen Einfluss auf die Himmelsrichtung.
- Was fällt an der x_1- und x_2-Koordinate auf?
- Wo liegen in der x_1-x_2-Ebene alle Punkte, für die $x_1 = x_2 > 0$ gilt?
- In welche Himmelsrichtung weisen alle Punkte mit $x_1 = x_2 > 0$, wenn die x_1-Richtung OST und die x_2-Richtung NORD ist?
- Die Höhe wird durch die x_3-Koordinate ausgedrückt.
- Wie groß ist die x_3-Koordinate aller Punkte auf g_2?

Aufgabe 1 b

- Die Horizontale ist gemäß Angabe die x_1-x_2-Ebene.
- Die Berechnung eines Winkels zwischen zwei Vektoren ist in Ihrer Merkhilfe aufgelistet.
- Die Steigung der Geraden hängt von ihrem Richtungsvektor ab.
- Die Lage der Ebene wird durch ihren Normalenvektor mitbestimmt.
- In welchem Zusammenhang steht der Winkel zwischen Richtungsvektor der Geraden und Normalenvektor der Ebene mit dem Winkel zwischen der Geraden und der Ebene?
- Berechnen Sie den Winkel zwischen dem Richtungsvektor der Geraden und dem Normalenvektor der Ebene (siehe Merkhilfe).

Aufgabe 1 c

- Die Höhe ist durch die x_3-Koordinate ausgedrückt.
- Für welchen Punkt der Geraden g_1 gilt $x_3 = 6$?
- Betrachten Sie die unterste Zeile der Geradengleichung. Ihr Wert muss 6 sein. Daraus ergibt sich λ.
- Der Punkt Z liegt senkrecht unterhalb dieses Punktes von g_1.
- Ist $P(a\,|\,b\,|\,c)$ ein beliebiger Punkt im Raum, so liegt $Q(a\,|\,b\,|\,0)$ senkrecht unter (für $c > 0$) bzw. über (für $c < 0$) ihm.

Aufgabe 1 d

Berechnen Sie den Schnittpunkt der beiden Geraden g_1 und g_2.

Setzt man die beiden Geradengleichungen gleich, so ergeben sich 3 Gleichungen mit 2 Unbekannten.

Die berechneten Parameter λ und μ müssen alle 3 Gleichungen erfüllen.

Was muss für die beiden Richtungsvektoren gelten, damit der Schnitt senkrecht erfolgt?

Zwei Vektoren stehen aufeinander senkrecht, wenn ihr Skalarprodukt 0 ergibt.

Die beiden Flugzeuge **bewegen** sich auf diesen Geraden g_1 und g_2.

Eine Kollision kann nur stattfinden, wenn sich beide Flugzeuge **zugleich** im Schnittpunkt von g_1 und g_2 befinden.

Aufgabe 1 e

Die Gerade g_2 beschreibt die Flugbahn von F_2. Somit geben die Koordinaten des Punktes X mit $X \in g_2$ den jeweiligen „Standort" von F_2 an.

Gibt der Richtungsvektor von g_2 die Geschwindigkeit an, so fliegt F_2 mit $10 \frac{\text{km}}{\text{min}}$ Richtung OST und mit $-10 \frac{\text{km}}{\text{min}}$ Richtung NORD.

Wie lässt sich $-10 \frac{\text{km}}{\text{min}}$ Richtung NORD anders ausdrücken?

Womit muss die Einheit $\frac{\text{km}}{\text{min}}$ multipliziert werden, damit sich eine Entfernung ergibt?

Welche Einheit muss also μ haben, damit alle Koordinaten von $X \in g_2$ in km angegeben sind?

Aufgabe 1 f

Wo liegen alle Punkte, die von Z 50 km Entfernung haben?

Z liegt in der x_1-x_2-Ebene (siehe Aufgabe 1 c).

Wie verläuft g_2 bezüglich der x_1-x_2-Ebene (siehe Aufgabe 1 a)?

Fertigen Sie eine Skizze an.

Die Länge der Flugstrecke im überwachten Raum entspricht der Länge der Strecke zwischen den Schnittpunkten der Halbkugel mit der Geraden g_2.

Stellen Sie die Gleichung der Kugel um Z mit dem Radius 50 auf (siehe Merkhilfe).

Schneiden Sie die Kugel mit g_2.

Setzen Sie die Koordinaten der Geradengleichung in die Kugelgleichung ein.

Es ergibt sich eine quadratische Gleichung für den Geradenparameter μ.

- Die beiden Schnittpunkte ergeben sich durch Einsetzen der beiden für μ berechneten Werte in die Gleichung von g_2.
- Berechnen Sie die Länge der Strecke zwischen den beiden Schnittpunkten.

oder:

- Die Hälfte der gesuchten Strecke bildet die Kathete eines rechtwinkligen Dreiecks mit der Hypotenuse 50 km (Skizze!).
- Die andere Kathete ist so lang wie der Abstand des Punktes Z von der Geraden g_2.
- Um den Abstand des Punktes Z von g_2 berechnen zu können, benötigen Sie den Fußpunkt des Lots von Z auf g_2.
- Dieser Fußpunkt muss auf g_2 liegen, also die Geradengleichung erfüllen.
- Die Gerade durch Z und den Fußpunkt muss ein Lot auf g_2 sein (senkrecht auf g_2 stehen).
- Die Länge der Strecke zwischen Z und Fußpunkt ist der Abstand des Punktes Z von g_2.
- Berechnen Sie die Länge der zweiten Kathete mithilfe des Satzes von Pythagoras (siehe Merkhilfe).

Aufgabe 2

- Für den Abstand eines Punktes von einer Ebene finden Sie eine Formel in Ihrer Merkhilfe.
- Sie benötigen die HNF der Ebene.
- Anstelle von x_1, x_2, x_3 setzen Sie die Koordinaten des Punktes ein.

Aufgabe 3

- Machen Sie sich eine Skizze eines Drachenvierecks.
- Benennen Sie die Eckpunkte entgegen dem Uhrzeigersinn.
- Welche Diagonale ist die Symmetrieachse des Drachenvierecks?
- Welche Beziehung besteht zwischen B und D?
- Welche Eigenschaft hat die Strecke [BD] bzgl. AC?
- Schildern Sie die Schritte, die nötig sind, um den Spiegelpunkt von B bzgl. AC zu berechnen.
- Sie benötigen den Schnittpunkt der Vierecksdiagonalen.
- Dieser Schnittpunkt ist der Fußpunkt des Lots von B auf AC.
- Welche Eigenschaften hat dieser Fußpunkt?
- Wie ergibt sich D, wenn der Fußpunkt bekannt ist?

Lösungen

1. a) 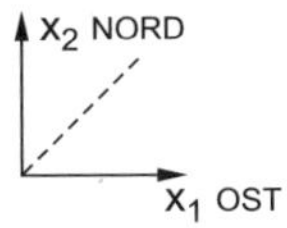

Für den Richtungsvektor $\begin{pmatrix} 5 \\ 5 \\ 1 \end{pmatrix}$ von F_1 gilt $x_1 = x_2$, also fliegt F_1 nach NO.

Für den Richtungsvektor von $\begin{pmatrix} 10 \\ -10 \\ 0 \end{pmatrix}$ von F_2 gilt $x_3 = 0$, also bleibt die Flughöhe von 10 km (x_3-Koordinate des Aufpunkts) stets unverändert.

b) Gesucht ist der Winkel zwischen g_1 und der x_1-x_2-Ebene.

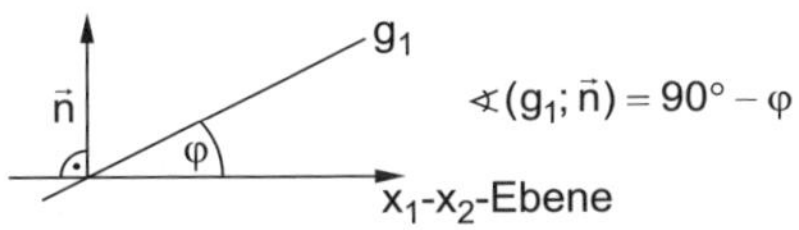

$$g_1:\ \vec{X} = \begin{pmatrix} -10 \\ 0 \\ 0 \end{pmatrix} + \lambda \begin{pmatrix} 5 \\ 5 \\ 1 \end{pmatrix}$$

x_1-x_2-Ebene: $x_3 = 0$

$$\cos(90° - \varphi) = \left| \frac{\vec{u}_{g_1} \circ \vec{n}}{|\vec{u}_{g_1}| \cdot |\vec{n}|} \right| = \left| \frac{\begin{pmatrix} 5 \\ 5 \\ 1 \end{pmatrix} \circ \begin{pmatrix} 0 \\ 0 \\ 1 \end{pmatrix}}{\sqrt{51} \cdot 1} \right| = \frac{1}{\sqrt{51}}$$

$$\Rightarrow\ 90° - \varphi = 81{,}95° \ \Rightarrow\ \varphi = 8{,}05° \approx 8°$$

c) Höhe $= 6$ km $\ \Rightarrow\ x_3 = 6$ bei g_1

$$g_1:\ \vec{X} = \begin{pmatrix} -10 \\ 0 \\ 0 \end{pmatrix} + \lambda \begin{pmatrix} 5 \\ 5 \\ 1 \end{pmatrix}$$

$$x_3 = 0 + \lambda \overset{!}{=} 6 \ \Rightarrow\ \lambda = 6$$

$$\vec{X}_6 = \begin{pmatrix} -10 \\ 0 \\ 0 \end{pmatrix} + 6 \begin{pmatrix} 5 \\ 5 \\ 1 \end{pmatrix} = \begin{pmatrix} 20 \\ 30 \\ 6 \end{pmatrix}$$

Entsprechender Punkt in der x_1-x_2-Ebene: $Z(20\,|\,30\,|\,0)$

d) $g_1 \cap g_2 = \{S\}$

$$\begin{pmatrix}-10\\0\\0\end{pmatrix}+\lambda\begin{pmatrix}5\\5\\1\end{pmatrix}=\begin{pmatrix}40\\50\\10\end{pmatrix}+\mu\begin{pmatrix}10\\-10\\0\end{pmatrix}$$

$$\begin{aligned}-10+5\lambda &= 40+10\mu\\ 5\lambda &= 50-10\mu\\ \lambda &= 10\end{aligned}$$

$$\begin{aligned}-10+50 &= 40+10\mu \quad\Rightarrow\quad \mu = 0\\ 50 &= 50-10\mu \quad\Rightarrow\quad \mu = 0\end{aligned}$$

$$\vec{S}=\begin{pmatrix}40\\50\\10\end{pmatrix}+0\cdot\begin{pmatrix}10\\-10\\0\end{pmatrix}$$ S(40 | 50 | 10)

$$\begin{pmatrix}5\\5\\1\end{pmatrix}\circ\begin{pmatrix}10\\-10\\0\end{pmatrix}=50-50+0=0$$

Somit schneiden sich g_1 und g_2 im Punkt S(40 | 50 | 10) senkrecht.

g_1 und g_2 sind die Flugbahnen von F_1 und F_2. Auch wenn diese sich schneiden, muss das keine Kollision zur Folge haben. Nur wenn F_1 und F_2 den Schnittpunkt S **zur gleichen Zeit** passieren, kollidieren sie dort.

e) Der Richtungsvektor von g_2 beschreibt somit folgende Geschwindigkeit:

- $10\,\frac{km}{min}$ in östliche Richtung
- $-10\,\frac{km}{min}$ in nördliche Richtung = $10\,\frac{km}{min}$ in südliche Richtung
- $0\,\frac{km}{min}$ nach oben/unten = gleichbleibende Flughöhe (siehe Aufgabe 1 a)

Da g_2 die Flug**bahn** von F_2 beschreibt, muss $\mu\cdot\begin{pmatrix}10\\-10\\0\end{pmatrix}$ die Ortsveränderung von F_2 angeben.

$\Rightarrow$ μ ist die Flug**zeit** in min (wobei sich F_2 für $\mu = 0$ im Punkt (40 | 50 | 10) befindet)

f) Das Radar erfasst also alle Objekte innerhalb einer Halbkugel um Z mit Radius 50 km.

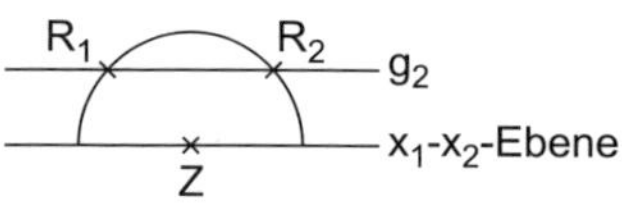

F_2 besitzt gleichbleibende Flughöhe

$\Rightarrow$ $g_2 \parallel x_1$-x_2-Ebene

Lösung durch $g_2 \cap$ Halbkugel / Kugel K

K: $\overline{ZX} = 50$ Z ist Mittelpunkt; $r = 50$

$$\sqrt{(x_1-20)^2+(x_2-30)^2+(x_3-0)^2} = 50$$

$$(x_1-20)^2+(x_2-30)^2+x_3^2 = 2\,500$$

$X \in g_2$: $\quad x_1 = 40 + 10\mu$

$\quad x_2 = 50 - 10\mu$

$\quad x_3 = 10$

in K: $\quad (40 + 10\mu - 20)^2 + (50 - 10\mu - 30)^2 + 10^2 = 2\,500$

$$400 + 400\mu + 100\mu^2 + 400 - 400\mu + 100\mu^2 + 100 = 2\,500$$

$$200\mu^2 = 1\,600$$

$$\mu^2 = 8 \;\Rightarrow\; \mu = \pm\sqrt{8} = \pm 2\sqrt{2}$$

$$\overrightarrow{R_1} = \begin{pmatrix} 40 \\ 50 \\ 10 \end{pmatrix} + 2\sqrt{2}\begin{pmatrix} 10 \\ -10 \\ 0 \end{pmatrix} = \begin{pmatrix} 40 + 20\sqrt{2} \\ 50 - 20\sqrt{2} \\ 10 \end{pmatrix}$$

$$\overrightarrow{R_2} = \begin{pmatrix} 40 \\ 50 \\ 10 \end{pmatrix} - 2\sqrt{2}\begin{pmatrix} 10 \\ -10 \\ 0 \end{pmatrix} = \begin{pmatrix} 40 - 20\sqrt{2} \\ 50 + 20\sqrt{2} \\ 10 \end{pmatrix}$$

$$\overrightarrow{R_1R_2} = \begin{pmatrix} 40 - 20\sqrt{2} - 40 - 20\sqrt{2} \\ 50 + 20\sqrt{2} - 50 + 20\sqrt{2} \\ 10 - 10 \end{pmatrix} = \begin{pmatrix} -40\sqrt{2} \\ 40\sqrt{2} \\ 0 \end{pmatrix}$$

$|\overrightarrow{R_1R_2}| = \sqrt{3\,200 + 3\,200} = 80 \qquad \overline{R_1R_2} = 80\text{ km}$

oder:

Lösung mithilfe von Pythagoras

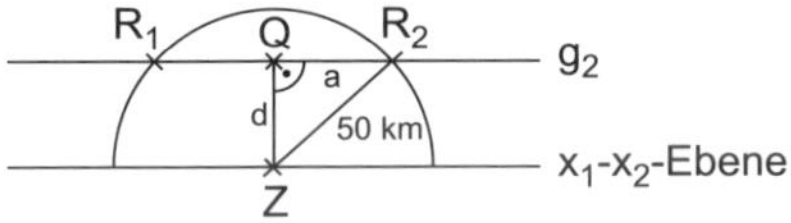

$d = \text{Abstand}(g_2; Z)$

Vorsicht! Z liegt **nicht** senkrecht unter g_2! Der Abstand zwischen g_2 und Z ist also **nicht** identisch mit dem Abstand zwischen g_2 und der x_1-x_2-Ebene!

$$\overrightarrow{QZ} \perp \vec{u}_{g_2} \quad \Rightarrow \quad \begin{pmatrix} 20 - q_1 \\ 30 - q_2 \\ 0 - q_3 \end{pmatrix} \circ \begin{pmatrix} 10 \\ -10 \\ 0 \end{pmatrix} = 0$$

$$200 - 10q_1 - 300 + 10q_2 = 0$$

$Q \in g_2 \;\Rightarrow\; q_1 = 40 + 10\mu$

$\quad q_2 = 50 - 10\mu$

$\quad q_3 = 10$

eingesetzt: $\quad 200 - 400 - 100\mu - 300 + 500 - 100\mu = 0 \;\Rightarrow\; \mu = 0$

$\quad Q(40\,|\,50\,|\,10)$

$$|\overrightarrow{QZ}| = \left|\begin{pmatrix} 20-40 \\ 30-50 \\ 0-10 \end{pmatrix}\right| = \left|\begin{pmatrix} -20 \\ -20 \\ -10 \end{pmatrix}\right| = 30 = d$$

$$a^2 + d^2 = 50^2$$

$$a^2 = 2\,500 - 900 \;\Rightarrow\; a = 40 \;\Rightarrow\; \overline{R_1R_2} = 80\,\text{km}$$

2. E: $2x_1 - x_2 + 3x_3 - 4 = 0$ $\quad |\vec{n}| = \left|\begin{pmatrix} 2 \\ -1 \\ 3 \end{pmatrix}\right| = \sqrt{4+1+9} = \sqrt{14}$

$$E_{HNF}: \frac{1}{\sqrt{14}}(2x_1 - x_2 + 3x_3 - 4) = 0$$

$$d(Q; E) = \left|\frac{1}{\sqrt{14}}(2\cdot 2 - 3 + 3\cdot(-1) - 4)\right| = \left|\frac{-6}{\sqrt{14}}\right| = \frac{6}{\sqrt{14}} = \frac{6\sqrt{14}}{14} = \frac{3}{7}\sqrt{14} \approx 1{,}6$$

3.

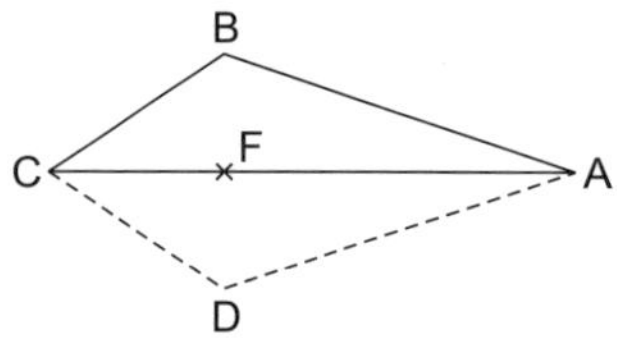

Anmerkung:
Jedes Dreieck ABC lässt sich auf drei Arten zu einem Drachenviereck ergänzen, indem jeweils eine Dreiecksseite als Spiegelachse verwendet wird.
Damit die Punktabfolge ABCD beim Drachenviereck vorliegt, muss diese Spiegelachse die Seite AC sein.

D ist der Spiegelpunkt von B an der Dreiecksseite AC.

Berechnung von D:

- Für F gilt: ① $F \in AC$ F erfüllt also die Geradengleichung AC
  ② $BF \perp AC$ also $\overrightarrow{BF} \circ \overrightarrow{AC} = 0$

Setzt man die Koordinaten der Geradengleichung (in jeder Koordinate ist somit der Parameter der Geraden enthalten) in das Skalarprodukt ein, so erhält man eine Gleichung für diesen Parameter und somit den Punkt F.

- Für D gilt: $\vec{D} = \vec{F} + \overrightarrow{BF}$

  oder

  $\vec{D} = \vec{B} + 2\cdot\overrightarrow{BF}$

Abitur Mathematik (Bayern): Musterabitur
Geometrie II

BE

In einem kartesischen Koordinatensystem ist ein Würfel W der Kantenlänge 6 gegeben. Die Eckpunkte $G_1(0|0|0)$ und $D_3(6|6|6)$ legen eine Raumdiagonale fest.

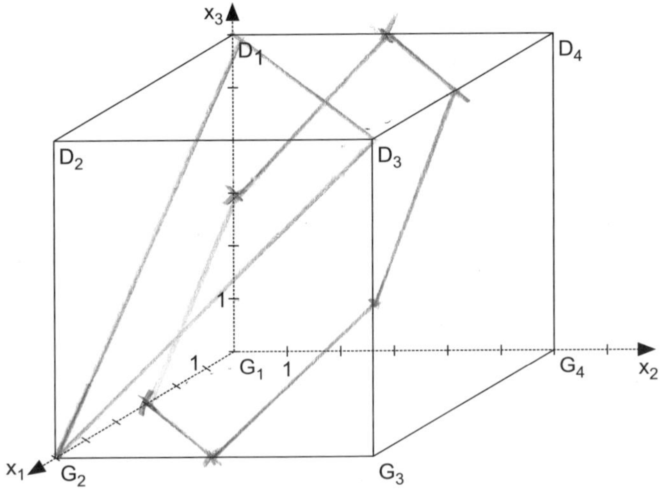

a) Bestimmen Sie in Koordinatenform eine Gleichung der Ebene E, die durch die Punkte D_1, G_2 und D_3 verläuft, und zeichnen Sie die Schnittfigur der Ebene E mit dem Würfel ein. 5
[mögliches Ergebnis: E: $x_1 - x_2 + x_3 = 6$]

b) Berechnen Sie das Volumen der Pyramide, die E vom Würfel W abschneidet. Wie viel Prozent des Würfelvolumens nimmt die Pyramide ein? 4

c) Berechnen Sie den Neigungswinkel der Ebene E gegen die Grundfläche $G_1G_2G_3G_4$.
Geben Sie drei Eckpunkte des Würfels W an, die eine Ebene so festlegen, dass sie mit der Grundfläche einen 45°-Winkel einschließt. 4

d) Zeigen Sie, dass die Ebene F mit der Gleichung F: $x_1 - x_2 + x_3 = 3$ parallel zu E mit Abstand $\sqrt{3}$ ist. 3

e) Die Ebene F schneidet den Würfel W in einem regulären Sechseck.
Bestimmen Sie die Schnittpunkte der Ebene F mit der x_1- und der x_3-Koordinatenachse und bestätigen Sie, dass der Mittelpunkt der Strecke $[G_2G_3]$ auf F liegt.
Zeichnen Sie alle sechs Schnittpunkte der Ebene F mit den Kanten des Würfels sowie den Rand der sechseckigen Schnittfigur ein.
Berechnen Sie den Flächeninhalt des betrachteten Sechsecks. 10

f) Alle Ebenen parallel zu F werden durch Gleichungen der Form
$x_1 - x_2 + x_3 = a$, mit $a \in \mathbb{R}$ beschrieben.
Geben Sie an, welche Arten von Figuren als Schnitt einer solchen Ebene mit dem Würfel W auftreten. Geben Sie die Menge aller Werte von a an, für die die Schnittfigur ein Sechseck ist. 4

30

Tipps und Hinweise: Geometrie II

Aufgabe a

Die Koordinaten aller Würfelecken lassen sich aus der Zeichnung ablesen.

Alle Würfelecken haben Koordinaten, die nur die Werte 0 oder 6 annehmen.

„Koordinatenform" einer Ebene heißt „Normalenform" der Ebene in Koordinatendarstellung (siehe Merkhilfe).

Stellen Sie die Ebene zunächst in Parameterform dar (Ebene durch 3 Punkte).

Der Normalenvektor steht auf beiden Richtungsvektoren senkrecht.

Sie erhalten den Normalenvektor mithilfe des Vektorprodukts (siehe Merkhilfe).

Setzen Sie den Normalenvektor und einen Ebenenpunkt (D_1 oder G_2 oder D_3) in die Formel für die Normalenform der Ebene ein (siehe Merkhilfe).

Multiplizieren Sie aus.

Die Schnittfigur der Ebene E mit dem Würfel entspricht dem Dreieck $D_1G_2D_3$.

Die Schnittfigur wird begrenzt von den drei Flächendiagonalen $[D_1G_2]$, $[G_2D_3]$ und $[D_1D_3]$.

Aufgabe b

Welche Form hat die Grundfläche der Pyramide?

Können Sie die Länge der Höhe aus der Zeichnung ablesen, wenn das Dreieck $D_1G_2D_3$ die Grundfläche bildet?

Lässt sich auch ein anderes Dreieck als Pyramidengrundfläche verwenden?

Welche Strecke ist Pyramidenhöhe, wenn Sie das Dreieck $G_2D_3D_2$ als Grundfläche verwenden?

Das Dreieck $G_2D_3D_2$ ist eine halbe Seitenfläche des Würfels, die Strecke $[D_2D_1]$ bildet eine Würfelkante.

Sie können auch das Dreieck $G_2D_1D_2$ als Grundfläche verwenden, dann ist die Kante $[D_2D_3]$ die Pyramidenhöhe.

Sollten Sie das Dreieck $D_1G_2D_3$ als Grundfläche betrachten, empfiehlt es sich, die Formel für die vektorielle Volumenberechnung (siehe Merkhilfe) zu verwenden, da Sie die Länge der Höhe von D_2 auf die Grundfläche sonst zusätzlich berechnen müssten.

Verwenden Sie das Dreieck $G_2D_3D_2$ oder das Dreieck $G_2D_1D_2$ als Grundfläche, dann sind Sie mit der elementargeometrischen Volumenformel (siehe Merkhilfe) sehr schnell am Ziel.

Der Prozentsatz ergibt sich durch den Quotienten $V_{\text{Pyramide}} : V_{\text{Würfel}}$.

Aufgabe c

- In welcher Ebene liegt die Grundfläche?
- Welchen Normalenvektor hat die x_1-x_2-Ebene?
- Der Winkel zwischen zwei Ebenen entspricht dem Winkel zwischen den zugehörigen Normalenvektoren.
- Die Formel für den Winkel zwischen zwei Vektoren finden Sie in Ihrer Merkhilfe.

oder:

- Sie können den gesuchten Winkel auch mithilfe eines rechtwinkligen Dreiecks (Steigungsdreiecks) berechnen.
- Verbinden Sie G_2 mit dem Mittelpunkt der Dreiecksseite $[D_1D_3]$ und mit dem Mittelpunkt der Grundfläche.
- Die Kathetenlängen lassen sich aus der Zeichnung ablesen.
- Die Länge der Diagonalen eines Quadrats der Seitenlänge a beträgt $a\sqrt{2}$.
- Die vier Seitenflächen des Würfels stehen auf der Grundfläche senkrecht.
- Jede Diagonale einer Seitenfläche bildet mit der Grundfläche einen 45°-Winkel.
- Die Ebenen durch die Diagonalen gegenüberliegender Seitenflächen bilden mit der Grundfläche einen 45°-Winkel.
- Sie können verwenden:
  G_2D_1 und G_3D_4 oder
  G_1D_2 und G_4D_3 oder
  G_2D_3 und G_1D_4 oder
  G_3D_2 und G_4D_1

Aufgabe d

- Zwei Ebenen sind parallel, wenn ihre Normalenvektoren parallel (oder sogar identisch) sind.
- Der Abstand paralleler Ebenen ist gleich dem Abstand eines beliebigen Punktes der einen Ebene zur anderen Ebene.
- Der Abstand eines Punktes von einer Ebene lässt sich nach der Formel in der Merkhilfe berechnen.
- Sie benötigen die HNF der Ebene.
- Anstelle von x_1, x_2, x_3 setzen Sie die Koordinaten des Punktes ein.
- Um zum vorgegebenen Abstand zu kommen, müssen Sie den Bruch „rational machen", d. h., Sie müssen den Bruch mit der Wurzel erweitern.

Aufgabe e

- Stellen Sie die Gleichung der jeweiligen Koordinatenachse auf.
- Jede Koordinatenachse ist eine Gerade, die durch den Ursprung verläuft.
- Schneiden Sie die Koordinatenachse mit F, indem Sie die Koordinaten der Geradengleichung in die Normalengleichung von F einsetzen.
- Sie erhalten eine Gleichung für den Parameter der Geraden.
- Setzen Sie den für den Parameter berechneten Wert in die Geradengleichung ein, um die Koordinaten des Schnittpunkts zu erhalten.
- Die Koordinaten des Mittelpunkts erhalten Sie mithilfe der Formel in Ihrer Merkhilfe.
- Setzen Sie diese Koordinaten in die Ebenengleichung von F ein.
- Ist die Gleichung erfüllt, so liegt der Mittelpunkt in F.
- Zeichnen Sie diese 3 Punkte ein.
- Alle 3 Punkte sind Mittelpunkte von Würfelkanten.
- Durch welche weiteren Kantenmittelpunkte muss die Ebene F noch verlaufen?
- Welcher Mittelpunkt entspricht dem Punkt $(0|0|3)$?
- Welche Schnittstrecke auf der Deckfläche entspricht der Schnittstrecke in der Grundfläche?
- Gegenüberliegende Sechseckseiten müssen parallel zueinander sein und in der gegenüberliegenden Seitenfläche verlaufen.
- Was lässt sich über die Länge der Sechseckseiten aussagen?
- Berechnen Sie die Länge einer Sechseckseite (Pythagoras!).
- Ein Sechseck mit 6 gleichlangen Seiten heißt regelmäßiges Sechseck.
- Wie lässt sich ein regelmäßiges Sechseck zerlegen?
- Die Formel für die Fläche eines gleichseitigen Dreiecks finden Sie in der Merkhilfe.

Aufgabe f

- Welche Schnittfigur ergibt sich, wenn die Ebene E (parallel zu sich) näher an den Punkt D_2 rückt?
- Zeichnen Sie solche Ebene(n) ein.
- Wird die Ebene E parallel verschoben, so verschieben sich auch die Schnittstrecken parallel.

- Welche Schnittfigur ergibt sich, wenn die Ebene durch D_2 verläuft?
- Betrachten Sie nun die Ebene F.
- Welche Schnittfigur ergibt sich, wenn F (parallel zu sich) näher an die Ebene E rückt?
- Zeichnen Sie solche Ebene(n) ein.
- Wird die Ebene F parallel verschoben, so verschieben sich auch die Schnittstrecken parallel.
- Wie weit darf die Schnittstrecke mit der Deckfläche in Richtung E verschoben werden, damit sich als Schnittfläche ein Sechseck ergibt?
- Bleiben Sie bei der Ebene F.
- Welche Schnittfigur ergibt sich, wenn F (parallel zu sich) weiter von E wegrückt?
- Zeichnen Sie solche Ebene(n) ein.
- Weiterhin gilt: Wird die Ebene F parallel verschoben, so verschieben sich auch die Schnittstrecken parallel.
- Wie weit darf die Schnittstrecke mit der Grundfläche von E weg verschoben werden, damit sich als Schnittfläche ein Sechseck ergibt?
- Was geschieht mit der Schnittfigur, wenn die Ebene noch weiter von E weg – in Richtung auf G_4 zu – verschoben wird?
- Somit ergeben sich drei mögliche Schnittfiguren (eine davon ist nur eine Berührfigur!).
- Zwischen welchen beiden Ebenen ist die Schnittfigur ein Sechseck?
- Die eine Ebene ist E.
- Die andere Ebene verläuft durch G_1 und G_3. Welches ist der dritte Punkt?
- Geben Sie eine Gleichung der Ebene H durch G_1, G_3 und D_4 an.
- Welches a hat E? Welches a hat H?
- Die Sechsecke liegen zwischen E und H. Für welche a ergeben sich somit Sechsecke?

Lösungen

a) $D_1(0|0|6)\quad G_2(6|0|0)\quad D_3(6|6|6)$

$$E: \vec{X}=\begin{pmatrix}0\\0\\6\end{pmatrix}+\lambda\begin{pmatrix}6\\0\\-6\end{pmatrix}+\mu\begin{pmatrix}6\\6\\0\end{pmatrix}$$

$$\vec{n}_E=\begin{pmatrix}6\\0\\-6\end{pmatrix}\times\begin{pmatrix}6\\6\\0\end{pmatrix}=\begin{pmatrix}0+36\\-36+0\\36+0\end{pmatrix}=\begin{pmatrix}36\\-36\\36\end{pmatrix}\Rightarrow\vec{n}_E^*=\begin{pmatrix}1\\-1\\1\end{pmatrix}$$

$$E: \begin{pmatrix}1\\-1\\1\end{pmatrix}\circ\left[\vec{X}-\begin{pmatrix}0\\0\\6\end{pmatrix}\right]=0$$

$$x_1-x_2+x_3-6=0$$

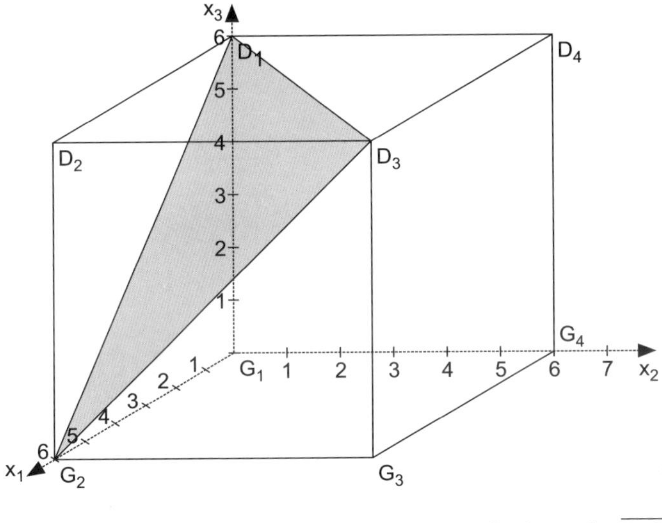

b) Betrachtet man das Dreieck $G_2D_3D_2$ als Grundfläche, so ist $\overline{D_2D_1}$ die zugehörige Pyramidenhöhe.

$$V_{Pyramide}=\frac{1}{3}\cdot G\cdot h=\frac{1}{3}\cdot\frac{1}{2}\cdot 6^2\cdot 6=\frac{1}{6}\cdot 6^3=36$$

Wegen

$$V_{Pyramide}=\frac{1}{6}\cdot 6^3=\frac{1}{6}\cdot V_{Würfel}$$

gilt:

$$V_{Pyramide}\approx 17\,\%\cdot V_{Würfel}$$

oder:

$$V_{\text{Pyramide}} = \frac{1}{6} \left| \overrightarrow{D_1D_2} \circ (\overrightarrow{D_1D_3} \times \overrightarrow{D_1G_2}) \right|$$

$$= \frac{1}{6} \left| \begin{pmatrix} 6 \\ 0 \\ 0 \end{pmatrix} \circ \left[\begin{pmatrix} 6 \\ 6 \\ 0 \end{pmatrix} \times \begin{pmatrix} 6 \\ 0 \\ -6 \end{pmatrix} \right] \right| = \frac{1}{6} \left| \begin{pmatrix} 6 \\ 0 \\ 0 \end{pmatrix} \circ \begin{pmatrix} -36 \\ 36 \\ -36 \end{pmatrix} \right| = \frac{1}{6} \cdot 216 = 36$$

$$\frac{V_{\text{Pyramide}}}{V_{\text{Würfel}}} = \frac{36}{6^3} = \frac{1}{6} \approx 17\ \%$$

c) Die Grundfläche $G_1G_2G_3G_4$ liegt in der x_1-x_2-Ebene mit dem Normalenvektor $\vec{n} = \begin{pmatrix} 0 \\ 0 \\ 1 \end{pmatrix}$.

$$\cos\varphi = \left| \frac{\vec{n}_E^* \circ \begin{pmatrix} 0 \\ 0 \\ 1 \end{pmatrix}}{|\vec{n}_E^*| \cdot \left| \begin{pmatrix} 0 \\ 0 \\ 1 \end{pmatrix} \right|} \right| = \left| \frac{\begin{pmatrix} 1 \\ -1 \\ 1 \end{pmatrix} \circ \begin{pmatrix} 0 \\ 0 \\ 1 \end{pmatrix}}{\sqrt{3} \cdot 1} \right| = \frac{1}{\sqrt{3}} \quad \Rightarrow \quad \varphi \approx 54{,}7°$$

oder:

$$\tan\varphi = \frac{\overline{MN}}{\overline{NG_2}} = \frac{6}{\frac{1}{2} \cdot 6\sqrt{2}} = \frac{2}{\sqrt{2}} = \sqrt{2}$$

$$\Rightarrow \quad \varphi \approx 54{,}7°$$

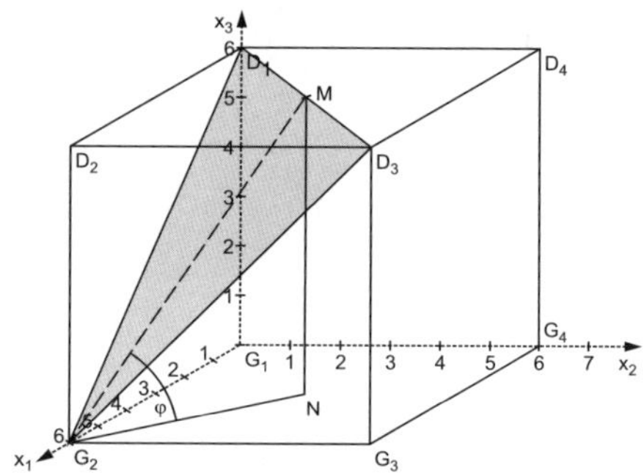

Einen 45°-Winkel mit der x_1-x_2-Ebene schließen die Ebenen ein, die den Würfel in den Diagonalen gegenüberliegender Seitenflächen schneiden.
z. B.
Ebene durch G_2, G_3, D_4 (und D_1)
Ebene durch G_1, G_2, D_3 (und D_4)

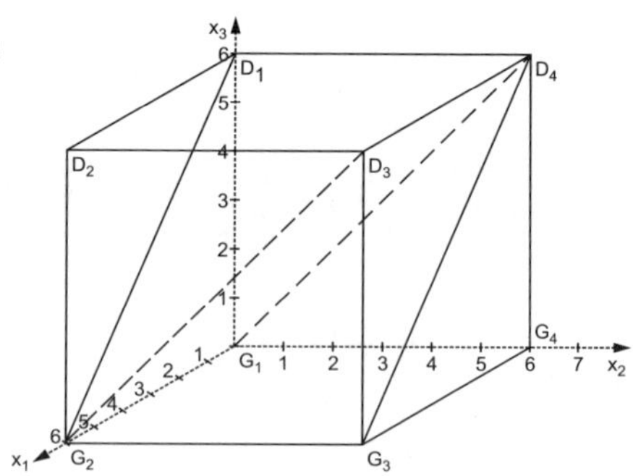

d) F: $x_1 - x_2 + x_3 - 3 = 0$

$$\vec{n}_F = \begin{pmatrix} 1 \\ -1 \\ 1 \end{pmatrix} = \vec{n}_E^* \quad \Rightarrow \quad F \parallel E$$

$$d(E;F) = d(D_1;F) = \left| \frac{1}{\sqrt{3}}(0-0+6-3) \right| = \frac{3}{\sqrt{3}} = \frac{3\cdot\sqrt{3}}{\sqrt{3}\cdot\sqrt{3}} = \frac{3\sqrt{3}}{3} = \sqrt{3}$$

e) x_1-Achse: $\vec{X} = \lambda \begin{pmatrix} 1 \\ 0 \\ 0 \end{pmatrix}$

$F \cap x_1$-Achse: $\lambda - 0 + 0 - 3 = 0 \quad \Rightarrow \quad \lambda = 3 \quad \Rightarrow \quad (3|0|0)$

x_3-Achse: $\vec{X} = \mu \begin{pmatrix} 0 \\ 0 \\ 1 \end{pmatrix}$

$F \cap x_3$-Achse: $0 - 0 + \mu - 3 = 0 \quad \Rightarrow \quad \mu = 3 \quad \Rightarrow \quad (0|0|3)$

$$\vec{M}_{G_2G_3} = \frac{1}{2}\left[\begin{pmatrix} 6 \\ 0 \\ 0 \end{pmatrix} + \begin{pmatrix} 6 \\ 6 \\ 0 \end{pmatrix}\right] = \begin{pmatrix} 6 \\ 3 \\ 0 \end{pmatrix} \qquad M_{G_2G_3}(6|3|0)$$

$M_{G_2G_3}$ in F: $6 - 3 + 0 - 3 = 0$ ✓ erfüllt

$\Rightarrow \quad M_{G_2G_3} \in F$

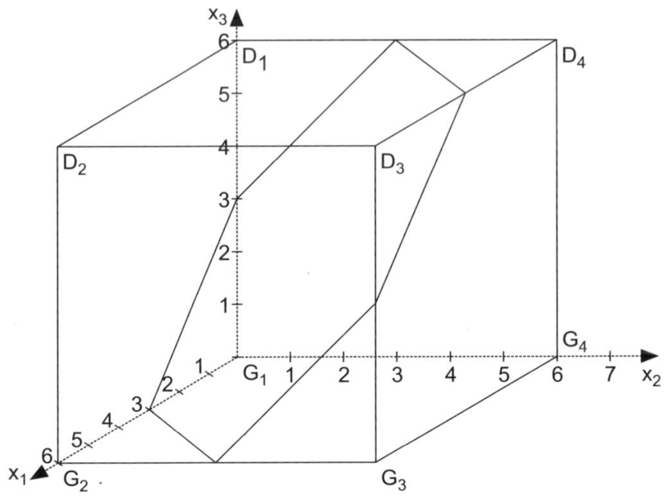

Das Sechseck verbindet sechs Kantenmittelpunkte. Für die Länge **jeder** Sechseckseite gilt somit:

$s^2 = 3^2 + 3^2 \quad \Rightarrow \quad s = \sqrt{18} = 3\sqrt{2}$

Das Sechseck besteht als regelmäßiges Sechseck (alle Seiten gleich lang) aus 6 gleichseitigen Dreiecken mit der Seitenlänge s.

$A = 6 \cdot \frac{s^2}{4}\sqrt{3} = 6 \cdot \frac{18}{4}\sqrt{3} = 27\sqrt{3}$

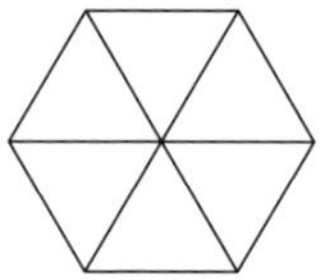

f) $x_1 - x_2 + x_3 - a = 0$ für $a = 6$ ergibt sich E $\Rightarrow$ Schnittfigur: Dreieck
für $a = 3$ ergibt sich F $\Rightarrow$ Schnittfigur: Sechseck

Lässt man die Ebene E näher an D_2 rücken, so ergeben sich als Schnittfigur kleiner werdende Dreiecke, bis der Würfel im Punkt D_2 nur noch berührt wird.

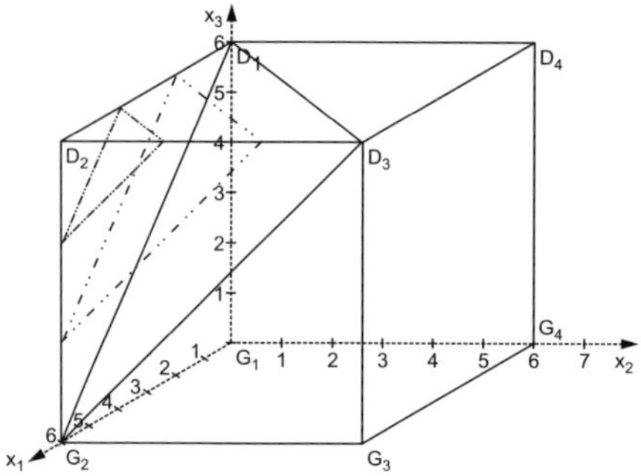

Lässt man die Ebene F näher an die Ebene E heranrücken, so ergibt sich ein Sechseck, bis die Kante d zu $\overline{D_1D_3}$ und somit das Sechseck zum Dreieck $D_1D_3G_2$ wird.

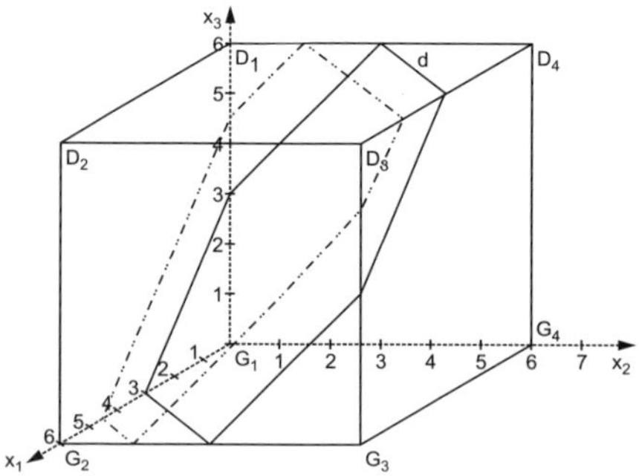

Lässt man die Ebene F weiter von der Ebene E fortrücken, so ergibt sich ein Sechseck, bis die Kante g zu $\overline{G_1G_3}$ und somit das Sechseck zum Dreieck $G_1G_3D_4$ wird.

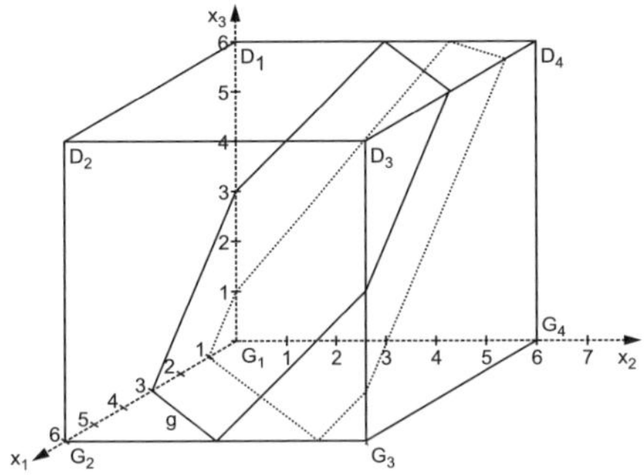

Rückt die Ebene noch weiter auf G_4 zu, so wird das Dreieck immer kleiner, bis die Ebene den Würfel in G_4 nur noch berührt.

Mögliche Schnittfiguren sind somit Punkt, Dreieck und Sechseck.

Sechsecke ergeben sich zwischen der Ebene E und der Ebene H durch die Punkte G_1, G_3 und D_4.

$$H: \begin{pmatrix} 1 \\ -1 \\ 1 \end{pmatrix} \circ (\vec{X} - \vec{G_1}) = 0$$

$$x_1 - x_2 + x_3 = 0 \quad \Rightarrow \quad a = 0$$

$$E: x_1 - x_2 + x_3 - 6 = 0 \quad \Rightarrow \quad a = 6$$

Somit ergeben sich Sechsecke für $a \in]0; 6[$.

Abitur Mathematik (Bayern): Übungsaufgabe 1
Analysis

Teil 1

BE

1. Gegeben ist die Funktion

$$f(x) = \frac{x^2 - 2}{x^2 + x}$$

a) Bestimmen Sie den Definitionsbereich $\mathbb{D}_f$. 2

b) Geben Sie die Gleichung der Tangente an den Graphen von f an der Stelle $x = 2$ an. 4

2. Gegeben sind drei Graphen, die eine Funktion sowie ihre 1. und 2. Ableitung zeigen. Ordnen Sie die Graphen entsprechend zu und begründen Sie Ihre Wahl. 6

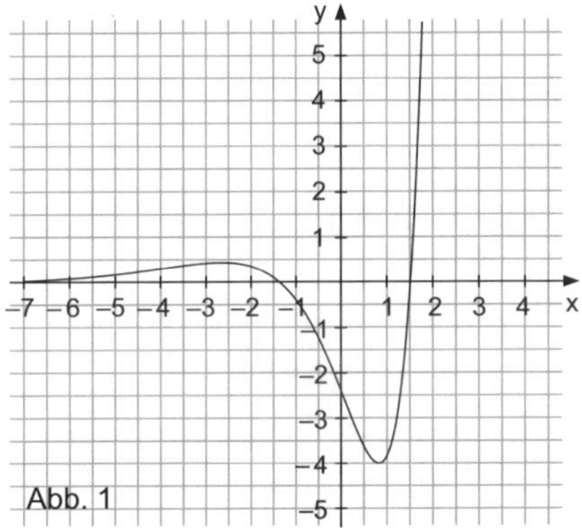

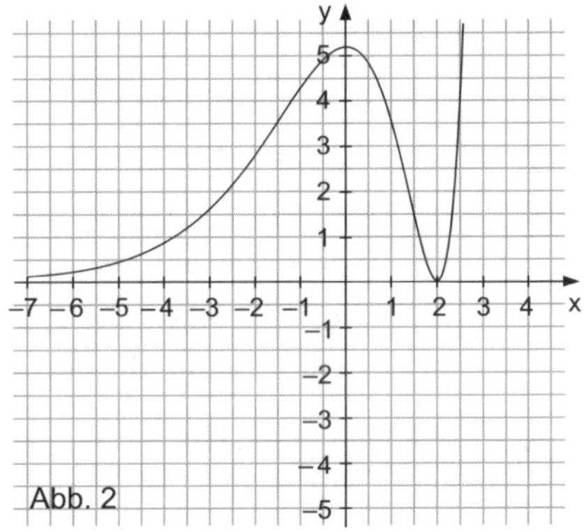

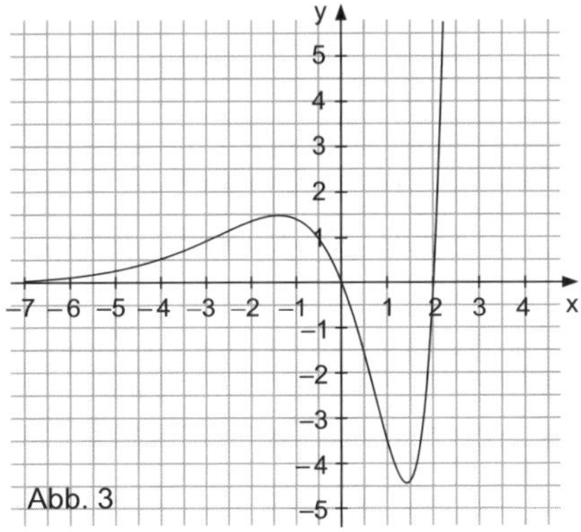

3. Lösen Sie die Gleichung

   $e^x - 4e^{-x} = 0.$ 4

4. Bestimmen Sie für die beiden Funktionen jeweils den Term einer Stammfunktion.

   $f(x) = 2\cos\left(\frac{1}{4}x\right) - \frac{1}{2}x^4$ $\qquad g(x) = \frac{2x+3}{x^2+3x-1}$ 4

   20

Teil 2

BE

1. Gegeben ist die Funktion

   $f(x) = 5 \cdot \frac{e^{x-1}}{1+e^{x-1}}$ mit $\mathbb{D}_f = \mathbb{R}$.

   a) Bestimmen Sie den Grenzwert $x \to -\infty$. 1

   b) Warum gilt $0 < \frac{e^{x-1}}{1+e^{x-1}} < 1$?
   Was folgt für die Wertemenge der Funktion f(x)? 3

   c) Untersuchen Sie das Monotonieverhalten der Funktion. 4

   d) Für $x = 1$ besitzt der Graph der Funktion f(x) seinen einzigen Wendepunkt. Geben Sie die Gleichung der Wendetangente an. 3

   e) Berechnen Sie die Funktionswerte f(–2), f(0), f(2) und f(3) und skizzieren Sie den Graphen G_f mithilfe aller bisher ermittelten Ergebnisse. 5

   f) Berechnen Sie den Inhalt der Fläche, die von den Koordinatenachsen, dem Funktionsgraphen und der Geraden $x = -2$ eingeschlossen wird. 3

2. a) Erläutern Sie, wie sich der Graph der Funktion g(x)

   $g(x) = 5 \cdot \frac{e^{x-2}}{1+e^{x-2}} - 3$

   schrittweise aus dem Graphen der Funktion f(x) entwickeln lässt. 3

   b) Zeichnen Sie den Graphen der Funktion g(x) in das Koordinatensystem von Aufgabe 1 e ein. 2

   c) Die Funktion g(x) besitzt im Intervall [2; 3] genau eine Nullstelle a. Führen Sie mit dem Startwert 3 den ersten Schritt des Newton-Verfahrens zur näherungsweisen Berechnung von a durch und geben Sie die Näherung von a auf zwei Dezimalen genau an. 5

3. Gegeben sind drei Graphen, die jeweils das Wachstum einer Baumart veranschaulichen.

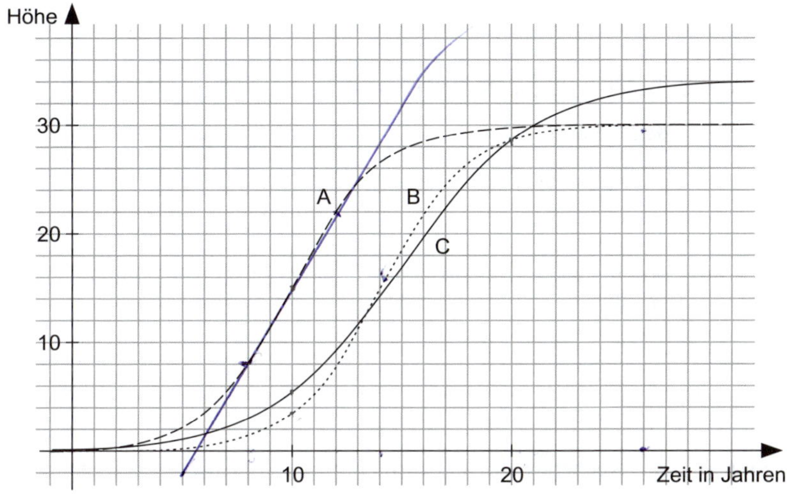

a) Beschreiben Sie das Wachstum (= Änderung der Wuchshöhe) der Baumart B. 4

b) Welche Baumart gewinnt zwischen dem 10. und dem 20. Jahr am meisten an Höhe? 4

c) Angeblich wächst die Baumart A in einem bestimmten Zeitraum annähernd linear. Nehmen Sie dazu Stellung. 3

40

Tipps und Hinweise: Analysis

Teil 1

Aufgabe 1 a

- Der Nenner eines Bruches darf nicht null werden.
- Faktorisieren Sie den Nenner.
- Ein Produkt ist null, wenn einer der Faktoren null ist.

Aufgabe 1 b

- Wie heißen die Koordinaten des Punktes auf dem Funktionsgraphen, durch den die Tangente verlaufen soll?
- Jede Tangente hat als Gerade die Gleichung $y = m \cdot x + t$.
- Die Steigung der Tangente ergibt sich mithilfe der 1. Ableitung $f'(x)$ (siehe Merkhilfe).
- Wie nennt man einen Rechenausdruck, der die Form des Funktionsterms hat?
- Beachten Sie bei der Berechnung von $f'(x)$ die Quotientenregel (siehe Merkhilfe) .
- Durch welche Zahl müssen Sie in $f'(x)$ das x ersetzen, um die gesuchte Tangentensteigung zu erhalten?
- Beachten Sie, dass die Tangente durch den Ihnen bekannten Punkt (mit $x = 2$) verläuft.

Aufgabe 2

- Aus „$f'(x)$ ist 1. Ableitung von $f(x)$“ folgt „$f(x)$ ist Stammfunktion von $f'(x)$“.
- Beachten Sie den HDI – Hauptsatz der Differenzial- und Integralrechnung. (siehe Merkhilfe)
- Was folgt aus $F'(x) = f(x)$ für die Extremstellen von $F(x)$?
- $F'(x) = 0$ liefert Extremstellen von $F(x)$.
  $f(x) = 0$ liefert Nullstellen von $f(x)$.
- Lesen Sie für jede Abbildung die Nullstellen und die Extremstellen aus der Zeichnung ab. Es geht dabei **nur** um die jeweiligen „Stellen“, also **nur** um die x-Werte.
- Stimmen die Extremstellen einer Abbildung mit den Nullstellen einer anderen Abbildung überein? Was folgt daraus?
- Wie lassen sich die Abbildungen zu einer „Kette“ hintereinander anordnen?

Aufgabe 3

- Wie lässt sich e^{-x} auch schreiben? Beachten Sie Ihre Merkhilfe.
- Multiplizieren Sie die Gleichung so, dass keine Potenz mit negativem Exponenten bzw. kein Bruch mehr auftritt.
- $e^x \cdot e^x = (e^x)^2$
- Sie erhalten für e^x zwei Lösungen.
- Aus $e^x = a$ folgt $x = \ln a$.
- Es gilt $e^x > 0$ für alle $x \in \mathbb{R}$.

oder:

- Formen Sie die Gleichung so um, dass auf beiden Seiten eine Potenz von e steht.
- Logarithmieren Sie beide Seiten.
- $\ln x$ und e^x sind Funktion und Umkehrfunktion. Sie „heben sich auf".
- $\ln(e^x) = x$
- Beachten Sie die Rechenregeln für Logarithmen (siehe Merkhilfe).
- $\ln(uv) = \ln u + \ln v$ und $\ln u^z = z \ln u$

Aufgabe 4

- Beachten Sie Ihre Merkhilfe.
- Bei f(x) suchen Sie für jedes der beiden Glieder getrennt die Stammfunktion.
- In der Merkhilfe finden Sie: $\int \cos x \, dx = \sin x + C$
- Beachten Sie, dass das Argument bei der cos-Funktion nicht x, sondern $\frac{1}{4}x$ lautet.
- In der Merkhilfe finden Sie: $\int f(ax+b) \, dx = \frac{1}{a} F(ax+b) + C$
- Bei f(x) gilt $a = \frac{1}{4}$ und $b = 0$.
- Für das zweite Glied von f(x) gilt $\int x^r \, dx = \frac{1}{r+1} \cdot x^{r+1} + C$ (siehe Merkhilfe).
- Welche Eigenschaft hat der Zähler von g(x) bezüglich des Nenners?
- In der Merkhilfe finden Sie: $\int \frac{f'(x)}{f(x)} \, dx = \ln|f(x)| + C$

Aufgabe 1 a

Mit $x \to -\infty$ strebt auch $x - 1 \to -\infty$.

$\lim\limits_{x \to -\infty} e^x = 0^+$

Ein Bruch, dessen Zähler null und dessen Nenner eine konstante Zahl ist, hat den Wert null.

Aufgabe 1 b

$e^x > 0$ für alle $x \in \mathbb{R}$.

Welches Vorzeichen hat der Zähler des Bruches? Welches Vorzeichen hat der Nenner?

Ist der Wert des Bruches somit positiv oder negativ?

Was lässt sich über den Wert des Zählers im Vergleich zum Wert des Nenners sagen?

Was lässt sich über den Wert eines Bruches sagen, bei dem der Zähler kleiner ist als der Nenner?

Welcher Zusammenhang besteht zwischen der gegebenen Ungleichung und dem Funktionsterm?

Multiplizieren Sie die (gesamte!) Ungleichung mit 5.

Zwischen welchen Werten ist der Funktionsterm eingeschlossen?

Aufgabe 1 c

Das Monotonieverhalten lässt sich mit der 1. Ableitung bestimmen.

Beim Differenzieren Quotientenregel beachten (siehe Merkhilfe)!

Kettenregel (siehe Merkhilfe) gilt auch hier:
$(e^{x-1})' = e^{x-1} \cdot 1$
Führt aber – bei Vergessen – wegen des Faktors 1 nicht zu Fehlern.

Das Vorzeichen von $f'(x)$ entscheidet über die Art der Monotonie (siehe Merkhilfe).

Welches Vorzeichen hat der Zähler des Bruches? Welches Vorzeichen hat der Nenner?

Aufgabe 1 d

Jede Tangente hat als Gerade die Gleichung $y = mx + t$.

Dass sich für $x = 1$ ein Wendepunkt ergibt, ist eine Information, die Sie **nicht** zu beweisen haben. Sie benötigen also **keine** 2. Ableitung.

- Berechnen Sie die y-Koordinate des Wendepunkts.
- Sie können die Steigung m der Tangente mithilfe der 1. Ableitung berechnen (siehe Merkhilfe) .
- Setzen Sie zur Berechnung der Tangentensteigung in der 1. Ableitung für x den x-Wert des Wendepunkts (also $x = 1$) ein.
- Beachten Sie, dass die Tangente durch den Wendepunkt $(1 \mid 2{,}5)$ verläuft. Damit können Sie t bestimmen.

Aufgabe 1 e

- Zeichnen Sie außer den geforderten Werten auch den Wendepunkt und die Wendetangente ein.
- Beachten Sie, dass sich aus dem Wertebereich (Aufgabe 1 b) zwei waagrechte Asymptoten ergeben (x-Achse und $y = 5$).
- Beachten Sie die in Aufgabe 1 c bestimmte Monotonie.

Aufgabe 1 f

- Veranschaulichen Sie die Fläche in Ihrer Skizze in Aufgabe 1 e.
- Das Auffinden der Stammfunktion eines Bruches gelingt meist nur in speziellen Fällen (siehe Merkhilfe).
- Welche Eigenschaft hat der Zähler des Bruches bezüglich des Nenners?
- Beachten Sie auch Aufgabe 2 aus Teil 1.
- In der Merkhilfe finden Sie: $\int \frac{f'(x)}{f(x)} dx = \ln |f(x)| + C$
- Der Faktor 5 kann vor das Integralzeichen geschrieben werden.

Aufgabe 2 a

- Vergleichen Sie die beiden Funktionsterme.
- Als Veränderungen kommen infrage:
  $f(x) + d$ Verschiebung in y-Richtung um d.
  $f(x + c)$ Verschiebung in x-Richtung um $-c$.
  $f(bx)$ Dehnung/Stauchung in x-Richtung.
  $af(x)$ Dehnung/Stauchung in y-Richtung.
- Da weder der Faktor 5 geändert wurde noch sich vor x ein neuer Faktor befindet, wurde weder eine Dehnung noch eine Stauchung vorgenommen.
- Wie lässt sich die Änderung des Exponenten bei e so umschreiben, dass der „alte“ Exponent $(x - 1)$ sichtbar bleibt?

- $x-2=(x-1)-1$
- Welche Veränderung des Graphen ergibt sich durch die Veränderung des Exponenten?
- Welche Veränderung des Graphen ergibt sich durch das Anfügen von –3 an den Funktionsterm?

Aufgabe 2 b

- Verschieben Sie die beiden Asymptoten um –3 in y-Richtung.
- Verschieben Sie die einzelnen Punkte des Graphen von f(x) um 1 nach rechts und 3 nach unten.

Aufgabe 2 c

- Sie finden die Formel für das Newton-Verfahren in Ihrer Merkhilfe.
- Der Startwert $x_1 = 3$ ist vorgegeben. Es gilt also zunächst **n = 1**!
- Sie suchen $x_2 = x_{1+1}$ (da n = 1; siehe oben).
- Sie benötigen laut Formel $g(x_1)$ und $g'(x_1)$ mit $x_1 = 3$.
- Berechnen Sie g(3).
- Bestimmen Sie g'(x).
- Beachten Sie die Quotientenregel (siehe Merkhilfe).
- Beachten Sie die Ähnlichkeit mit der Differentiation von f(x).
- Berechnen Sie g'(3).
- Setzen Sie in die Formel des Newton-Verfahrens ein:

$$x_2 = x_1 - \frac{g(x_1)}{g'(x_1)} = 3 - \frac{g(3)}{g'(3)}$$

- Da nur der erste Schritt des Newton-Verfahrens verlangt ist, muss die Iteration nicht fortgeführt werden.

Aufgabe 3 a

- Die Ableitung einer Größe kann als Änderungsrate dieser Größe gedeutet werden.
- Das Wachstum kann „schneller“ oder „langsamer“ erfolgen. Wie lässt sich dies an der Steigung ablesen?
- In welchen Intervallen verläuft der Graph für die Baumart B flach, in welchen steil?
- Der Wert der Ableitung ist umso größer, je steiler der Graph verläuft.
- Wann ist das Wachstum somit gering/„langsam“, wann groß/„schnell“?

Aufgabe 3 b

- Zeichnen Sie die erreichten Höhen für A, B und C nach 10 Jahren ein.
- Zeichnen Sie die erreichten Höhen für A, B und C nach 20 Jahren ein.
- Bei welcher Baumart ist der Wert der Differenz
(Höhe nach 20 Jahren) – (Höhe nach 10 Jahren)
am größten?

Aufgabe 3 c

- Lineares Wachstum stellt sich als Gerade dar.
- Können Sie ein Teilstück des Graphen A durch eine Gerade annähern?
- Schieben Sie Ihr Geodreieck entlang des Graphen A. Wo finden Sie eine Übereinstimmung?

Lösungen

Teil 1

1. a) $f(x)=\frac{x^2-2}{x^2+x}=\frac{x^2-2}{x(x+1)}$ $\qquad$ $\mathbb{D}=\mathbb{R}\setminus\{0;-1\}$

b) $f(2)=\frac{2^2-2}{2^2+2}=\frac{2}{6}=\frac{1}{3}$ $\qquad$ $P\left(2\,\middle|\,\frac{1}{3}\right)$

$$f'(x)=\frac{2x\cdot(x^2+x)-(x^2-2)\cdot(2x+1)}{(x^2+x)^2}=\frac{2x^3+2x^2-2x^3-x^2+4x+2}{(x^2+x)^2}$$

$$=\frac{x^2+4x+2}{(x^2+x)^2}$$

$$f'(2)=\frac{4+8+2}{(4+2)^2}=\frac{14}{36}=\frac{7}{18}$$

Tangente: $\quad y=m\cdot x+t \qquad$ mit $m=f'(2)=\frac{7}{18}$

$y=\frac{7}{18}\cdot x+t \qquad$ Einsetzen von $P\left(1\,\middle|\,\frac{1}{3}\right)$

$\frac{1}{3}=\frac{7}{18}\cdot 2+t$

$t=\frac{1}{3}-\frac{7}{9}=-\frac{4}{9}$

$\Rightarrow \quad y=\frac{7}{18}x-\frac{4}{9}$

2. Lösung über den HDI
$F'(x)=f(x)$
Jede Extremstelle von F(x) – der Stammfunktion – muss also Nullstelle von f(x) sein.

	Nullstellen	Extremstellen
Abbildung 1	$x=-1{,}5$ / $x=1{,}5$	$x\approx-2{,}75$ / $x\approx0{,}75$
Abbildung 2	$x=2$ doppelt	$x=0$ / $x=2$
Abbildung 3	$x=0$ / $x=2$	$x=-1{,}5$ / $x=1{,}5$

Somit zeigt Abbildung 3 eine Stammfunktion von Abbildung 1 und Abbildung 2 eine Stammfunktion von Abbildung 3.

Also $\left.\begin{array}{l}(\text{Abb. }3)' = \text{Abb. }1\\ (\text{Abb. }2)' = \text{Abb. }3\end{array}\right\} \Rightarrow (\text{Abb. }2)'' = (\text{Abb. }3)' = \text{Abb. }1$

und somit

$(\text{Abb. }2)' = \text{Abb. }3$
$(\text{Abb. }2)'' = \text{Abb. }1$

Also stellen

Abb. 2 die ursprüngliche Funktion f(x),
Abb. 3 die 1. Ableitung f'(x),
Abb. 1 die 2. Ableitung f''(x)

dar.

3. $e^x - 4e^{-x} = 0 \qquad \text{bzw. } e^x - \frac{4}{e^x} = 0$

$e^x = 4e^{-x} \qquad \text{bzw. } e^x = \frac{4}{e^x} \qquad |\cdot e^x$

$(e^x)^2 = 4$

$e^x = \pm 2$

$e^x = 2 \Rightarrow x = \ln 2$

$e^x = -2$ ↯ da $e^x > 0$ für alle $x \in \mathbb{R}$

$\mathbb{L} = \{\ln 2\}$

oder:

$e^x - 4e^{-x} = 0$

$e^x = 4e^{-x} \qquad |\cdot \ln$

$x = \ln(4e^{-x})$

$x = \ln 4 + (-x)$

$2x = \ln 4$

$x = \frac{1}{2}\ln 4 = \ln 4^{\frac{1}{2}} = \ln 2$

4. $f(x) = 2\cos\left(\frac{1}{4}x\right) - \frac{1}{2}x^4$

$F(x) = 2 \cdot \frac{1}{\frac{1}{4}} \cdot \sin\left(\frac{1}{4}x\right) - \frac{1}{2} \cdot \frac{1}{5}x^5 + C = 8\sin\left(\frac{1}{4}x\right) - \frac{1}{10}x^5 + C$

$g(x) = \frac{2x+3}{x^2+3x-1} \qquad \text{es gilt } (x^2+3x-1)' = 2x+3$

$g(x) = \frac{(x^2+3x-1)'}{x^2+3x-1}$

$G(x) = \ln|x^2+3x-1| + C$

Teil 2

1. a) $\lim\limits_{x \to -\infty} 5 \cdot \frac{e^{x-1}}{1+e^{x-1}} = „5 \cdot \frac{0^+}{1+0^+}" = „5 \cdot 0^+" = 0^+$

Der Funktionsgraph nähert sich also für $x \to -\infty$ der x-Achse von oben an.

b) Da $e^x > 0$ für alle $x \in \mathbb{R}$ gilt, ist sowohl der Zähler als auch der Nenner des Bruches stets positiv, also ist auch der Wert des Bruches positiv.

Da $e^x > 0$ für alle $x \in \mathbb{R}$ gilt, ist der Zähler des Bruches stets kleiner als der Nenner des Bruches („echter Bruch"), also ist der Wert des Bruches stets kleiner 1. 1 ist die kleinste obere Schranke, da der Bruch für $x \to \infty$ gegen 1 strebt.

Aus $0 < \frac{e^{x-1}}{1+e^{x-1}} < 1$ folgt $0 < 5 \cdot \frac{e^{x-1}}{1+e^{x-1}} < 5$, da der Grenzwert von $f(x)$ für $x \to \infty$ 5 ist und 5 somit die kleinste obere Schranke ist.

Somit $\mathbb{W}_f =]0; 5[$.

c) $f'(x) = 5 \cdot \frac{e^{x-1} \cdot (1+e^{x-1}) - e^{x-1} \cdot e^{x-1}}{(1+e^{x-1})^2} = 5 \cdot \frac{e^{x-1} + (e^{x-1})^2 - (e^{x-1})^2}{(1+e^{x-1})^2}$

$= 5 \cdot \frac{e^{x-1}}{(1+e^{x-1})^2}$

$f'(x) > 0$ für alle $x \in \mathbb{R}$, da $e^{x-1} > 0$ für alle $x \in \mathbb{R}$
(und im Nenner das Quadrat einer positiven Größe steht)

Der Graph der Funktion f(x) ist also in $\mathbb{R}$ streng monoton steigend.

d) $f(1) = 5 \cdot \frac{e^0}{1+e^0} = 5 \cdot \frac{1}{2} = 2{,}5$ $\qquad$ $P(1 \mid 2{,}5)$

Wendetangente: $y = mx + t$ $\qquad$ mit $m = f'(1) = 5 \cdot \frac{e^0}{(1+e^0)^2} = \frac{5}{4}$

$y = \frac{5}{4}x + t$ $\qquad$ Einsetzen von $P(1|2{,}5)$

$2{,}5 = \frac{5}{4} \cdot 1 + t$

$t = 2{,}5 - \frac{5}{4} = \frac{5}{4}$

$\Rightarrow \quad y = \frac{5}{4}x + \frac{5}{4}$

e) $f(-2) = 5 \cdot \frac{e^{-3}}{1+e^{-3}} \approx 0{,}24$ $\qquad$ $f(0) = 5 \cdot \frac{e^{-1}}{1+e^{-1}} \approx 1{,}34$

$f(2) = 5 \cdot \frac{e}{1+e} \approx 3{,}66$ $\qquad$ $f(3) = 5 \cdot \frac{e^{2}}{1+e^{2}} \approx 4{,}40$

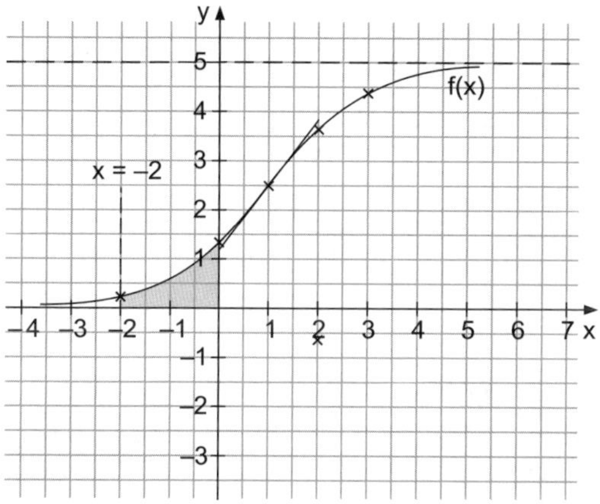

f) $A = \int_{-2}^{0} 5 \cdot \frac{e^{x-1}}{1+e^{x-1}}\,dx = 5 \cdot \int_{-2}^{0} \frac{e^{x-1}}{1+e^{x-1}}\,dx = \left[5 \cdot \ln\left|1+e^{x-1}\right|\right]_{-2}^{0}$

$= 5 \cdot \ln\left|1+e^{-1}\right| - 5 \cdot \ln\left|1+e^{-3}\right|$

$= 5 \cdot \ln\left|\frac{1+e^{-1}}{1+e^{-3}}\right| \approx 1{,}32$

da Nenner' = Zähler
$(1+e^{x-1})' = e^{x-1}$

2. a) $g(x) = 5 \cdot \frac{e^{(x-1)-1}}{1+e^{(x-1)-1}} - 3$

$f(x) = 5 \cdot \frac{e^{x-1}}{1+e^{x-1}}$

Verschiebung des Funktionsgraphen von f(x) um 1 in positive x-Richtung

$y = 5 \cdot \frac{e^{(x-1)-1}}{1+e^{(x-1)-1}}$

Verschiebung um 3 nach unten

$g(x) = 5 \cdot \frac{e^{(x-1)-1}}{1+e^{(x-1)-1}} - 3$

⇒ Verschiebt man den Graphen von f(x) um 1 nach rechts und um 3 nach unten, erhält man den Graphen von g(x).

b)

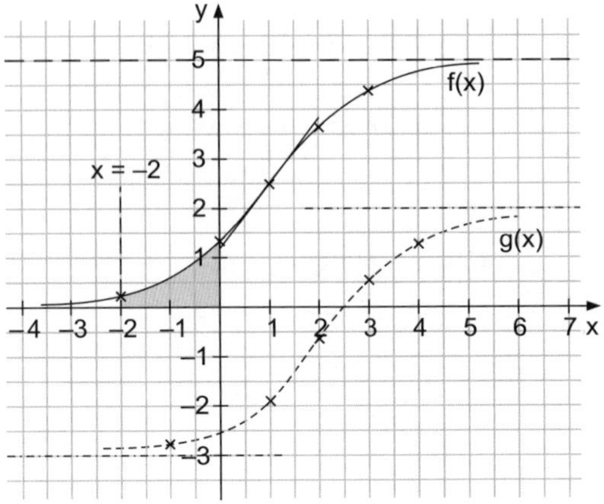

c) $x_1 = 3 \qquad g(3) = 5 \cdot \frac{e}{1+e} - 3 \approx 0{,}6553$

$$g'(x) = 5 \cdot \frac{e^{x-2}(1+e^{x-2}) - e^{x-2} \cdot e^{x-2}}{(1+e^{x-2})^2} = 5 \cdot \frac{e^{x-2}}{(1+e^{x-2})^2}$$

$$g'(3) = 5 \cdot \frac{e}{(1+e)^2} \approx 0{,}9831$$

$$x_2 = a = 3 - \frac{0{,}6553}{0{,}9831} \approx 2{,}33$$

3. a) Der Graph für die Baumart B verläuft in den ersten ca. 8 Jahren flach, wird dann steiler. Zwischen dem ca. 12. und dem ca. 16. Jahr ist der Graph am steilsten. Dann flacht er wieder ab und hat ab ca. dem 20. Jahr nur noch eine sehr geringe Steigung.

   Für das Wachstum bedeutet das:
   In den ersten acht Jahren nur ein geringes/„langsames“ Wachstum, dann wird das Wachstum schneller. Zwischen dem ca. 12. und dem ca. 16. Jahr ist das Wachstum am größten/„schnellsten“ und wird dann wieder geringer/„langsamer“. Ab dem ca. 20. Jahr ist das Wachstum wieder sehr gering.

b)

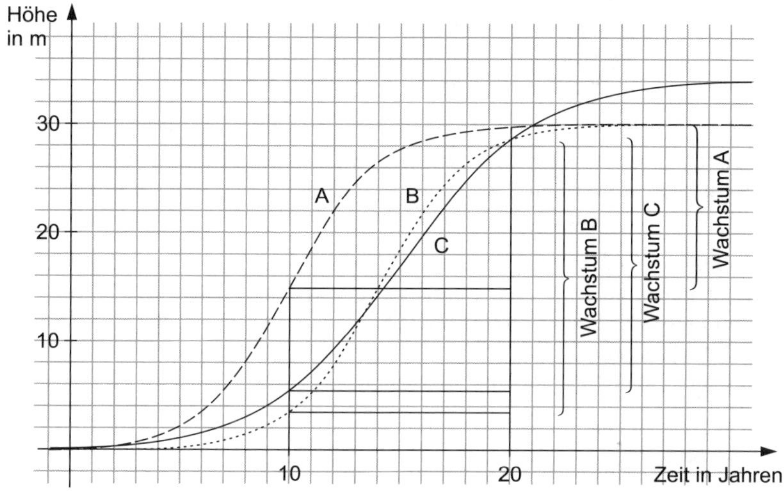

Die Graphik zeigt, dass
$B(20) - B(10) > C(20) - C(10) > A(20) - A(10)$.

Somit gewinnt Baumart B zwischen dem 10. und dem 20. Jahr am meisten an Höhe.

c)

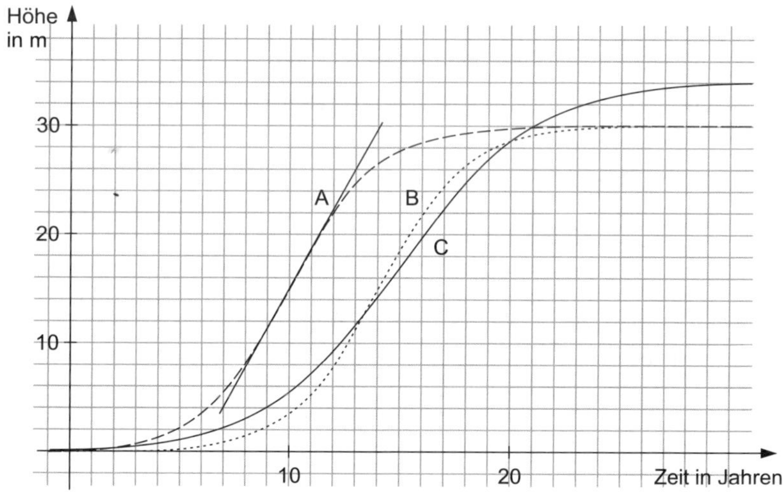

Die Behauptung ist wahr, da sich der Graph von A zwischen dem 8. und dem 12. Jahr durch die eingezeichnete Gerade annähern lässt.

Abitur Mathematik (Bayern): Übungsaufgabe 1
Stochastik

BE

Studenten in Europa haben die Möglichkeit, im Rahmen eines Austauschprogramms (Erasmus-Programm) ein Semester an einer Universität im Ausland zu studieren. Man nennt sie daher „Erasmus-Studenten".

1. Auch in diesem Sommersemester befinden sich wieder „Erasmus-Studenten" an der Universität von Florenz, die für ein Auslandssemester sehr beliebt ist. So sind in diesem Semester 26 % aller Studenten in Florenz über das Erasmus-Programm gekommen. Es sind 32 % aller weiblichen Studenten und 22 % aller männlichen Studenten Erasmus-Studenten.

   a) Wie hoch ist der Anteil aller weiblichen Studenten an der Universität von Florenz? 5

   b) Ein zufällig ausgewählter Student ist ein Erasmus-Student. Mit welcher Wahrscheinlichkeit ist er männlich? 3

   c) Mit welcher Wahrscheinlichkeit sind unter 50 zufällig ausgewählten Studenten genau 26 % Erasmus-Studenten? 3

Unter den Erasmus-Studenten studieren 25 % Kunstgeschichte, 20 % Sprachen, 15 % Archäologie, 10 % Jura, 10 % Wirtschaftswissenschaften. Die restlichen 20 % verteilen sich auf sonstige Fakultäten.

2. Mit welcher Wahrscheinlichkeit befinden sich unter 50 zufällig ausgewählten Erasmus-Studenten

   a) weniger als 10 Jura-Studenten? 2

   b) mindestens 10 Archäologie-Studenten? 2

   c) Für die oben aufgeführten Studiengänge wurden Funktionsgraphen angefertigt, die näherungsweise die Binomialverteilung B(50; p) darstellen, wobei p die Wahrscheinlichkeit für das jeweilige Studienfach ist.
   Zu welchem Fach gehört der abgebildete Graph? Begründen Sie Ihre Antwort.

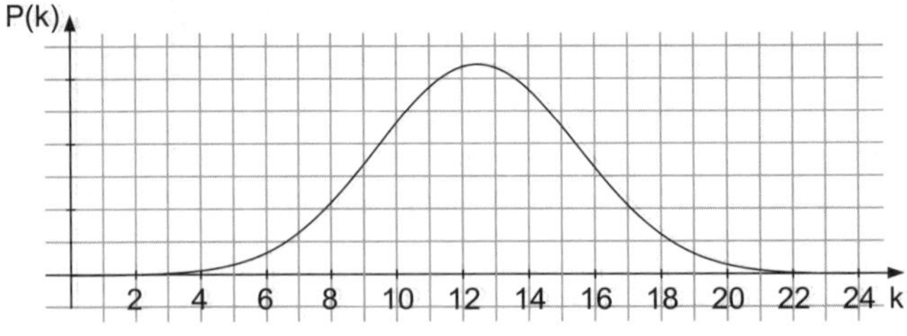

3

3. Jeden Mittwochabend treffen sich in der Kneipe „Kitsch" die Erasmus-Studenten, die Lust dazu haben. Angeblich sind die Kunstgeschichtler und die Archäologen an diesen Abenden immer besonders zahlreich vertreten. Lässt sich diese Behauptung auf dem Signifikanzniveau von 5 % ablehnen, wenn an einem Mittwochabend 33 der 100 anwesenden Erasmus-Studenten Kunstgeschichte bzw. Archäologie studieren? 5

4. Zum Semesterende stehen die Prüfungen an. Erfahrungsgemäß sind 20 % aller Prüflinge Erasmus-Studenten. 15 % der Prüflinge bestehen die Prüfung nicht, 4 % der Prüflinge sind Erasmus-Studenten, die die Prüfung nicht bestehen.

   a) Fertigen Sie eine Vierfelder-Tafel an. 3

   b) Mit welcher Wahrscheinlichkeit ist ein Prüfling kein Erasmus-Student und besteht die Prüfung? 1

   c) Sind die Ereignisse „Erasmus-Student" und „Prüfung bestanden" stochastisch abhängig? 3

30

Tipps und Hinweise: Stochastik

Aufgabe 1 a

- Veranschaulichen Sie die Angaben anhand eines Baumdiagramms.
- Wenn Sie als erstes nach E (Erasmus-Student) und $\overline{E}$ aufteilen, können Sie die weiteren Angaben nicht mehr ins Baumdiagramm einfügen.

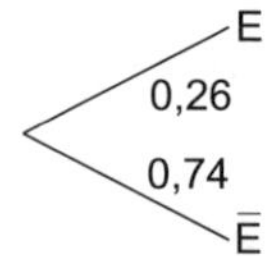

- Welches weitere Unterscheidungsmerkmal (außer E bzw. $\overline{E}$) findet sich noch in den Angaben?
- Die erste Teilung des Baumdiagramms muss nach weiblich/männlich erfolgen. Anschließend wird jeder der beiden Äste nach E und $\overline{E}$ aufgeteilt.
- Schreiben Sie die Ihnen bekannten Wahrscheinlichkeiten an die entsprechenden Äste.
- Gesucht ist P(♀). Nennen Sie diese gesuchte Wahrscheinlichkeit p.
- Wie groß ist P(♂), wenn P(♀) = p?
- Aus welchen Verzweigungen setzt sich P(E) zusammen?
- Formen Sie aus der Beziehung P(E) = P(♀ ∩ E) + P(♂ ∩ E) durch Einsetzen der entsprechenden Wahrscheinlichkeiten eine Gleichung für p.
- Beachten Sie dabei die Pfadregeln.

Aufgabe 1 b

- Es handelt sich um eine bedingte Wahrscheinlichkeit.
- Die Bedingung lautet: „Ein zufällig ausgewählter Student ist ein Erasmus-Student."
- Beachten Sie die Formel für bedingte Wahrscheinlichkeiten (siehe Merkhilfe).
- Verwenden Sie das Ergebnis von Aufgabe 1 a und leiten Sie daraus P(♂) ab.
- Der Anteil der Erasmus-Studenten unter allen männlichen Studenten ist gegeben (siehe auch Baumdiagramm).

Aufgabe 1 c

- Wie viele der 50 Studenten müssen Erasmus-Studenten sein?
- Mit welcher Wahrscheinlichkeit sind genau 13 der 50 Studenten Erasmus-Studenten?
- Die Wahrscheinlichkeit 0,26 ist nicht tabellarisiert.
- Sie finden die entsprechende Formel zur Berechnung der gesuchten Wahrscheinlichkeit in Ihrer Merkhilfe.

Aufgabe 2 a

- Was bedeutet „weniger als 10“?
- Es liegt eine Bernoulli-Kette vor. Die Trefferwahrscheinlichkeit kann dem Text entnommen werden.
- Achten Sie beim Tabellenablesen darauf, dass es sich um eine kumulative Verteilung handelt.

Aufgabe 2 b

- Was bedeutet „mindestens 10“? Arbeiten Sie mit dem Gegenereignis.
- Es liegt eine Bernoulli-Kette vor. Die Trefferwahrscheinlichkeit kann dem Text entnommen werden.
- Achten Sie beim Tabellenablesen darauf, dass es sich um eine kumulative Verteilung handelt.

Aufgabe 2 c

- Es handelt sich nicht um ein Histogramm, da nur eine Näherung dargestellt ist.
- Wo nehmen die Histogramm-Darstellungen von Binomialverteilungen die größten Werte an?
- Das Maximum einer Binomialverteilung befindet sich stets in der (unmittelbaren) Umgebung des Erwartungswerts.
- Berechnen Sie die Erwartungswerte der verschiedenen Studienfächer.
- Die Formel für den Erwartungswert finden Sie in Ihrer Merkhilfe.
- Beachten Sie, dass $n = 50$ gilt.
- Wo besitzt der abgebildete Graph sein Maximum?
- Für welches Studienfach stimmt dieser abgelesene Wert am besten mit dem Erwartungswert überein?

Aufgabe 3

- Wie groß ist die Wahrscheinlichkeit, dass ein Erasmus-Student Kunstgeschichte oder Archäologie studiert?
- Wie groß muss die Wahrscheinlichkeit für die Anwesenheit eines Erasmus-Studenten mit Studienfach Kunstgeschichte oder Archäologie sein, damit die Aussage „besonders zahlreich“ erfüllt wird?
- Diese Wahrscheinlichkeit ist Ihre Nullhypothese.
- Sie müssen eine Entscheidungsregel für diese Nullhypothese so bestimmen, dass das Signifikanzniveau 5 % beträgt.

- Zerlegen Sie die Menge {0; …; 100} in die beiden Teilmengen {0; …; k} und {k + 1; …; 100}.
- {0; …; k} steht für „möglichst wenige“.
  {k + 1; …; 100} steht für „möglichst viele“.
- Entscheidet man sich für die Nullhypothese ($p_0 > 0{,}4$), wenn möglichst wenige oder möglichst viele der 100 anwesenden Erasmus-Studenten Kunstgeschichte oder Archäologie studieren?
- Die Wahrscheinlichkeit, sich irrtümlich gegen die Nullhypothese auszusprechen, soll höchstens 5 % betragen.
- Verwenden Sie die kumulative Binomialverteilung mit der Trefferwahrscheinlichkeit $p = 0{,}4$.
- Suchen Sie in der Tabelle bei $n = 100$ und $p = 0{,}4$ das größtmögliche k, für das der Tabellenwert kleiner als 0,05 ist.
- Vergleichen Sie den Ablehnungsbereich mit der Anzahl der anwesenden Erasmus-Studenten, die Kunstgeschichte oder Archäologie studieren.
- Gehört die Anzahl 33 dem Ablehnungsbereich an?

Aufgabe 4 a

- Die beiden Kriterien bei der Vierfeldertafel sind E (Erasmus-Student) bzw. $\overline{E}$ und bestanden bzw. nicht bestanden.
- Setzen Sie die gegebenen Werte (20 %; 15 %; 4 %) in die Tafel ein und berechnen Sie über Summenbildungen die fehlenden.

Aufgabe 4 b

- Die gesuchte Wahrscheinlichkeit lässt sich unmittelbar aus der Vierfeldertafel ablesen.

Aufgabe 4 c

- Die entsprechende Formel findet sich in Ihrer Merkhilfe.
- Sie können die benötigten Wahrscheinlichkeiten aus der Vierfeldertafel ablesen.
- Stimmt der Wert von $P(E) \cdot P(b)$ mit dem Wert von $P(E \cap b)$ überein?

Lösungen

1. a) Es gibt unter den weiblichen (und auch unter den männlichen) Studenten auch solche, die über das Erasmus-Programm gekommen sind.

$P(♀) = P(♀ \cap E) + P(♀ \cap \overline{E})$

$P(♂) = P(♂ \cap E) + P(♂ \cap \overline{E})$

Aus den Angaben ist zu entnehmen:

$P(♀ \cap E) + P(♂ \cap E) = 26\ \%$

Außerdem gilt:

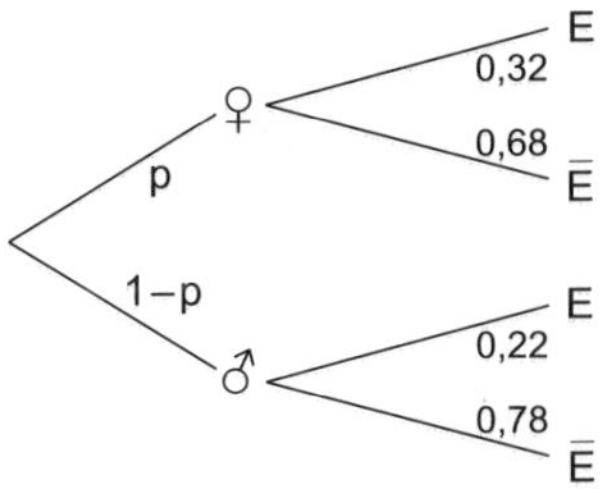

Somit:

$$p \cdot 0{,}32 + (1 - p) \cdot 0{,}22 = 0{,}26$$
$$0{,}32p + 0{,}22 - 0{,}22p = 0{,}26$$
$$0{,}1p = 0{,}04$$
$$p = 0{,}4$$

40 % aller Studenten sind weiblich.

b) $P_E(♂) = \dfrac{P(E \cap ♂)}{P(E)}$

$P_E(♂) = \dfrac{0{,}6 \cdot 0{,}22}{0{,}26} = 0{,}50769 \approx 50{,}8\ \%$

c) 26 % von 50 Studenten sind 13 Studenten.

$P = B(50;\ 0{,}26;\ 13) = \binom{50}{13} \cdot 0{,}26^{13} \cdot (1 - 0{,}26)^{50-13}$

$P = \binom{50}{13} \cdot 0{,}26^{13} \cdot 0{,}74^{37} \approx 0{,}12773 \approx 12{,}8\ \%$

2. a) $P(X < 10) = \sum_{i=0}^{9} B(50;\ 0{,}1;\ i) = F_{0{,}1}^{50}(9) \approx 0{,}97546 \approx 97{,}5\ \%$

b) $P(X \geq 10) = 1 - P(X \leq 9) = 1 - \sum_{i=0}^{9} B(50; 0{,}15; i) = 1 - F_{0,15}^{50}(9) \approx 1 - 0{,}79109$

$= 0{,}20891 \approx 20{,}9\ \%$

c) Der Graph gehört zu $p = 0{,}25$, also Kunstgeschichte.
Der Graph hat sein Maximum bei etwa $x = 12{,}5$.
Für den Erwartungswert $\mu = n \cdot p$ ergibt sich für

Kunstgeschichte: 12,5	Sprachen: 10	Archäologie: 7,5
Jura: 5	Wirtschaftswissenschaften: 5	Sonstiges: 10

Da sich bei einer Binomialverteilung das Maximum stets in der Umgebung des Erwartungswerts befindet, kommt nur das Fach Kunstgeschichte in Betracht.

3. P(Kunstgeschichte oder Archäologie) $= 0{,}25 + 0{,}15 = 0{,}4$
Nullhypothese: P(anwesende Kunstgeschichtler oder Archäologen) $> 0{,}4$

	gegen p_0 0 … k	für p_0 k + 1 … 100
$p_0 > 0{,}4$	$\leq 0{,}05$	

anwesende Kunstgeschichtler oder Archäologen

$$\sum_{i=0}^{k} B(100; 0{,}4; i) \leq 0{,}05$$

$F_{0,4}^{100}(k) \leq 0{,}05$

Suchen in der Tabelle zeigt: $k \leq 31$

Ablehnung der Nullhypothese, falls maximal 31 der Anwesenden Kunstgeschichte oder Archäologie studieren.

Bei 33 anwesenden Erasmus-Studenten der Fächer Kunstgeschichte bzw. Archäologie kann die Nullhypothese $p_0 > 0{,}4$ **nicht** auf dem 5 %-Niveau abgelehnt werden.

4. a)

	Erasmus	nicht Erasmus	
bestanden	**16 %**	**69 %**	**85 %**
nicht bestanden	4 %	**11 %**	15 %
	20 %	**80 %**	100 %

Die zu berechnenden Werte sind fett gedruckt.

b) $P(\overline{E} \cap b) = 0{,}69 = 69\ \%$ (siehe Vierfeldertafel)

c) $P(E) = 0{,}2$ $P(b) = 1 - 0{,}15 = 0{,}85$ $P(E) \cdot P(b) = 0{,}17$
$P(E \cap b) = 0{,}16 \neq P(E) \cdot P(b)$ stochastisch abhängig

Abitur Mathematik (Bayern): Übungsaufgabe 1
Geometrie

BE

Das Modell einer Kirche wird so in ein Koordinatensystem gestellt, wie es die folgenden Abbildungen zeigen.

Grundriss

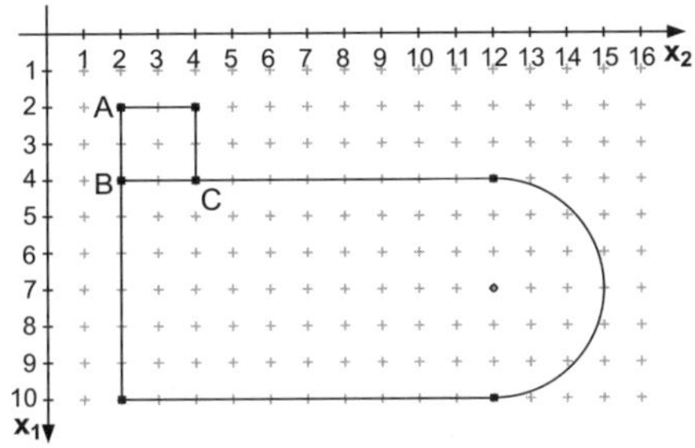

Abb. 1

Frontansicht

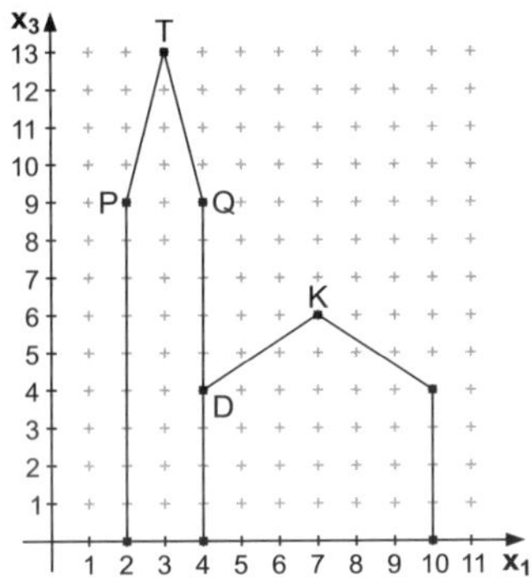

Abb. 2

Seitenansicht

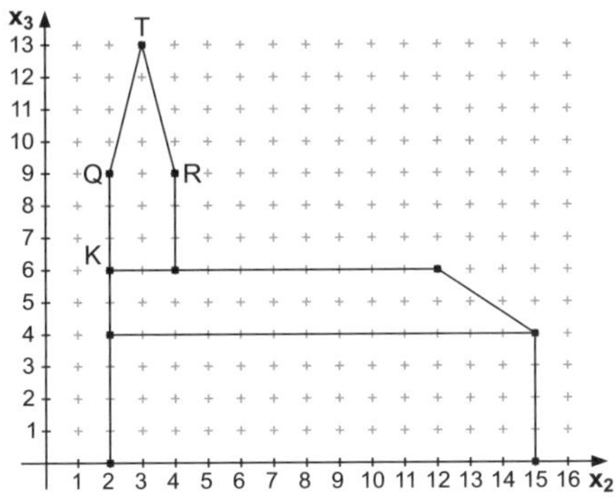

Abb. 3

1. Die Punkte A, B und C liegen in der x_1-x_2-Ebene; die Punkte P, Q und R jeweils senkrecht darüber. T ist die Turmspitze, K bildet den First des Kirchendaches in der Frontebene.
   Geben Sie die Raumkoordinaten der Punkte R, T und K an.
   [Zur Kontrolle: Q(4 | 2 | 9)] 3

2. Wir betrachten zunächst nur den Turm, der aus einem Quader mit aufgesetzter gerader vierseitiger Pyramide besteht.

   a) Geben Sie eine Normalengleichung der Ebene E an, in der sich die Deckfläche des Quaders befindet. 2

   b) Berechnen Sie den Neigungswinkel α der Turmdachfläche auf zwei Dezimalen genau. 4

   c) Berechnen Sie die Fläche des Turmdaches. 3

   d) Zur Verstärkung der Dachkonstruktion wird eine Strebe (ein Holzbalken) eingebaut, die vom Punkt R zur Kante [PT] reicht und auf dieser Kante [PT] senkrecht steht. Wie lang ist diese Strebe? 4

3. Nun zum Kirchenschiff:

   a) Geben Sie eine Normalengleichung der Ebene F an, in der diejenige (Teil-) Dachfläche liegt, die auch die Punkte D und K enthält. 2

   b) Berechnen Sie den vom Kirchenschiff „umbauten Raum“, also das Volumen des Kirchenschiffes. 4

4. Die Sonne steht so, dass ein Sonnenstrahl genau mit der Turmdachkante [TR] übereinstimmt.
   Wo trifft dieser Sonnenstrahl auf die Dachfläche F (aus Aufgabe 3 a) auf? 4

5. Im Dach des Kirchenschiffes befindet sich genau im Punkt K ein kleines Loch, das dringend repariert werden muss. Zum Glück scheint gerade die Sonne.

   Die Richtung der Sonnenstrahlen wird durch den Vektor $\begin{pmatrix} 1 \\ 4 \\ -2 \end{pmatrix}$ beschrieben.

   Trifft der durch das Loch im Punkt K eintretende Strahl auf dem Kirchenboden auf? 4

30

Tipps und Hinweise: Geometrie

Aufgabe 1

- Die Abbildungen zeigen jeweils **zwei** Koordinatenachsen.
- Welche Koordinaten lassen sich aus der obersten/der mittleren/der untersten Abbildung ablesen?
- Sie haben also für jede Koordinate **zwei** Ablese- (bzw. Kontroll-)Möglichkeiten.
- R liegt laut Angabe senkrecht über C.
- Die x_1- und die x_2-Koordinaten von R und C müssen also jeweils die gleichen sein.
- Abbildung 1 (Grundriss) liefert für C $(4|4|0)$.
- Abbildung 3 (Seitenansicht) zeigt, dass R die x_3-Koordinate 9 hat.
- T liegt als Spitze der geraden Pyramide senkrecht über dem Mittelpunkt der quadratischen Turmgrundfläche mit den Eckpunkten A, B, C (vierter Eckpunkt ist nicht benannt).
- Dieser Mittelpunkt hat (Abb. 1) die Koordinaten $(3|3|0)$. Die x_3-Koordinate von T ergibt sich aus Abb. 2 oder 3.
- x_1- und x_3-Koordinate von K ergeben sich aus Abb. 2, die x_2-Koordinate ergibt sich aus Abb. 3 (oder Abb. 1).

Aufgabe 2 a

- Die Ebene E verläuft parallel zur x_1-x_2-Ebene.
- Für alle Punkte in E muss der x_3-Wert stets gleich sein.
- Dieser x_3-Wert lässt sich aus Abb. 2 oder 3 ablesen.

oder:

- Die Ebene E verläuft durch die Punkte P, Q und R.
- Geben Sie E zunächst in Parameter- und dann in Normalenform an (siehe Merkhilfe).

Aufgabe 2 b

- Bei einer geraden Pyramide haben alle Dachflächen denselben Neigungswinkel.
- Welche Figur ergibt sich bei einem senkrechten Schnitt durch T parallel zu PQ?
- Wie lang ist die Basis dieses gleichschenkligen Dreiecks?
- Wie lang ist die Höhe auf die Basis dieses gleichschenkligen Dreiecks?
- Welche trigonometrische Funktion können Sie mithilfe dieser Längen für α aufstellen?

oder:

- Von welchen Vektoren wird α eingeschlossen?
- Wie lässt sich der Winkel zwischen zwei Vektoren berechnen (siehe Merkhilfe)?

Aufgabe 2 c

- Aus welchen Teilflächen setzt sich das Turmdach zusammen?
- Wie lässt sich die Fläche eines Dreiecks berechnen?
- Benutzen Sie Ihre Merkhilfe und das Vektorprodukt.

oder:

- Die Dreiecksfläche kann auch mithilfe der Formel $A_{\Delta} = \frac{1}{2}gh$ berechnet werden.
- Achten Sie darauf, dass die Höhe des Dachdreiecks **nicht** mit der Höhe der Pyramide übereinstimmt!
- Ähnlich wie in Aufgabe 2 b der Winkel α lässt sich die Höhe des Dreiecks PQT mit einem Hilfsdreieck bestimmen.

Aufgabe 2 d

- Die Strebe beginnt beim Punkt R und endet in einem Punkt S, der auf der Turmkante [PT] liegt.
- Die Länge der Strebe entspricht der Länge des Vektors $\overrightarrow{RS}$.
- Welche Eigenschaft besitzt der Punkt S?
- Wie lässt sich diese Eigenschaft vektoriell ausdrücken?
- Ein Punkt liegt genau dann auf einer Geraden, wenn er die Geradengleichung erfüllt.
- Was gilt somit für den Ortsvektor $\vec{S}$?
- Welche Eigenschaft hat der Vektor $\overrightarrow{RS}$?
- Wie lässt sich diese Eigenschaft vektoriell ausdrücken?
- Zwei Vektoren stehen genau dann aufeinander senkrecht, wenn ihr Skalarprodukt null ergibt (siehe Merkhilfe).

Aufgabe 3 a

- Welche spezielle Lage hat die Ebene F im Koordinatensystem? Beachten Sie Abb. 1 und Abb. 3.
- Stellen Sie die Ebene F zunächst in Parameterform dar (siehe Merkhilfe).
- Der Normalenvektor einer Ebene ergibt sich als Vektorprodukt der beiden Richtungsvektoren (siehe Merkhilfe).

- Wie lautet allgemein die Normalenform einer Ebene (siehe Merkhilfe)?
- Setzen Sie den gefundenen Normalenvektor und einen Punkt der Ebene (z. B. den Punkt D) ein.

Aufgabe 3 b

- Aus welchen (Teil-)Körpern lässt sich das Kirchenschiff zusammensetzen?
- Wie lauten die Formeln für die Volumina von Quader bzw. Zylinder bzw. Prisma bzw. Kegel (siehe auch Merkhilfe)?
- Lesen Sie die Längen der für die Volumenberechnung benötigten Strecken aus den Abbildungen ab.
- Das Prisma, das einen Teil des Dachvolumens bildet, ist ein dreiseitiges Prisma.
- Die Grundfläche dieses Prismas ist das in Abb. 2 gut zu erkennende gleichschenklige Dreieck, dessen einer Schenkel [DK] ist.
- Die Länge des Dachfirsts (= Höhe des Prismas) kann in Abb. 3 abgelesen werden.
- Der Radius des Kegels ist gleich dem Radius des Zylinders (siehe Abb. 1).
- Die Höhe des Kegels lässt sich in Abb. 3 ablesen.

Aufgabe 4

- Der Sonnen„strahl" lässt sich als Gerade veranschaulichen.
- Durch welche Punkte verläuft diese Gerade?
- Wie lautet allgemein die vektorielle Darstellung einer Geraden durch zwei Punkte?
- Setzen Sie Punktkoordinaten ein.
- Den Schnittpunkt einer Geraden mit einer Ebene erhalten Sie am leichtesten, wenn Sie die Gerade in die Normalenform der Ebene einsetzen.
- Dazu ersetzen Sie $(x_1 \mid x_2 \mid x_3)$ in der Normalenform der Ebene durch $(3+\delta \mid 3+\delta \mid 13-4\delta)$.
- Es ergibt sich eine Gleichung mit der einen Unbekannten δ.
- Auflösen nach δ und Einsetzen von δ in die Geradengleichung liefert die Koordinaten des Schnittpunkts.

Aufgabe 5

- Der Sonnen„strahl" lässt sich wiederum als Gerade aufschreiben.
- Sie kennen den Aufpunkt K und den Richtungsvektor.
- Der Kirchenboden entspricht der x_1-x_2-Ebene.

- Welche Eigenschaften haben alle Punkte der x_1-x_2-Ebene? Wie lautet somit die Normalenform der x_1-x_2-Ebene?

- Der Schnittpunkt der Geraden mit der x_1-x_2-Ebene ergibt sich wiederum durch Einsetzen der Geraden in die Normalenform der Ebene (siehe Aufgabe 4).

- Lesen Sie in Abb. 1 ab, ob sich dieser Punkt innerhalb des Kirchenschiffs befindet.

oder:

- Benutzen Sie die Abb. 2 und 3, um den Strahl einzuzeichnen.

- Beachten Sie, dass in Abb. 2 nur die x_1- und die x_3-Koordinate betrachtet werden. Hier lässt sich die x_1-Koordinate des Schnittpunkt-Strahls mit der x_1-x_2-Ebene ablesen.

- Beachten Sie, dass in Abb. 3 nur die x_2- und die x_3-Koordinate betrachtet werden. Hier lässt sich die x_2-Koordinate des Schnittpunkt-Strahls mit der x_1-x_2-Ebene ablesen.

- In Abb. 1 (hier werden nur x_1- und x_2-Koordinate betrachtet) lesen Sie ab, ob der Schnittpunkt innerhalb des Kirchenschiffs liegt.
  Zur Kontrolle können Sie auch nochmals den Strahl einzeichnen. Er muss durch den Schnittpunkt verlaufen.

Lösungen

1. R(4|4|9) T(3|3|13) K(7|2|6)

   Die Koordinatenangabe der folgenden Punkte ist **nicht** verlangt, sondern erfolgt hier lediglich aus Gründen der Vollständigkeit.

   A(2|2|0) B(4|2|0) C(4|4|0)

   P(2|2|9) Q(4|2|9) siehe Angabe!

   D(4|2|4)

2. a) E: $x_3 = 9 \Rightarrow x_3 - 9 = 0$

   oder umständlich:

$$E_{PQR}: \quad \vec{X} = \begin{pmatrix}2\\2\\9\end{pmatrix} + \lambda \cdot \left[\begin{pmatrix}4\\2\\9\end{pmatrix} - \begin{pmatrix}2\\2\\9\end{pmatrix}\right] + \mu \cdot \left[\begin{pmatrix}4\\4\\9\end{pmatrix} - \begin{pmatrix}2\\2\\9\end{pmatrix}\right] \qquad \lambda, \mu \in \mathbb{R}$$

$$\vec{X} = \begin{pmatrix}2\\2\\9\end{pmatrix} + \lambda \cdot \begin{pmatrix}2\\0\\0\end{pmatrix} + \mu \cdot \begin{pmatrix}2\\2\\0\end{pmatrix} \qquad \lambda, \mu \in \mathbb{R}$$

$$\vec{n}_E = \begin{pmatrix}2\\0\\0\end{pmatrix} \times \begin{pmatrix}2\\2\\0\end{pmatrix} = \begin{pmatrix}0-0\\0-0\\4-0\end{pmatrix} = \begin{pmatrix}0\\0\\4\end{pmatrix} = 4 \cdot \begin{pmatrix}0\\0\\1\end{pmatrix}$$

$$E: \quad \begin{pmatrix}0\\0\\1\end{pmatrix} \circ \left[\vec{X} - \begin{pmatrix}2\\2\\9\end{pmatrix}\right] = 0 \Rightarrow x_3 - 9 = 0$$

   b) *elementar-geometrisch:*

$$\tan\alpha = \frac{\overline{TM}}{\overline{M_{PV}M}} = \frac{4}{1}$$

$$\Rightarrow \alpha = 75{,}96°$$

   oder vektoriell:

$$\overrightarrow{M_{PV}M_{QR}} = \overrightarrow{PQ} = \begin{pmatrix}4\\2\\9\end{pmatrix} - \begin{pmatrix}2\\2\\9\end{pmatrix} = \begin{pmatrix}2\\0\\0\end{pmatrix}$$

$$\overrightarrow{M_{PV}T} = \begin{pmatrix}3\\3\\13\end{pmatrix} - \begin{pmatrix}2\\3\\9\end{pmatrix} = \begin{pmatrix}1\\0\\4\end{pmatrix}$$

$$\cos\alpha = \frac{\begin{pmatrix}2\\0\\0\end{pmatrix} \circ \begin{pmatrix}1\\0\\4\end{pmatrix}}{\left|\begin{pmatrix}2\\0\\0\end{pmatrix}\right| \cdot \left|\begin{pmatrix}1\\0\\4\end{pmatrix}\right|} = \frac{2}{2 \cdot \sqrt{17}}$$

$$\Rightarrow \alpha = 75{,}96°$$

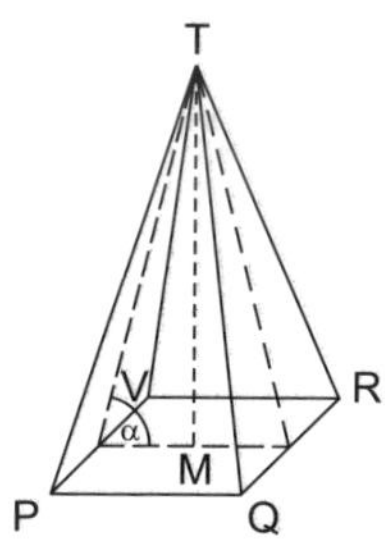

V(2|4|9) ist der vierte Eckpunkt des Quadrats PQRV.

c) Die Turmdachfläche besteht aus vier kongruenten (gleichschenkligen) Dreiecken (z. B. ΔPQT).

$$A_{Turmdach} = 4\cdot\frac{1}{2}\left|\overrightarrow{PQ}\times\overrightarrow{PT}\right| = 2\cdot\left|\begin{pmatrix}2\\0\\0\end{pmatrix}\times\begin{pmatrix}1\\1\\4\end{pmatrix}\right| = 2\cdot\left|\begin{pmatrix}0-0\\0-8\\2-0\end{pmatrix}\right| = 2\cdot\left|\begin{pmatrix}0\\-8\\2\end{pmatrix}\right|$$

$$= 2\sqrt{68} = 2\cdot 2\sqrt{17} \approx 16{,}49$$

oder:

Vorsicht! Die Höhe des Dreiecks PQT ist **un**gleich 4, da P, Q und T **nicht** in einer zur x_3-Achse parallelen Ebene liegen.

Die Höhe h des Dreiecks PQT kann jedoch berechnet werden.

$$h^2 = \overline{LM}^2 + \overline{MT}^2 = 1^2 + 4^2 \quad\Rightarrow\quad h = \sqrt{17}$$

oder

$h = \left|\overrightarrow{LT}\right|$ mit L(3|2|9)

$$h = \left|\begin{pmatrix}3\\3\\13\end{pmatrix}-\begin{pmatrix}3\\2\\9\end{pmatrix}\right| = \left|\begin{pmatrix}0\\1\\4\end{pmatrix}\right| = \sqrt{1^2+4^2} = \sqrt{17}$$

und somit:

$$A_{Turmdach} = 4\cdot\frac{1}{2}\cdot\left|\overrightarrow{PQ}\right|\cdot h = 2\cdot 2\cdot\sqrt{17} \approx 16{,}49$$

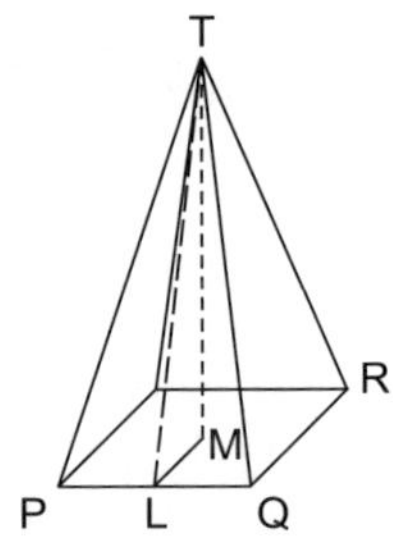

d) Der Endpunkt der Strebe heiße S.
Es muss gelten:

(1) $S \in [PT]$

(2) $\overrightarrow{RS} \perp \overrightarrow{PT}$

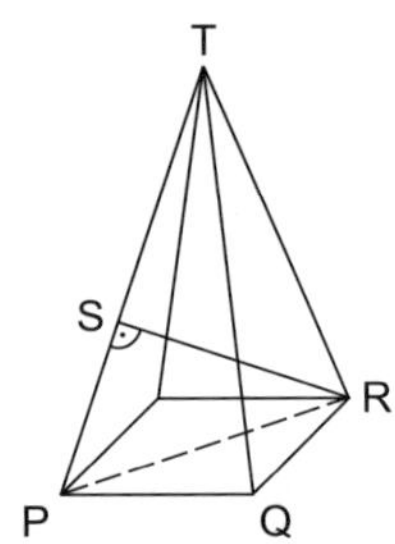

Wegen

$$g_{PT}:\ \vec{X} = \begin{pmatrix}2\\2\\9\end{pmatrix} + \tau\cdot\left[\begin{pmatrix}3\\3\\13\end{pmatrix}-\begin{pmatrix}2\\2\\9\end{pmatrix}\right] \qquad \tau\in\mathbb{R}$$

$$\vec{X} = \begin{pmatrix}2\\2\\9\end{pmatrix} + \tau\cdot\begin{pmatrix}1\\1\\4\end{pmatrix} \qquad \tau\in\mathbb{R}$$

folgt aus (1):

$$\vec{S} = \begin{pmatrix}2\\2\\9\end{pmatrix} + \tau\cdot\begin{pmatrix}1\\1\\4\end{pmatrix} \qquad \tau\in[0;1]$$

Aus (2) folgt:

$$\overrightarrow{RS} \circ \overrightarrow{PT} = 0$$

$$[\vec{S} - \vec{R}] \circ [\vec{T} - \vec{P}] = 0$$

$$\left[\begin{pmatrix} 2 \\ 2 \\ 9 \end{pmatrix} + \tau \cdot \begin{pmatrix} 1 \\ 1 \\ 4 \end{pmatrix} - \begin{pmatrix} 4 \\ 4 \\ 9 \end{pmatrix}\right] \circ \left[\begin{pmatrix} 3 \\ 3 \\ 13 \end{pmatrix} - \begin{pmatrix} 2 \\ 2 \\ 9 \end{pmatrix}\right] = 0$$

$$\begin{pmatrix} -2+\tau \\ -2+\tau \\ 4\tau \end{pmatrix} \circ \begin{pmatrix} 1 \\ 1 \\ 4 \end{pmatrix} = 0$$

$$-2+\tau-2+\tau+16\tau = 0$$

$$18\tau = 4$$

$$\tau = \frac{2}{9}$$

$$\vec{S} = \begin{pmatrix} 2 \\ 2 \\ 9 \end{pmatrix} + \frac{2}{9} \cdot \begin{pmatrix} 1 \\ 1 \\ 4 \end{pmatrix} = \begin{pmatrix} \frac{20}{9} \\ \frac{20}{9} \\ \frac{89}{9} \end{pmatrix} \quad \Rightarrow \quad S\left(\frac{20}{9} \,\middle|\, \frac{20}{9} \,\middle|\, \frac{89}{9}\right)$$

$$\overrightarrow{RS} = \begin{pmatrix} -\frac{16}{9} \\ -\frac{16}{9} \\ \frac{8}{9} \end{pmatrix}, \; |\overrightarrow{RS}| = \sqrt{\frac{256}{81} + \frac{256}{81} + \frac{64}{81}} = \frac{24}{9} = \frac{8}{3}$$

3. a) Die Fläche F verläuft parallel zur x_2-Achse (siehe Grundriss und Seitenansicht) und durch die Punkte D und K.

$$F: \; \vec{X} = \begin{pmatrix} 4 \\ 2 \\ 4 \end{pmatrix} + \nu \cdot \left[\begin{pmatrix} 7 \\ 2 \\ 6 \end{pmatrix} - \begin{pmatrix} 4 \\ 2 \\ 4 \end{pmatrix}\right] + \rho \begin{pmatrix} 0 \\ 1 \\ 0 \end{pmatrix} \qquad \nu, \rho \in \mathbb{R}$$

$$\vec{X} = \begin{pmatrix} 4 \\ 2 \\ 4 \end{pmatrix} + \nu \cdot \begin{pmatrix} 3 \\ 0 \\ 2 \end{pmatrix} + \rho \begin{pmatrix} 0 \\ 1 \\ 0 \end{pmatrix} \qquad \nu, \rho \in \mathbb{R}$$

$$\vec{n}_F = \begin{pmatrix} 3 \\ 0 \\ 2 \end{pmatrix} \times \begin{pmatrix} 0 \\ 1 \\ 0 \end{pmatrix} = \begin{pmatrix} 0-2 \\ 0-0 \\ 3-0 \end{pmatrix} = \begin{pmatrix} -2 \\ 0 \\ 3 \end{pmatrix}$$

$$F: \quad \begin{pmatrix} -2 \\ 0 \\ 3 \end{pmatrix} \circ \left[\vec{X} - \begin{pmatrix} 4 \\ 2 \\ 4 \end{pmatrix}\right] = 0$$

$$-2x_1 + 3x_3 - 4 = 0$$

b) $V = V_{Quader} + V_{Halbzylinder} + V_{Prisma} + V_{Halbkegel}$

$$= 6 \cdot 10 \cdot 4 + \frac{1}{2} \cdot 3^2 \cdot \pi \cdot 4 + \frac{1}{2} \cdot 6 \cdot 2 \cdot 10 + \frac{1}{2} \cdot \frac{1}{3} \cdot 3^2 \cdot \pi \cdot 2$$

$$= 240 + 18\pi + 60 + 3\pi = 300 + 21\pi \approx 366$$

4. Sonnenstrahl: $\vec{X} = \vec{T} + \delta\overrightarrow{TR}$

$$\vec{X} = \begin{pmatrix} 3 \\ 3 \\ 13 \end{pmatrix} + \delta \cdot \left[\begin{pmatrix} 4 \\ 4 \\ 9 \end{pmatrix} - \begin{pmatrix} 3 \\ 3 \\ 13 \end{pmatrix}\right] \quad \delta \in \mathbb{R}$$

$$\vec{X} = \begin{pmatrix} 3 \\ 3 \\ 13 \end{pmatrix} + \delta \cdot \begin{pmatrix} 1 \\ 1 \\ -4 \end{pmatrix} \quad \delta \in \mathbb{R}$$

$F \cap$ Sonnenstrahl:

$$-2(3+\delta) + 3(13-4\delta) - 4 = 0$$
$$-6 - 2\delta + 39 - 12\delta - 4 = 0$$
$$29 - 14\delta = 0$$
$$\delta = \frac{29}{14} = 2\frac{1}{14} \quad \Rightarrow \quad \text{Schnittpunkt } \overrightarrow{S_1} = \begin{pmatrix} 3 \\ 3 \\ 13 \end{pmatrix} + \frac{29}{14} \cdot \begin{pmatrix} 1 \\ 1 \\ -4 \end{pmatrix}$$

Schnittpunkt S_1: $\left(5\frac{1}{14} \,\middle|\, 5\frac{1}{14} \,\middle|\, 4\frac{5}{7}\right)$

5. Sonnenstrahl: $\vec{X} = \begin{pmatrix} 7 \\ 2 \\ 6 \end{pmatrix} + \xi \cdot \begin{pmatrix} 1 \\ 4 \\ -2 \end{pmatrix} \quad \xi \in \mathbb{R}$

x_1-x_2-Ebene $(x_3 = 0) \cap$ Sonnenstrahl:

$$6 - 2\xi = 0$$
$$\xi = 3 \quad \Rightarrow \quad \text{Schnittpunkt } \overrightarrow{S_2} = \begin{pmatrix} 7 \\ 2 \\ 6 \end{pmatrix} + 3\begin{pmatrix} 1 \\ 4 \\ -2 \end{pmatrix}$$

Schnittpunkt S_2: $(10 \mid 14 \mid 0)$

Nein, da sich der Punkt $(10 \mid 14 \mid 0)$ nicht im Kircheninneren befindet (siehe Grundriss).

Anmerkung: Der Sonnenstrahl trifft in der Apsis (dem Halbzylinder) auf die Wand auf.

Auch eine zeichnerische Lösung ist mit entsprechenden Projektionen möglich.

Vektor $\begin{pmatrix} 1 \\ 0 \\ -2 \end{pmatrix}$

$\Rightarrow \quad x_1 = 10$

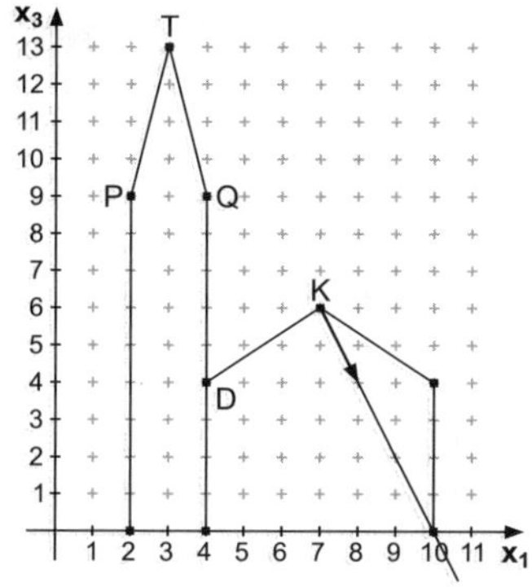

Vektor $\begin{pmatrix} 0 \\ 4 \\ -2 \end{pmatrix}$

$\Rightarrow \quad x_2 = 14$

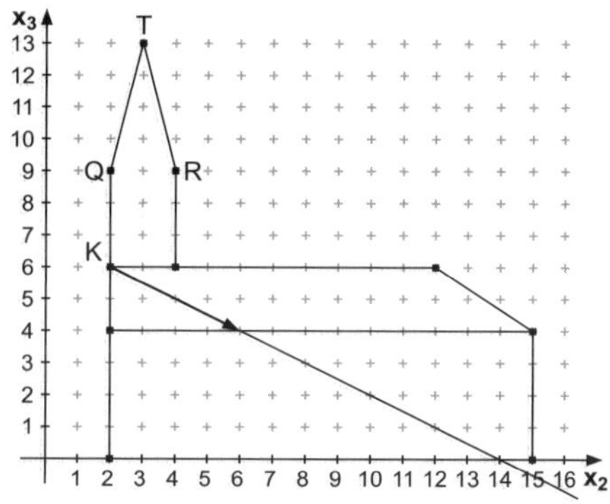

Kontrolle im Grundriss: (10 | 14 | 0) außerhalb des Kirchenschiffs

Vektor $\begin{pmatrix} 1 \\ 4 \\ 0 \end{pmatrix}$

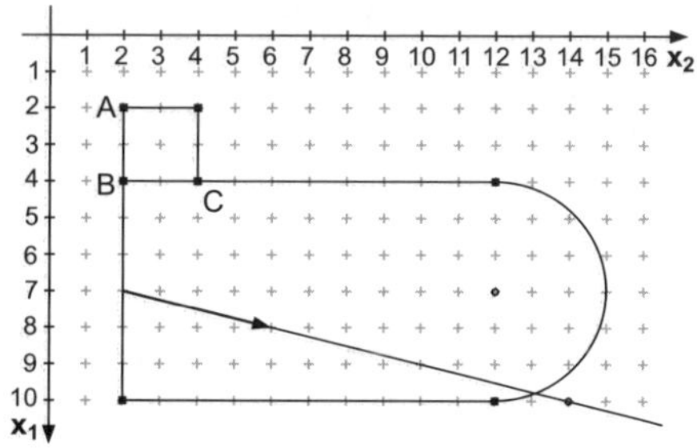

Abitur Mathematik (Bayern): Übungsaufgabe 2
Analysis

Teil 1

BE

1. Gegeben ist der Graph der Funktion f(x).
   Entscheiden Sie, ob die folgenden Aussagen richtig oder falsch sind, und begründen Sie Ihre Antworten.

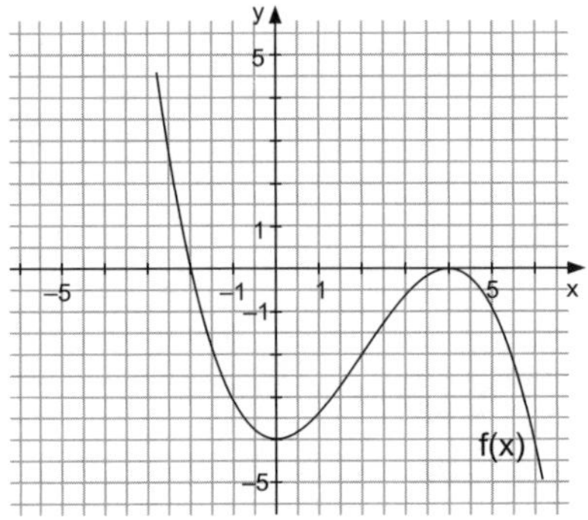

   a) Die Funktion f(x) lässt sich in der Form $f(x) = a(x+b)(x+c)^2$ angeben. 2

   b) Es gilt: $f''(4) = 0$ 2

   c) Der Graph der Ableitungsfunktion f'(x) ist eine nach unten geöffnete Parabel. 2

2. Wo besitzt der Graph der Funktion

   $$f(x) = 3\sin(4x+1) + 5$$

   waagrechte Tangenten? 4

3. Berechnen Sie die Schnittpunkte der beiden Funktionen.

   $$f(x) = \frac{3x}{x+1} \qquad g(x) = 8 - \frac{7x}{x-3}$$ 4

4. Gegeben ist die Funktion

   $$f(x) = 2\ln(x+3).$$

   a) Bestimmen Sie Definitions- und Wertebereich der Funktion. 2

   b) Bestimmen Sie den Term der Umkehrfunktion $f^{-1}(x)$. 3

   c) Geben Sie Definitions- und Wertemenge der Umkehrfunktion an. 1

20

Teil 2

BE

1. Die Teenie-Pop-Gruppe „STARK" hat eine Casting-Show gewonnen und darf eine CD veröffentlichen. Der Musikverlag will die Absatzzahlen dieser CD durch zwei Funktionen (abhängig von der Zeit $t \geq 0$, gemessen in Monaten) modellieren. Für den „worst case" rechnet der Musikverlag mit einer Funktion f(t) der Form

$$f(t) = \frac{A}{B + t^2},$$

im „best case" mit einer Funktion g(t) der Form

$$g(t) = \frac{a}{b + (c - t)^2}.$$

a) Bestimmen Sie die Parameter A und B der Funktion f(t), wenn im ersten Monat $(t = 0)$ ein Absatz von 4 000 CDs und im 4. Monat noch ein Absatz von 1 000 CDs erzielt wird. 4

$\left[\text{zur Kontrolle: } f(t) = \frac{12\,000}{3 + t^2}\right]$

b) Begründen Sie, dass nach diesem „worst-case"-Modell f(t) die Absatzzahlen ständig fallen. 3

c) Bestimmen Sie die Parameter a, b und c der Funktion g(t), wenn im ersten Monat (auch hier wieder $t = 0$) ein Absatz von 3 000 CDs und im 4. Monat der größte Absatz mit 4 000 CDs erzielt wird. 7

$\left[\text{zur Kontrolle: } g(t) = \frac{108\,000}{27 + (3 - t)^2}\right]$

d) In welchem Monat ist beim „best-case"-Modell g(t) die stärkste Abnahme des Absatzes zu erwarten? 6

e) Zu welchem Zeitpunkt ist die Anzahl der verkauften CDs für beide Modelle gleich? 3

f) In welchem Monat ist nach dem „worst-case"-Modell f(t) die vom Musik-Verlag vorgegebene Grenze von mindestens 500 monatlich verkauften CDs unterschritten?
Zeigen Sie, dass das im „best-case"-Modell g(t) auch im 16. Monat noch nicht der Fall ist. 4

g) Skizzieren Sie die beiden Modellfunktionen innerhalb des jeweiligen Verkaufszeitraums in ein gemeinsames Koordinatensystem. 4

2. Betrachtet wird nun die Funktionenschar $h_{AB}(x)$ (siehe „worst-case"-Modell)

$$h_{AB}(x) = \frac{A}{B + x^2} \quad \text{mit A, B und } x \in \mathbb{R}^+.$$

a) Zeigen Sie, dass $h_{AB}(x)$ für alle A, B, $x \in \mathbb{R}^+$ umkehrbar ist. 2

b) Geben Sie den Term der Umkehrfunktion $h_{AB}^{-1}(x)$ sowie den zugehörigen Definitionsbereich und die Wertemenge von $h_{AB}^{-1}(x)$ an. 4

3. Der Graph der Funktion g(t) lässt sich im Intervall [0; 6] durch eine Parabel annähern. Geben Sie die Gleichung dieser Parabel p(x) an. 3

40

Tipps und Hinweise: Analysis

Teil 1

Aufgabe 1 a

- Der Graph zeigt, dass die Funktion zwei Nullstellen besitzt.
- Für $x = -2$ hat f(x) eine einfache Nullstelle (f(x) wechselt das Vorzeichen).
- Für $x = 4$ hat f(x) eine doppelte Nullstelle (f(x) wechselt das Vorzeichen nicht; der Graph berührt die x-Achse in $(4 \mid 0)$).
- Hat eine Funktion eine Nullstelle für $x = k$, so muss sich der Funktionsterm durch $(x - k)$ dividieren lassen.
- Hat eine Funktion eine Nullstelle für $x = k$, so lässt sich der Funktionsterm als Produkt angeben, dessen einer Faktor $(x - k)$ lautet.
- Die Bestimmung der Parameter a, b und c ist nicht verlangt, hilft Ihnen aber – auch für andere Aufgaben – weiter.

Aufgabe 1 b

- Die 2. Ableitung bestimmt das Krümmungsverhalten einer Funktion.
- $f''(4) = 0$ bedeutet, dass die Funktion im Punkt $(4 \mid 0)$ weder rechts- noch linksgekrümmt ist (siehe Merkhilfe).
- $f''(x_0) = 0$ ist ein Kriterium für einen Wendepunkt (siehe Merkhilfe).
- Der Graph zeigt, dass $(4 \mid 0)$ doppelte Nullstelle und Maximum ist. Welchen Wert hat $f'(4)$ daher?

Aufgabe 1 c

- Die 1. Ableitung bestimmt das Monotonieverhalten einer Funktion.
- Es gilt:
  $f'(x) < 0 \;\Rightarrow\;$ f(x) fällt streng monoton.
  $f'(x) > 0 \;\Rightarrow\;$ f(x) steigt streng monoton (siehe Merkhilfe).
- Lesen Sie am Graphen ab, in welchen Intervallen f(x) fällt/steigt.
- Wo verläuft der Graph von f'(x) unterhalb/oberhalb der x-Achse?
- f(x) ist eine Polynomfunktion 3. Grades. Welchen Grad hat die Ableitungsfunktion?
- Wie nennt man den Graphen einer Polynomfunktion 2. Grades?

Aufgabe 2

- Eine Tangente ist waagrecht, wenn sie die Steigung null hat.
- Die Tangentensteigungen werden durch die 1. Ableitung angegeben (siehe Merkhilfe).

- Beachten Sie beim Ableiten, dass $(\sin x)' = \cos x$ gilt (siehe Merkhilfe).
- Vergessen Sie nicht, die Kettenregel anzuwenden (siehe Merkhilfe).
- Wo besitzt $g(x) = \cos x$ Nullstellen? Achten Sie auf die Periode von $\cos x$.
- Die „erste" Nullstelle von $\cos x$ befindet sich bei $x = \frac{\pi}{2}$.
- Benachbarte Nullstellen von $\cos x$ haben eine Entfernung von π.

Aufgabe 3

- Die Schnittpunkte von Funktionen ergeben sich durch Gleichsetzen der Funktionsterme.
- Wie nennt man eine solche Gleichung?
- Warum ist es wichtig, eine Definitionsmenge der Gleichung anzugeben?
- Erscheint x im Nenner, so muss darauf geachtet werden, dass der Nenner nicht null werden darf.
- Um weiteres Rechnen mit Bruchtermen zu vermeiden, multiplizieren Sie die Gleichung mit den auftretenden Nennern.
- Es ergibt sich eine quadratische Gleichung, die Sie mit der Formel (siehe Merkhilfe) lösen können.
- Achten Sie darauf, dass die Lösung der Definitionsmenge angehören muss.
- Da nach den Schnittpunkten (nicht den Schnittstellen) gefragt ist, müssen Sie auch den jeweiligen y-Wert berechnen.

Aufgabe 4 a

- Stellen Sie sich den Funktionsgraphen von $g(x) = \ln x$ vor.
- Für $g(x) = \ln x$ gilt $\mathbb{D}_g = \mathbb{R}^+$ (also $x > 0$) und $\mathbb{W}_g = \mathbb{R}$.
- Das Argument von $\ln x$ muss positiv sein.
- $f(x) = 2\ln(x+3)$ ist im Vergleich zu $g(x) = \ln x$ in x-Richtung verschoben und in y-Richtung gestreckt.

Aufgabe 4 b

- „Umkehrfunktion" bedeutet, dass der Funktionsgraph an $y = x$ gespiegelt wird und in der Funktionsvorschrift x und y vertauscht werden.
- Die Funktionsvorschrift der Umkehrfunktion lautet somit zunächst $x = f(y)$.
- Lösen Sie diese Gleichung nach y auf, um die Funktionsvorschrift von $f^{-1}(x)$ zu erhalten.

Aufgabe 4 c

- Da x und y vertauscht werden, müssen auch $\mathbb{D}$ und $\mathbb{W}$ vertauscht werden.
- Es gilt $\mathbb{D}_{f^{-1}} = \mathbb{W}_f$ und $\mathbb{W}_{f^{-1}} = \mathbb{D}_f$.

Teil 2

Aufgabe 1 a

- Zur Bestimmung von zwei Parametern benötigen Sie zwei Gleichungen.
- Im Text sind zwei Funktionswerte gegeben.
- Beachten Sie – für die gesamte Aufgabe! –, dass „im ersten Monat“ $t=0$ bedeutet.
- Entsprechendes gilt für „im 4. Monat“.
- Da mit den Funktionen Absatzzahlen angegeben werden sollen, wundern Sie sich nicht über große Zahlen.

Aufgabe 1 b

- „Ständig fallen“ entspricht dem Monotonieverhalten.
- Das Monotonieverhalten lässt sich mit der 1. Ableitung bestimmen.
- Beachten Sie beim Ableiten die Quotientenregel (siehe Merkhilfe).
- Im Zähler steht eine Konstante, somit gilt (Zähler)' $=0$.
- Ist $f'(t) < 0$, so fällt $f(t)$ (siehe Merkhilfe).

Aufgabe 1 c

- Zur Bestimmung von drei Parametern benötigen Sie drei Gleichungen.
- Im Text sind zwei Funktionswerte gegeben.
- Der zweite Funktionswert ist zugleich Maximum.
- Die Maximumbedingung erlaubt die Bestimmung von c.
- Überlegen Sie, für welches c der Funktionswert an der Stelle $t=3$ maximal wird.
- Besitzt ein Bruch einen konstanten Zähler, so ist der Wert des Bruches umso größer, je kleiner der Nenner ist.
- Der Nenner ist eine Summe mit konstantem 1. Summanden.
- Der zweite Summand ist ein Quadrat, also nicht negativ.
- Wann ist der 2. Summand null?

oder:

- Berechnen Sie den Parameter c über die Bedingung $g'(3)=0$.

- Beim Ableiten Quotienten- und Kettenregel beachten (siehe Merkhilfe).
- Im Zähler steht eine Konstante, somit gilt (Zähler)' = 0.
- Ein Bruch hat den Wert null, wenn der Zähler null ist.
- Einsetzen von c in die ersten beiden Gleichungen liefert zwei Gleichungen mit den beiden Unbekannten a und b.

Aufgabe 1 d

- g(t) beschreibt die Absatzzahlen.
- g'(t) beschreibt die Änderung der Absatzzahlen, also deren Zu- oder Abnahme.
- Eine extreme Änderung (egal, ob Zu- oder Abnahme) ergibt sich durch die Nullstellen der Ableitung der Änderung, also $(g'(t))' = 0$, somit $g''(t) = 0$.
- Das Bilden der Ableitungen ist übersichtlicher, wenn Sie den Nenner von g(t) ohne Klammer schreiben.
- Beim Ableiten die Quotientenregel beachten (siehe Merkhilfe).
- Im Zähler von g(t) steht eine Konstante, somit gilt (Zähler)' = 0.
- Bei der 2. Ableitung kann mit $(36 - 6t + t^2)$ gekürzt werden.
- Es ergeben sich zwei Lösungen für t.
- Sie sollen die Stelle der stärksten Abnahme bestimmen.
- Die Absatzzahlen (g(t)) müssen für das berechnete t also fallen.
- Gemäß Angabe und Aufgabe 1 c steigt g(t) in $]0; 3[$ und fällt in $]3; +\infty[$.
- Berücksichtigen Sie bei der Antwort, dass „im ersten Monat“ $t = 0$ bedeutet.

Aufgabe 1 e

- Die y-Werte der beiden Funktionen f(t) und g(t) müssen übereinstimmen.
- Multiplizieren Sie die Gleichung mit beiden Nennern.
- Sie erhalten eine quadratische Gleichung für t.
- Lösung erfolgt mithilfe der Formel (siehe Merkhilfe).
- Eine Lösung fällt wegen $t \geq 0$ weg.
- Berücksichtigen Sie bei der Antwort, dass „im ersten Monat“ $t = 0$ bedeutet.

Aufgabe 1 f

- Lösen Sie die Ungleichung $f(t) < 500$ nach t auf.
- Beachten Sie die Vorgabe $t \geq 0$.

- „Im 16. Monat“ bedeutet $t = 15$.
- Berechnen Sie g(15) und vergleichen Sie mit der angegebenen Grenze.

Aufgabe 1 g

- Für den Graphen von f(t) beachten Sie die Ergebnisse aus den Aufgaben 1 a, b, e, f.
- Für den Graphen von g(t) beachten Sie die Ergebnisse aus den Aufgaben 1 c, d, e, f.

Aufgabe 2 a

- Wann ist eine Funktion umkehrbar?
- Das Monotonieverhalten lässt sich mit der 1. Ableitung bestimmen.
- Beachten Sie beim Ableiten die Quotientenregel (siehe Merkhilfe).
- Der Zähler von $h_{AB}(x)$ ist eine Konstante, somit gilt (Zähler)' = 0.

Aufgabe 2 b

- „Umkehrfunktion“ bedeutet, dass der Funktionsgraph an $y = x$ gespiegelt und in der Funktionsvorschrift x und y vertauscht werden.
- Die Funktionsvorschrift der Umkehrfunktion h_{AB}^{-1} lautet somit zunächst $x = h_{AB}(y)$.
- Lösen Sie diese Gleichung nach y auf, um die Funktionsvorschrift von h_{AB}^{-1} zu erhalten.
- Da x und y vertauscht wurden, müssen auch $\mathbb{D}$ und $\mathbb{W}$ vertauscht werden.
- Es gilt: $\mathbb{D}_{h_{AB}^{-1}} = \mathbb{W}_{h_{AB}}$ und $\mathbb{W}_{h_{AB}^{-1}} = \mathbb{D}_{h_{AB}}$

Aufgabe 3

- Die Parabel muss in [0; 6] durch die drei Punkte von g(t) verlaufen, die Sie auch für die Skizze in Aufgabe 1 g verwendet haben.
- (3 | 4 000) muss der Scheitel der Parabel sein.
- Zur Bestimmung der Funktionsgleichung von p(x) können Sie die Scheitelform der Parabel verwenden: $y = a(x - b)^2 + c$, wobei (b | c) die Koordinaten des Scheitels sind
- a ergibt sich durch Einsetzen eines weiteren Punktes auf der Parabel.
- Da die Parabel nach unten geöffnet ist, muss sich für a ein negativer Wert ergeben.

oder:

- Zur Bestimmung der Funktionsgleichung von p(x) die allgemeine Form einer Polynomfunktion 2. Grades verwenden:. $y = Ax^2 + Bx + C$
- Zur Bestimmung der Parameter A, B und C werden die Koordinaten der drei Punkte eingesetzt, durch die die Parabel verlaufen soll.
- Da die Parabel nach unten geöffnet ist, muss sich für A ein negativer Wert ergeben.

Lösungen

Teil 1

1. a) richtig
   Der Graph zeigt eine Funktion 3. Grades mit einer einfachen Nullstelle für $x=-2$ ($\Rightarrow b=2$) und einer doppelten Nullstelle (da die x-Achse berührt wird) für $x=4$ ($\Rightarrow c=-4$).
   Der Verlauf der Funktion ($f(x) \to +\infty$ für $x \to -\infty$ bzw. $f(x) \to -\infty$ für $x \to +\infty$) zeigt auch, dass $a<0$ gelten muss.

   b) falsch
   Die Nullstelle $x=4$ ist zugleich ein Extremwert, da der Graph die x-Achse berührt, die x-Achse also Tangente ist. Somit gilt $f'(4)=0$.
   Die Krümmung wird jedoch an der Stelle $x=4$ nicht zu null (Rechtskrümmung bleibt erhalten).

   c) richtig
   Beim Ableiten erniedrigt sich der Grad um 1. Die 1. Ableitung zeigt die Monotonie:
   - In $]-\infty; 0[$ fällt $f(x)$, also gilt $f'(x)<0$ in $]-\infty; 0[$.
   - In $]0; 4[$ steigt $f(x)$, also gilt $f'(x)>0$ in $]0; 4[$.
   - In $]4; +\infty[$ fällt $f(x)$, also gilt $f'(x)<0$ in $]4; +\infty[$.

   Der Graph von $f'(x)$ zeigt somit eine Funktion 2. Grades, die nur in $]0; 4[$ oberhalb der x-Achse liegt, also eine nach unten geöffnete Parabel.

2. Die 1. Ableitung gibt die Tangentensteigung an.
   $f'(x)=3\cos(4x+1)\cdot 4=12\cos(4x+1)$
   Die Tangente verläuft waagrecht, wenn ihre Steigung null ist.
   $12\cos(4x+1)=0 \quad \Rightarrow \quad \cos(4x+1)=0$
   Die Nullstellen von $\cos a$ befinden sich bei $a=\frac{\pi}{2}+k\pi$ mit $k\in\mathbb{Z}$.
   Somit besitzt der Graph von f(x) waagrechte Tangenten, falls:
   $$4x+1=\frac{\pi}{2}+k\pi \quad \Rightarrow \quad x=\frac{\pi}{8}-\frac{1}{4}+\frac{k}{4}\pi \text{ mit } k\in\mathbb{Z}$$

3. $$f(x)=g(x)$$
   $$\frac{3x}{x+1}=8-\frac{7x}{x-3} \qquad \mathbb{D}=\mathbb{R}\setminus\{-1; 3\}$$
   $$3x(x-3)=8(x+1)(x-3)-7x(x+1)$$
   $$3x^2-9x=8x^2-24x+8x-24-7x^2-7x$$
   $$3x^2-9x=x^2-23x-24$$

$\Rightarrow \quad 2x^2 + 14x + 24 = 0$

$\quad x^2 + 7x + 12 = 0$

$\Rightarrow \quad x = \dfrac{-7 \pm \sqrt{49-48}}{2} \quad \Rightarrow \quad x_1 = -4 \qquad x_2 = -3$

Schnittpunkte: $(-4\,|\,4)$ und $(-3\,|\,4{,}5)$

4. a) $x+3>0 \;\Rightarrow\; x>-3 \;\Rightarrow\; \mathbb{D}_f =]-3; +\infty[$

$\mathbb{W}_f = \mathbb{R}$ da f(x) durch Verschiebung um 3 nach links und durch Streckung mit dem Faktor 2 aus $\ln x$ entsteht.

b) f: $y = 2\ln(x+3)$

Vertauschen von x und y:

f^{-1}: $x = 2\ln(y+3)$

Auflösen nach y:

$$\frac{1}{2}x = \ln(y+3)$$

$$e^{\frac{1}{2}x} = y+3$$

$$y = e^{\frac{1}{2}x} - 3$$

$$f^{-1}(x) = e^{\frac{1}{2}x} - 3$$

c) $\mathbb{D}_{f^{-1}} = \mathbb{W}_f = \mathbb{R}$

$\mathbb{W}_{f^{-1}} = \mathbb{D}_f =]-3; +\infty[$

Teil 2

1. a) $f(t) = \dfrac{A}{B+t^2} \qquad \mathbb{D} = \mathbb{R}_0^+$

I. $f(0) = 4\,000 \;\Rightarrow\; \dfrac{A}{B} = 4\,000 \;\Rightarrow\; A = 4\,000B$

II. $f(3) = 1\,000 \;\Rightarrow\; \dfrac{A}{B+9} = 1\,000$

$\Rightarrow \quad \dfrac{4\,000B}{B+9} = 1\,000$

$4\,000B = 1\,000B + 9\,000$

$3\,000B = 9\,000$

$B = 3 \;\Rightarrow\; A = 12\,000 \;\Rightarrow\; f(t) = \dfrac{12\,000}{3+t^2}$

b) $f'(t) = \frac{0 \cdot (3+t^2) - 12\,000 \cdot 2t}{(3+t^2)^2} = -\frac{24\,000t}{(3+t^2)^2} < 0$ für $t > 0$

Die Funktion f(t) ist also für $t > 0$ streng monoton fallend (besitzt nur ein Randmaximum für $t = 0$).

c) $g(t) = \frac{a}{b+(c-t)^2}$ $\quad\quad$ $\mathbb{D} = \mathbb{R}_0^+$

1. $g(0) = 3\,000 \quad \Rightarrow \quad \frac{a}{b+c^2} = 3\,000$

2. $g(3) = 4\,000 \quad \Rightarrow \quad \frac{a}{b+(c-3)^2} = 4\,000$

3. Max für $t = 3 \quad \Rightarrow \quad c = 3$

   Der Bruch $\frac{a}{b+(c-t)^2}$ besitzt den konstanten Zähler a. Der Wert des Bruches ist also dann am größten, wenn der Nenner am kleinsten ist. Da der Summand b konstant ist, muss der – nie negative! – Summand $(c-t)^2$ möglichst klein werden.
   Für $t = 3$ ist $(c-3)^2$ dann am kleinsten, wenn $c = 3$ gilt, denn dann ist $(c-3)^2 = 0$.

oder:

$g'(3) = 0$ mit $g'(x) = \frac{0 \cdot [b+(c-t)^2] - a \cdot 2(c-t) \cdot (-1)}{[b+(c-t)^2]^2} = \frac{2a(c-t)}{[b+(c-t)^2]^2}$

$$g'(3) = \frac{2a(c-3)}{[b+(c-3)^2]^2} \stackrel{!}{=} 0$$

$$2a(c-3) = 0$$

$$c - 3 = 0 \quad\quad \text{da } a \neq 0 \text{ (} a = 0 \text{ würde } g(t) = 0 \text{ bedeuten)}$$

$$c = 3$$

$c = 3$ eingesetzt in 1. und 2. ergibt:

1. $\frac{a}{b+9} = 3\,000$

2. $\frac{a}{b} = 4\,000 \quad \Rightarrow \quad a = 4\,000b$

In 1.: $\frac{4\,000b}{b+9} = 3\,000 \quad \Rightarrow \quad 1\,000b = 27\,000 \quad \Rightarrow \quad b = 27$

$$g(t) = \frac{108\,000}{27+(3-t)^2} = \frac{108\,000}{36-6t+t^2}$$

d) Die Stelle der „stärksten Abnahme“ entspricht der Stelle der „extremen Änderung“, also der Extremstelle der 1. Ableitung, also der Nullstelle der 2. Ableitung.

$$g'(t) = \frac{0 \cdot (36 - 6t + t^2) - 108\,000 \cdot (-6 + 2t)}{(36 - 6t + t^2)^2} = \frac{648\,000 - 216\,000t}{(36 - 6t + t^2)^2}$$

$$g''(t) = \frac{-216\,000 \cdot (36 - 6t + t^2)^2 - (648\,000 - 216\,000\,t) \cdot 2(36 - 6t + t^2)(-6 + 2t)}{(36 - 6t + t^2)^4}$$

$$= \frac{-216\,000 \cdot (36 - 6t + t^2) - (648\,000 - 216\,000\,t) \cdot 2(-6 + 2t)}{(36 - 6t + t^2)^3}$$

$$= \frac{-7\,776\,000 + 1\,296\,000t - 216\,000t^2 + 7\,776\,000 - 2\,592\,000t - 2\,592\,000t + 864\,000t^2}{(36 - 6t + t^2)^3}$$

$$= \frac{648\,000t^2 - 3\,888\,000t}{(36 - 6t + t^2)^3}$$

$g''(t) = 0 \;\Rightarrow\; 648\,t^2 - 3\,888\,t = 0 \qquad t = 0 \qquad (0\,|\,3\,000)$

$648\,t - 3\,888 = 0 \qquad t = 6 \qquad (6\,|\,3\,000)$

Nach 1 Monat und nach 7 Monaten ergibt sich eine extreme Änderung.
Gemäß Angabe und Aufgabe 1 c besitzt g(t) für $t = 3$ ein Maximum.
Wegen $g'(t) > 0$ in $]0;\,3[$ und $g'(t) < 0$ in $]3;\,+\infty[$ steigt g(t) in $]0;\,3[$ und fällt in $]3;\,+\infty[$. Die stärkste Abnahme ergibt sich somit für $t = 6$.

e)

$$f(t) = g(t)$$

$$\frac{12\,000}{3 + t^2} = \frac{108\,000}{27 + (3 - t)^2}$$

$$12(36 - 6t + t^2) = 108(3 + t^2)$$

$$432 - 72t + 12t^2 = 324 + 108t^2$$

$96t^2 + 72t - 108 = 0 \qquad$ leichter: $8t^2 + 6t - 9 = 0$

$$t = \frac{-72 \pm \sqrt{5\,184 + 41\,472}}{192} = \frac{-72 \underset{(-)}{\pm} 216}{192} = \frac{3}{4}$$

$$t = \frac{-6 \pm \sqrt{36 + 288}}{16} = \frac{-6 \underset{(-)}{\pm} 18}{16} = \frac{3}{4}$$

$\left(t = -\frac{3}{2}\right.$ scheidet wegen $t \geq 0$ aus.$\left.\right)$

Nach 1,75 Monaten sind die Verkaufszahlen gleich, nämlich:

$$f\left(\frac{3}{4}\right) = g\left(\frac{3}{4}\right) \approx 3\,368$$

f) $f(t) < 500$

$$\frac{12\,000}{3+t^2} < 500$$

$$12\,000 < 1\,500 + 500\,t^2$$

$$21 < t^2$$

$$t > 4{,}58$$

Nach 5,58 Monaten, also im 6. Monat, ist im „worst case" die Grenze von mindestens 500 verkauften CDs unterschritten.

$$g(15) \overset{?}{>} 500$$

$$g(15) = \frac{108\,000}{27+(3-15)^2} \approx 632 > 500$$

Im „best case" ist die Grenze im 16. Monat noch nicht unterschritten.

g)

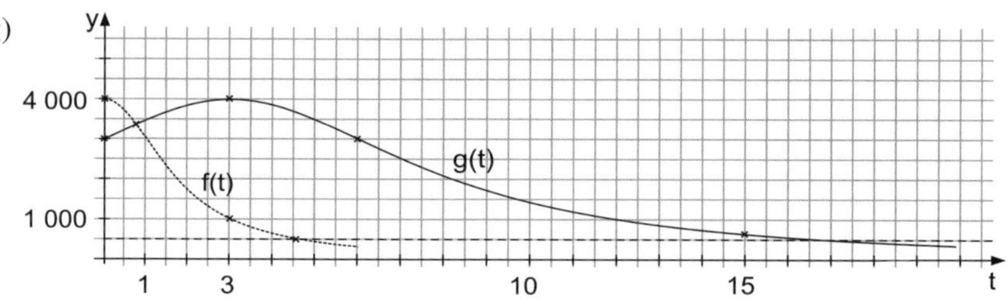

2. a) $h_{AB}(x) = \frac{A}{B+x^2}$ mit $\mathbb{D}_{h_{AB}} = \mathbb{R}^+$

$$h'_{AB}(x) = \frac{0 \cdot (B+x^2) - A \cdot 2x}{(B+x^2)^2} = -\frac{2Ax}{(B+x^2)^2} < 0$$

$h'_{AB}(x) < 0$, da $2Ax > 0$ (wegen $A, x \in \mathbb{R}^+$) und $(B+x^2)^2 > 0$ (wegen Quadrat und $B, x \in \mathbb{R}^+$).

Da $h_{AB}(x)$ in $\mathbb{R}^+$ streng monoton fallend ist, ist die Schar auch umkehrbar.

b) h_{AB}: $y = \frac{A}{B+x^2}$

Vertauschen von x und y:

h_{AB}^{-1}: $x = \frac{A}{B+y^2}$

Auflösen nach y:

$$B + y^2 = \frac{A}{x}$$

$$y^2 = \frac{A}{x} - B$$

$$y = \sqrt{\frac{A}{x} - B}$$

$$h_{AB}^{-1} = \sqrt{\frac{A}{x} - B} = \sqrt{\frac{Ax - Bx^2}{x^2}} = \frac{1}{x}\sqrt{Ax - Bx^2}$$

$$\mathbb{W}_{h_{AB}^{-1}} = \mathbb{D}_{h_{AB}} = \mathbb{R}^+$$

$$\mathbb{D}_{h_{AB}^{-1}} = \mathbb{W}_{h_{AB}} = \left]0; \tfrac{A}{B}\right[$$

$\mathbb{W}_{h_{AB}} = \left]0; \tfrac{A}{B}\right[$, da $\lim\limits_{x \to 0} h_{AB} = \frac{A}{B}$

und $\lim\limits_{x \to \infty} h_{AB} = 0$ (Grad Zähler < Grad Nenner)

und h_{AB} streng monoton ist.

3. Parabel durch (0 | 3 000), den Parabelscheitel (3 | 4 000) und (6 | 3 000).

$p(x) = a(x-b)^2 + c$ mit Scheitel (b | c)

$$p(x) = a(x-3)^2 + 4\,000$$

$$p(0) = a \cdot 9 + 4\,000 \stackrel{!}{=} 3\,000 \quad \Rightarrow \quad a = -\frac{1\,000}{9}$$

$$p(x) = -\frac{1\,000}{9}(x-3)^2 + 4\,000$$

oder:

$$p(x) = Ax^2 + Bx + C$$

$$p(0) = C \stackrel{!}{=} 3\,000$$
$$p(3) = 9A + 3B + C \stackrel{!}{=} 4\,000$$
$$p(6) = 36A + 6B + C \stackrel{!}{=} 3\,000$$

$C = 3\,000$ eingesetzt ergibt: $9A + 3B = 1\,000$

$36A + 6B = 0 \quad \Rightarrow \quad B = -6A$

Es folgt:

$$9A - 18A = 1\,000 \quad \Rightarrow \quad A = -\frac{1\,000}{9} \quad \Rightarrow \quad B = \frac{2\,000}{3}$$

$$p(x) = -\frac{1\,000}{9}x^2 + \frac{2\,000}{3}x + 3\,000$$

Abitur Mathematik (Bayern): Übungsaufgabe 2
Stochastik

BE

Bei einer Casting-Show für Teenie-Pop-Gruppen sind nur drei Gruppen in die Endrunde gekommen. Die Entscheidung über die endgültige Platzierung liegt nun beim Publikum. Die Umfrage ergibt:

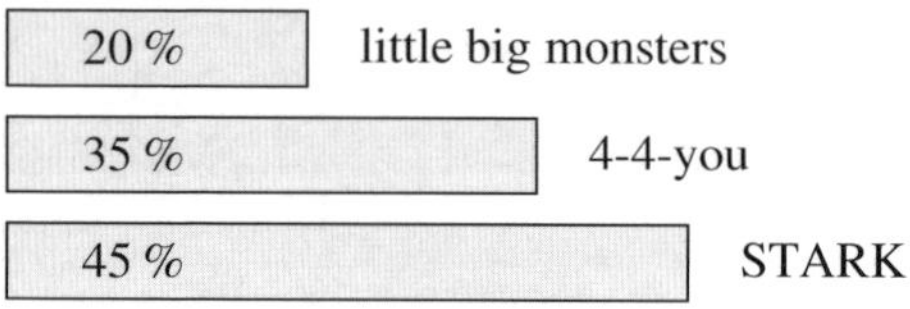

1. Mit welcher Wahrscheinlichkeit haben von 100 beliebig aus dem Publikum ausgesuchten Personen

   a) höchstens 50 für die Gruppe „STARK" gestimmt? 2

   b) mindestens 25 für die Gruppe „little big monsters" gestimmt? 2

   c) mehr als 40, aber weniger als 50 für die Gruppe „4-4-you" gestimmt? 3

2. Im Publikum sitzen 2 200 Leute, von denen 65 % weiblich sind. Die Hälfte aller Frauen im Publikum hat ihre Stimme der Gruppe „STARK" gegeben.

   a) Der anwesende und über alles wachende Notar behauptet daher: „Die Siegergruppe „STARK" ist bei allen unabhängig vom Geschlecht gleich beliebt." Nehmen Sie zu dieser Behauptung Stellung! 6

   b) Mit welcher Wahrscheinlichkeit ist eine Person aus dem Publikum männlich und hat für die Gruppe „STARK" gestimmt? 2

   c) Mit welcher Wahrscheinlichkeit ist jemand, der nicht für die Gruppe „STARK" gestimmt hat, männlich? 3

3. Die enttäuschten Anhänger der Gruppe „4-4-you" können nicht glauben, dass ihre Favoriten wirklich so schlecht abgeschnitten haben sollen. Sie behaupten gegenüber dem Notar, dass mindestens 40 % des Publikums für die Gruppe „4-4-you" gestimmt haben. Um ihren Einspruch zu überprüfen, befragt der Notar 200 beliebig ausgewählte Leute aus dem Publikum, ob sie für die Gruppe „4-4-you" gestimmt haben. Sollte er mindestens 80 Stimmen für die Gruppe „4-4-you" finden, so will er die Abstimmung des gesamten Publikums wiederholen lassen.

a) Mit welcher Wahrscheinlichkeit wird die Abstimmung nicht wiederholt, obwohl die Stimmanteile der beiden Gruppen „4-4-you" und „STARK" bei der ersten Auszählung vertauscht worden waren? 4

b) Mit welcher Wahrscheinlichkeit wird die Abstimmung wiederholt, obwohl die erste Auszählung bereits richtig war? 3

4. Das Vorgehen der Fans von „4-4-you" verärgert die Anhänger der Gruppe „STARK" und sie bestehen auf einen weiteren Test.
Es werden 100 beliebig ausgewählte Personen befragt, welche der drei Gruppen sie für die beste halten. Die Umfrage zeigt, dass 39 Leute die Gruppe „STARK" für die beste halten. Lässt sich bei diesem Ergebnis die Hypothese, dass der Stimmanteil für die Gruppe „STARK" mehr als 45 % beträgt, auf dem Signifikanzniveau von 5 % ablehnen? 5

30

Tipps und Hinweise: Stochastik

Aufgabe 1 a

- Was bedeutet „höchstens 50“?
- Es liegt eine Bernoulli-Kette vor. Die Trefferwahrscheinlichkeit kann den Umfrageergebnissen entnommen werden.
- Achten Sie beim Tabellenablesen darauf, dass es sich um eine kumulative Verteilung handelt.

Aufgabe 1 b

- Was bedeutet „mindestens 25“? Arbeiten Sie mit dem Gegenereignis.
- Es liegt eine Bernoulli-Kette vor. Die Trefferwahrscheinlichkeit kann den Umfrageergebnissen entnommen werden.
- Achten Sie beim Tabellenablesen darauf, dass es sich um eine kumulative Verteilung handelt.

Aufgabe 1 c

- Was bedeutet „mehr als 40, aber weniger als 50“?
- Stellen Sie das Intervall [41; 49] durch zwei Intervalle dar, die bei 0 beginnen.
- Es liegt wiederum eine Bernoulli-Kette vor, deren Trefferwahrscheinlichkeit den Umfrageergebnissen entnommen werden kann.
- Achten Sie beim Tabellenablesen darauf, dass es sich um eine kumulative Verteilung handelt.

Aufgabe 2 a

- Formulieren Sie die Aussage des Notars als Gleichung mit Wahrscheinlichkeiten.
- „Unabhängig vom Geschlecht gleich beliebt“ bedeutet, dass die Wahrscheinlichkeit, für die Gruppe „STARK“ zu stimmen, bei Frauen und Männern gleich groß ist.
- Die Wahrscheinlichkeit, für „STARK“ zu stimmen, wenn man weiblich/männlich ist, ist eine bedingte Wahrscheinlichkeit.
- Vor der Berechnung der beiden bedingten Wahrscheinlichkeiten empfiehlt sich eine Übersicht über die gegebenen Größen, dabei ist es leichter mit absoluten Häufigkeiten zu arbeiten.
- Die Übersicht ergibt sich durch:
  - eine Auflistung
  - ein Baumdiagramm
  - eine Vierfeldertafel

- Berechnen Sie nun die beiden bedingten Wahrscheinlichkeiten für das Ereignis „Person stimmt für STARK“, wenn sie weiblich/männlich ist.

- $P_{♀}(S) = \frac{|♀ \cap S|}{|♀|}$ und $P_{♂}(S) = \frac{|♂ \cap S|}{|♂|}$

- Vergleichen Sie die beiden Wahrscheinlichkeiten und entscheiden Sie, ob der Notar recht hat.

Aufgabe 2 b

- Die ausgewählte Person hat beide Eigenschaften (sowohl männlich als auch für „STARK“).

- Es handelt sich um eine Laplace-Wahrscheinlichkeit.

- Der Nenner ist 2 200, der Zähler kann der Übersicht entnommen werden.

Aufgabe 2 c

- Es handelt sich um eine bedingte Wahrscheinlichkeit.

- Die ausgewählte Person soll die Eigenschaft „männlich“ haben. Bedingung ist, dass sie nicht für „STARK“ gestimmt hat.

- Zähler und Nenner lassen sich der Übersicht entnehmen.

Aufgabe 3 a

- Wie viele Leute müssen für „4-4-you“ stimmen, damit die Abstimmung **nicht** wiederholt wird?

- Wie groß ist die Wahrscheinlichkeit für „4-4-you“ zu stimmen, wenn die Stimmanteile von „4-4-you“ und „STARK“ vertauscht wurden?

- Es handelt sich um eine Bernoulli-Kette.

- Achten Sie beim Tabellenablesen darauf, dass es sich um eine kumulative Verteilung handelt.

Aufgabe 3 b

- Wie viele Leute müssen für „4-4-you“ stimmen, damit die Abstimmung wiederholt wird?

- Die Trefferwahrscheinlichkeit entspricht dem Umfrageergebnis.

- Achten Sie beim Tabellenablesen darauf, dass es sich um eine kumulative Verteilung handelt.

Aufgabe 4

- Die Nullhypothese lautet „mehr als 45 %“.
- Zerlegen Sie die Menge {0; …; 100} in die beiden Teilmengen {0; …; k} und {k + 1; …; 100}.
- {0; …; k} steht für „möglichst wenige“, {k + 1; …; 100} steht für „möglichst viele“.
- Entscheidet man sich für die Nullhypothese ($p_0 > 0{,}45$), wenn möglichst wenige oder möglichst viele der 100 Befragten für „STARK“ stimmen?
- Die Wahrscheinlichkeit, sich gegen die Nullhypothese auszusprechen, soll höchstens 5 % betragen.
- Verwenden Sie die kumulative Binomialverteilung mit der Trefferwahrscheinlichkeit $p = 0{,}45$.
- Suchen Sie in den Tabellen bei $n = 100$ und $p = 0{,}45$ das größtmögliche k, für das der Tabellenwert kleiner/gleich 0,05 ist.
- Wird die Nullhypothese beim Umfrageergebnis (39 Stimmen für „STARK“) angenommen oder abgelehnt?

oder:

- Wählen Sie den Ablehnungsbereich so, dass das Umfrageergebnis zur Ablehnung führt.
- Wählen Sie den Ablehnungsbereich dennoch möglichst klein (das minimiert die Wahrscheinlichkeit).
- Berechnen Sie die Wahrscheinlichkeit für die Ablehnung der Nullhypothese.
- Entspricht diese Wahrscheinlichkeit dem geforderten Signifikanzniveau?

Lösungen

1. a) $P = \sum_{i=0}^{50} B(100; 0{,}45; i) \approx 0{,}86542 \approx 86{,}5\,\%$

   b) $P = \sum_{i=25}^{100} B(100; 0{,}2; i) = 1 - \sum_{i=0}^{24} B(100; 0{,}2; i) \approx 1 - 0{,}86865 = 0{,}13135 \approx 13{,}1\,\%$

   c) $P = \sum_{i=41}^{49} B(100; 0{,}35; i) = \sum_{i=0}^{49} B(100; 0{,}35; i) - \sum_{i=0}^{40} B(100; 0{,}35; i)$

   $\approx 0{,}99855 - 0{,}87498 = 0{,}12357 \approx 12{,}4\,\%$

2. a) Wenn der Notar recht hat, gilt $P_{♀}(S) = P_{♂}(S)$, wobei S für „hat STARK gewählt“ steht. Zur besseren Übersicht bieten sich drei Möglichkeiten an:
   - Auflistung
     - 2 200 Leute, davon 1 430 (65 %) Frauen und 770 (35 %) Männer
     - 2 200 Leute, davon 440 (20 %) für „little big monster“, 770 (35 %) für „4-4-you“ und 990 (45 %) für „STARK“
     - 1 430 Frauen, davon 715 (50 %) für „STARK“
     - 770 Männer, davon $990 - 715 = 275$ für „STARK“
   - Baumdiagramm

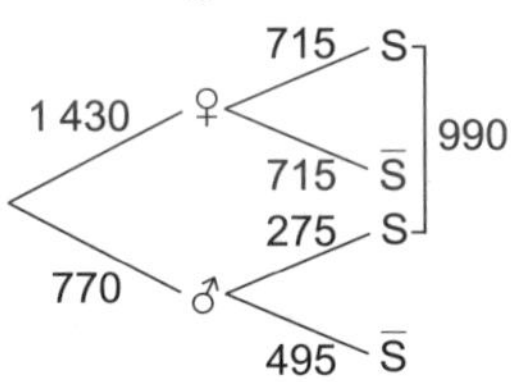

   - Vierfeldertafel

	♀	♂	
S	715	**275**	990
S̄	**715**	**495**	**1 210**
	1 430	**770**	2 200

Die zu berechnenden Werte sind fett gedruckt.

$P_{♀}(S) = \frac{|♀ \cap S|}{|♀|} = \frac{715}{1\,430} = 0{,}5 = 50\,\%$ (siehe Angabe)

$P_{♂}(S) = \frac{|♂ \cap S|}{|♂|} = \frac{275}{770} = 0{,}35714 \approx 35{,}7\,\%$

Der Notar hat **nicht** recht.

b) $P(♂ \cap S) = \frac{275}{2\,200} = 0{,}125 = 12{,}5\%$

c) $P_{\bar{S}}(♂) = \frac{|\bar{S} \cap ♂|}{|\bar{S}|} = \frac{495}{1\,210} \approx 0{,}40909 \approx 40{,}9\ \%$

3. a) Wiederholung der Abstimmung bei 80 bis 200 Stimmen für „4-4-you", keine Wiederholung der Abstimmung bei 0 bis 79 Stimmen für „4-4-you".

   $P(\text{keine Wiederholung trotz } p = 0{,}45) = \sum_{i=0}^{79} B(200;\ 0{,}45;\ i) \approx 0{,}06731 \approx 6{,}7\ \%$

   b) $P(\text{Wiederholung bei } p = 0{,}35) = \sum_{i=80}^{200} B(200;\ 0{,}35;\ i) = 1 - \sum_{i=0}^{79} B(200;\ 0{,}35;\ i)$

   $\approx 1 - 0{,}91953 = 0{,}08047 \approx 8{,}0\ \%$

4.

	gegen p_0 0 … k	für p_0 k + 1 … 100	Stimmen für „STARK"
$p_0 > 0{,}45$	$\leq 0{,}05$		

$\sum_{i=0}^{k} B(100;\ 0{,}45;\ i) \leq 0{,}05$

$\Rightarrow$ $k \leq 36$

$\Rightarrow$ gegen p_0 bei höchstens 36 Stimmen für „STARK"

für p_0 bei mehr als 36 Stimmen für „STARK"

Da sich beim Test 39 Personen für die Gruppe „STARK" ausgesprochen haben, kann die Hypothese nicht abgelehnt werden.

oder:

Man wählt den Ablehnungsbereich (gegen p_0) so, dass das Umfrageergebnis (39 Leute für „STARK") zu einer Ablehnung führt.

	gegen p_0 0 … 39	für p_0 40 … 100	Stimmen für „STARK"
$p_0 > 0{,}45$	◯		

$\sum_{i=0}^{39} B(100;\ 0{,}45;\ i) \approx 0{,}13425 \approx 13{,}4\ \%$

Da $0{,}13425 > 0{,}05$, würde eine Ablehnung der Nullhypothese ($p_0 > 0{,}45$) beim vorliegenden Ablehnungsbereich ein Signifikanzniveau von mehr als 13 % haben.

Abitur Mathematik (Bayern): Übungsaufgabe 2
Geometrie

BE

Nachdem die Teenie-Pop-Gruppe „STARK“ eine Casting-Show gewonnen hat, kümmert sich ein Werbedesigner um ein Logo für die Gruppe und das Bühnenbild für die erste Tournee.
Das Logo hat die Form

STARK

in der das A die aufstrebende Karriereleiter der Gruppe „STARK“ symbolisiert. Dieses Logo beherrscht auch den Teil der Bühne, der als „schiefe Ebene“ auf die sonst waagrechte Bühne aufgesetzt wird. Dabei ist für die Standfestigkeit des „A“ eine besondere Konstruktion mit zwei für das Publikum nicht sichtbaren Streben (DC und EC) nötig:

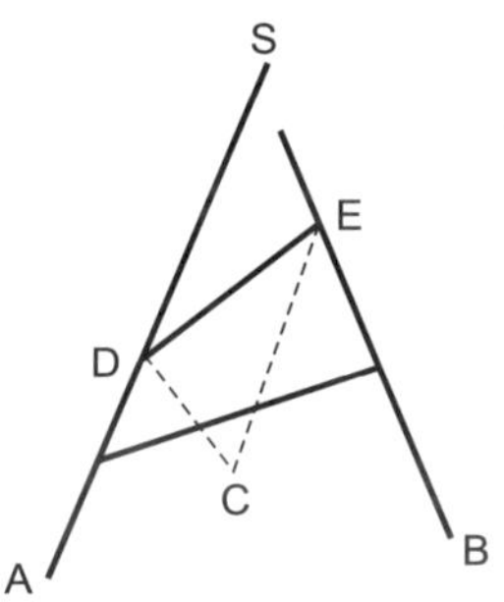

Betrachtet man die waagrechte Bühne als x_1-x_2-Ebene, so haben die Punkte folgende Koordinaten:
$A(4\,|\,-8\,|\,4)$, $B(4\,|\,8\,|\,4)$, $C(-8\,|\,4\,|\,7)$, $D(4\,|\,-4\,|\,7)$, $E(1{,}5\,|\,3\,|\,9)$

1. a) Geben Sie die „schiefe Ebene“ F durch A, B und C, auf der das Logo steht, in Normalenform an. 2

   b) Geben Sie eine Gleichung der Kante an, an der diese „schiefe Ebene“ in die waagrechte Bühne übergeht. 2

2. a) Die Punkte A und D liegen auf der Geraden g, die Punkte B und E auf der Geraden h. Welche Lage haben die beiden Geraden zueinander? 5

   b) Wo durchstößt die Gerade h die Ebene G durch die Punkte A, D und C? 4

c) Die rechte Latte durch B und E besitzt eine Länge von 8. Existiert damit dieser gemeinsame Punkt der Geraden h mit der Ebene G in der Bühnenkonstruktion? 2

d) Welche Koordinaten besitzt der Endpunkt S der Latte durch A und D, wenn diese Latte eine Länge von 15 besitzt? 3

3. Die zweite Querlatte des Logo-„A" verbindet den Mittelpunkt M der Strecke [AD] mit dem Mittelpunkt N der Strecke [BE].
Die beiden Querlatten [DE] und [MN] liegen nicht in einer Ebene. Berechnen Sie den Abstand der beiden Querlatten. 6

4. a) Zwischen den Punkten M, N, E, D und C befindet sich ein Hohlraum. Erläutern Sie, warum dieser Hohlraum in zwei Teilkörper zerlegt werden muss, wenn man sein Volumen berechnen will. 3

b) Geben Sie zwei Teilkörper an, in die der Hohlraum zwischen den Punkten M, N, E, D und C zerlegt werden kann, um das Volumen zu berechnen. 3

30

Tipps und Hinweise: Geometrie

Aufgabe 1 a

- Wählen Sie zwei Richtungsvektoren der Ebene F aus (z. B. $\overrightarrow{AB}$ und $\overrightarrow{AC}$).
- Durch welche Verknüpfung erhält man einen Vektor, der senkrecht auf zwei gegebenen Vektoren steht (siehe Merkhilfe)?
- Bestimmen Sie den Normalenvektor $\vec{n}_F$ mithilfe des Vektorprodukts aus den beiden Richtungsvektoren.
- Wie lautet allgemein die Normalenform einer Ebene (siehe Merkhilfe)?
- Setzen Sie den gefundenen Normalenvektor und einen Punkt der Ebene (z. B. A) in die allgemeine Normalenform ein.

Aufgabe 1 b

- Die waagrechte Bühne entspricht der x_1-x_2-Ebene. Welche Ebenengleichung hat die x_1-x_2-Ebene?
- Wenn die Schnittgerade zweier Ebenen bestimmt werden soll, muss (mindestens) eine Ebene in Parameterform vorliegen.
- Für die Parameterform benötigen Sie außer einem Punkt der Ebene auch zwei Richtungsvektoren (siehe Merkhilfe).
- Geben Sie eine Parameterform von F an und benutzen Sie dafür die Ergebnisse aus Aufgabe 1 a.
- Da die x_1-x_2-Ebene die Normalenform $x_3 = 0$ hat, muss die in der Parameterform von F angegebene x_3-Koordinate („unterste Zeile") null sein.
- Im Allgemeinen ergibt sich eine Gleichung zwischen den beiden Parametern. Hier jedoch ergibt sich ein Zahlenwert für einen dieser Parameter.
- Setzen Sie diesen Parameter in die Parameterform der Ebene F ein, um die Gleichung der Schnittgeraden zu erhalten.

Aufgabe 2 a

- Geben Sie für jede Gerade eine Gleichung an.
- Für eine Geradengleichung benötigen Sie einen Punkt der Geraden und einen Richtungsvektor.
- Der Richtungsvektor ergibt sich als Vektor zwischen zwei Punkten der Geraden.
- Gerade durch A und D: $\vec{X} = \vec{A} + \sigma\overrightarrow{AD}$ mit $\sigma \in \mathbb{R}$
- Zwei Geraden sind parallel, wenn ihre Richtungsvektoren parallel sind.

- Zwei Vektoren sind parallel, wenn sie Vielfache voneinander sind:
  $\vec{u} \parallel \vec{v} \quad \Leftrightarrow \quad \vec{u} = m \cdot \vec{v}$
- Da g und h nicht parallel sind, könnten sie sich schneiden.
- Suchen Sie einen Schnittpunkt von g und h.
- Der Schnittpunkt zweier Geraden ergibt sich durch Gleichsetzen der beiden Geradengleichungen.
- Sie erhalten ein Gleichungssystem aus 3 Gleichungen mit 2 Unbekannten (den beiden Parametern).
- Das Gleichungssystem ist nur dann gelöst (also ein Schnittpunkt der beiden Geraden gefunden), wenn alle drei Gleichungen mit denselben Zahlenwerten für beide Unbekannte gültig sind.
- Das Gleichungssystem ist hier nicht lösbar, es existiert also kein Geradenschnittpunkt.
- Welche Lage haben zwei Geraden, die weder parallel sind noch einen Schnittpunkt besitzen?

Aufgabe 2 b

- Stellen Sie die Ebene G in Normalenform dar.
- Sie kennen zwei Richtungsvektoren von G bereits: $\overrightarrow{AD}$ aus Aufgabe 2 a und $\overrightarrow{AC}$ aus Aufgabe 1 a.
- Bestimmen Sie den Normalenvektor von G mithilfe des Vektorprodukts (siehe Merkhilfe).
- Setzen Sie den gefundenen Normalenvektor und einen Punkt der Ebene (z. B. A) in die allgemeine Normalenform ein.
- Um den Schnittpunkt einer Geraden mit einer Ebene zu bestimmen, setzt man die Geradengleichung in die Normalenform der Ebene ein.
- Es ergibt sich eine Gleichung für den Parameter der Geraden.
- Berechnen Sie diesen Parameter.
- Einsetzen des Parameterwerts in die entsprechende Geradengleichung liefert den Schnittpunkt.

Aufgabe 2 c

- Der Punkt existiert nur, wenn die Latte lang genug ist.
- Berechnen Sie die Entfernung des Schnittpunkts von h und G (Durchstoßpunkt) von B.
- Vergleichen Sie mit der Länge der Latte.

Aufgabe 2 d

- S liegt auf g, erfüllt also die Geradengleichung.
- Verwenden Sie anstelle des Richtungsvektors aus 2 a den entsprechenden Einheitsvektor (Richtungsvektor mit der Länge 1), siehe Merkhilfe.
- Um von A zu S zu gelangen, muss man den Richtungseinheitsvektor 15-mal aneinanderreihen.

Aufgabe 3

- Geben Sie eine Gleichung der Geraden DE an
- Geben Sie eine Gleichung der Geraden MN an.
- Die Koordinaten des Mittelpunkts einer Strecke ergeben sich als Mittelwert der Koordinaten der Streckenendpunkte (siehe Merkhilfe).
- Die allgemeine Form einer Gleichung durch die Punkte P und Q lautet:
  $\vec{X} = \vec{P} + \lambda \cdot \overrightarrow{PQ}, \; \lambda \in \mathbb{R}$
- Zwei Geraden, die nicht in einer Ebene liegen, können weder parallel sein noch einen Schnittpunkt besitzen.
- Zwei Geraden, die nicht in einer Ebene liegen, sind windschief.
- Um den Abstand windschiefer Geraden zu bestimmen, verwendet man eine Ebene, die die eine Gerade (z. B. DE) enthält und zur anderen Geraden (z. B. MN) parallel ist.
- Die Richtungsvektoren der beiden Geraden sind dann Richtungsvektoren dieser Hilfsebene.
- Der Normalenvektor der Hilfsebene ergibt sich mithilfe des Vektorprodukts aus den beiden Richtungsvektoren (siehe Merkhilfe).
- Die Normalenform der Hilfsebene ergibt sich durch Einsetzen des gefundenen Normalenvektors und eines Ebenenpunktes (z. B. D) in die allgemeine Normalenform (siehe Merkhilfe).
- Da die zweite Gerade (hier MN) zur Hilfsebene parallel ist, ist der Abstand dieser Geraden zur Hilfsebene gleich dem Abstand eines beliebigen Geradenpunkts (z. B. M) zur Hilfsebene.
- Der Abstand eines Punktes zu einer Ebene ergibt sich durch die Hesse'sche Normalenform der Ebene (siehe Merkhilfe).
- Dieser Abstand (z. B. d(H; M)) entspricht dem Abstand der beiden windschiefen Geraden.

Aufgabe 4 a

- Da weder Kreis- bzw. Kugelteile in der Aufgabe vorhanden sind und auch keinerlei Parallelitäten vorkommen, scheiden Kugel, Kegel und Prisma aus.
- Warum bilden die Punkte M, N, E, D, C keine Pyramide?
- Die Punkte M, N, E, D bilden zwar ein Viereck, aber kein „normales“.
- Welche Information liefert Aufgabe 3 über die Lage der Punkte M, N, E, D?
- Voraussetzung für eine Pyramide ist eine **ebene** Grundfläche.

Aufgabe 4 b

- Ein Dreieck ist stets eben, da drei Punkte – die nicht auf einer Geraden liegen – eine Ebene festlegen.
- Auch ein nicht-ebenes Viereck wird durch eine Diagonale in zwei Dreiecke zerlegt.
- Der Hohlkörper zwischen den Punkten M, N, E, D, C lässt sich in zwei dreiseitige Pyramiden mit der Spitze in C zerlegen.
- Das Volumen des Hohlraums zwischen den Punkten M, N, E, D und C lässt sich als Summe der Volumina zweier dreiseitiger Pyramiden berechnen.

Lösungen

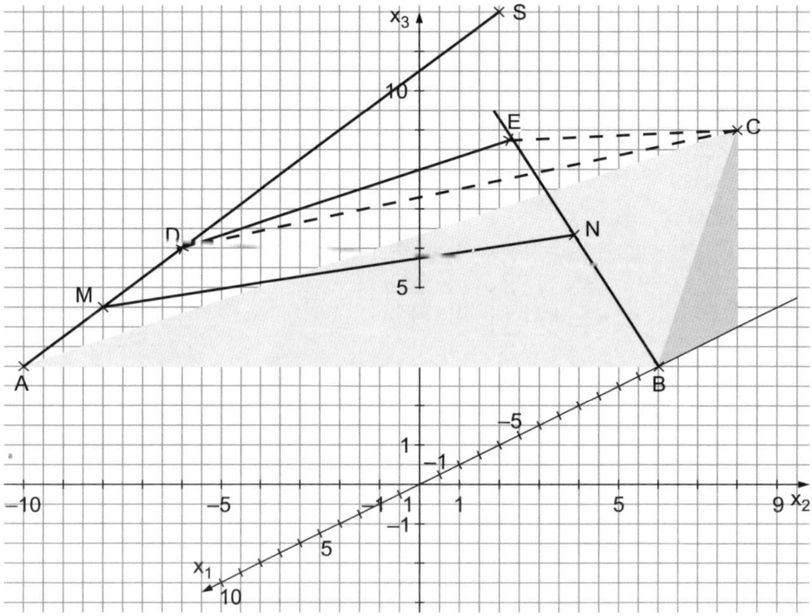

Die Abbildung ist nicht verlangt, sie dient lediglich der Veranschaulichung.

1. a) $\overrightarrow{AB} = \begin{pmatrix} 4 \\ 8 \\ 4 \end{pmatrix} - \begin{pmatrix} 4 \\ -8 \\ 4 \end{pmatrix} = \begin{pmatrix} 0 \\ 16 \\ 0 \end{pmatrix}$

$$\overrightarrow{AC} = \begin{pmatrix} -8 \\ 4 \\ 7 \end{pmatrix} - \begin{pmatrix} 4 \\ -8 \\ 4 \end{pmatrix} = \begin{pmatrix} -12 \\ 12 \\ 3 \end{pmatrix}$$

In Parameterform:

$$F_{PF}\colon \vec{X} = \begin{pmatrix} 4 \\ -8 \\ 4 \end{pmatrix} + \lambda \begin{pmatrix} 0 \\ 16 \\ 0 \end{pmatrix} + \mu \begin{pmatrix} -12 \\ 12 \\ 3 \end{pmatrix}$$

$$\vec{X} = \begin{pmatrix} 4 \\ -8 \\ 4 \end{pmatrix} + \lambda \begin{pmatrix} 0 \\ 1 \\ 0 \end{pmatrix} + \mu \begin{pmatrix} -4 \\ 4 \\ 1 \end{pmatrix} \qquad \lambda, \mu \in \mathbb{R}$$

In Normalenform:

$$\vec{n}_F = \begin{pmatrix} 0 \\ 1 \\ 0 \end{pmatrix} \times \begin{pmatrix} -4 \\ 4 \\ 1 \end{pmatrix} = \begin{pmatrix} 1-0 \\ 0-0 \\ 0+4 \end{pmatrix} = \begin{pmatrix} 1 \\ 0 \\ 4 \end{pmatrix}$$

F_{NF}: $\begin{pmatrix}1\\0\\4\end{pmatrix}\circ\left[\vec{X}-\begin{pmatrix}4\\-8\\4\end{pmatrix}\right]=0$

$$x_1+4x_3-\begin{pmatrix}1\\0\\4\end{pmatrix}\circ\begin{pmatrix}4\\-8\\4\end{pmatrix}=0$$

$$x_1+4x_3-20=0$$

b) x_1-x_2-Ebene: $x_3=0$
$F_{PF}\cap x_1$-x_2-Ebene: $4+\mu=0 \Rightarrow \mu=-4$

Schnittkante: $\vec{X}=\begin{pmatrix}4\\-8\\4\end{pmatrix}+\lambda\begin{pmatrix}0\\1\\0\end{pmatrix}-4\begin{pmatrix}-4\\4\\1\end{pmatrix}$

$$\vec{X}=\begin{pmatrix}20\\-24\\0\end{pmatrix}+\lambda\begin{pmatrix}0\\1\\0\end{pmatrix}$$

Zusätzliche Information: Die Schnittgerade ist eine Parallele zur x_2-Achse im Abstand 20 von der x_2-x_3-Ebene.

2. a) $\overrightarrow{AD}=\begin{pmatrix}4\\-4\\7\end{pmatrix}-\begin{pmatrix}4\\-8\\4\end{pmatrix}=\begin{pmatrix}0\\4\\3\end{pmatrix}$

g: $\vec{X}=\begin{pmatrix}4\\-8\\4\end{pmatrix}+\sigma\begin{pmatrix}0\\4\\3\end{pmatrix} \qquad \sigma\in\mathbb{R}$

$\overrightarrow{BE}=\begin{pmatrix}1{,}5\\3\\9\end{pmatrix}-\begin{pmatrix}4\\8\\4\end{pmatrix}=\begin{pmatrix}-2{,}5\\-5\\5\end{pmatrix}$

h: $\vec{X}=\begin{pmatrix}4\\8\\4\end{pmatrix}+\tau\begin{pmatrix}-2{,}5\\-5\\5\end{pmatrix}$

$$\vec{X}=\begin{pmatrix}4\\8\\4\end{pmatrix}+\tau\begin{pmatrix}1\\2\\-2\end{pmatrix} \qquad \tau\in\mathbb{R}$$

$\begin{pmatrix}0\\4\\3\end{pmatrix}\nparallel\begin{pmatrix}1\\2\\-2\end{pmatrix} \Rightarrow g\nparallel h$

$\begin{pmatrix}4\\-8\\4\end{pmatrix}+\sigma\begin{pmatrix}0\\4\\3\end{pmatrix}=\begin{pmatrix}4\\8\\4\end{pmatrix}+\tau\begin{pmatrix}1\\2\\-2\end{pmatrix}$

$$\begin{array}{ll} 4 = 4+\tau & \Rightarrow \tau = 0 \\ -8+4\sigma = 8+2\tau & \searrow -8+4\sigma = 8 \Rightarrow \sigma = 4 \\ 4+3\sigma = 4-2\tau & \quad 4+3\sigma = 4 \Rightarrow \sigma = 0 \ \lightning \end{array}$$

g und h sind weder parallel noch haben sie einen Schnittpunkt. g und h sind also windschief.

b) $\vec{n}_G = \overrightarrow{AD} \times \overrightarrow{AC} = \begin{pmatrix} 0 \\ 4 \\ 3 \end{pmatrix} \times \begin{pmatrix} -12 \\ 12 \\ 3 \end{pmatrix} = \begin{pmatrix} 12-36 \\ -36-0 \\ 0+48 \end{pmatrix} = \begin{pmatrix} -24 \\ -36 \\ 48 \end{pmatrix} = -12 \begin{pmatrix} 2 \\ 3 \\ -4 \end{pmatrix}$

G_{NF}: $\begin{pmatrix} 2 \\ 3 \\ -4 \end{pmatrix} \circ \left[X - \begin{pmatrix} 4 \\ -8 \\ 4 \end{pmatrix} \right] = 0$

$$2x_1 + 3x_2 - 4x_3 - \begin{pmatrix} 2 \\ 3 \\ -4 \end{pmatrix} \circ \begin{pmatrix} 4 \\ -8 \\ 4 \end{pmatrix} = 0$$

$$2x_1 + 3x_2 - 4x_3 + 32 = 0$$

$G \cap h$:

$2(4+\tau) + 3(8+2\tau) - 4(4-2\tau) + 32 = 0$

$8 + 2\tau + 24 + 6\tau - 16 + 8\tau + 32 = 0 \Rightarrow \tau = -3$

$\vec{P} = \begin{pmatrix} 4 \\ 8 \\ 4 \end{pmatrix} - 3 \begin{pmatrix} 1 \\ 2 \\ -2 \end{pmatrix} = \begin{pmatrix} 1 \\ 2 \\ 10 \end{pmatrix}$ Durchstoßpunkt $P(1|2|10)$

c) $\overline{BP} = |\overrightarrow{BP}| = \left| \begin{pmatrix} 1 \\ 2 \\ 10 \end{pmatrix} - \begin{pmatrix} 4 \\ 8 \\ 4 \end{pmatrix} \right| = \left| \begin{pmatrix} -3 \\ -6 \\ 6 \end{pmatrix} \right| = \sqrt{9+36+36} = 9 > 8$

Die Latte durch B und E ist zu kurz, um zum Punkt P zu gelangen.

d) $\vec{S} = \vec{A} + 15 \cdot \overrightarrow{AD}^0 = \begin{pmatrix} 4 \\ -8 \\ 4 \end{pmatrix} + 15 \cdot \frac{1}{\sqrt{0^2+4^2+3^2}} \begin{pmatrix} 0 \\ 4 \\ 3 \end{pmatrix} = \begin{pmatrix} 4 \\ -8 \\ 4 \end{pmatrix} + 15 \cdot \frac{1}{5} \cdot \begin{pmatrix} 0 \\ 4 \\ 3 \end{pmatrix} = \begin{pmatrix} 4 \\ 4 \\ 13 \end{pmatrix}$

$S(4|4|13)$

3. Latte [DE] ist Teil der Geraden DE:

DE: $\vec{X} = \begin{pmatrix} 4 \\ -4 \\ 7 \end{pmatrix} + \nu \begin{pmatrix} -2{,}5 \\ 7 \\ 2 \end{pmatrix} \quad \nu \in \mathbb{R}$

Latte [MN] ist Teil der Geraden MN:

$\vec{M} = \frac{1}{2}(\vec{A} + \vec{D}) = \frac{1}{2}\left[\begin{pmatrix} 4 \\ -8 \\ 4 \end{pmatrix} + \begin{pmatrix} 4 \\ -4 \\ 7 \end{pmatrix} \right] = \begin{pmatrix} 4 \\ -6 \\ 5{,}5 \end{pmatrix}$ $M(4|-6|5{,}5)$

$$\vec{N} = \frac{1}{2}(\vec{B}+\vec{E}) = \frac{1}{2}\left[\begin{pmatrix}4\\8\\4\end{pmatrix}+\begin{pmatrix}1,5\\3\\9\end{pmatrix}\right] = \begin{pmatrix}2,75\\5,5\\6,5\end{pmatrix} \qquad N(2,75\,|\,5,5\,|\,6,5)$$

$$\text{MN:}\quad \vec{X} = \begin{pmatrix}4\\-6\\6,5\end{pmatrix} + \eta\begin{pmatrix}-1,25\\11,5\\1\end{pmatrix} \qquad \eta \in \mathbb{R}$$

Wenn DE und MN nicht in einer Ebene liegen, so sind sie windschief.

Ebene H durch DE und parallel zu MN:

$$H_{PF}\text{:}\quad \vec{X} = \begin{pmatrix}4\\-4\\7\end{pmatrix} + \nu\begin{pmatrix}-2,5\\7\\2\end{pmatrix} + \eta\begin{pmatrix}-1,25\\11,5\\1\end{pmatrix}$$

$$\vec{n}_H = \begin{pmatrix}-2,5\\7\\2\end{pmatrix} \times \begin{pmatrix}-1,25\\11,5\\1\end{pmatrix} = \begin{pmatrix}7-23\\-2,5+2,5\\-28,75+8,75\end{pmatrix} = \begin{pmatrix}-16\\0\\-20\end{pmatrix} = -4\begin{pmatrix}4\\0\\5\end{pmatrix}$$

$$H_{NF}\text{:}\quad \begin{pmatrix}4\\0\\5\end{pmatrix} \circ \left[\vec{X} - \begin{pmatrix}4\\-4\\7\end{pmatrix}\right] = 0$$

$$4x_1 + 5x_3 - \begin{pmatrix}4\\0\\5\end{pmatrix} \circ \begin{pmatrix}4\\-4\\7\end{pmatrix} = 0$$

$$4x_1 + 5x_3 - 51 = 0$$

$$H_{HNF}\text{:}\quad \frac{1}{\sqrt{4^2+0^2+5^2}}(4x_1 + 5x_3 - 51) = 0$$

$$\frac{1}{\sqrt{41}}(4x_1 + 5x_3 - 51) = 0$$

$$d(DE;\, MN) = d(H;\, MN) = d(H;\, M) = \left|\frac{1}{\sqrt{41}}(4\cdot 4 + 5\cdot 5,5 - 51)\right| = \left|-\frac{7,5}{\sqrt{41}}\right| \approx 1,17$$

4. a) Wenn DE und MN nicht in einer Ebene liegen, so bilden die Punkte M, N, D und E **kein** ebenes Viereck. Somit handelt es sich beim Hohlraum MNEDC **nicht** um eine Pyramide.
Die Volumenformeln beziehen sich jedoch auf eine Pyramide (also einen Hohlkörper mit **ebener** Grundfläche und einer „Spitze“).

b) Fügt man die Strecke [ME] (oder die Strecke [DN]) ein, so bilden MED und MNE (oder MND und NED) zwei ebene Dreiecke, die durch C jeweils zu einer Pyramide mit der Spitze C ergänzt werden. Das Volumen der beiden dreiseitigen Pyramiden MEDC und MNEC (oder MNDC und NEDC) lässt sich jeweils berechnen. Die Summe der beiden Volumina ergibt dann das mögliche Volumen des Hohlraums zwischen den Punkten M, N, E, D und C. Je nach Wahl der Dreiecke ergeben sich unterschiedliche Gesamtvolumina!

Abitur Mathematik (Bayern): Abiturprüfung 2011
Analysis I

Teil 1

BE

1. Gegeben ist die Funktion

$$f\colon x \mapsto \frac{2x+3}{4x+5}$$

mit maximaler Definitionsmenge $\mathbb{D}$.
Geben Sie $\mathbb{D}$ an und ermitteln Sie einen möglichst einfachen Funktionsterm für die Ableitung f' von f. 4

2. Zeigen Sie, dass

$$F\colon x \mapsto \tfrac{1}{4}x^2 \cdot (2\ln x - 1)$$

mit Definitionsmenge $\mathbb{R}^+$ eine Stammfunktion der in $\mathbb{R}^+$ definierten Funktion

$$f\colon x \mapsto x \cdot \ln x$$

ist.
Bestimmen Sie einen Term derjenigen Stammfunktion von f, die in $x = 1$ eine Nullstelle hat. 5

3. Die Anzahl der auf der Erde lebenden Menschen wuchs von 6,1 Milliarden zu Beginn des Jahres 2000 auf 6,9 Milliarden zu Beginn des Jahres 2010. Dieses Wachstum lässt sich näherungsweise durch eine Exponentialfunktion mit einem Term der Form

$$N(x) = N_0 \cdot e^{k \cdot (x - 2\,000)}$$

beschreiben, wobei N(x) die Anzahl der Menschen zu Beginn des Jahres x ist.
Bestimmen Sie N_0 und k. 5

4. Betrachtet wird die Aussage

$$\int_0^{\pi} \sin(2x)\, dx = 0.$$

a) Machen Sie ohne Rechnung anhand einer sorgfältigen Skizze plausibel, dass die Aussage wahr ist. 3

b) Weisen Sie mithilfe einer Stammfunktion die Gültigkeit der Aussage durch Rechnung nach. 3

20

Teil 2

BE

1. Gegeben ist die Funktion

   $f\colon x \mapsto \sqrt{x+3}$

   mit Definitionsmenge $\mathbb{D}_f$. Abbildung 1 zeigt den Graphen G_f von f, einen beliebigen Punkt $Q(x\,|\,f(x))$ auf G_f sowie den Punkt $P(1{,}5\,|\,0)$ auf der x-Achse.

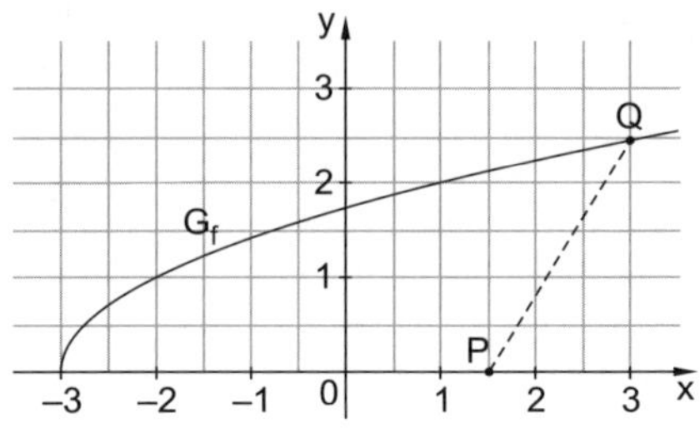

Abb. 1

   a) Begründen Sie, dass $\mathbb{D}_f = [-3; +\infty[$ die maximale Definitionsmenge von f ist. Wie geht G_f aus dem Graphen der in $\mathbb{R}_0^+$ definierten Funktion $w\colon x \mapsto \sqrt{x}$ hervor? 2

   b) Zeigen Sie, dass für die Entfernung d(x) des Punkts $Q(x\,|\,f(x))$ vom Punkt $P(1{,}5\,|\,0)$ gilt: $d(x) = \sqrt{x^2 - 2x + 5{,}25}$ 4

   c) Bestimmen Sie rechnerisch die Koordinaten desjenigen Graphenpunkts $Q_E(x_E\,|\,y_E)$, der von P den kleinsten Abstand hat. Tragen Sie Q_E in Abbildung 1 ein. 7
   [zur Kontrolle: $x_E = 1$]

   d) Weisen Sie nach, dass die Verbindungsstrecke $[PQ_E]$ und die Tangente an G_f im Punkt Q_E senkrecht zueinander sind. 5

   e) Berechnen Sie den Inhalt des Flächenstücks, das von G_f, der x-Achse und der Strecke $[PQ_E]$ begrenzt wird. 6

2. Abbildung 2 zeigt den Graphen G_g einer in $\mathbb{R}\setminus\{1\}$ definierten gebrochen-rationalen Funktion g mit folgenden Eigenschaften:

   - Die Funktion g hat in $x = 1$ eine Polstelle ohne Vorzeichenwechsel;
   - G_g verläuft stets oberhalb seiner schrägen Asymptote, die durch die Gleichung $y = \frac{1}{2}x - 1$ gegeben ist;
   - die einzige Nullstelle von g ist $x = -1$.

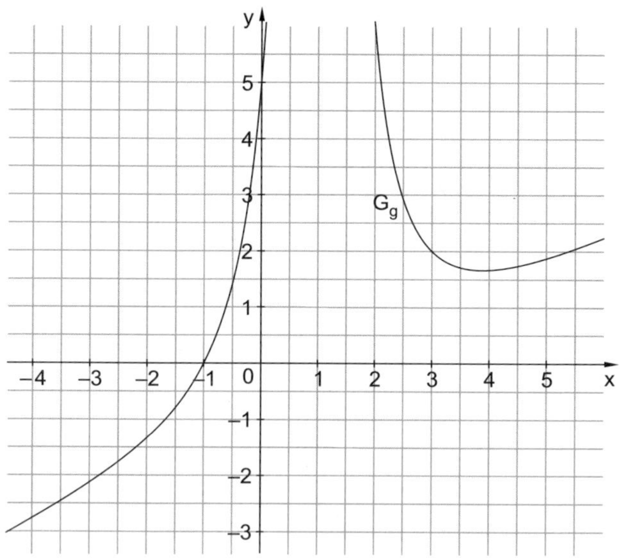

Abb. 2

a) Ermitteln Sie mithilfe von Abbildung 2 näherungsweise den Wert der Ableitung g' von g an der Stelle $x=-1$; veranschaulichen Sie ihr Vorgehen durch geeignete Eintragungen in der Abbildung.
Aus der Gleichung der schrägen Asymptote ergibt sich unmittelbar das Verhalten der Ableitung g' für $x \to +\infty$ und $x \to -\infty$. Geben Sie dieses Verhalten an und skizzieren Sie den Graphen von g' in Abbildung 2. 6

b) Die Funktion g hat eine Funktionsgleichung der Form I, II oder III mit $a \in \mathbb{R}\setminus\{0\}$:

I $y = x - 1 + \frac{a}{(x-1)^2}$ **II** $y = \frac{1}{2}x - 1 + \frac{a}{x-1}$ **III** $y = \frac{1}{2}x - 1 + \frac{a}{(x-1)^2}$

Begründen Sie, dass weder eine Gleichung der Form I noch eine der Form II als Funktionsgleichung von g infrage kommt.
Die Funktionsgleichung von g hat also die Form III. Bestimmen Sie den passenden Wert von a. 5

c) Betrachtet wird nun die Funktion h mit $h(x) = \ln(g(x))$. Geben Sie mithilfe des Verlaufs von G_g die maximale Definitionsmenge $\mathbb{D}_h$ von h, das Verhalten von h an den Grenzen von $\mathbb{D}_h$ sowie einen Näherungswert für die Nullstelle von h an. 5

40

Tipps und Hinweise: Analysis I

Teil 1

Aufgabe 1

- Um welche Art von Funktion handelt es sich?
- Was darf bei einem Bruch nie passieren?
- Division durch null ist nicht definiert.
- Für welches x hat der Nenner den Wert null?
- Beim Ableiten die Quotientenregel beachten (siehe Merkhilfe)!
- Im Zähler ausmultiplizieren und zusammenfassen.

Aufgabe 2

- Hauptsatz der Differenzial- und Integralrechnung beachten (siehe Merkhilfe)!
- F(x) ist nur dann Stammfunktion von f(x), wenn $F'(x) = f(x)$ gilt.
- F(x) ist nur **eine** Stammfunktion. Wie ergeben sich daraus alle Stammfunktionen?
- Aus der Menge aller Stammfunktionen soll diejenige bestimmt werden, für die der Funktionswert an der Stelle $x = 1$ den Wert null hat.

Aufgabe 3

- Die Angabe beinhaltet zwei Funktionswerte.
- N(2 000) und N(2 010) sind gegeben.
- Setzen Sie $x = 2\,000$ bzw. $x = 2\,010$ in den Funktionsterm von N(x) ein.
- $N(2\,000) = 6{,}1 \cdot 10^9$ liefert den Wert für N_0.
- $N(2\,000) = 6{,}9 \cdot 10^9$ liefert nach Einsetzen von N_0 den Wert für k.
- Um den Exponenten von e berechnen zu können, wird die Gleichung logarithmiert.
- Es gilt: $\ln n^z = z \cdot \ln n$ (siehe Merkhilfe)

Aufgabe 4

- Welche Art von Funktion soll integriert werden?
- Skizzieren Sie zunächst den Graphen der Funktion $\sin x$.
- Was verändert sich durch das Hinzufügen des Faktors 2?
- Wird die Periode länger oder kürzer?
- Skizzieren Sie den Graphen von $f(x) = \sin(2x)$.

- Wie lässt sich ein bestimmtes Integral veranschaulichen?
- Schraffieren Sie die Flächen, die im Intervall $[0; \pi]$ vom Graphen von f(x) und der x-Achse eingeschlossen werden.
- Ein bestimmtes Integral gibt eine Flächenbilanz an.
- Was lässt sich über die Flächen oberhalb bzw. unterhalb der x-Achse im Intervall $[0; \pi]$ aussagen?
- Flächen oberhalb der x-Achse gehen positiv, Flächen unterhalb der x-Achse gehen negativ in die Flächenbilanz ein.

Teil 2

Aufgabe 1 a

- Um welche Art von Funktion handelt es sich?
- Was muss für den Term unter dem Wurzelzeichen gelten, damit die Wurzel definiert ist?
- Die Wurzel aus einer negativen Zahl ist nicht definiert.
- Lösen Sie die Ungleichung nach x auf.
- Wie sieht der Graph von $\sqrt{x}$ aus?
- Vergleichen Sie den Graphen von $\sqrt{x}$ mit dem Graphen in Abb. 1.
- Der Graph von $g(x+a)$ ergibt sich aus dem Graphen von g(x) durch Verschiebung in x-Richtung um $-a$.

Aufgabe 1 b

- Die Entfernung der Punkte P und Q entspricht der Länge der Strecke [PQ].
- Ergänzen Sie in Abb. 1 den Punkt R auf der x-Achse so, dass das Dreieck PRQ rechtwinklig bei R ist.
- Achten Sie darauf, dass Q ein beliebiger Punkt auf dem Graphen von $f(x)=\sqrt{x+3}$ ist. Q „wandert" also auf dem Graphen.
- Achten Sie darauf, dass sich mit Q auch die Lage des Punktes R so verändert, dass bei R stets ein rechter Winkel vorhanden ist.
- Berechnen Sie die Länge der Strecke [PR]. Vorsicht! R ist mit Q veränderlich.
- Bestimmen Sie die Länge der Strecke [QR].
- Welcher Zusammenhang gilt für die Seitenlängen eines rechtwinkligen Dreiecks?
- Achten Sie bei der Berechnung von d(x) auf die binomische Formel!

Aufgabe 1 c

- Wie ergibt sich der kleinste Wert der Größe d(x)?
- Bedenken Sie, dass $\sqrt{x} = x^{\frac{1}{2}}$.
- Verwenden Sie die Ableitungsformel der Merkhilfe.
- $(\sqrt{x})' = (x^{\frac{1}{2}})' = \frac{1}{2} \cdot x^{\frac{1}{2}-1} = \frac{1}{2} \cdot x^{-\frac{1}{2}} = \frac{1}{2} \cdot \frac{1}{x^{\frac{1}{2}}} = \frac{1}{2\sqrt{x}}$
- Denken Sie an die Kettenregel (nachdifferenzieren)!
- Die Bedingung für einen Extremwert lautet: Ableitung = 0
- Ein Bruch hat den Wert null, wenn der Zähler null ist.
- Es handelt sich nur dann um einen kleinsten Wert, wenn der Graph links von ihm fällt (Ableitung < 0) und rechts von ihm steigt (Ableitung > 0).

Aufgabe 1 d

- Die Steigung der Strecke $[PQ_E]$ kann aus der Zeichnung abgelesen oder aus den Koordinaten der Punkte berechnet werden.
- Die Steigung der Tangente ergibt sich mithilfe der 1. Ableitung (siehe Merkhilfe).
- In der Merkhilfe findet sich auch die „Normalensteigung", also die Steigung einer zur Tangente senkrechten Geraden.

Aufgabe 1 e

- Zerlegen Sie die Fläche durch eine Parallele zur y-Achse durch Q_E in zwei Teile.
- Die linke Teilfläche lässt sich mit einem bestimmten Integral berechnen, die rechte ist ein rechtwinkliges Dreieck.
- Suchen Sie zunächst eine Stammfunktion zu $\sqrt{x}$.
- Wie lässt sich $\sqrt{x}$ als Potenz schreiben?
- Beachten Sie die Integrationsformel für x^r auf der Merkhilfe.
- Verwenden Sie nun die Integrationsformel für f(ax + b) auf der Merkhilfe.
- Berechnen Sie die Fläche mithilfe der Formel für bestimmte Integrale auf der Merkhilfe und der Flächenformel für rechtwinklige Dreiecke.

Aufgabe 2 a

- Legen Sie Ihr Geodreieck in Abb. 2 so an den Kurvenpunkt (–1 | 0) an, dass sich in möglichst guter Näherung eine Tangente ergibt. Zeichnen Sie diese in Abb. 2 ein.
- Durch welchen Punkt im KOSY verläuft diese Tangente außer durch (–1 | 0) noch?
- Es ergeben sich näherungsweise die Tangentenpunkte (0 | 2) oder auch (–2 | –2).

- Die Steigung der Tangente kann aus der Zeichnung abgelesen oder aus den Koordinaten der Punkte berechnet werden.
- Da sich die Funktion g für $x \to \pm\infty$ der schrägen Asymptote beliebig gut annähert, nähert sich die Steigung g' der Funktion g der Steigung der schrägen Asymptote beliebig gut an.
- Was bedeutet $\lim\limits_{x \to \pm\infty} g'(x) = \frac{1}{2}$ für den Graphen der Funktion g'(x)?
- Für $x = -1$ ist der Funktionswert von g'(x) näherungsweise bekannt.
- Die Definitionslücke von g(x) ist auch Definitionslücke von g'(x). Welches Verhalten zeigt g'(x) in der Umgebung der Definitionslücke?
- Die Grenzwerte $\lim\limits_{x \to 1^-} g'(x)$ und $\lim\limits_{x \to 1^+} g'(x)$ ergeben sich aus dem Graphen von g.
- Die Funktion g(x) besitzt einen Extremwert. Bestimmen Sie näherungsweise dessen x-Koordinate.
- Welche Eigenschaft muss der Graph von g' an der Stelle besitzen, an der g(x) einen TIP hat?

Aufgabe 2 b

- Wie lautet die Gleichung der schrägen Asymptote von Funktion I? Vergleichen Sie mit den Eigenschaften von g.
- Welche Art Polstelle besitzt die Funktion II für $x = 1$? Vergleichen Sie mit den Eigenschaften von g.
- Die Nullstelle von g ist gegeben.
- Setzen Sie $g(-1) = 0$ und berechnen Sie a.

Aufgabe 2 c

- Welche Einschränkung des Definitionsbereichs gilt für alle ln-Funktionen?
- Die Funktionswerte von g sind dort positiv, wo der Graph von g oberhalb der x-Achse verläuft.
- Beachten Sie die Definitionslücke von g.
- Um das Verhalten von h an den Grenzen von $\mathbb{D}_h$ zu bestimmen, sind vier Limeswerte anzugeben.
- Sie kennen das Verhalten von g aus dem gegebenen Graphen.
- Beachten Sie $\lim\limits_{x \to 0^+} \ln x = -\infty$ und $\lim\limits_{x \to +\infty} \ln x = +\infty$.
- Bei der Bestimmung der Nullstelle von h beachten Sie $\ln 1 = 0$.
- $g(x) = 1$ gilt dort, wo der Graph von g von der Parallelen zur x-Achse $y = 1$ geschnitten wird.

Lösungen

Teil 1

1. $f(x) = \frac{2x+3}{4x+5}$

   Nullstelle des Nenners bestimmen:

   $4x+5=0 \;\Rightarrow\; x = -\frac{5}{4} = -1,25$

   $\mathbb{D} = \mathbb{R} \setminus \{-1,25\}$

   $f'(x) = \frac{2(4x+5)-(2x+3)\cdot 4}{(4x+5)^2} = \frac{8x+10-8x-12}{(4x+5)^2} = -\frac{2}{(4x+5)^2}$

2. $F(x) = \frac{1}{4}x^2 \cdot (2\ln x - 1) \qquad \mathbb{D} = \mathbb{R}^+$

   $F'(x) = \frac{1}{2}x \cdot (2\ln x - 1) + \frac{1}{4}x^2 \cdot \left(2 \cdot \frac{1}{x} - 0\right)$

   $= x \cdot \ln x - \frac{1}{2}x + \frac{1}{2}x$

   $= x \cdot \ln x = f(x)$

   Beliebige Stammfunktion $F_C(x)$ von f(x) lautet:

   $F_C(x) = \frac{1}{4}x^2 \cdot (2\ln x - 1) + C$

   $F_C(1) \stackrel{!}{=} 0$

   $F_C(1) = \frac{1}{4} \cdot (2\underbrace{\ln 1}_{=0} - 1) + C = -\frac{1}{4} + C \stackrel{!}{=} 0 \;\Rightarrow\; C = \frac{1}{4}$

   $F_{\frac{1}{4}}(x) = \frac{1}{4}x^2 \cdot (2\ln x - 1) + \frac{1}{4}$

3. $N(x) = N_0 \cdot e^{k \cdot (x-2\,000)}$

   $N(2\,000) \stackrel{!}{=} 6,1 \cdot 10^9$

   $N(2\,010) \stackrel{!}{=} 6,9 \cdot 10^9$

   $N(2\,000) = N_0 \cdot e^{k \cdot (2000-2000)} = N_0 \cdot e^{k \cdot 0} = N_0 \cdot 1 \stackrel{!}{=} 6,1 \cdot 10^9$
   $\Rightarrow\; N_0 = 6,1 \cdot 10^9$

N_0 in N(2 010):

$$N(2\,010) = 6{,}1 \cdot 10^9 \cdot e^{k(2010-2000)} = 6{,}1 \cdot 10^9 \cdot e^{10k} \overset{!}{=} 6{,}9 \cdot 10^9$$

$$\Rightarrow \quad e^{10k} = \frac{6{,}9 \cdot 10^9}{6{,}1 \cdot 10^9}$$

$$e^{10k} = \frac{69}{61}$$

$$\ln e^{10k} = \ln \frac{69}{61}$$

$$10k = \ln \frac{69}{61}$$

$$k = \frac{1}{10} \ln \frac{69}{61} \approx 0{,}0123$$

4. $\int\limits_0^{\pi} \sin(2x)\,dx = 0$

a) $f(x) = \sin(2x)$ hat eine Periode, die nur halb so lang ist wie die Periode von $g(x) = \sin x$. $\Rightarrow$ $f(x) = \sin(2x)$ hat die Periode π.

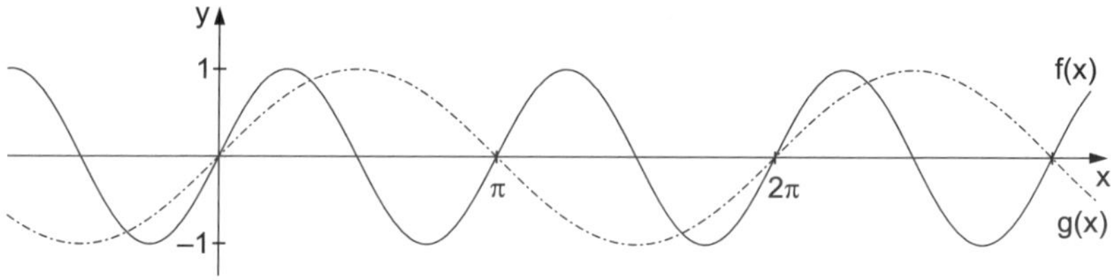

Im Intervall $\left[0; \frac{\pi}{2}\right]$ schließt der Graph der Funktion f(x) mit der x-Achse eine Fläche ein, die genauso groß ist wie die Fläche, die der Graph von f(x) mit der x-Achse im Intervall $\left[\frac{\pi}{2}; \pi\right]$ unterhalb der x-Achse einschließt. Die Flächenbilanz im Intervall $[0; \pi]$ ist somit null.

b) $F(x) = -\frac{1}{2} \cdot \cos(2x) + C$

$$\int\limits_0^{\pi} \sin(2x)\,dx = \left[-\frac{1}{2} \cdot \cos(2x)\right]_0^{\pi}$$

$$= -\frac{1}{2} \cdot \cos(2\pi) + \frac{1}{2} \cdot \cos(0) = -\frac{1}{2} \cdot 1 + \frac{1}{2} \cdot 1 = 0$$

Teil 2

1. $f(x) = \sqrt{x+3}$

a) $x+3 \geq 0 \;\Rightarrow\; x \geq -3 \;\Rightarrow\; \mathbb{D}_f = [-3; +\infty[$

Verschiebt man den Graphen der Funktion $w(x) = \sqrt{x}$ um 3 Einheiten in negative x-Richtung, so ergibt sich der Graph der Funktion $f(x) = \sqrt{x+3}$.

b) Für die Katheten [PR] und [QR] des rechtwinkligen Dreiecks PRQ gilt:

$\overline{PR} = x - 1{,}5$

$\overline{QR} = f(x) = \sqrt{x+3}$

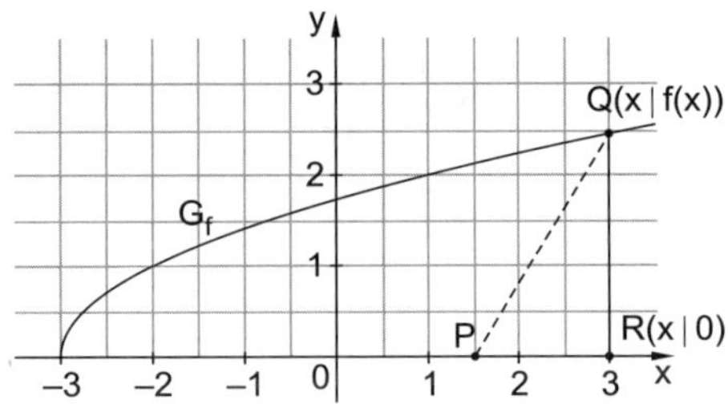

Pythagoras liefert:

$\overline{PQ}^2 = \overline{PR}^2 + \overline{QR}^2$

$d^2 = (x-1{,}5)^2 + (\sqrt{x+3})^2$

$d^2 = x^2 - 3x + 2{,}25 + x + 3$

$d^2 = x^2 - 2x + 5{,}25$

$\Rightarrow \; d(x) = \sqrt{x^2 - 2x + 5{,}25}$

c) Den kleinsten Wert erhält man mithilfe der Ableitung:

$$d'(x) = \frac{1}{2 \cdot \sqrt{x^2 - 2x + 5{,}25}} \cdot (2x - 2)$$

$$= \frac{2x-2}{2\sqrt{x^2 - 2x + 5{,}25}}$$

oder auch:

$$= \frac{x-1}{\sqrt{x^2 - 2x + 5{,}25}}$$

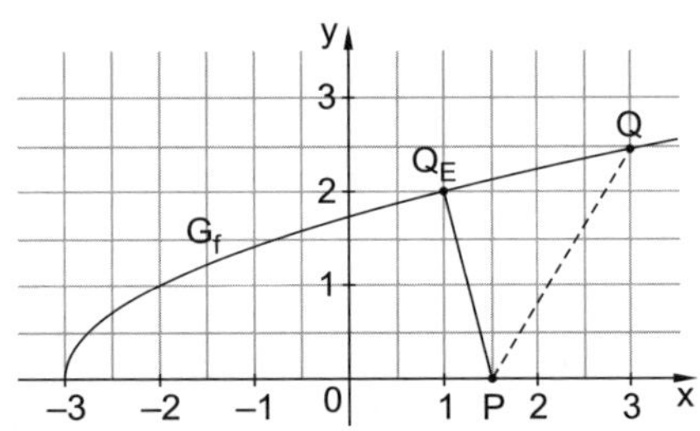

$d'(x) \overset{!}{=} 0 \;\Rightarrow\; 2x - 2 = 0 \;\Rightarrow\; x = 1$

Da der Nenner von d'(x) stets > 0 ist, gilt:

$d'(x) > 0 \;\Rightarrow\; 2x - 2 > 0 \;\Rightarrow\; x > 1$

$d'(x) < 0 \;\Rightarrow\; 2x - 2 < 0 \;\Rightarrow\; x < 1$; genauer: $-3 < x < 1$

Somit ergibt sich für $x = 1$ ein Minimum.

$f(1) = \sqrt{1+3} = 2 \;\Rightarrow\; Q_E(1 \mid 2)$

d) Steigung der Strecke $[PQ_E]$:

$m_1 = -\frac{4}{1} = -4$ (siehe Zeichnung bei Aufgabe 1 c)

oder:

$$m_1 = \frac{y_{Q_E} - y_P}{x_{Q_E} - x_P} = \frac{2-0}{1-1{,}5} = \frac{2}{-0{,}5} = -4$$

Steigung der Tangente an G_f in Q_E:

$$m_2 = f'(x_{Q_E}) = f'(1) = \frac{1}{2\cdot\sqrt{1+3}} = \frac{1}{4}, \quad \text{da } f'(x) = \frac{1}{2\sqrt{x+3}}$$

$[PQ_E] \perp$ Tangente, da $m_1 = -\frac{1}{m_2}$ (siehe Merkhilfe „Normalensteigung")

e) $A = \int\limits_{-3}^{1} f(x)\,dx + \frac{1}{2}\cdot 2\cdot 0{,}5$

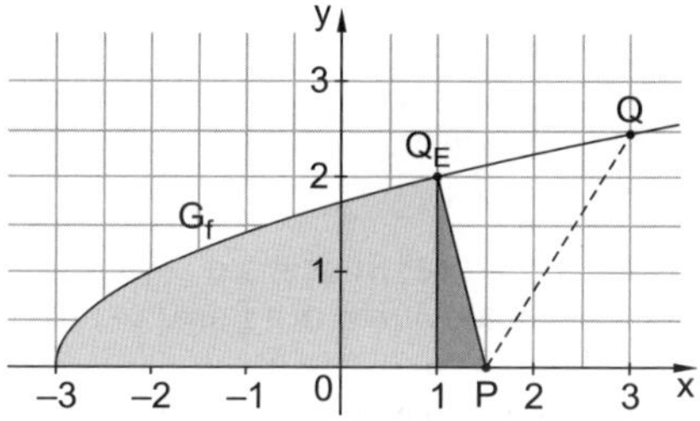

Bestimmung einer Stammfunktion von f(x):

Schritt 1: $\int \sqrt{x}\,dx = \int x^{\frac{1}{2}}\,dx$

$$= \frac{1}{\frac{1}{2}+1}\cdot x^{\frac{1}{2}+1} \quad \text{(siehe Merkhilfe)}$$

$$= \frac{1}{\frac{3}{2}}\cdot x^{\frac{3}{2}}$$

$$= \frac{2}{3}\cdot\sqrt{x}^{\,3}$$

Schritt 2: $\int \sqrt{x+3}\,dx = \frac{2}{3}\cdot\sqrt{x+3}^{\,3}$ (siehe Merkhilfe)

$$A = \left[\frac{2}{3}\cdot\sqrt{x+3}^{\,3}\right]_{-3}^{1} + \frac{1}{2}$$

$$= \frac{2}{3}\cdot\sqrt{4}^{\,3} - \frac{2}{3}\cdot\sqrt{0}^{\,3} + \frac{1}{2}$$

$$= \frac{16}{3} - 0 + \frac{1}{2} = \frac{35}{6}$$

2. a)

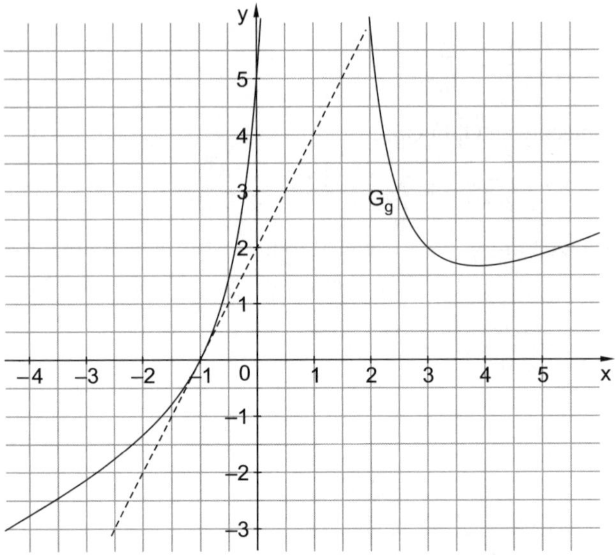

Die Ableitung g' an der Stelle $x = -1$ entspricht der Steigung der Tangente im Kurvenpunkt $(-1\,|\,0)$. Man zeichnet eine Gerade durch den Punkt $(-1\,|\,0)$ ein, die den Funktionsgraphen berührt.
Ablesen der Steigung aus der Zeichnung liefert den angenäherten Wert für $g'(-1)$.

Da die Tangente näherungsweise durch $(0\,|\,2)$ verläuft, ergibt sich:

$$m = \frac{2}{1} = 2$$

oder:

$$m = \frac{2-0}{0-(-1)} = 2$$

Schräge Asymptote: $y = \frac{1}{2}x - 1$ mit $y' = \frac{1}{2}$

Somit muss gelten: $\lim\limits_{x \to \pm\infty} g'(x) = \frac{1}{2}$

Der Graph der Ableitung g'(x) besitzt also die waagrechte Asymptote $y = \frac{1}{2}$.
Außerdem verläuft $G_{g'}$ durch $(-1\,|\,2)$, da $g'(-1) \approx 2$ (siehe oben).

Wie g besitzt auch g' eine Definitionslücke für $x = 1$. Da der Graph von g für $x \to 1^-$ beliebig steil steigt, gilt:

$$\lim_{x \to 1^-} g'(x) = +\infty$$

Da der Graph von g für $x \to 1^+$ beliebig steil fällt, gilt:

$$\lim_{x \to 1^+} g'(x) = -\infty$$

Somit hat g' in $x = 1$ eine Polstelle mit Vorzeichenwechsel.

Da g für $x \approx 4$ einen TIP besitzt, muss g' für $x \approx 4$ eine Nullstelle besitzen, an der die Funktionswerte von g' vom Negativen ins Positive wechseln.

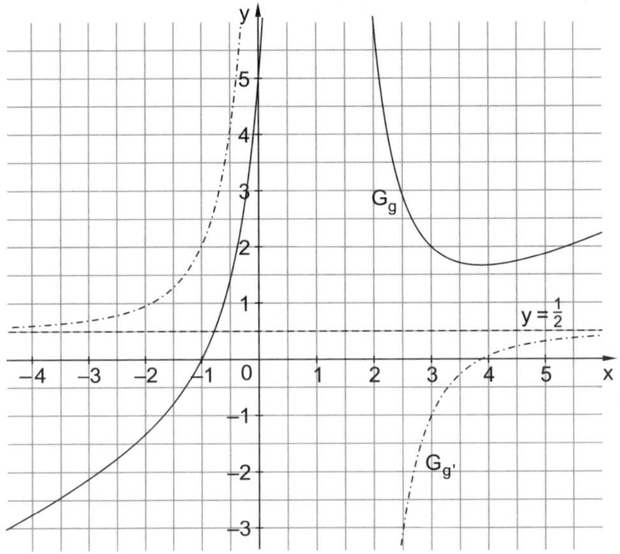

b) Eine Funktion der Form I hat die schräge Asymptote $y = x - 1$, somit kommt I nicht infrage.

Eine Funktion der Form II hat bei $x = 1$ eine Polstelle, jedoch mit Vorzeichenwechsel. Somit kommt II nicht infrage.

Aufgrund der Angabe muss gelten: $g(-1) = 0$

Also:

$$\frac{1}{2} \cdot (-1) - 1 + \frac{a}{(-1-1)^2} = 0$$

$$-\frac{3}{2} + \frac{a}{4} = 0$$

$$\frac{a}{4} = \frac{3}{2} \quad \Rightarrow \quad a = 6$$

$$g(x) = \frac{1}{2}x - 1 + \frac{6}{(x-1)^2}$$

c) $h(x) = \ln(g(x))$

$h(x)$ ist nur dort definiert, wo $g(x) > 0$ gilt.

Somit: $\mathbb{D}_h =]-1;\ 1[\ \cup\ ]1;\ +\infty[\ =\ ]-1;\ \infty[\ \setminus \{1\}$

$$\lim_{x \to -1^+} h(x) = „\ln 0^+“ = -\infty, \quad \text{da} \lim_{x \to -1^+} g(x) = 0^+$$

$$\lim_{x \to 1^-} h(x) = „\ln(+\infty)“ = +\infty, \quad \text{da} \lim_{x \to 1^-} g(x) = +\infty$$

$$\lim_{x \to 1^+} h(x) = „\ln(+\infty)“ = +\infty, \quad \text{da} \lim_{x \to 1^+} g(x) = +\infty$$

$$\lim_{x \to +\infty} h(x) = „\ln(+\infty)“ = +\infty, \quad \text{da} \lim_{x \to +\infty} g(x) = +\infty$$

Nullstelle von $h(x)$:
$h(x) = \ln(g(x))$ hat dort eine Nullstelle, wo $g(x) = 1$, da $\ln 1 = 0$ gilt. Die Funktion $g(x)$ nimmt den Funktionswert 1 nur einmal an.

Es gilt: $g(x) = 1 \quad \Rightarrow \quad x \approx -0{,}6$

Somit: $h(x) = 0 \quad \Rightarrow \quad x \approx -0{,}6$

Abitur Mathematik (Bayern): Abiturprüfung 2011
Analysis II

Teil 1

BE

1. Skizzieren Sie den Graphen der in $\mathbb{R}$ definierten Funktion

   $f\colon x \mapsto 4 - x^2$.

   Berechnen Sie den Inhalt des Flächenstücks, das der Graph von f mit der x-Achse einschließt. 5

2. Geben Sie die maximale Definitionsmenge der Funktion

   $f\colon x \mapsto 3\sqrt{x}$

   an und bestimmen Sie den Term derjenigen Stammfunktion von f, deren Graph den Punkt $(1\,|\,4)$ enthält. 4

3. Betrachtet wird die Funktion

   $$f\colon x \mapsto \frac{\sin x}{x^2}$$

   mit Definitionsmenge $\mathbb{R}\setminus\{0\}$.

   a) Geben Sie die Nullstellen von f an. 3

   b) Ermitteln Sie das Symmetrieverhalten des Graphen von f und geben Sie den Grenzwert von f für $x \to +\infty$ an. 3

   c) Bestimmen Sie den Term der Ableitung von f. 2

4. Geben Sie den Term einer gebrochen-rationalen Funktion f mit Definitionsmenge $\mathbb{R}\setminus\{-1\}$ an, deren Graph die Gerade mit der Gleichung $y = 2$ als Asymptote besitzt und in $x = -1$ eine Polstelle ohne Vorzeichenwechsel hat. 3

   20

Teil 2

BE

1. Gegeben ist die in $\mathbb{R}$ definierte Funktion

   $f\colon x \mapsto 6 \cdot e^{-0,5x} + x.$

   Der Graph von f wird mit G_f bezeichnet.

   a) Untersuchen Sie das Monotonie- und das Krümmungsverhalten von G_f. Bestimmen Sie Lage und Art des Extrempunkts $E(x_E \mid y_E)$ von G_f. [zur Kontrolle: $x_E = 2 \cdot \ln 3$; $f''(x) = 1,5 \cdot e^{-0,5x}$] 10

   b) Geben Sie das Verhalten von f für $x \to -\infty$ an. Machen Sie plausibel, dass G_f für $x \to +\infty$ die Gerade mit der Gleichung $y = x$ als schräge Asymptote besitzt. 3

   c) Bestimmen Sie die Gleichung der Tangente an G_f im Punkt $(0 \mid 6)$. Skizzieren Sie G_f unter Verwendung der bisherigen Ergebnisse in ein geeignet anzulegendes Koordinatensystem. 6

2. Gegeben ist die in $\mathbb{R}$ definierte Funktion

   $h\colon x \mapsto 6 \cdot e^{-0,5x} + 1,5.$

   Die Abbildung zeigt den in $\mathbb{R}$ streng monoton fallenden Graphen G_h von h sowie dessen Asymptote, die durch die Gleichung $y = 1,5$ gegeben ist.

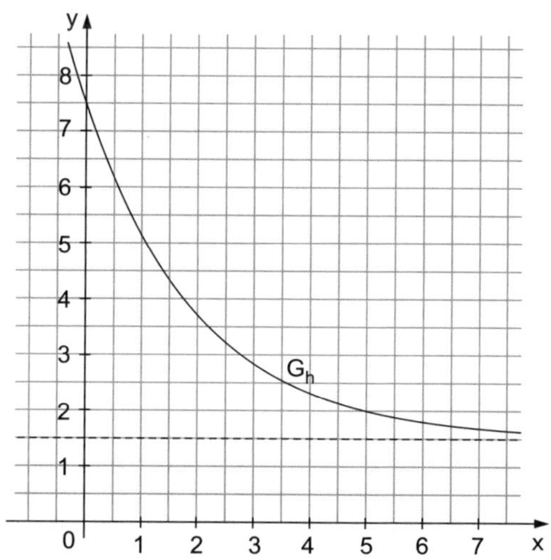

   a) Beschreiben Sie, wie G_h aus dem Graphen der in $\mathbb{R}$ definierten natürlichen Exponentialfunktion $x \mapsto e^x$ hervorgeht. 4

   Für $x \geq 0$ beschreibt die Funktion h modellhaft die zeitliche Entwicklung des momentanen Schadstoffausstoßes einer Maschine. Dabei ist x die seit dem Start der Maschine vergangene Zeit in Minuten und h(x) die momentane Schadstoffausstoßrate in Milligramm pro Minute.

   b) Geben Sie in diesem Sachzusammenhang die Bedeutung des Monotonieverhaltens von G_h sowie des Grenzwerts von h für $x \to +\infty$ an. 3

   c) Bestimmen Sie den Inhalt des Flächenstücks, das G_h, die Koordinatenachsen und die Gerade mit der Gleichung $x = 5$ einschließen. Interpretieren Sie das Ergebnis im Sachzusammenhang. 6

3. Gegeben ist die Schar der Funktionen

$f_a\colon x \mapsto 6 \cdot e^{-0{,}5x} - a \cdot x$ mit $a \in \mathbb{R}^+$

und Definitionsmenge $\mathbb{R}$.

a) Weisen Sie nach, dass die Graphen aller Funktionen der Schar die y-Achse im selben Punkt schneiden und in $\mathbb{R}$ streng monoton fallend sind.
Zeigen Sie, dass $\lim\limits_{x \to +\infty} f_a(x) = -\infty$ gilt. 5

b) Aus den Ergebnissen der Aufgabe 3 a ergibt sich, dass jede Funktion der Schar genau eine Nullstelle besitzt. Bestimmen Sie für diese Nullstelle in Abhängigkeit von a einen Näherungswert x_1, indem Sie den ersten Schritt des Newton-Verfahrens mit dem Startwert $x_0 = 0$ durchführen. 3

40

Tipps und Hinweise: Analysis II

Teil 1

Aufgabe 1

- Um welche Art von Funktion handelt es sich?
- Welche Form hat der Graph einer quadratischen Funktion?
- Wie entsteht der Graph von $4-x^2$ aus dem Graphen der Normalparabel?
- Berechnen Sie die Nullstellen.
- Die Fläche wird mithilfe eines bestimmten Integrals berechnet.

Aufgabe 2

- Um welche Art von Funktion handelt es sich?
- Was muss für den Term unter dem Wurzelzeichen gelten, damit die Wurzel definiert ist?
- Die Wurzel aus einer negativen Zahl ist nicht definiert.
- Bedenken Sie, dass $\sqrt{x} = x^{\frac{1}{2}}$.
- Beachten Sie die Integrationsformel für x^r auf der Merkhilfe!
- Ein Punkt liegt nur dann auf dem Graphen einer Funktion, wenn die Koordinaten des Punktes die Funktionsgleichung erfüllen.

Aufgabe 3

- Ein Bruch hat den Wert null, wenn der Zähler den Wert null hat.
- Denken Sie an die periodische Wiederholung.
- Bestimmen Sie $f(-x)$ und vergleichen Sie mit dem Funktionsterm.
- Welche Werte nimmt der Zähler an? Wohin strebt der Nenner für $x \to +\infty$?
- Beachten Sie die Quotientenregel (siehe Merkhilfe).
- Die Merkhilfe liefert $(\sin x)' = \cos x$.

Aufgabe 4

- Welcher Faktor muss im Nenner stehen, damit $\mathbb{D} = \mathbb{R} \setminus \{-1\}$ gilt?
- $x = -1$ soll Polstelle ohne Vorzeichenwechsel sein.
- $x = -1$ muss doppelte (oder auch vierfache, sechsfache …) Nullstelle des Nenners sein.

- $y = 2$ ist eine waagrechte Asymptote.
- Was muss für den Grad von Zähler und Nenner gelten, damit eine waagrechte Asymptote $y = a \neq 0$ vorhanden ist?

Teil 2

Aufgabe 1 a

- Das Monotonieverhalten lässt sich mithilfe der 1. Ableitung, das Krümmungsverhalten mithilfe der 2. Ableitung ermitteln (siehe Merkhilfe).
- Beachten Sie die Kettenregel (nachdifferenzieren!), siehe Merkhilfe.
- Das Vorzeichen der 1. Ableitung entscheidet über die Art der Monotonie (siehe Merkhilfe).
- Aus dem Monotonieverhalten lässt sich der Extremwert und seine Art ablesen.
- Beachten Sie bei der Berechnung der y-Koordinate von E, dass $e^{\ln a} = a$ gilt.
- Das Vorzeichen der 2. Ableitung entscheidet über die Art der Krümmung (siehe Merkhilfe).
- Beachten Sie: $e^{-0,5x} > 0$ in $\mathbb{R}$.

Aufgabe 1 b

- Überlegen Sie für jeden einzelnen Summanden, wohin er für $x \to -\infty$ strebt.
- Stellen Sie sich den Graphen von e^x vor.
- Beachten Sie: $\lim\limits_{x \to +\infty} e^x = +\infty$
- Wohin strebt der Summand $b \cdot e^{-0,5x}$ für $x \to +\infty$?
- Stellen Sie sich dazu wieder den Graphen von e^x vor.
- Beachten Sie: $\lim\limits_{x \to -\infty} e^x = 0$

Aufgabe 1 c

- Jede Tangente hat als Gerade die Gleichung $y = mx + t$.
- Die Steigung m der Tangente ergibt sich aus der 1. Ableitung (siehe Merkhilfe).
- Da der Punkt $(0|6)$ auf der Tangente liegt, müssen seine Koordinaten die Tangentengleichung erfüllen.
- Zeichnen Sie außer dem Punkt $(0|6)$ und dem Punkt E (siehe Aufgabe 1 a) auch die Tangente und die schräge Asymptote ein.

Aufgabe 2 a

- Es gilt:

$f(x)+a$	Verschiebung um a in y-Richtung
$f(x+a)$	Verschiebung um –a in x-Richtung
$a \cdot f(x)$	Dehnung/Stauchung in y-Richtung
$f(ax)$	Dehnung/Stauchung in x-Richtung
$-f(x)$	Spiegelung an der x-Achse
$f(-x)$	Spiegelung an der y-Achse

- Skizzieren Sie nacheinander die Graphen von e^x; e^{-x}; $e^{-0,5x}$; $6e^{-0,5x}$; $6e^{-0,5x}+1,5$ und beschreiben Sie, wie der jeweilige Graph aus dem vorigen entsteht.

Aufgabe 2 b

- Welches Monotonieverhalten lässt sich aus dem gegebenen Graphen ablesen?
- Welche Größe (Sachzusammenhang) wird durch G_h beschrieben?
- Bestimmen Sie $\lim\limits_{x \to +\infty} h(x)$ (Zeichnung beachten).
- $h(x)$ nähert sich der waagrechten Asymptote $y = 1,5$ von oben an. Die durch G_h beschriebene Größe bleibt also stets größer als 1,5.
- Beachten Sie die (im Sachzusammenhang gegebene) Benennung des Werts 1,5.

Aufgabe 2 c

- Der Inhalt des Flächenstücks lässt sich mithilfe eines bestimmten Integrals berechnen.
- Beachten Sie bei der Integration von $e^{-0,5x}$ die Formel für die Integration von $f(ax+b)$ auf der Merkhilfe.
- Der Graph G_h beschreibt den momentanen Schadstoffausstoß, somit beschreibt die Fläche die Gesamtänderung des Schadstoffausstoßes in der Zeit [0; 5].

Aufgabe 3 a

- Für alle Punkte auf der y-Achse gilt $x = 0$.
- Berechnen Sie $f_a(0)$. Der sich ergebende Wert ist unabhängig von a, gilt also für alle Funktionen der Schar.
- Die Monotonie lässt sich mithilfe der 1. Ableitung bestimmen (siehe Merkhilfe).
- Beachten Sie die Kettenregel (nachdifferenzieren), siehe Merkhilfe.
- Überlegen Sie für jeden einzelnen Summanden, wohin er für $x \to +\infty$ strebt.
- Beachten Sie: $\lim\limits_{x \to -\infty} e^x = 0$ und $a \in \mathbb{R}^+$

Aufgabe 3 b

- Beachten Sie die Formel auf der Merkhilfe. Es gilt in der Formel $n = 0$ mit $x_0 = 0$.

Lösungen

Teil 1

1. $f(x)=4-x^2$

   Es handelt sich um eine an der x-Achse gespiegelte und um 4 in y-Richtung verschobene Normalparabel.

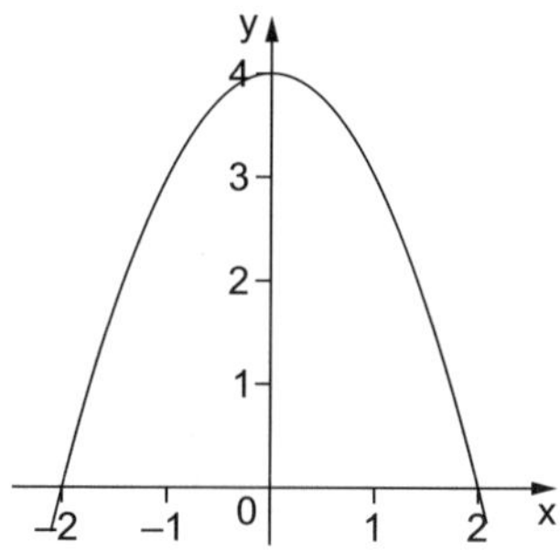

   Nullstellen:
   $4-x^2=0 \;\Rightarrow\; x^2=4 \;\Rightarrow\; x=\pm 2$

   $$A=\int_{-2}^{2}(4-x^2)\,dx=2\cdot\int_{0}^{2}(4-x^2)\,dx$$

   $$=2\cdot\left[4x-\frac{1}{3}x^3\right]_0^2=2\cdot\left(8-\frac{8}{3}\right)=\frac{32}{3}$$

2. $f(x)=3\sqrt{x} \qquad \mathbb{D}=\mathbb{R}_0^+$

   $$F(x)=\int 3\sqrt{x}\,dx=3\int x^{\frac{1}{2}}\,dx=3\cdot\frac{1}{\frac{1}{2}+1}\cdot x^{\frac{1}{2}+1}+C \quad \text{(siehe Merkhilfe)}$$

   $$=3\cdot\frac{2}{3}\cdot x^{\frac{3}{2}}+C=2\cdot(\sqrt{x})^3+C$$

   $$F(1)\overset{!}{=}4 \;\Rightarrow\; 2\cdot(\sqrt{1})^3+C=4 \;\Rightarrow\; 2+C=4 \;\Rightarrow\; C=2$$

   $$F(x)=2\cdot(\sqrt{x})^3+2$$

3. $f(x)=\dfrac{\sin x}{x^2} \qquad \mathbb{D}=\mathbb{R}\setminus\{0\}$

   a) $f(x)=0 \;\Rightarrow\; \sin x=0 \;\Rightarrow\; x=k\cdot\pi$ mit $k\in\mathbb{Z}\setminus\{0\}$

   b) $f(-x)=\dfrac{\sin(-x)}{(-x)^2}=\dfrac{-\sin x}{x^2}=-f(x)$

   $\Rightarrow$ Der Graph von f ist punktsymmetrisch zum Ursprung.

   $\lim\limits_{x\to+\infty}\dfrac{\sin x}{x^2}=0,$ da der Zähler Werte im Intervall $[-1;\,1]$ annimmt und der Nenner für $x\to+\infty$ gegen $+\infty$ strebt.

   c) $f'(x)=\dfrac{\cos x\cdot x^2-\sin x\cdot 2x}{(x^2)^2}=\dfrac{x(x\cdot\cos x-2\cdot\sin x)}{x^4}=\dfrac{x\cos x-2\sin x}{x^3}$

4. $\mathbb{D} = \mathbb{R} \setminus \{-1\} \Rightarrow$ Im Nenner muss der Faktor $(x+1)$ vorhanden sein.

$x=-1$ Polstelle ohne Vorzeichenwechsel

$\Rightarrow$ $x=-1$ ist doppelte/vierfache/sechsfache … Nullstelle des Nenners

$y=2$ waagrechte Asymptote $\Rightarrow$ Grad Zähler = Grad Nenner

$f(x) = \dfrac{2x^2}{(x+1)^2}$ *oder:* $f(x) = \dfrac{2x^4}{(x+1)^4}$ *oder:* $f(x) = \dfrac{8x^2}{4(x+1)^2}$ *oder:* …

Teil 2

1. $f(x) = 6e^{-0,5x} + x$

a) $f'(x) = 6e^{-0,5x} \cdot (-0,5) + 1 = -3e^{-0,5x} + 1$

$f''(x) = -3e^{-0,5x} \cdot (-0,5) = 1,5e^{-0,5x}$

Monotonieverhalten:

$$f'(x) > 0 \Rightarrow -3e^{-0,5x} + 1 > 0$$
$$-3e^{-0,5x} > -1$$
$$e^{-0,5x} < \frac{1}{3}$$
$$-0,5x < \ln\frac{1}{3}$$
$$x > -2\ln\frac{1}{3} = -2\ln 3^{-1} = 2\ln 3$$

$$f'(x) < 0 \Rightarrow -3e^{-0,5x} + 1 < 0$$
$$e^{-0,5x} > \frac{1}{3}$$
$$x < -2\ln\frac{1}{3} = 2\ln 3$$

G_f ist streng monoton fallend in $]-\infty; 2\ln 3[$ und streng monoton steigend in $]2\ln 3; +\infty[$ $\Rightarrow$ TIP für $x = 2\ln 3$

Wegen

$$f(2\ln 3) = 6e^{-0,5 \cdot 2\ln 3} + 2\ln 3 = 6e^{-\ln 3} + 2\ln 3 = 6e^{\ln\frac{1}{3}} + 2\ln 3 = 6 \cdot \frac{1}{3} + 2\ln 3 = 2 + 2\ln 3$$

oder:

$$f\left(-2\ln\frac{1}{3}\right) = 6e^{-0,5 \cdot \left(-2\ln\frac{1}{3}\right)} - 2\ln\frac{1}{3} = 6e^{\ln\frac{1}{3}} - 2\ln\frac{1}{3} = 6 \cdot \frac{1}{3} - 2\ln\frac{1}{3} = 2 - 2\ln\frac{1}{3}$$

gilt: $E(2\ln 3 \mid 2 + 2\ln 3)$ ist Tiefpunkt.

Krümmungsverhalten:
$f''(x) = 1{,}5e^{-0{,}5x} > 0$, da $e^{-0{,}5x} > 0$ in $\mathbb{R}$
$\Rightarrow$ G_f ist linksgekrümmt in $\mathbb{R}$.

b) $\lim\limits_{x \to -\infty} f(x) = \lim\limits_{x \to -\infty} (6e^{-0{,}5x} + x) = „6e^{+\infty} - \infty“ = „6(+\infty) - \infty“ = +\infty$, weil der erste Summand, die e-Funktion, stärker wächst und „sich durchsetzt“.

$\lim\limits_{x \to +\infty} 6e^{-0{,}5x} = „6 \cdot e^{-\infty}“ = „6 \cdot 0“ = 0$

Somit strebt der erste Summand im Funktionsterm für $x \to +\infty$ gegen null.
Der zweite Summand $y = x$ bildet daher die schräge Asymptote.

c) Tangente:
$y = mx + t$ mit
$m = f'(0) = -3e^0 + 1 = -2$
Einsetzen von $(0|6)$:
$6 = -2 \cdot 0 + t \Rightarrow t = 6$
$\Rightarrow y = -2x + 6$

$E(2\ln 3 | 2 + 2\ln 3)$
$E(\approx 2{,}2 | \approx 4{,}2)$

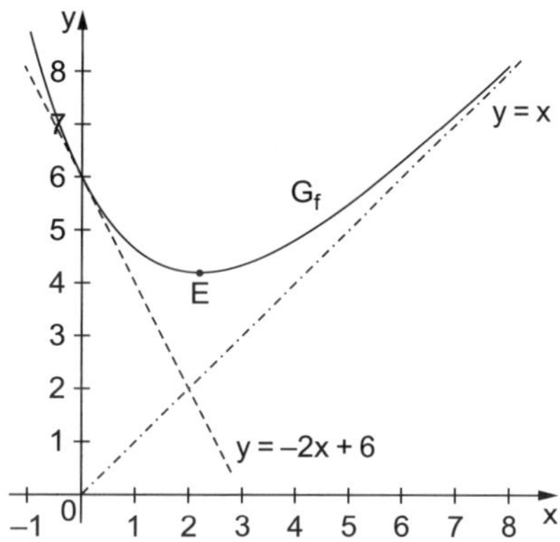

2. $h(x) = 6e^{-0{,}5x} + 1{,}5$

a) Durch Spiegelung an der y-Achse entsteht aus dem Graphen von e^x der Graph von e^{-x}.

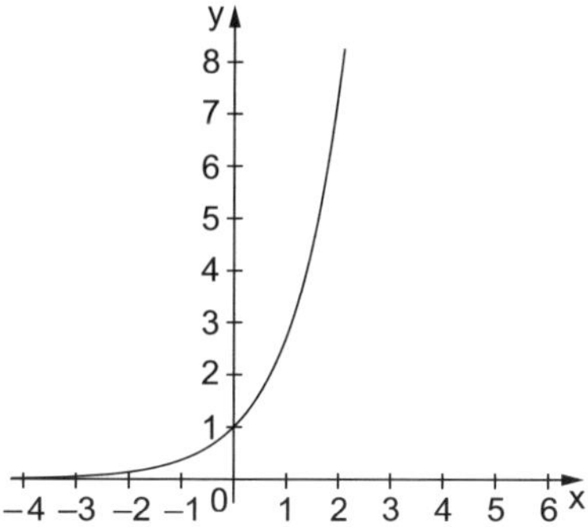

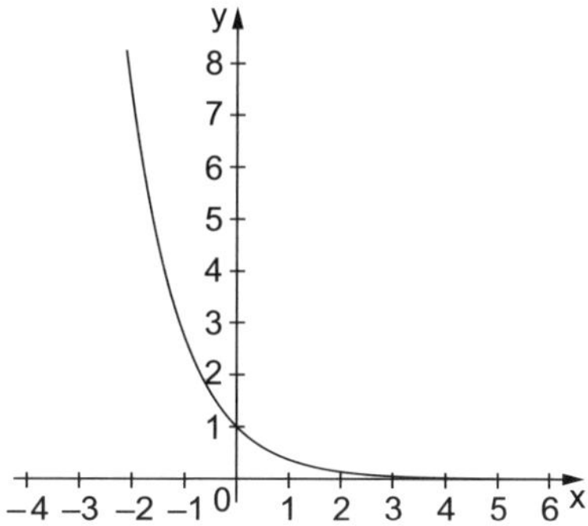

Durch Streckung um 2 in x-Richtung entsteht aus dem Graphen von e^{-x} der Graph von $e^{-0,5x}$.

Bemerkung: Um denselben Exponenten – und damit denselben Funktionswert – zu erhalten, muss x doppelt so groß gewählt werden.

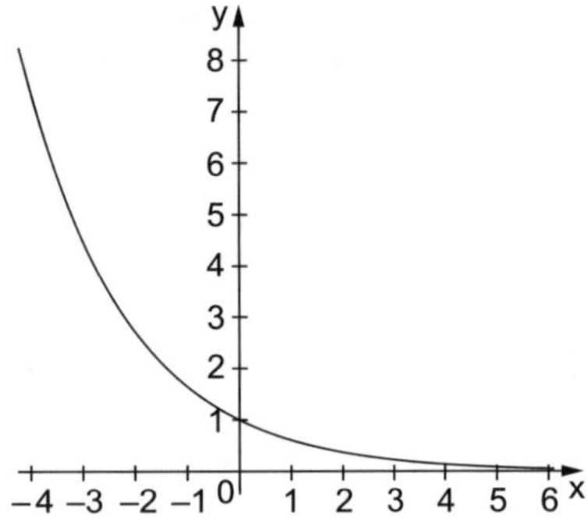

Durch Streckung um 6 in y-Richtung entsteht aus dem Graphen von $e^{-0,5x}$ der Graph von $6e^{-0,5x}$.

Bemerkung: Jeder y-Wert wird sechsmal so groß.

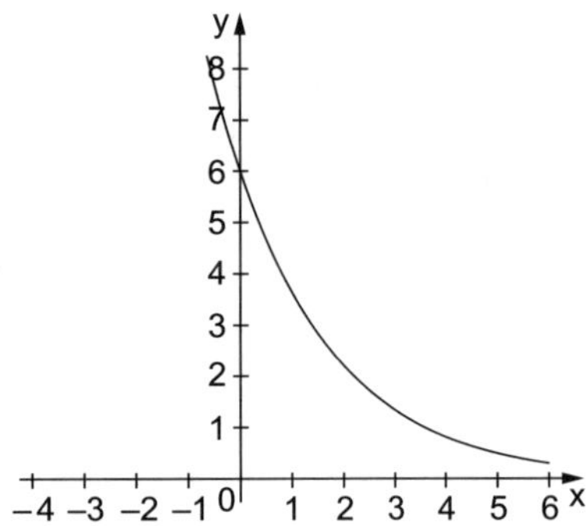

Durch Verschiebung um 1,5 in positive y-Richtung entsteht aus dem Graphen von $6e^{-0,5x}$ der Graph von $6e^{-0,5x} + 1,5$.

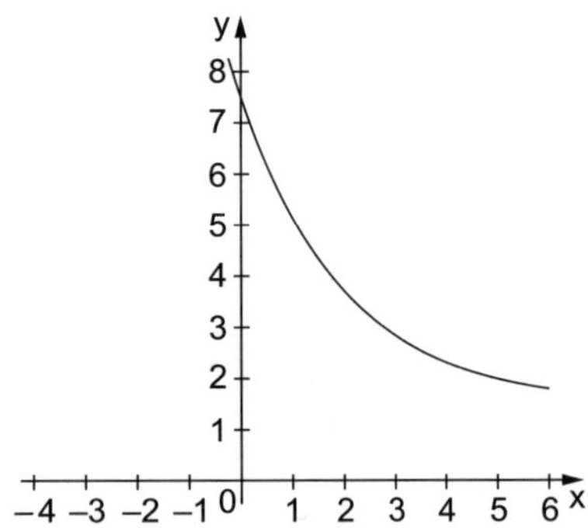

b) Der momentane Schadstoffausstoß nimmt kontinuierlich ab, sinkt aber nie unter einen Grenzwert von $1,5\,\frac{\text{mg}}{\text{min}}$.

$$\lim_{x \to +\infty} h(x) = \lim_{x \to +\infty} (6e^{-0,5x} + 1,5) = 0 + 1,5 = 1,5$$

c) 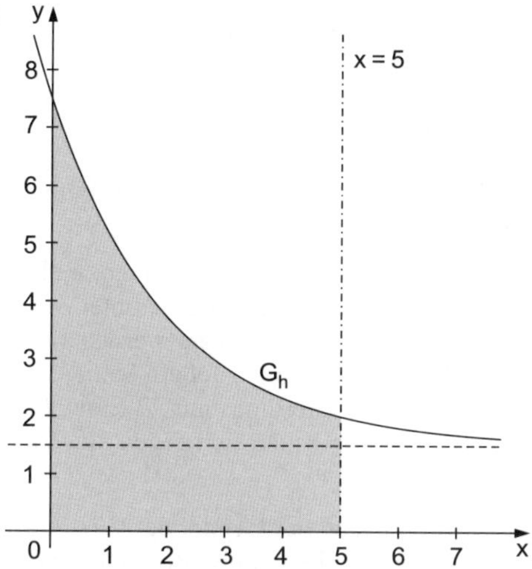

$$A = \int_0^5 f(x)\,dx = \int_0^5 (6e^{-0,5x} + 1{,}5)\,dx = 6\int_0^5 e^{-0,5x}\,dx + \int_0^5 1{,}5\,dx$$

$$= 6\cdot\left[\frac{1}{-0{,}5}\cdot e^{-0,5x}\right]_0^5 + [1{,}5x]_0^5$$

$$= 6(-2e^{-2,5} + 2e^0) + 7{,}5 = -12e^{-2,5} + 12 + 7{,}5$$

$$\approx 18{,}5$$

Die Maschine stößt in den ersten fünf Minuten ca. 18,5 mg Schadstoff aus.

3. $f_a(x) = 6\cdot e^{-0,5x} - ax \qquad a \in \mathbb{R}^+ \qquad D = \mathbb{R}$

a) $f_a(0) = 6\cdot e^0 - a\cdot 0 = 6$ für alle $a \in \mathbb{R}^+$

$\Rightarrow$ $(0\,|\,6)$ liegt auf den Graphen aller Scharfunktionen.

$$f_a'(x) = 6\cdot e^{-0,5x}\cdot(-0{,}5) - a = -3\cdot\underbrace{e^{-0,5x}}_{>0} - \underbrace{a}_{>0} < 0 \text{ für alle } a \in \mathbb{R}^+$$

$\Rightarrow$ Die Graphen aller Scharfunktionen sind in $\mathbb{R}$ streng monoton fallend.

$$\lim_{x\to+\infty} f_a(x) = \lim_{x\to+\infty}(6\cdot e^{-0,5x} - ax) = „6\cdot e^{-\infty} - a\cdot(+\infty)“ = „6\cdot 0 - \infty“ = -\infty$$

b) $x_1 = x_0 - \frac{f_a(x_0)}{f_a'(x_0)}$ mit $x_0 = 0$

$$x_1 = 0 - \frac{f_a(0)}{f_a'(0)} = -\frac{6}{-3\cdot e^0 - a} = -\frac{6}{-3-a} = -\frac{6}{-(3+a)} = \frac{6}{3+a}$$

Abitur Mathematik (Bayern): Abiturprüfung 2011
Stochastik I

BE

Ein Investor plant, in einer Gemeinde, die aus den Orten Oberberg und Niederberg besteht, eine Windkraftanlage zu errichten.

1. Um sich einen Überblick darüber zu verschaffen, wie die Einwohner zu diesem Vorhaben stehen, beschließt der Gemeinderat, eine Umfrage unter den Wahlberechtigten der Gemeinde durchzuführen. In Niederberg werden 1 722, in Oberberg 258 Einwohner befragt. 1 089 aller Befragten äußern keine Einwände gegen die Windkraftanlage, darunter sind allerdings nur 27 Einwohner von Oberberg. Die übrigen befragten Personen sprechen sich gegen die Windkraftanlage aus.

   a) Bestimmen Sie jeweils den prozentualen Anteil der Gegner der Windkraftanlage unter den Befragten von Niederberg und unter den Befragten von Oberberg. 4

   Aus allen Befragten wird zufällig eine Person ausgewählt.

   b) Ermitteln Sie
      - die Wahrscheinlichkeit p_1 dafür, dass die ausgewählte Person in Oberberg wohnt und sich gegen die Windkraftanlage aussprach.
      - die Wahrscheinlichkeit p_2 dafür, dass die ausgewählte Person in Oberberg wohnt, wenn bekannt ist, dass sie sich gegen die Windkraftanlage aussprach. 4

   c) Begründen Sie, dass kein Ergebnis der Umfrage denkbar ist, bei dem $p_1 > p_2$ ist. 2

Die Windkraftgegner schließen sich zu einer Bürgerinitiative zusammen.

2. Zur Aufbesserung ihrer finanziellen Mittel hat die Bürgerinitiative auf dem Gemeindefest ein Glücksrad mit zehn gleich großen Sektoren aufgebaut (vgl. Abbildung). Ein Spiel besteht aus dem einmaligen Drehen des Glücksrads; die erzielte Zahl gibt die Kategorie des Preises an, den der Spieler erhält.

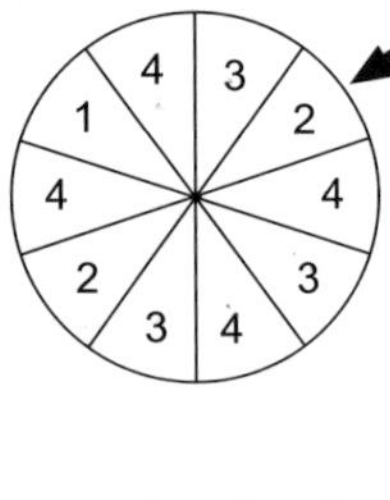

   a) Ein Preis der Kategorie 1 ist für die Bürgerinitiative mit Unkosten in Höhe von zehn Euro, ein Preis der Kategorie 2 mit Unkosten in Höhe von fünf Euro verbunden, Preise der Kategorien 3 und 4 werden von Sponsoren gestellt und verursachen keine Unkosten. Bestimmen Sie den im Mittel pro Spiel zu erwartenden Gewinn der Bürgerinitiative, wenn der Einsatz für ein Spiel 2,50 Euro beträgt und keine weiteren Unkosten anfallen. 5

b) Zehn Besucher des Gemeindefests drehen nacheinander jeweils einmal das Glücksrad. Geben Sie zu jedem der folgenden Ereignisse einen Term an, mit dem sich die Wahrscheinlichkeit des Ereignisses berechnen lässt.

A: „Nur die ersten fünf Preise entfallen auf die Kategorie 4."

B: „Genau die Hälfte der Preise entfällt auf die Kategorie 4."

C: „Die Preise verteilen sich jeweils zur Hälfte auf die Kategorien 1 und 4." 5

3. Die Bürgerinitiative veranstaltet am viel besuchten Badesee der Gemeinde eine Unterschriftenaktion gegen die geplante Windkraftanlage.
Berechnen Sie, wie hoch der Anteil p der Gegner der Windkraftanlage unter den Badegästen mindestens sein muss, damit sich unter zehn zufällig ausgewählten Badegästen mit einer Wahrscheinlichkeit von mindestens 99 % wenigstens ein Gegner der Windkraftanlage befindet. 5

4. Aufgrund der vielfältigen Aktivitäten der Bürgerinitiative vermutet der Gemeinderat, dass inzwischen mindestens 55 % der Wahlberechtigten der Gemeinde gegen die Errichtung der Windkraftanlage sind. Um diese Vermutung zu testen, werden 200 zufällig ausgewählte Wahlberechtigte der Gemeinde befragt. Wie muss die Entscheidungsregel mit einem möglichst großen Ablehnungsbereich lauten, wenn die Vermutung des Gemeinderats mit einer Wahrscheinlichkeit von höchstens 5 % irrtümlich abgelehnt werden soll? 5

30

Tipps und Hinweise: Stochastik I

Aufgabe 1

- Ordnen Sie die Angaben (z. B. in einer Vierfeldertafel).
- Sie benötigen die Anzahl der Gegner der Windkraftanlage (also derer, die Einwände äußern) für den jeweiligen Ort.

Aufgabe 1 a

- Bei der Berechnung der Laplace-Wahrscheinlichkeit steht im Zähler die Anzahl der „günstigen", im Nenner die Anzahl aller Ergebnisse.
- Gesucht ist der Anteil der Nieder- (bzw. Ober-)berger Gegner unter allen Nieder- (bzw. Ober-)bergern.
- Sie können entsprechend auch die bedingte Wahrscheinlichkeit $P_N(E)$ bzw. $P_O(E)$ berechnen. (siehe Merkhilfe)

Aufgabe 1 b

- Beachten Sie in der Aufgabenstellung für p_1 das UND.
- Gesucht ist die Wahrscheinlichkeit einer Schnittmenge.
- Beachten Sie in der Aufgabenstellung für p_2 das WENN.
- Gesucht ist eine bedingte Wahrscheinlichkeit (siehe Merkhilfe).

Aufgabe 1 c

- Betrachten Sie die beiden Brüche, mit denen Sie p_1 bzw. p_2 berechnet haben.
- Welche Größe befindet sich bei beiden Brüchen im Zähler?
- Was können Sie über die Größe der beiden Nenner aussagen?
- Der Wert zweier Brüche mit gleichem Zähler ist umso kleiner, je größer der Nenner ist.

Aufgabe 2

- Bestimmen Sie die Wahrscheinlichkeit der einzelnen Ziffern auf dem Glücksrad.

Aufgabe 2 a

- Beachten Sie, dass Unkosten angegeben, Sie aber nach dem Gewinn gefragt sind.
- Geben Sie die Wahrscheinlichkeiten der möglichen Gewinne an.
- Berechnen Sie den Erwartungswert des Gewinns (siehe Merkhilfe).

Aufgabe 2 b

- Bei A sind die Plätze festgelegt, bei B und C nicht.
- Bei A und B gibt es 5 Preise der Kategorie 4 UND 5 Preise, die nicht Kategorie 4 sind.
- Auch bei C gibt es 5 Preise der Kategorie 4, die 5 weiteren Preise gehören nun zur Kategorie 1.

Aufgabe 3

- Arbeiten Sie mit dem Gegenereignis zu „wenigstens ein Gegner".
- Die Anzahl $n = 10$ der Befragten ist bekannt, gesucht ist die Wahrscheinlichkeit p der Gegner.
- Beachten Sie: $a^n = b \Rightarrow a = \sqrt[n]{b}$

Aufgabe 4

- Die Vermutung des Gemeinderats lautet $p_0 \geq 0{,}55$.
- Stimmt man bei möglichst vielen oder bei möglichst wenigen Gegnern für $p_0 \geq 0{,}55$?
- Die Wahrscheinlichkeit, gegen p_0 zu sein, obwohl $p_0 = 0{,}55$, soll höchstens 5 % betragen.
- Lesen Sie in der Tabelle das größtmögliche k ab.
- In welchem Bereich spricht man sich gegen p_0 aus? (Ablehnungsbereich)

Lösungen

1. Eine Vierfeldertafel verschafft Überblick über die Angaben:

	E	$\overline{E}$	
O	**231**	27	258
N	**660**	**1 062**	1 722
	891	1 089	**1 980**

Die zu berechnenden Werte sind fett gedruckt.

Dabei gilt:
- O steht für Oberberg
- N steht für Niederberg
- E steht für „Einwände"
- $\overline{E}$ steht für „keine Einwände"

a) $P_N(E) = \frac{P(N \cap E)}{P(N)} = \frac{|N \cap E|}{|N|} = \frac{660}{1722} \approx 0{,}383 = 38{,}3\,\%$

$P_O(E) = \frac{P(O \cap E)}{P(O)} = \frac{|O \cap E|}{|O|} = \frac{231}{258} \approx 0{,}895 = 89{,}5\,\%$

b) $p_1 = P(O \cap E) = \frac{|O \cap E|}{|\Omega|} = \frac{231}{1980} \approx 0{,}117 = 11{,}7\,\%$

$p_2 = P_E(O) = \frac{P(O \cap E)}{P(E)} = \frac{|O \cap E|}{|E|} = \frac{231}{891} \approx 0{,}259 = 25{,}9\,\%$

c) p_1 und p_2 sind Brüche mit demselben Zähler ($|O \cap E|$). Der Nenner von p_1 ist die Anzahl aller Befragten, der Nenner von p_2 nur die Anzahl aller Gegner. Somit gilt: Nenner von $p_1 \geq$ Nenner von p_2

Also: $\frac{a}{\text{Nenner von } p_1} \leq \frac{a}{\text{Nenner von } p_2}$

Somit ist $p_1 > p_2$ nicht möglich.

2.

Glücksradziffer	1	2	3	4
Wahrscheinlichkeit	0,1	0,2	0,3	0,4

a)

Gewinn G in €	–7,50	–2,50	2,50	2,50
P(G)	0,1	0,2	0,3	0,4

$E(G) = -7{,}50\,€ \cdot 0{,}1 - 2{,}50\,€ \cdot 0{,}2 + 2{,}50\,€ \cdot 0{,}3 + 2{,}50\,€ \cdot 0{,}4 = 0{,}5\,€$
$\quad$ = mittlerer Gewinn pro Spiel

b) $P(A) = 0{,}4^5 \cdot 0{,}6^5$

$$P(B) = \binom{10}{5} \cdot 0{,}4^5 \cdot 0{,}6^5$$

$$P(C) = \binom{10}{5} \cdot 0{,}4^5 \cdot 0{,}1^5$$

3. P(unter 10 wenigstens 1 Gegner) $\geq 99\ \%$

$$1 - \text{P(unter 10 kein Gegner)} \geq 0{,}99$$

$$1 - \binom{10}{0} \cdot p^0 \cdot (1-p)^{10} \geq 0{,}99$$

$$-(1-p)^{10} \geq -0{,}01$$

$$(1-p)^{10} \leq 0{,}01$$

$$1 - p \leq \sqrt[10]{0{,}01}$$

$$-p \leq \sqrt[10]{0{,}01} - 1$$

$$p \geq -\sqrt[10]{0{,}01} + 1 \approx 0{,}37 = 37\ \%$$

Der Anteil der Gegner muss unter den Badegästen mindestens $1 - \sqrt[10]{0{,}01}$ betragen.

4.

	gegen p_0 $0 \ldots k$	für p_0 $k+1 \ldots 200$	gegen Windkraftanlage
$p_0 \geq 0{,}55$	$\leq 5\ \%$		

$$P = \sum_{i=0}^{k} B(200; 0{,}55; i) \leq 0{,}05$$

$$P_{0,55}^{200}(X \leq k) \leq 0{,}05$$

Ablesen in der Tabelle liefert: $k = 97 \;\Rightarrow\;$ Ablehnungsbereich $\{0 \ldots 97\}$

Bei höchstens 97 Gegnern wird die Vermutung des Gemeinderats abgelehnt.

Abitur Mathematik (Bayern): Abiturprüfung 2011
Stochastik II

BE

1. Auf der Strecke München–Tokio bietet eine Fluggesellschaft ihren Passagieren verschiedene Menüs an, darunter ein vegetarisches. Aus Erfahrung weiß man, dass sich im Mittel 10 % der Passagiere für das vegetarische Menü entscheiden. Im Folgenden soll davon ausgegangen werden, dass die Passagiere ihre jeweilige Menüwahl unabhängig voneinander treffen.

   a) Auf einem Flug nach Tokio sind 200 Passagiere an Bord. Bestimmen Sie die Wahrscheinlichkeit dafür, dass sich mindestens 20 und höchstens 25 Passagiere für das vegetarische Menü entscheiden. 4

   Auf dem Rückflug nach München ist die Maschine mit 240 Passagieren besetzt.

   b) Berechnen Sie die Wahrscheinlichkeit dafür, dass sich auf dem Rückflug genau 20 Passagiere für das vegetarische Menü entscheiden. 3

   c) Tatsächlich entscheiden sich auf dem Rückflug sechs weibliche und vierzehn männliche Reisende für das vegetarische Menü. Ermitteln Sie, wie viele weibliche Reisende unter den Passagieren sind, wenn die Ereignisse „Ein zufällig ausgewählter Passagier ist weiblich." und „Ein zufällig ausgewählter Passagier entscheidet sich für das vegetarische Menü." unabhängig sind. 4

2. Die Fluggesellschaft beabsichtigt, ihren Passagieren neben dem Standardmenü gegen Zuzahlung ein Premiummenü anzubieten, möchte diesen Service jedoch nur dann einrichten, wenn er von mehr als 15 % der Passagiere gewünscht wird. Die Nullhypothese „Höchstens 15 % der Passagiere wünschen das Angebot eines Premiummenüs." soll auf der Basis einer Stichprobe von 200 Passagieren auf einem Signifikanzniveau von 5 % getestet werden.

   a) Bestimmen Sie die zugehörige Entscheidungsregel. 5

   b) Die Fluggesellschaft hätte für den Test – bei gleichem Signifikanzniveau – anstelle der Nullhypothese

      „Höchstens 15 % der Passagiere wünschen das Angebot eines Premiummenüs."

   auch die Nullhypothese

      „Mehr als 15 % der Passagiere wünschen das Angebot eines Premiummenüs."

   wählen können. Bei der Wahl der Nullhypothese stand für die Fluggesellschaft eine der beiden folgenden Überlegungen im Vordergrund:

- Der irrtümliche Verzicht auf das Angebot des Premiummenüs wäre mit einem Imageverlust verbunden.
- Das irrtümliche Angebot des Premiummenüs wäre mit einem finanziellen Verlust verbunden.

Entscheiden Sie, welche der beiden Überlegungen für die Fluggesellschaft bei der Wahl der Nullhypothese im Vordergrund stand. Erläutern Sie Ihre Entscheidung. 3

3. Bei einer Routineinspektion wird die Passagierkabine eines zufällig ausgewählten Flugzeugs des Typs X überprüft. Ein Mangel der Beleuchtung sowie ein Mangel der Klimaanlage liegen bei Flugzeugen dieses Typs jeweils mit einer bestimmten Wahrscheinlichkeit vor; diese Wahrscheinlichkeiten können der folgenden Vierfeldertafel entnommen werden.

	K	$\overline{K}$	
B	x	0,05	
$\overline{B}$			0,04
		0,06	1

B: Beleuchtung einwandfrei
$\overline{B}$: Beleuchtung mangelhaft
K: Klimaanlage einwandfrei
$\overline{K}$: Klimaanlage mangelhaft

a) Bestimmen Sie den Wert von x und beschreiben Sie das zugehörige Ereignis in Worten. 3

b) Mit welcher Wahrscheinlichkeit liegt bei dem zufällig ausgewählten Flugzeug des Typs X ein Mangel der Klimaanlage vor, wenn die Beleuchtung nicht einwandfrei funktioniert? 3

c) Bei Flugzeugen eines anderen Typs Y liegt ein Mangel der Klimaanlage mit einer Wahrscheinlichkeit von 4 % vor. Die Wahrscheinlichkeit dafür, dass mindestens einer der beiden Mängel vorliegt, beträgt 5 %. Wenn mindestens einer der beiden Mängel vorliegt, so funktioniert mit einer Wahrscheinlichkeit von 40 % die Beleuchtung nicht einwandfrei. Stellen Sie zu der für Flugzeuge des Typs Y beschriebenen Situation eine vollständig ausgefüllte Vierfeldertafel auf. 5

30

Tipps und Hinweise: Stochastik II

Aufgabe 1 a

- Es handelt sich um Ziehen mit Zurücklegen (Formel siehe Merkhilfe) mit $n = 200$, $p = 0{,}1$ und mindestens 20 sowie höchtens 25 Treffern.
- Beachten Sie, dass die kumulative Tabelle stets von 0 an summiert.
- Formen Sie um: $\{20 \dots 25\} = \{0 \dots 25\} - \{0 \dots 19\}$

Aufgabe 1 b

- Wiederum Bernoulli, jetzt jedoch mit $n = 240$ und exakt 20 Treffern.
- Der Wert ist nicht tabellarisiert! Schreiben Sie die Berechnung (siehe Merkhilfe) ausführlich hin und benutzen Sie Ihren Taschenrechner.

Aufgabe 1 c

- Die Merkhilfe liefert die Formel für die Unabhängigkeit von zwei Ereignissen.
- Bestimmen Sie die in der Formel vorkommenden Wahrscheinlichkeiten mit der Formel von Laplace.
- $\text{Laplace-Wahrscheinlichkeit} = \dfrac{\text{Anzahl der günstigen Ergebnisse}}{\text{Anzahl der möglichen Ergebnisse}}$

Aufgabe 2 a

- Die Nullhypothese ist gegeben.
- Stimmt man für $p_0 \leq 0{,}15$, wenn möglichst viele oder möglichst wenige das Angebot wollen?
- Die Wahrscheinlichkeit, gegen p_0 zu sein, obwohl $p_0 = 0{,}15$, soll höchstens 5 % betragen.
- Lesen Sie in der Tabelle das kleinstmögliche k ab.
- In welchem Bereich spricht man sich gegen p_0 aus? (Ablehnungsbereich)

Aufgabe 2 b

- Wann verzichtet die Fluggesellschaft irrtümlich auf das Angebot?
- Wann bietet die Fluggesellschaft das Premiummenü irrtümlich an?
- Welchen Fehler will die Fluggesellschaft möglichst klein (Signifikanzniveau) halten?
- Der „kleine" Fehler bestimmt die Überlegung.

Aufgabe 3 a

- Übertragen Sie die Vierfeldertafel und füllen Sie sie so aus, dass die Summen in jeder Zeile und jeder Spalte stimmig sind.
- Das zugehörige Ereignis ist $B \cap K$. Fassen Sie dies in Worte.
- $\cap$ lässt sich mit „sowohl … als auch" übersetzen.

Aufgabe 3 b

- Gesucht ist eine bedingte Wahrscheinlichkeit (siehe Merkhilfe).
- Lesen Sie die benötigten Werte in der Vierfeldertafel ab.

Aufgabe 3 c

- Dem Angabentext können drei Wahrscheinlichkeiten entnommen werden.
- Verwenden Sie bei „mindestens einer der beiden Mängel" das Gegenereignis.
- Die 40 % gehören zu einer bedingten Wahrscheinlichkeit (siehe Merkhilfe).
- Wie lässt sich die Schnittmenge „mindestens einer der beiden Mängel $\cap \overline{B}$" vereinfachen?
- Tragen Sie die drei gefundenen Wahrscheinlichkeiten in eine Vierfeldertafel ein und vervollständigen Sie sie.

Lösungen

1. a) $n=200,\ p=0{,}1,\ 20 \le X \le 25$

$$P = \sum_{i=20}^{25} B(200; 0{,}1; i) = \sum_{i=0}^{25} B(200; 0{,}1; i) - \sum_{i=0}^{19} B(200; 0{,}1; i)$$

$$= P_{0,1}^{200}(X \le 25) - P_{0,1}^{200}(X \le 19) = 0{,}89954 - 0{,}46554 = 0{,}434 = 43{,}4\ \%$$

b) $P = B(240; 0{,}1; 20) = \binom{240}{20} \cdot 0{,}1^{20} \cdot 0{,}9^{220} \approx 0{,}063 = 6{,}3\ \%$

c) Aufgrund der Unabhängigkeit gilt:

$P(♀ \cap V) = P(♀) \cdot P(V)$

$$\frac{6}{240} = \frac{x}{240} \cdot \frac{20}{240}$$

$$\frac{6}{20} = \frac{x}{240}$$

$$x = 72$$

Es befinden sich 72 weibliche Passagiere an Bord.

2. a) $p_0 \le 0{,}15,\ n = 200$

	für p_0 $0 \dots k$	gegen p_0 $k+1 \dots 200$	wollen das Angebot
$p_0 \le 0{,}15$		$\le 5\ \%$	

$$P = \sum_{i=k+1}^{200} B(200; 0{,}15; i) \le 0{,}05 \qquad \textit{oder:}\quad P_{0,15}^{200}(X \ge k+1) \le 0{,}05$$

$$1 - \sum_{i=0}^{k} B(200; 0{,}15; i) \le 0{,}05 \qquad 1 - P_{0,15}^{200}(X \le k) \le 0{,}05$$

$$\sum_{i=0}^{k} B(200; 0{,}15; i) \ge 0{,}95 \qquad P_{0,15}^{200}(X \le k) \ge 0{,}95$$

Ablesen in der Tabelle liefert: $k = 38 \Rightarrow$ Ablehnungsbereich $\{39 \dots 200\}$

Bei mindestens 39 Passagieren, die das Angebot wollen, wird die Nullhypothese $p_0 \le 0{,}15$ abgelehnt.

b) „Der irrtümliche Verzicht auf das Angebot“ bedeutet, dass mehr als 15 % der Passagiere das Angebot wünschen. Der Test jedoch liefert, dass höchstens 15 % es wollen.

„Das irrtümliche Angebot“ bedeutet, dass höchstens 15 % der Passagiere das Angebot wünschen. Der Test jedoch liefert, dass mehr als 15 % es wollen. Dieser Fehler sollte in Aufgabe 2 a möglichst klein ($\leq 0{,}05$) sein, also ist es für die Fluggesellschaft wichtig, möglichst keinen finanziellen Verlust zu erleiden.

Für die Fluggesellschaft stand bei der Wahl der Nullhypothese die zweite Überlegung im Vordergrund.

3. a)

	K	$\overline{K}$	
B	**0,91**	0,05	**0,96**
$\overline{B}$	**0,03**	**0,01**	0,04
	0,94	0,06	1

Die zu berechnenden Werte sind fett gedruckt.

$x = 0{,}91$

Weder Beleuchtung noch Klimaanlage sind mangelhaft.

oder:

Sowohl Beleuchtung als auch Klimaanlage sind einwandfrei.

b) $P_{\overline{B}}(\overline{K}) = \frac{P(\overline{B} \cap \overline{K})}{P(\overline{B})} = \frac{0{,}01}{0{,}04} = 0{,}25 = 25\ \%$

c) Der Angabentext liefert:

- $P(\overline{K}) = 0{,}04$
- $P(\text{mindestens einer der beiden Mängel}) = 0{,}05$

  $\Rightarrow\ 1 - P(\text{keiner der beiden Mängel}) = 0{,}05$

  $\Rightarrow\ P(\text{keiner der beiden Mängel}) = P(B \cap K) = 0{,}95$

- $P_{\text{mindestens einer der beiden Mängel}}(\overline{B}) = 0{,}4$

  $$\Rightarrow\ \frac{P(\text{mindestens einer der beiden Mängel} \cap \overline{B})}{0{,}05} = 0{,}4$$

  $\Rightarrow\ P(\text{mindestens einer der beiden Mängel} \cap \overline{B}) = 0{,}4 \cdot 0{,}05$

  $\Rightarrow\ P(\overline{B}) = 0{,}02$

  da „mindestens einer der beiden Mängel $\cap\ \overline{B}$“

  = „einer der Mängel, darunter $\overline{B}$“ oder „beide Mängel (darunter $\overline{B}$)“

  $= (K \cap \overline{B}) \cup (\overline{K} \cap \overline{B}) = \overline{B}$

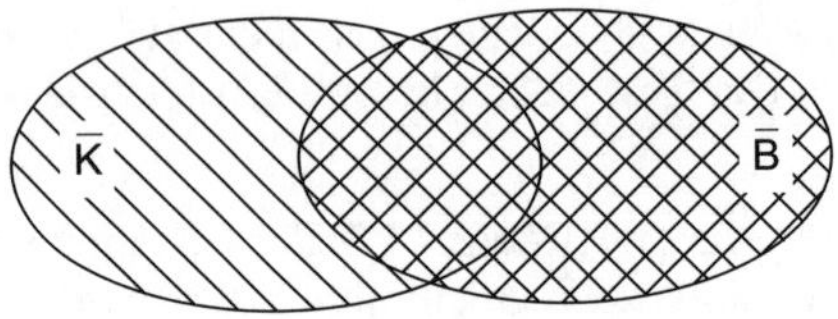

$\overline{K} \cup \overline{B}$ „mindestens einer der beiden Mängel"

$\overline{B}$ „Beleuchtung mangelhaft"

Zugehörige Vierfeldertafel:

	K	$\overline{K}$	
B	0,95	**0,03**	**0,98**
$\overline{B}$	**0,01**	**0,01**	0,02
	0,96	0,04	1

Die zu berechnenden Werte sind fett gedruckt.

Abitur Mathematik (Bayern): Abiturprüfung 2011
Geometrie I

BE

In einem kartesischen Koordinatensystem sind die Punkte $A(0|60|0)$, $B(-80|60|60)$ und $C(-80|0|60)$ gegeben.

a) Ermitteln Sie eine Gleichung der Ebene E, die durch die Punkte A, B und C bestimmt wird, in Normalenform. Welche besondere Lage im Koordinatensystem hat E? Berechnen Sie die Größe des Winkels φ, unter dem E die x_1-x_2-Ebene schneidet.
[mögliche Teilergebnisse: E: $3x_1 + 4x_3 = 0$; $\varphi \approx 36{,}9°$] 8

b) Weisen Sie nach, dass der Koordinatenursprung O mit den Punkten A, B und C ein Rechteck OABC festlegt. Bestätigen Sie, dass dieses Rechteck den Flächeninhalt 6 000 besitzt, und zeichnen Sie es in ein Koordinatensystem (vgl. Abbildung) ein. 6

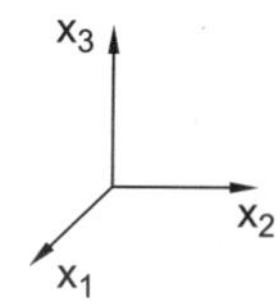

Das Rechteck OABC ist das Modell eines steilen Hanggrundstücks; die positive x_1-Achse beschreibt die südliche, die positive x_2-Achse die östliche Himmelsrichtung (im Koordinatensystem: 1 LE entspricht 1 m, d. h., die Länge des Grundstücks in West-Ost-Richtung beträgt 60 m).

c) Obwohl das Rechteck OABC den Flächeninhalt 6 000 besitzt, ist das Hanggrundstück auf einer Landkarte des Grundbuchamts mit einer Größe von 4 800 m^2 verzeichnet. Stellen Sie ausgehend von der Zeichnung aus Aufgabe b eine Vermutung an, welche sinnvolle Regelung das Grundbuchamt damit bei der Festlegung der Grundstücksgröße umsetzt.
Bestätigen Sie Ihre Vermutung durch Rechnung. 3

Ein Hubschrauber überfliegt das Grundstück entlang einer Linie, die im Modell durch die Gerade g: $\vec{X} = \begin{pmatrix} -20 \\ 40 \\ 40 \end{pmatrix} + \lambda \cdot \begin{pmatrix} 4 \\ 5 \\ -3 \end{pmatrix}$, $\lambda \in \mathbb{R}$, beschrieben wird.

d) Weisen Sie nach, dass der Hubschrauber mit einem konstanten Abstand von 20 m zum Hang fliegt. 3

e) Zeigen Sie, dass dieser Abstand mit der minimalen Entfernung des Hubschraubers vom Mittelpunkt des Grundstücks übereinstimmt, der im Modell durch den Punkt $M(-40|30|30)$ dargestellt wird. 5

Im Mittelpunkt des Grundstücks wird ein Mast errichtet, der durch vier an seiner Spitze befestigte Seile gehalten wird. Die Verankerungspunkte der Seile im Grundstücksboden sind jeweils 15 m vom Mastfußpunkt entfernt und liegen von diesem aus genau in östlicher, nördlicher, westlicher und südlicher Richtung.

f) Bestimmen Sie im Modell die Koordinaten des östlichen und nördlichen Verankerungspunkts V_O bzw. V_N. 5

30

Tipps und Hinweise: Geometrie I

Aufgabe a

- Sie benötigen einen Normalenvektor der Ebene.
- Der Normalenvektor steht auf den Richtungsvektoren der Ebene senkrecht.
- Der Normalenvektor lässt sich mithilfe des Vektorproduks zweier Richtungsvektoren bestimmen (siehe Merkhilfe).
- Setzen Sie den Normalenvektor und einen Ebenenpunkt (A, B oder C) in die Formel für die Normalenform der Ebene ein (siehe Merkhilfe).
- In der Ebenengleichung ist das konstante Glied gleich null. Was bedeutet dies für die Lage der Ebene?
- Beim Normalenvektor ist die zweite Koordinate gleich null. Was bedeutet dies für die Lage des Normalenvektors? Was folgt daraus für die Lage der Ebene?
- Der Schnittwinkel zweier Ebenen ist gleich dem Schnittwinkel der beiden Normalenvektoren.
- Wie lautet die Gleichung der x_1-x_2-Ebene? Wie lautet der Normalenvektor der x_1-x_2-Ebene?
- Die Formel für den Winkel zwischen zwei Vektoren finden Sie auf der Merkhilfe.
- Achten Sie darauf, dass ein Schnittwinkel nie größer als 90° sein kann (Absolutbetrag in der Formel zum Winkel setzen!).

Aufgabe b

- Im Rechteck OABC liegen [AB] und [OC] gegenüber und müssen parallel und gleich lang sein.
- Ein (und damit alle) Winkel muss 90° betragen.
- Die Flächenformel für das Rechteck lautet: $A = a \cdot b$
- Die Seitenlängen des Rechtecks berechnen Sie mithilfe der Formel für den Betrag eines Vektors (siehe Merkhilfe).

Aufgabe c

- Auf der Landkarte des Grundbuchamts lässt sich die Hanglage nicht erkennen.
- Die Landkarte entspricht einer Ansicht aus der Luft (von einem Flugzeug aus).
- Wo scheint der Punkt B bzw. C in der x_1-x_2-Ebene zu liegen?
- Bestimmen Sie die Koordinaten der Punkte B' und C', die senkrecht unter B bzw. C in der x_1-x_2-Ebene liegen.
- Berechnen Sie die Fläche des Rechtecks OAB'C'.

Aufgabe d

- Der Sachzusammenhang macht die Gerade g zum Hubschrauber und die Ebene E zum Hang.
- „Übersetzen" Sie die Aufgabenstellung, indem Sie Hubschrauber durch Gerade g und Hang durch Ebene E ersetzen.
- Welche Lage müssen g und E zueinander haben, wenn g einen konstanten Abstand zu E besitzt?
- Berechnen Sie den Abstand von g zu E.
- Da $g \parallel E$, genügt es, den Abstand eines Punktes von g zu E zu berechnen.
- Verwenden Sie die Formel auf der Merkhilfe.

Aufgabe e

- Berechnen Sie die Entfernung zwischen M und dem Hubschrauber.
- Die Lage des Hubschraubers ist abhängig von λ. Somit ist auch die Entfernung zu M abhängig von λ.
- Kenntnisse aus Analysis helfen, den kleinsten Wert zu finden.
- Der Wert einer Wurzel ist umso kleiner, je kleiner die Zahl unter der Wurzel ist.
- Die 1. Ableitung liefert den Extremwert.

oder:

- Die Entfernung eines Punktes von einem Geradenpunkt ist dann am kleinsten, wenn die Entfernung mit dem Abstand des Punktes von der Geraden übereinstimmt.
- Zu berechnen ist also der Abstand des Punktes M von der Geraden g.
- Beachten Sie, dass der Abstand sich nur durch das Lot von M auf g ergibt.
- Sie haben die Bedingungen $\overrightarrow{MF} \perp g$ und $F \in g$.

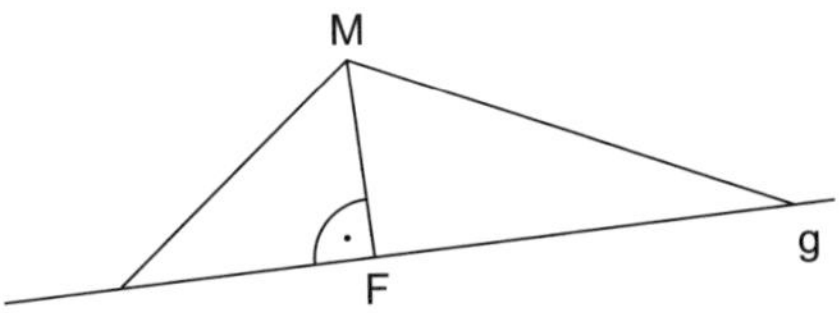

- Ein Vektor steht auf einer Geraden senkrecht, wenn er auf dem Richtungsvektor der Geraden senkrecht steht.
- Zwei Vektoren stehen aufeinander senkrecht, wenn ihr Skalarprodukt null ergibt (siehe Merkhilfe).
- Ein Punkt liegt auf einer Geraden, wenn seine Koordinaten die Geradengleichung erfüllen.

Aufgabe f

- Die östliche Richtung ist durch die positive x_2-Achse gegeben (siehe Angabe).
- Die Ebene E enthält die x_2-Achse (siehe Aufgabe a).
- Der Vektor $\overrightarrow{MV_O}$ verläuft parallel zur x_2-Achse und hat die Länge 15.
- Wie lautet ein Richtungsvektor der x_2-Achse?
- Der Richtungsvektor $\begin{pmatrix} 0 \\ 1 \\ 0 \end{pmatrix}$ der x_2-Achse hat die Länge 1.
- VORSICHT! Die Ebene E verläuft **nicht** parallel zur x_1-Achse (Nord-Süd-Richtung).
- Die Himmelsrichtungen stehen aufeinander senkrecht.
- Die Rechteckseiten [OA] und [CB] verlaufen in West-Ost-Richtung.
- Welche Rechteckseiten verlaufen in Nord-Süd-Richtung?
- Auf dem Grundstück gibt der Vektor $\overrightarrow{OC}$ (bzw. $\overrightarrow{AB}$) die Nord-Richtung an.
- Welche Länge hat $\overrightarrow{OC}$? Sie benötigen einen Vektor derselben Richtung, aber mit der Länge 15.

Lösungen

a) $\overrightarrow{AB} = \begin{pmatrix} -80 \\ 60 \\ 60 \end{pmatrix} - \begin{pmatrix} 0 \\ 60 \\ 0 \end{pmatrix} = \begin{pmatrix} -80 \\ 0 \\ 60 \end{pmatrix} \triangleq \begin{pmatrix} -4 \\ 0 \\ 3 \end{pmatrix}$

$\overrightarrow{AC} = \begin{pmatrix} -80 \\ 0 \\ 60 \end{pmatrix} - \begin{pmatrix} 0 \\ 60 \\ 0 \end{pmatrix} = \begin{pmatrix} -80 \\ -60 \\ 60 \end{pmatrix} \triangleq \begin{pmatrix} -4 \\ -3 \\ 3 \end{pmatrix}$

$\vec{n}_E = \begin{pmatrix} -4 \\ 0 \\ 3 \end{pmatrix} \times \begin{pmatrix} -4 \\ -3 \\ 3 \end{pmatrix} = \begin{pmatrix} 0+9 \\ -12+12 \\ 12-0 \end{pmatrix} = \begin{pmatrix} 9 \\ 0 \\ 12 \end{pmatrix} \triangleq \begin{pmatrix} 3 \\ 0 \\ 4 \end{pmatrix}$

$E\colon \begin{pmatrix} 3 \\ 0 \\ 4 \end{pmatrix} \circ \left[\vec{X} - \begin{pmatrix} 0 \\ 60 \\ 0 \end{pmatrix} \right] = 0$

$3x_1 + 4x_3 = 0$

E verläuft durch den Ursprung (da der konstante Summand gleich 0) und parallel zur x_2-Achse (da der Normalenvektor parallel zur x_1-x_3-Ebene ist).

$\Rightarrow$ E enthält die x_2-Achse.

x_1-x_2-Ebene: $x_3 = 0$ mit $\vec{n} = \begin{pmatrix} 0 \\ 0 \\ 1 \end{pmatrix}$

$\cos\varphi = \left| \dfrac{\begin{pmatrix} 3 \\ 0 \\ 4 \end{pmatrix} \circ \begin{pmatrix} 0 \\ 0 \\ 1 \end{pmatrix}}{\sqrt{3^2+4^2} \cdot \sqrt{1^2}} \right| = \dfrac{4}{5 \cdot 1} = 0{,}8 \quad \Rightarrow \quad \varphi \approx 36{,}9°$

b) $\overrightarrow{AB} = \begin{pmatrix} -80 \\ 0 \\ 60 \end{pmatrix} = \overrightarrow{OC}$

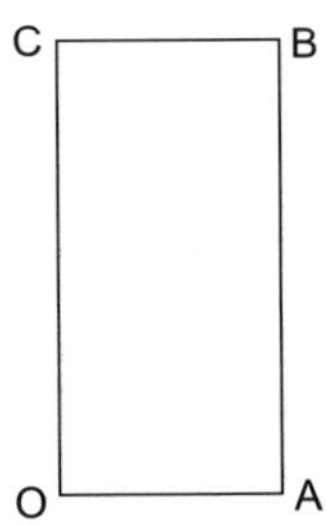

$\overrightarrow{OA} \circ \overrightarrow{OC} = \begin{pmatrix} 0 \\ 60 \\ 0 \end{pmatrix} \circ \begin{pmatrix} -80 \\ 0 \\ 60 \end{pmatrix} = 0 \quad \Rightarrow \quad [OA] \perp [OC]$

$\Rightarrow$ OABC ist ein Rechteck.

$\overline{OC} = \left| \begin{pmatrix} -80 \\ 0 \\ 60 \end{pmatrix} \right| = 100$

$\overline{OA} = \left| \begin{pmatrix} 0 \\ 60 \\ 0 \end{pmatrix} \right| = 60$

$\text{Fläche} = \overline{OC} \cdot \overline{OA} = 100 \cdot 60 = 6\,000$

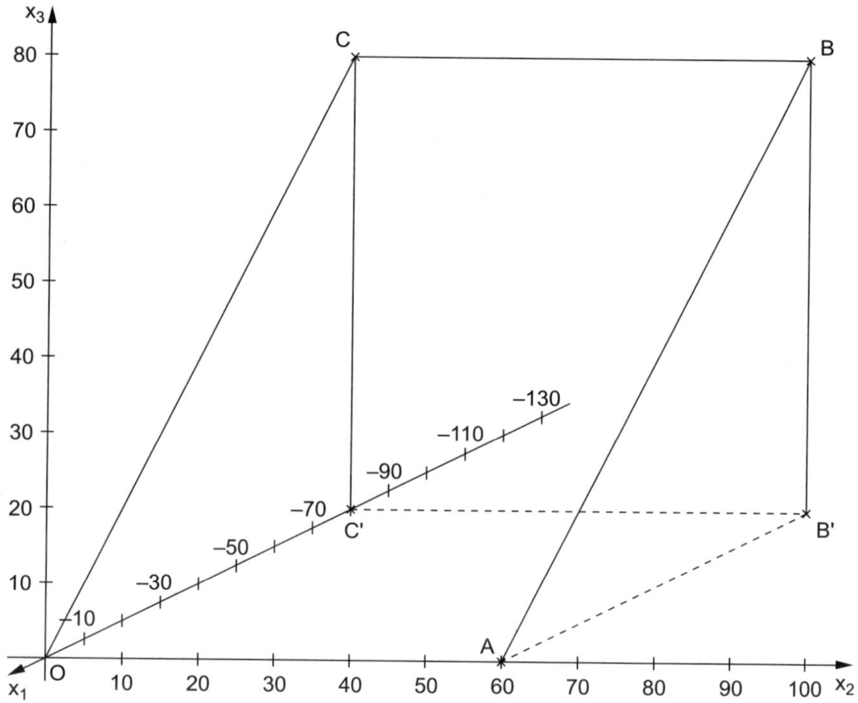

c) Das Grundbuchamt fertigt seine Pläne „von oben“ (aus der Vogelperspektive) an. Der Punkt B' hat dabei die Koordinaten $(-80\,|\,60\,|\,0)$, der Punkt C' die Koordinaten $(-80\,|\,0\,|\,0)$.

Mit $\overline{OA} = 60$ (siehe Aufgabe b) und $\overline{OC'} = \left|\begin{pmatrix}-80\\0\\0\end{pmatrix}\right| = 80$ ergibt sich:

$$\text{Fläche}_{OAB'C'} = \overline{OC'} \cdot \overline{OA} = 80 \cdot 60 = 4\,800$$

d) Lage der Geraden g (Hubschrauber) zur Ebene E (Hang):

Wegen $\vec{u}_g \circ \vec{n}_E = \begin{pmatrix}4\\5\\-3\end{pmatrix} \circ \begin{pmatrix}3\\0\\4\end{pmatrix} = 12 + 0 - 12 = 0$ gilt: $g \parallel E$

e(g; E) = e(Aufpunkt von g; E)

$$= \left|\frac{3 \cdot (-20) + 0 \cdot 40 + 4 \cdot 40 + 0}{\sqrt{3^2 + 4^2}}\right| = \left|\frac{100}{5}\right| = 20$$

e) $|\overline{\text{MHubschrauber}}| = \left| \begin{pmatrix} -20+4\lambda \\ 40+5\lambda \\ 40-3\lambda \end{pmatrix} - \begin{pmatrix} -40 \\ 30 \\ 30 \end{pmatrix} \right| = \left| \begin{pmatrix} 20+4\lambda \\ 10+5\lambda \\ 10-3\lambda \end{pmatrix} \right|$

$$= \sqrt{(20+4\lambda)^2+(10+5\lambda)^2+(10-3\lambda)^2}$$

$$= \sqrt{400+160\lambda+16\lambda^2+100+100\lambda+25\lambda^2+100-60\lambda+9\lambda^2}$$

$$= \sqrt{50\lambda^2+200\lambda+600} = \sqrt{50(\lambda^2+4\lambda+12)}$$

Der Wert dieser Wurzel ist minimal, wenn der Radikand R (= Term unter der Wurzel) minimal ist.

$R(\lambda) = 50(\lambda^2+4\lambda+12)$ (Gleichung einer nach oben offenen Parabel mit TIP)

$R'(\lambda) = 50(2\lambda+4)$

$R'(\lambda) = 0 \;\Rightarrow\; 2\lambda+4=0 \;\Rightarrow\; \lambda=-2$

Für $\lambda=-2$ gilt:

$|\overline{\text{MHubschrauber}}| = \sqrt{50((-2)^2+4(-2)+12)} = \sqrt{50\cdot 8} = \sqrt{400} = 20$

oder:

Die Entfernung ist dann am kleinsten, wenn der Hubschrauber sich senkrecht über M befindet. Gesucht ist also der Abstand des Punktes M von der Geraden g.

F sei der Fußpunkt des Lots durch M auf g. Dann gilt: $d(M; g) = |\overrightarrow{MF}|$

Es muss gelten:

- $\overrightarrow{MF} \perp g \quad\Rightarrow\quad \overrightarrow{MF} \circ \vec{u}_g = 0$
- $F \in g \quad\Rightarrow\quad \vec{F} = \begin{pmatrix} -20 \\ 40 \\ 40 \end{pmatrix} + \lambda \begin{pmatrix} 4 \\ 5 \\ -3 \end{pmatrix}$

Somit:

$$\begin{pmatrix} -20+4\lambda+40 \\ 40+5\lambda-30 \\ 40-3\lambda-30 \end{pmatrix} \circ \begin{pmatrix} 4 \\ 5 \\ -3 \end{pmatrix} \overset{!}{=} 0$$

$$\begin{pmatrix} 20+4\lambda \\ 10+5\lambda \\ 10-3\lambda \end{pmatrix} \circ \begin{pmatrix} 4 \\ 5 \\ -3 \end{pmatrix} \overset{!}{=} 0$$

$$80+16\lambda+50+25\lambda-30+9\lambda=0$$

$$100+50\lambda=0 \;\Rightarrow\; \lambda=-2 \;\Rightarrow\; F(-28\,|\,30\,|\,46)$$

$$|\overrightarrow{MF}| = \left| \begin{pmatrix} -28+40 \\ 30-30 \\ 46-30 \end{pmatrix} \right| = \left| \begin{pmatrix} 12 \\ 0 \\ 16 \end{pmatrix} \right| = \sqrt{12^2+16^2} = \sqrt{400} = 20$$

f)

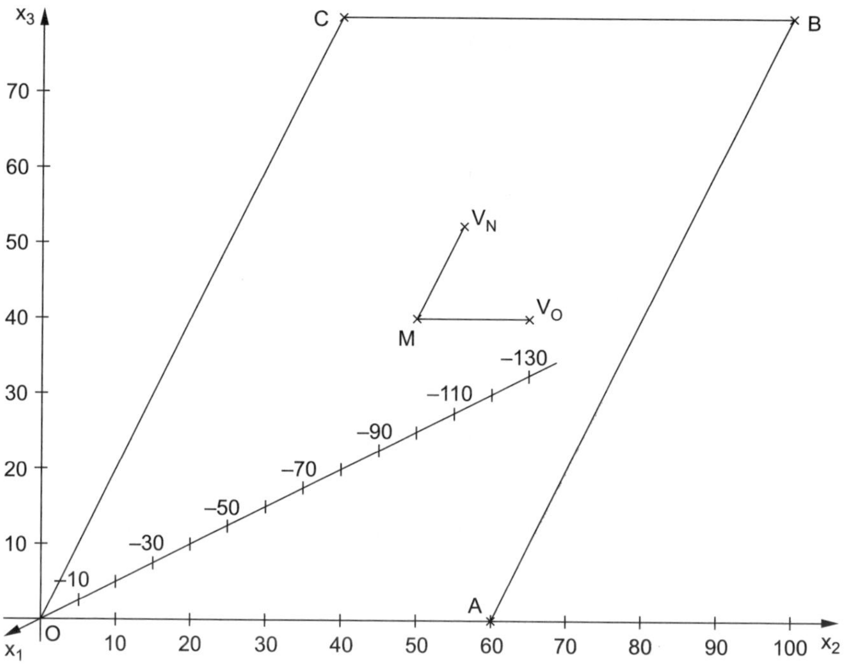

Die Angabe vor Aufgabe c besagt, dass die positive x_2-Achse die östliche Himmelsrichtung und die negative x_1-Achse die nördliche Himmelsrichtung beschreibt. Außerdem gilt: 1 LE $\hat{=}$ 1 m

Da das Grundstück parallel zur x_2-Achse liegt (s. Aufgabe a), ergibt sich V_O zu:

$$\vec{V}_O = \vec{M} + 15 \cdot \begin{pmatrix} 0 \\ 1 \\ 0 \end{pmatrix} = \begin{pmatrix} -40 \\ 30 \\ 30 \end{pmatrix} + \begin{pmatrix} 0 \\ 15 \\ 0 \end{pmatrix} = \begin{pmatrix} -40 \\ 45 \\ 30 \end{pmatrix} \Rightarrow V_O(-40\,|\,45\,|\,30)$$

Da das Grundstück nicht parallel zur x_1-Achse verläuft, führt der an M angesetzte Vektor $\begin{pmatrix} -1 \\ 0 \\ 0 \end{pmatrix}$ aus der Ebene hinaus. Die nördliche Himmelsrichtung **auf** dem Grundstück muss auf der östlichen Himmelsrichtung senkrecht stehen und verläuft daher parallel zu $\overrightarrow{OC}$. $\overrightarrow{OC} = \begin{pmatrix} -80 \\ 0 \\ 60 \end{pmatrix}$ hat die Länge 100, $\overrightarrow{MV_N}$ jedoch nur 15.

Also: $\overrightarrow{MV_N} = \frac{15}{100} \cdot \begin{pmatrix} -80 \\ 0 \\ 60 \end{pmatrix} = \begin{pmatrix} -12 \\ 0 \\ 9 \end{pmatrix}$

Somit:

$$\vec{V}_N = \vec{M} + \overrightarrow{MV_N} = \begin{pmatrix} -40 \\ 30 \\ 30 \end{pmatrix} + \begin{pmatrix} -12 \\ 0 \\ 9 \end{pmatrix} = \begin{pmatrix} -52 \\ 30 \\ 39 \end{pmatrix}$$

Abitur Mathematik (Bayern): Abiturprüfung 2011
Geometrie II

BE

In einem kartesischen Koordinatensystem sind die Punkte $A(1|7|3)$, $B(6|-7|1)$ und $C(-2|1|-3)$ gegeben.

a) Weisen Sie nach, dass die Punkte A, B und C ein rechtwinkliges Dreieck festlegen, dessen Hypotenuse die Strecke [AB] ist und dessen kürzere Kathete die Länge 9 hat. 4

b) Alle Punkte C* im Raum, die zusammen mit A und B ein zum Dreieck ABC kongruentes Dreieck festlegen, bilden zwei gleich große Kreise. Beschreiben Sie (z. B. durch eine Skizze) die Lage der beiden Kreise bezüglich der Strecke [AB] und ermitteln Sie den Radius der beiden Kreise. 6

Das Dreieck ABC aus Aufgabe a ist die Grundfläche einer dreiseitigen Pyramide ABCS mit der Spitze $S(11{,}5|4|-6)$.

c) Die Grundfläche der Pyramide liegt in einer Ebene E. Ermitteln Sie eine Gleichung von E in Normalenform.
[mögliches Ergebnis: E: $2x_1 + x_2 - 2x_3 - 3 = 0$] 3

d) Berechnen Sie die Größe des Neigungswinkels der Seitenkante [BS] gegen die Ebene E sowie das Volumen V der Pyramide.
[Teilergebnis: $V = 216$] 7

e) Welche Lagebeziehung muss eine Gerade zur Ebene E haben, wenn für jeden Punkt P dieser Geraden die Pyramide ABCP das gleiche Volumen wie die Pyramide ABCS besitzen soll? Begründen Sie Ihre Antwort. 3

f) Der Umkreis des Dreiecks ABC und der Punkt S legen einen Kegel fest. Zeigen Sie, dass es sich um einen geraden Kegel handelt, der Mittelpunkt des Grundkreises also zugleich der Höhenfußpunkt des Kegels ist. Berechnen Sie, um wie viel Prozent das Volumen des Kegels größer ist als das Volumen der Pyramide ABCS. 7

30

Tipps und Hinweise: Geometrie II

Aufgabe a

- Welches sind die Katheten, wenn [AB] die Hypotenuse ist?
- Wo muss der rechte Winkel liegen?
- Die Formel zur Berechnung der Länge (= Betrag) eines Vektors finden Sie auf der Merkhilfe.

Aufgabe b

- Wie viele kongruente Dreiecke existieren in der Zeichenebene?
- Spiegelt man ein Dreieck, so ist das gespiegelte Dreieck kongruent zum ursprünglichen Dreieck.
- Die Aufgabenstellung fragt nach allen Punkten C* **im Raum**.
- Benutzen Sie Ihr Geodreieck als (nicht kongruentes) Modell. Halten Sie die beiden Ecken mit den 45°-Winkeln fest. Wie lässt sich das Geodreieck bewegen?
- Übertragen Sie diese Bewegung auf das Dreieck ABC. A und B bleiben fest. Wie bewegt sich C?
- Wo liegen die beiden Kreismittelpunkte?
- Welche Lage haben die Kreisflächen in Bezug zu [AB]?
- Welcher Größe im rechtwinkligen Dreieck entspricht der Kreisradius?
- Der Radius lässt sich als Abstand des Punktes C von der Geraden durch A und B berechnen.
- Dieser Abstand entspricht der Entfernung des Punktes C vom Kreismittelpunkt.
- Der Kreismittelpunkt M lässt sich mithilfe der Bedingungen $\overrightarrow{CM} \perp \overrightarrow{AB}$ und $M \in [AB]$ berechnen.

  oder:
- Der Kreismittelpunkt M ergibt sich als Schnittpunkt der Geraden AB mit einer Hilfsebene, die durch C und senkrecht zu AB verläuft.

  oder:
- Sie berechnen die Höhe des rechtwinkligen Dreiecks mithilfe der Formeln für das rechtwinklige Dreieck auf der Merkhilfe.

  oder:
- Sie berechnen die Höhe über die beiden Flächenformeln für das rechtwinklige Dreieck.
- Die Fläche eines rechtwinkligen Dreiecks ergibt sich entweder aus den beiden Katheten oder aus Hypotenuse und Höhe.

Aufgabe c

- Sie benötigen einen Normalenvektor der Ebene.
- Der Normalenvektor steht auf den Richtungsvektoren der Ebene senkrecht.
- Der Normalenvektor lässt sich mithilfe des Vektorproduks zweier Richtungsvektoren bestimmen (siehe Merkhilfe).
- Setzen Sie den Normalenvektor und einen Ebenenpunkt (A, B oder C) in die Formel für die Normalenform der Ebene ein (siehe Merkhilfe).

Aufgabe d

- Berechnen Sie den Winkel zwischen der Seitenkante und dem Normalenvektor der Ebene.

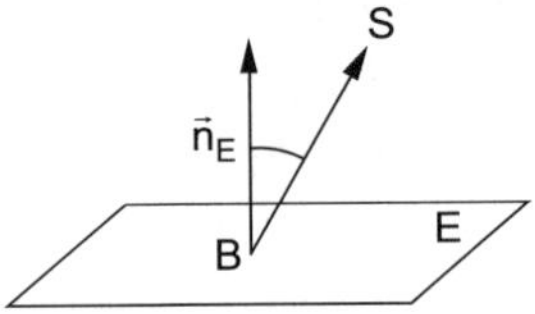

- Die Formel zur Berechnung des Winkels zwischen zwei Vektoren finden Sie auf der Merkhilfe.
- Der Neigungswinkel ergänzt den berechneten Winkel zu 90°.
- Die Merkhilfe bietet Ihnen eine Volumenformel in vektorieller Form.

oder:

- Das Volumen kann auch elementargeometrisch berechnet werden (siehe Merkhilfe).
- Die Pyramidenhöhe entspricht dem Abstand der Spitze S von der Grundebene E.
- Die Formel zur Berechnung des Abstands eines Punktes von einer Ebene findet sich auf der Merkhilfe.

Aufgabe e

- Was haben alle Pyramiden ABCP und ABCS gemeinsam?
- Wovon hängt bei gleicher Grundfläche das Volumen der Pyramiden ab?
- Welchen Abstand müssten alle Punkte P von E haben?
- Welche Eigenschaft bezüglich E muss eine Gerade haben, auf der diese Punkte P liegen?

Aufgabe f

- Das Dreieck ABC ist rechtwinklig (siehe Aufgabe a).
- Wie nennt man den Umkreis eines rechtwinkligen Dreiecks?
- Wo liegt der Mittelpunkt des Thaleskreises und wie groß ist sein Radius?
- M ist nur dann zugleich Höhenfußpunkt, wenn $\overrightarrow{MS}$ auf der Grundebene senkrecht steht.

- Die Formel für das Kegelvolumen finden Sie auf der Merkhilfe.
- Der Kegelradius ist der Radius des Thaleskreises, die Kegelhöhe die Entfernung der Spitze vom Thaleskreismittelpunkt.
- Um wie viel ist das Kegelvolumen größer als das Pyramidenvolumen (siehe Aufgabe d)?
- Bilden Sie den Quotienten aus Volumendifferenz und Pyramidenvolumen.

Lösungen

a) Wenn [AB] die Hypotenuse ist, so sind [AC] und [BC] die Katheten.

$$\overrightarrow{AC} = \begin{pmatrix} -2 \\ 1 \\ -3 \end{pmatrix} - \begin{pmatrix} 1 \\ 7 \\ 3 \end{pmatrix} = \begin{pmatrix} -3 \\ -6 \\ -6 \end{pmatrix} \Rightarrow \overline{AC} = \sqrt{(-3)^2 + (-6)^2 + (-6)^2} = 9$$

$$\overrightarrow{BC} = \begin{pmatrix} -2 \\ 1 \\ -3 \end{pmatrix} - \begin{pmatrix} 6 \\ -7 \\ 1 \end{pmatrix} = \begin{pmatrix} -8 \\ 8 \\ -4 \end{pmatrix} \Rightarrow \overline{BC} = \sqrt{(-8)^2 + 8^2 + (-4)^2} = 12$$

$$\overrightarrow{AC} \circ \overrightarrow{BC} = \begin{pmatrix} -3 \\ -6 \\ -6 \end{pmatrix} \circ \begin{pmatrix} -8 \\ 8 \\ -4 \end{pmatrix} = 24 - 48 + 24 = 0$$

Das Dreieck ABC hat bei C einen rechten Winkel und die kürzere Kathete [AC] hat die Länge 9.

b) In der Zeichenebene ergeben sich durch Spiegelungen vier kongruente Dreiecke (siehe linke Abbildung). Da jedoch nach allen Punkten C* **im Raum** gefragt ist, muss die Rotation dieser Dreiecke um die Hypotenuse beachtet werden. Die Mittelpunkte beider Kreise liegen auf [AB]. Beide Kreisflächen stehen auf [AB] senkrecht (siehe rechte Abbildung).

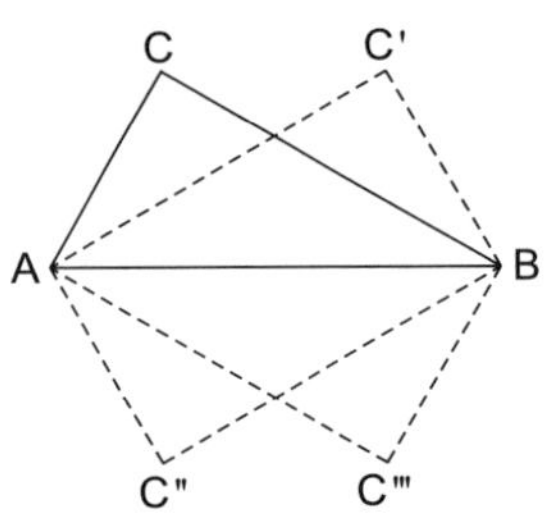

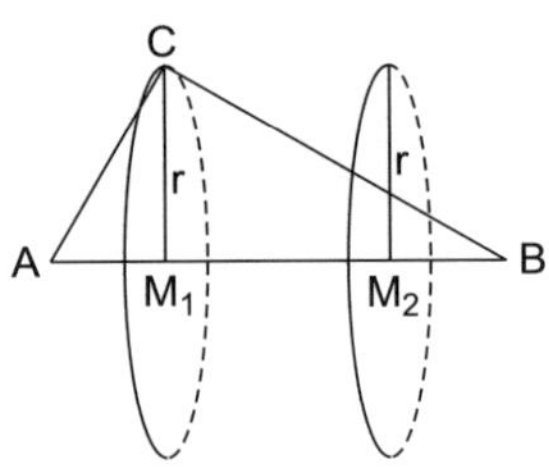

Es folgt:
$r = h_c = d(C; AB) = \overline{CM_1}$

Berechnung von M_1:

$$\overrightarrow{CM_1} \perp \overrightarrow{AB} \Rightarrow \begin{pmatrix} m_1 + 2 \\ m_2 - 1 \\ m_3 + 3 \end{pmatrix} \circ \begin{pmatrix} 6 - 1 \\ -7 - 7 \\ 1 - 3 \end{pmatrix} = 0$$

$$\Rightarrow (m_1 + 2) \cdot 5 + (m_2 - 1) \cdot (-14) + (m_3 + 3) \cdot (-2) = 0$$

$$5m_1 + 10 - 14m_2 + 14 - 2m_3 - 6 = 0$$

$$5m_1 - 14m_2 - 2m_3 + 18 = 0 \quad (*)$$

und

$$M_1 \in g_{AB} \quad \Rightarrow \quad \overrightarrow{M_1} = \begin{pmatrix}1\\7\\3\end{pmatrix} + \lambda\begin{pmatrix}5\\-14\\-2\end{pmatrix}, \quad \lambda \in \mathbb{R}$$

Koordinaten von M_1 eingesetzt in (*) liefert:

$$5(1+5\lambda) - 14(7-14\lambda) - 2(3-2\lambda) + 18 = 0$$
$$5 + 25\lambda - 98 + 196\lambda - 6 + 4\lambda + 18 = 0$$
$$225\lambda = 81$$
$$\lambda = \frac{81}{225}$$

Somit:

$$\overrightarrow{M_1} = \begin{pmatrix}1\\7\\3\end{pmatrix} + \frac{81}{225}\begin{pmatrix}5\\-14\\-2\end{pmatrix} = \begin{pmatrix}1\\7\\3\end{pmatrix} + \frac{1}{225}\begin{pmatrix}405\\-1134\\-162\end{pmatrix}$$

$$\overline{CM_1} = |\overrightarrow{CM_1}| = \left|\begin{pmatrix}1\\7\\3\end{pmatrix} + \frac{1}{225}\begin{pmatrix}405\\-1134\\-162\end{pmatrix} - \begin{pmatrix}-2\\1\\-3\end{pmatrix}\right|$$

$$= \left|\begin{pmatrix}3\\6\\6\end{pmatrix} + \frac{1}{225}\begin{pmatrix}405\\-1134\\-162\end{pmatrix}\right| = \left|\begin{pmatrix}\frac{1\,080}{225}\\\frac{216}{225}\\\frac{1188}{225}\end{pmatrix}\right|$$

$$= \frac{1}{225}\left|\begin{pmatrix}1\,080\\216\\1188\end{pmatrix}\right| = \frac{1}{225}\sqrt{(1\,080^2 + 216^2 + 1188^2)} = 7{,}2$$

oder:

Berechnung von M_1 mit der Hilfsebene H durch C und senkrecht zu AB ($\overrightarrow{AB}$ ist also der Normalenvektor).

$$H: \quad \begin{pmatrix}5\\-14\\-2\end{pmatrix} \circ \left[\vec{X} - \begin{pmatrix}-2\\1\\-3\end{pmatrix}\right] = 0$$

$$5x_1 - 14x_2 - 2x_3 - (-10 - 14 + 6) = 0$$
$$5x_1 - 14x_2 - 2x_3 + 18 = 0$$

$$g_{AB}: \quad \vec{X} = \begin{pmatrix}1\\7\\3\end{pmatrix} + \lambda\begin{pmatrix}5\\-14\\-2\end{pmatrix}, \quad \lambda \in \mathbb{R}$$

$$g_{AB} \cap H: \quad 5(1+5\lambda) - 14(7-14\lambda) - 2(3-2\lambda) + 18 = 0$$
$$5 + 25\lambda - 98 + 196\lambda - 6 + 4\lambda + 18 = 0$$
$$225\lambda = 81 \quad \Rightarrow \quad \lambda = \frac{81}{225}$$

Somit:

$$\overrightarrow{M_1} = \begin{pmatrix}1\\7\\3\end{pmatrix} + \frac{81}{225}\begin{pmatrix}5\\-14\\-2\end{pmatrix} = \begin{pmatrix}1\\7\\3\end{pmatrix} + \frac{1}{225}\begin{pmatrix}405\\-1134\\-162\end{pmatrix}$$

$$\overline{CM_1} = |\overrightarrow{CM_1}| = \left|\begin{pmatrix}1\\7\\3\end{pmatrix} + \frac{1}{225}\begin{pmatrix}405\\-1134\\-162\end{pmatrix} - \begin{pmatrix}-2\\1\\-3\end{pmatrix}\right|$$

$$= \left|\begin{pmatrix}3\\6\\6\end{pmatrix} + \frac{1}{225}\begin{pmatrix}405\\-1134\\-162\end{pmatrix}\right| = \left|\begin{pmatrix}\frac{1080}{225}\\\frac{216}{225}\\\frac{1188}{225}\end{pmatrix}\right|$$

$$= \frac{1}{225}\left|\begin{pmatrix}1080\\216\\1188\end{pmatrix}\right| = \frac{1}{225}\sqrt{(1080^2 + 216^2 + 1188^2)} = 7{,}2$$

oder:

Elementargeometrisch mit den Formeln fürs rechtwinklige Dreieck auf der Merkhilfe:

$$a^2 = c \cdot p \;\Rightarrow\; p = \frac{a^2}{c} \quad \text{und} \quad b^2 = c \cdot q \;\Rightarrow\; q = \frac{b^2}{c}$$

Eingesetzt in $h^2 = p \cdot q$ liefert:

$$h^2 = \frac{a^2}{c} \cdot \frac{b^2}{c}$$

$$h^2 = \frac{12^2}{15} \cdot \frac{9^2}{15} = 51{,}84$$

$$h = 7{,}2$$

mit $a = \overline{BC} = 12$ (siehe Aufgabe a)

$b = \overline{AC} = 9$ (siehe Aufgabe a)

$$c = \overline{AB} = \left|\begin{pmatrix}5\\-14\\-2\end{pmatrix}\right| = \sqrt{5^2 + (-14)^2 + (-2)^2} = 15$$

oder:

Elementargeometrisch mit der Flächenformel:

$$A = \frac{1}{2} \cdot \text{Kathete} \cdot \text{Kathete} = \frac{1}{2} \cdot 9 \cdot 12 = 54$$

bzw.

$$A = \frac{1}{2} \cdot \text{Hypotenuse} \cdot \text{Höhe} = \frac{1}{2} \cdot \overline{AB} \cdot h_c = \frac{1}{2} \cdot \left|\begin{pmatrix}5\\-14\\-2\end{pmatrix}\right| \cdot h_c$$

$$= \frac{1}{2}\sqrt{5^2 + (-14)^2 + (-2)^2} \cdot h_c$$

$$= \frac{1}{2} \cdot 15 \cdot h_c$$

$$\Rightarrow \; 54 = \frac{1}{2} \cdot 15 \cdot h_c \;\Rightarrow\; h_c = 7{,}2$$

c) $\vec{n}_E = \overrightarrow{AC} \times \overrightarrow{BC} = \begin{pmatrix} -3 \\ -6 \\ -6 \end{pmatrix} \times \begin{pmatrix} -8 \\ 8 \\ -4 \end{pmatrix} = \begin{pmatrix} 24+48 \\ 48-12 \\ -24-48 \end{pmatrix} = \begin{pmatrix} 72 \\ 36 \\ -72 \end{pmatrix} \triangleq \begin{pmatrix} 2 \\ 1 \\ -2 \end{pmatrix}$

E: $\begin{pmatrix} 2 \\ 1 \\ -2 \end{pmatrix} \circ \left[\vec{X} - \begin{pmatrix} 1 \\ 7 \\ 3 \end{pmatrix} \right] = 0$

$$2x_1 + x_2 - 2x_3 - (2+7-6) = 0$$
$$2x_1 + x_2 - 2x_3 - 3 = 0$$

d) $\overrightarrow{BS} = \begin{pmatrix} 11{,}5 \\ 4 \\ -6 \end{pmatrix} - \begin{pmatrix} 6 \\ -7 \\ 1 \end{pmatrix} = \begin{pmatrix} 5{,}5 \\ 11 \\ -7 \end{pmatrix}$

$$\cos \sphericalangle(\vec{n}_E; \overrightarrow{BS}) = \frac{\begin{pmatrix} 2 \\ 1 \\ -2 \end{pmatrix} \circ \begin{pmatrix} 5{,}5 \\ 11 \\ -7 \end{pmatrix}}{\sqrt{2^2+1^2+(-2)^2} \cdot \sqrt{5{,}5^2+11^2+(-7)^2}} = \frac{11+11+14}{3 \cdot \sqrt{200{,}25}}$$

$\sphericalangle(\vec{n}_E; \overrightarrow{BS}) \approx 32°$

$\Rightarrow$ Neigungswinkel $\approx 90° - 32° = 58°$

$$V_{ABCS} = \frac{1}{6} \left| \overrightarrow{AB} \circ (\overrightarrow{AC} \times \overrightarrow{AS}) \right| = \frac{1}{6} \left| \begin{pmatrix} 5 \\ -14 \\ -2 \end{pmatrix} \circ \left[\begin{pmatrix} -3 \\ -6 \\ -6 \end{pmatrix} \times \begin{pmatrix} 10{,}5 \\ -3 \\ -9 \end{pmatrix} \right] \right|$$

$$= \frac{1}{6} \left| \begin{pmatrix} 5 \\ -14 \\ -2 \end{pmatrix} \circ \begin{pmatrix} 54-18 \\ -63-27 \\ 9+63 \end{pmatrix} \right| = \frac{1}{6} \left| \begin{pmatrix} 5 \\ -14 \\ -2 \end{pmatrix} \circ \begin{pmatrix} 36 \\ -90 \\ 72 \end{pmatrix} \right|$$

$$= \frac{1}{6} \left| 180 + 1\,260 - 144 \right|$$

$$= 216$$

oder:

$$V_{ABCS} = \frac{1}{3} \cdot G \cdot h = \frac{1}{3} \cdot \left(\frac{1}{2} \cdot \overline{AC} \cdot \overline{BC} \right) \cdot e(S; E)$$

$$= \frac{1}{3} \cdot \left(\frac{1}{2} \cdot 9 \cdot 12 \right) \cdot \frac{|2 \cdot 11{,}5 + 4 - 2 \cdot (-6) - 3|}{\sqrt{2^2 + 1^2 + (-2)^2}}$$

$$= \frac{1}{3} \cdot 54 \cdot \frac{36}{3}$$

$$= 216$$

e) Da alle Pyramiden ABCP und die Pyramide ABCS dieselbe Grundfläche (Dreieck ABC) besitzen, ist das Volumen abhängig von der Höhe der Pyramide.

Für alle Punkte P muss daher gelten: $e(P; E) = e(S; E)$

Also muss die Gerade aller Punkte P parallel zu E im Abstand $e(S; E)$ verlaufen.

f) Der Umkreis des Dreiecks ABC ist der Thaleskreis über der Hypotenuse [AB] (siehe Aufgabe a) und hat somit den Radius

$$r = \frac{1}{2} \cdot \overline{AB} = \frac{1}{2} \cdot 15 = 7{,}5$$

und den Mittelpunkt M_{AB}:

$$\vec{M}_{AB} = \frac{1}{2}\left[\begin{pmatrix} 1 \\ 7 \\ 3 \end{pmatrix} + \begin{pmatrix} 6 \\ -7 \\ 1 \end{pmatrix}\right] = \begin{pmatrix} 3{,}5 \\ 0 \\ 2 \end{pmatrix} \Rightarrow M_{AB}(3{,}5\,|\,0\,|\,2)$$

$$\overrightarrow{M_{AB}S} = \begin{pmatrix} 11{,}5 \\ 4 \\ -6 \end{pmatrix} - \begin{pmatrix} 3{,}5 \\ 0 \\ 2 \end{pmatrix} = \begin{pmatrix} 8 \\ 4 \\ -8 \end{pmatrix} = 4 \cdot \begin{pmatrix} 2 \\ 1 \\ -2 \end{pmatrix} = 4 \cdot \vec{n}_E$$

$$\Rightarrow \overrightarrow{M_{AB}S} \parallel \vec{n}_E$$

$\Rightarrow$ M_{AB} ist zugleich Höhenfußpunkt.

$$V_{Kegel} = \frac{1}{3} \cdot r^2 \cdot \pi \cdot h = \frac{1}{3} \cdot 7{,}5^2 \cdot \pi \cdot \overline{M_{AB}S}$$

$$= \frac{1}{3} \cdot 7{,}5^2 \cdot \pi \cdot \sqrt{8^2 + 4^2 + (-8)^2}$$

$$= 225 \cdot \pi \approx 706{,}858$$

$$\frac{V_{Kegel} - V_{Pyramide}}{V_{Pyramide}} = \frac{706{,}858 - 216}{216} \approx 2{,}272 = 227{,}2\,\%$$

Abitur Mathematik (Bayern): Abiturprüfung 2012
Analysis I

Teil 1

BE

1. Geben Sie zu den Funktionstermen jeweils den maximalen Definitionsbereich sowie einen Term der Ableitungsfunktion an.

   a) $f(x) = \ln(x+3)$ 2

   b) $g(x) = \dfrac{3}{x^2 - 1}$ 3

2. Geben Sie jeweils den Term einer in $\mathbb{R}$ definierten Funktion an, die die angegebene Eigenschaft besitzt.

   a) Der Graph der Funktion f hat den Hochpunkt $(0|5)$. 2

   b) Die Funktion g ist an der Stelle $x = 5$ nicht differenzierbar. 2

3. Gegeben ist die in $\mathbb{R}$ definierte Funktion

   $f\colon x \mapsto \sin(2x)$.

   a) Geben Sie zwei benachbarte Nullstellen von f an. 2

   b) Berechnen Sie den Wert des bestimmten Integrals $\int_0^2 f(x)\,dx$.

   Warum stimmt der Wert dieses Integrals nicht mit dem Inhalt der Fläche überein, die für $0 \le x \le 2$ zwischen dem Graphen von f und der x-Achse liegt? 5

4. Abbildung 1 zeigt den Graphen G_f einer in $]-\infty; 5]$ definierten Funktion f.
Skizzieren Sie in der Abbildung den Graphen der zugehörigen Ableitungsfunktion f'. Berücksichtigen Sie dabei insbesondere einen Näherungswert für f'(0), die Nullstelle von f' und das Verhalten von f' für $x \to 5$.

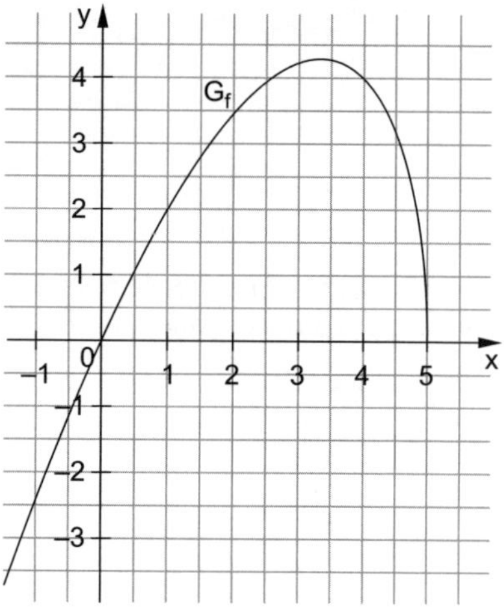

Abb. 1

$\frac{4}{20}$

Teil 2

BE

Gegeben ist die Funktion

$$f\colon x \mapsto \frac{2e^x}{e^x + 9}$$

mit Definitionsbereich $\mathbb{R}$. Abbildung 2 zeigt den Graphen G_f von f.

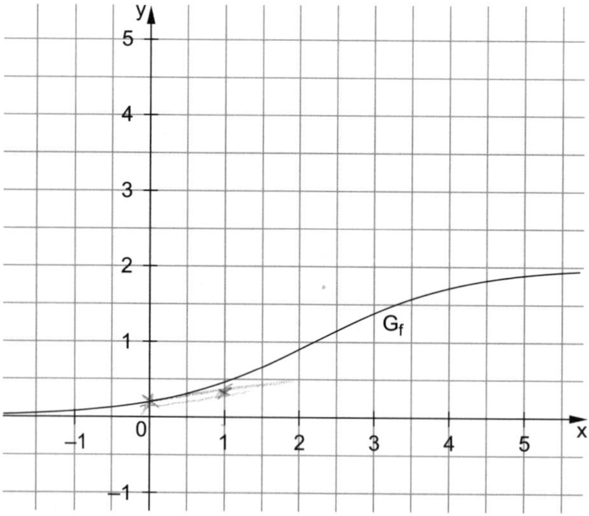

Abb. 2

1. a) Zeigen Sie rechnerisch, dass G_f genau einen Achsenschnittpunkt S besitzt, und geben Sie die Koordinaten von S an. 2

b) Begründen Sie mithilfe des Funktionsterms von f, dass $\lim\limits_{x \to -\infty} f(x) = 0$ und $\lim\limits_{x \to +\infty} f(x) = 2$ gilt. 2

c) Weisen Sie rechnerisch nach, dass G_f in $\mathbb{R}$ streng monoton steigt.
$\left[\text{zur Kontrolle: } f'(x) = \frac{18e^x}{(e^x+9)^2}\right]$ 3

d) Bestimmen Sie die Gleichung der Tangente an G_f im Achsenschnittpunkt S. [Ergebnis: $y = 0{,}18x + 0{,}2$] 2

e) Berechnen Sie den Inhalt der Fläche, die G_f mit den Koordinatenachsen und der Geraden $x = 4$ einschließt. 4

f) Begründen Sie, dass f in $\mathbb{R}$ umkehrbar ist. Geben Sie den Definitionsbereich und den Wertebereich der Umkehrfunktion f^{-1} an und zeichnen Sie den Graphen von f^{-1} in Abbildung 2 ein. 6

2. Das Wachstum von Sonnenblumen der Sorte Alba lässt sich modellhaft mithilfe der Funktion f beschreiben. Beginnt man die Beobachtung zwei Wochen nach der Auskeimung einer Sonnenblume dieser Sorte, so liefert f(x) für $x \in [0; 4]$ im Modell die Höhe der Blume in Metern. Dabei ist x die seit Beobachtungsbeginn vergangene Zeit in Monaten. In den Aufgaben 2 a bis 2 d werden ausschließlich Sonnenblumen der Sorte Alba betrachtet.

a) Berechnen Sie auf der Grundlage des Modells, um wie viele Zentimeter eine Sonnenblume innerhalb der ersten zwei Monate nach Beobachtungsbeginn wächst. 2

b) Berechnen Sie auf der Grundlage des Modells, wie viele Monate nach Beobachtungsbeginn eine Sonnenblume eine Höhe von 1,5 Metern erreicht. Beschreiben Sie, wie man den berechneten Wert grafisch überprüfen kann. 5

c) Im Modell gibt es einen Zeitpunkt x_M, zu dem die Blumen am schnellsten wachsen. Bestimmen Sie mithilfe von Abbildung 2 einen Näherungswert für x_M. Ermitteln Sie anschließend einen Näherungswert für die maximale Wachstumsrate in Zentimetern pro Tag. 5

d) Ein Biologe nimmt an, dass sich das Wachstum der Blumen vor Beobachtungsbeginn näherungsweise durch die Gleichung der Tangente aus Aufgabe 1 d beschreiben lässt. Untersuchen Sie mithilfe einer Rechnung, ob diese Annahme damit in Einklang steht, dass vom Zeitpunkt des Auskeimens bis zum Beobachtungsbeginn etwa zwei Wochen vergehen. 4

Haben zu Beobachtungsbeginn Sonnenblumen der Sorte Tramonto die gleiche Höhe wie Sonnenblumen der Sorte Alba, so erreichen von da an die Sonnenblumen der Sorte Tramonto im Vergleich zu denen der Sorte Alba jede Höhe in der Hälfte der Zeit.
Das Wachstum von Sonnenblumen der Sorte Tramonto lässt sich modellhaft mithilfe einer in $\mathbb{R}$ definierten Funktion g beschreiben, die eine Funktionsgleichung der Form I, II oder III mit $k \in \mathbb{R}^+$ besitzt:

I $y = \frac{2e^{x+k}}{e^{x+k}+9}$ **II** $y = k \cdot \frac{2e^x}{e^x+9}$ **III** $y = \frac{2e^{kx}}{e^{kx}+9}$

Dabei ist x die seit Beobachtungsbeginn vergangene Zeit in Monaten und y ein Näherungswert für die Höhe einer Blume in Metern.

e) Begründen Sie, dass weder eine Gleichung der Form I noch eine der Form II als Funktionsgleichung von g infrage kommt. 4

f) Die Funktionsgleichung von g hat also die Form III. Geben Sie den passenden Wert von k an. 1

40

Tipps und Hinweise: Analysis I

Teil 1

Aufgabe 1 a

- Das Argument der ln-Funktion muss positiv sein.
- Die Ableitung der Funktion $y = \ln x$ finden Sie in der Merkhilfe.
- Denken Sie an die Kettenregel (nachdifferenzieren).

Aufgabe 1 b

- Um welche Art von Funktion handelt es sich?
- Was darf bei einem Bruch nie passieren?
- Division durch null ist nicht definiert.
- Für welche x-Werte hat der Nenner den Wert null?
- Beim Ableiten die Quotientenregel beachten (siehe Merkhilfe).
- Zähler vereinfachen.

Aufgabe 2 a

- Bei welcher Art von Funktion haben Sie erstmals einen höchsten bzw. tiefsten Punkt kennengelernt?
- Bei quadratischen Funktionen nennt man den höchsten bzw. tiefsten Punkt auch Scheitel.
- Welche Eigenschaft muss eine Parabel (Graph einer quadratischen Funktion) besitzen, um einen Hochpunkt zu haben?
- Eine an der x-Achse gespiegelte Normalparabel hat die Gleichung $f(x) = -x^2$ und den Hochpunkt $(0\,|\,0)$.
- Was muss man mit der an der x-Achse gespiegelten Normalparabel machen, damit der Hochpunkt in $(0\,|\,5)$ liegt?
- Der Graph der Funktion $g(x) = f(x) + c$ entspricht dem um c in positive y-Richtung verschobenen Graphen von f(x).

Aufgabe 2 b

- Wie lässt sich eine nicht differenzierbare Stelle am Funktionsgraphen erkennen?
- Bei welcher Art von Funktion tritt im Graphen ein „Knick“ auf?
- Wie sieht der Graph der Funktion $f(x) = |x|$ aus?
- Für welchen x-Wert ist $f(x) = |x|$ nicht differenzierbar?

- Was muss man mit dem Graphen der Funktion $f(x) = |x|$ machen, damit der „Knick" bei $x = 5$ auftritt?
- Der Graph der Funktion $g(x) = f(x + a)$ entspricht dem um $-a$ in x-Richtung verschobenen Graphen von $f(x)$.

Aufgabe 3 a

- Welche Veränderung erfährt der Graph der Funktion $g(x) = \sin x$ beim Übergang zur Funktion $f(x) = \sin(2x)$?
- Die Funktion $g(x) = \sin x$ besitzt die Periode 2π. Welche Periode besitzt die Funktion $f(x) = \sin(2x)$?
- Für welchen Wert von x gilt $f(x) = \sin(2\pi)$?
- Die Periode von $f(x) = \sin(2x)$ beträgt π, d. h., eine Periode des Graphen von $f(x)$ ist im Vergleich zu einer Periode des Graphen von $g(x) = \sin x$ in x-Richtung auf die Hälfte zusammengedrückt.
- Die Funktion $g(x) = \sin x$ besitzt in $[0; 2\pi]$ die Nullstellen $x = 0$, $x = \pi$ und $x = 2\pi$.
- Für welche x-Werte gilt $f(x) = \sin(2x) = \sin 0$ bzw. $f(x) = \sin \pi$ bzw. $f(x) = \sin(2\pi)$?

Aufgabe 3 b

- Sie finden die Stammfunktion zu $g(x) = \sin x$ in der Merkhilfe.
- Beachten Sie, dass $f(x) = \sin(2x)$ bei der Integration einer Funktion vom Typ $f(ax + b)$ mit $a = 2$ und $b = 0$ entspricht. Die entsprechende Formel entnehmen Sie der Merkhilfe.
- Zur Berechnung bestimmter Integrale finden Sie eine Formel in der Merkhilfe.
- Das bestimmte Integral gibt eine Flächenbilanz an.
- Oberhalb der x-Achse gelegene Flächen gehen positiv, unterhalb der x-Achse gelegene Flächen gehen negativ in die Flächenbilanz ein.
- Liegen im Integrationsintervall $[0; 2]$ Nullstellen von $f(x)$?
- Wie verläuft der Graph von $f(x)$ im Intervall $[0; 2]$?

Aufgabe 4

- Die Ableitung $f'(x)$ gibt die Steigung der Funktion $f(x)$ an.
- Die Steigung der Funktion für $x = 0$ entspricht der Steigung der Tangente an die Funktion für $x = 0$.
- Zeichnen Sie sich die Kurventangente im Punkt $(0|0)$ ein.
- Durch welche Punkte verläuft diese Tangente?

- Welche Steigung hat diese Tangente?
- Die Nullstelle von f' ist dort, wo $f'(x)=0$ gilt, also dort, wo für den Graphen von f(x) eine waagrechte Tangente vorliegt.
- Jede Funktion besitzt in ihren Extrempunkten waagrechte Tangenten.
- Für $x \to 5$ fällt der Graph G_f immer steiler ab.
- Dem Fallen eines Graphen entspricht eine negative Steigung.

Teil 2

Aufgabe 1 a

- Es sind Schnittpunkte mit der x-Achse und mit der y-Achse möglich.
- Für alle Punkte auf der x-Achse gilt $y=0$ (Nullstellen).
- Für alle Punkte auf der y-Achse gilt $x=0$.

Aufgabe 1 b

- Beachten Sie: $\lim\limits_{x \to -\infty} e^x = 0$ und $\lim\limits_{x \to +\infty} e^x = +\infty$
- Der Bruch $\frac{\infty}{\infty}$ lässt sich nicht bestimmen.
- Klammern Sie e^x im Zähler und im Nenner aus und kürzen Sie.
- Beachten Sie: $\lim\limits_{x \to \infty} \frac{a}{e^x} = „\frac{a}{\infty}“ = 0$ bzw. $\lim\limits_{x \to \infty} \frac{a}{e^x} = \lim\limits_{x \to \infty} a \cdot e^{-x} = 0$

Aufgabe 1 c

- Die Monotonie wird mit der 1. Ableitung bestimmt (siehe Merkhilfe).
- Verwenden Sie die Quotientenregel (siehe Merkhilfe).
- Beachten Sie: $(e^x)' = e^x$ (siehe Merkhilfe)

Aufgabe 1 d

- Jede Tangente hat als Gerade die allgemeine Gleichung $y = mx + t$.
- Die Steigung der Tangente ergibt sich mithilfe der 1. Ableitung (siehe Merkhilfe).
- Der Achsenabschnitt t der Tangente ergibt sich aus den Koordinaten von S.

Aufgabe 1 e

- Der Graph der Funktion verläuft im Intervall [0; 4] oberhalb der x-Achse (siehe Abbildung 2).
- Die gesuchte Fläche ergibt sich durch das bestimmte Integral.

- Um eine Stammfunktion von f(x) zu finden, beachte man den Zusammenhang von Zähler und Nenner von f(x).
- Was ergibt die Ableitung des Nenners?
- Ziehen Sie beim bestimmten Integral den Faktor 2 aus dem Zähler vor das Integralzeichen.
- Ist bei einem Bruch der Zähler die Ableitung des Nenners, so ergibt sich die Stammfunktion gemäß der Formel in der Merkhilfe.
- Der Wert des bestimmten Integrals ergibt sich durch Einsetzen der oberen und unteren Integrationsgrenze (siehe Merkhilfe).

Aufgabe 1 f

- Welche Eigenschaft muss eine Funktion besitzen, um umkehrbar zu sein?
- In Teilaufgabe 1 c wurde die Monotonie untersucht.
- Beim Umkehren werden x und y vertauscht, entsprechend vertauschen sich Definitions- und Wertemenge.
- Die Definitionsmenge von f(x) ist angegeben.
- Die Wertemenge lässt sich aus den Ergebnissen der Teilaufgaben 1 b und 1 c erschließen oder aus der Abbildung 2 ablesen.
- Der Graph der Umkehrfunktion ergibt sich durch Spiegelung von G_f an der Winkelhalbierenden $y=x$.

Aufgabe 2 a

- Welche Höhe hat die Sonnenblume zu Beginn der Beobachtung $(x=0)$?
- Beachten Sie das Ergebnis von Teilaufgabe 1 a.
- Wie ergibt sich die Höhe der Sonnenblume nach den ersten beiden Monaten?
- Berechnen Sie f(2).
- Der Höhenunterschied gibt an, um wie viel die Sonnenblume gewachsen ist.
- Beachten Sie, dass f(x) die Höhe in Metern angibt, Sie aber nach Zentimetern gefragt werden.

Aufgabe 2 b

- Da f(x) die Höhe in Metern angibt, muss $f(x)=1{,}5$ gelten.
- Lösen Sie die Gleichung nach x auf.
- Zeichnen Sie die Gerade $y=1{,}5$ in Abbildung 2 ein.
- Wo schneidet diese Gerade den Funktionsgraphen? Lesen Sie den zugehörigen x-Wert ab.

Aufgabe 2 c

- Die Sonnenblume wächst umso schneller, je schneller sich ihre Höhe vergrößert, je steiler also der Graph G_f verläuft.
- Wo verläuft G_f am steilsten?
- Es ist ein Näherungswert gesucht, Sie können also – bei genauem Hinschauen – ein bisschen „raten“.
- Ihr Näherungswert sollte sich im Intervall [2; 2,5] befinden.
- Ein genauerer Wert lässt sich rechnerisch ermitteln (dies ist aber **nicht** verlangt).
- Berechnen Sie die Wachstumsrate (= 1. Ableitung) an der von Ihnen abgelesenen Stelle.
- Dieser Wert gibt an, wie groß das maximale Wachstum im Monat ist.
- Wie groß ist dann das maximale Wachstum pro Tag?
- Sie können für einen Monat 30 Tage veranschlagen.

Aufgabe 2 d

- Welche Höhe besitzt die Sonnenblume beim Auskeimen?
- Wo hat die Tangente den Funktionswert 0?
- Lösen Sie die Gleichung $0 = 0{,}18x + 0{,}2$ nach x auf.
- Wie lange vor dem Beobachtungsbeginn hätte die Sonnenblume die Höhe = 0?
- Welcher Zeitraum ist vom Auskeimen bis zum Beobachtungsbeginn angegeben?

oder:

- Durch welche Punkte muss eine Gerade verlaufen, die das Wachstum vom Auskeimen bis zum Beobachtungsbeginn darstellt?
- Welche Höhe hat die Sonnenblume beim Beobachtungsbeginn? Dies liefert einen Geradenpunkt.
- Zu welchem Zeitpunkt (in Monaten) keimt die Sonnenblume aus? Welche Höhe hat sie zu diesem Zeitpunkt? Dies liefert den zweiten Geradenpunkt.
- Stellen Sie eine Geradengleichung auf und vergleichen Sie mit der Tangentengleichung aus Teilaufgabe 1 d.

Aufgabe 2 e

- Welche Höhe besitzt eine Tramonto-Sonnenblume zu Beobachtungsbeginn?
- Welchen Wert muss g(0) haben?
- Hat die Sorte Alba die Höhe h nach t Monaten, so hat die Sorte Tramonto die Höhe h nach $\frac{1}{2} \cdot t$ Monaten erreicht. Die Höhe h wird von f bzw. g angegeben.

- Welcher Zusammenhang besteht zwischen beiden Funktionen?
- Es muss Höhe $= f(t) = g\left(\frac{1}{2}t\right)$ oder allgemein $f(x) = g\left(\frac{1}{2}x\right)$ gelten.
- Wie entsteht Gleichung I aus f(x)?
- Drücken Sie g(0) durch f aus.
- Gilt $g(0) = f(0)$?
- Wie entsteht Gleichung II aus f(x)?
- Drücken Sie g(0) durch f aus.
- Gilt $g(0) = f(0)$?

Aufgabe 2 f

- Wie entsteht Gleichung III aus f(x)?
- „Sorte Tramonto erreicht im Vergleich zu Sorte Alba jede Höhe in der Hälfte der Zeit“ ist gleichbedeutend mit „Sorte Alba erreicht im Vergleich zu Sorte Tramonto jede Höhe in der doppelten Zeit“.

Lösungen

Teil 1

1. a) $f(x)=\ln(x+3)$

   $x+3>0 \Rightarrow x>-3 \Rightarrow \mathbb{D}_f=]-3; +\infty[$

   $$f'(x)=\frac{1}{x+3}\cdot 1=\frac{1}{x+3}$$

   b) $g(x)=\dfrac{3}{x^2-1}$

   $x^2-1=0 \Rightarrow x^2=1 \Rightarrow x=\pm 1 \Rightarrow \mathbb{D}=\mathbb{R}\setminus\{-1; 1\}$

   $$g'(x)=\frac{0\cdot(x^2-1)-3\cdot 2x}{(x^2-1)^2}=\frac{-6x}{(x^2-1)^2}$$

2. a) Nach unten geöffnete Parabel mit dem Hochpunkt $(0|5)$, also an der x-Achse gespiegelte und um 5 Einheiten nach oben verschobene Normalparabel.

   $f(x)=-x^2+5$ mit $\mathbb{D}=\mathbb{R}$

   b) Betragsfunktion mit Knick bei $x=5$, also muss $y=|x|$ um 5 Einheiten nach rechts verschoben werden.

   $g(x)=|x-5|$ mit $\mathbb{D}=\mathbb{R}$

3. a) $f(x)=\sin(2x)$ mit $\mathbb{D}=\mathbb{R}$

   Die Periode von $f(x)=\sin(2x)$ beträgt π, da der Argumentwert 2π für $x=\pi$ angenommen wird. Eine Periode des Graphen von f(x) ist somit im Vergleich zu einer Periode des Graphen von $y=\sin x$ auf die Hälfte zusammengeschoben.

   Nullstellen im Periodenbereich $[0; \pi]$ sind somit:

   $x=0;\ x=\dfrac{\pi}{2};\ x=\pi$

   Als benachbarte Nullstellen können gewählt werden:

   $x=0$ und $x=\dfrac{\pi}{2}$

   oder:

   $x=\dfrac{\pi}{2}$ und $x=\pi$

   oder:

   $x=0$ und $x=-\dfrac{\pi}{2}$ (da f(x) punktsymmetrisch zum Ursprung ist)

b) $\int_0^2 f(x)\,dx = \int_0^2 \sin(2x)\,dx = \left[\frac{1}{2}(-\cos(2x))\right]_0^2 = \left[-\frac{1}{2}\cos(2x)\right]_0^2$

$$= -\frac{1}{2}\cos 4 + \frac{1}{2}\cos 0 \approx 0{,}827$$

Im Integrationsintervall [0; 2] verläuft der Graph von f(x) zwischen den Nullstellen $x=0$ und $x=\frac{\pi}{2}\approx 1{,}57$ oberhalb der x-Achse und zwischen der Nullstelle $x=\frac{\pi}{2}\approx 1{,}57$ und der Integrationsgrenze $x=2$ unterhalb der x-Achse. Somit geht ein Teil der eingeschlossenen Fläche negativ in die Flächenbilanz (bestimmtes Integral) ein.

4. G_f verläuft im Intervall $[-0{,}5;\ 0{,}5]$ näherungsweise durch die Punkte $(-0{,}5\,|\,-1)$; $(0\,|\,0)$ und $(0{,}5\,|\,1)$.

   Die Tangente am Kurvenpunkt $(0\,|\,0)$ hat also näherungsweise die Gleichung:
   t: $y=2x$

   Somit: $f'(0)\approx 2$

   Der Extremwert (Hochpunkt) befindet sich näherungsweise im Punkt $(3{,}3\,|\,4{,}25)$. Die Ableitungsfunktion f' besitzt also für $x\approx 3{,}3$ eine Nullstelle.

   Somit: $f'(3{,}3)=0$

   Für $x\to 5$ läuft G_f näherungsweise senkrecht von oben auf den Kurvenrandpunkt $(5\,|\,0)$ zu. Die Steigung beträgt also näherungsweise $-\infty$.

   Somit: $\lim\limits_{x\to 5} f'(x) = -\infty$ (senkrechte Asymptote $x=5$)

   Damit ergibt sich z. B. einer der beiden folgenden Graphen:

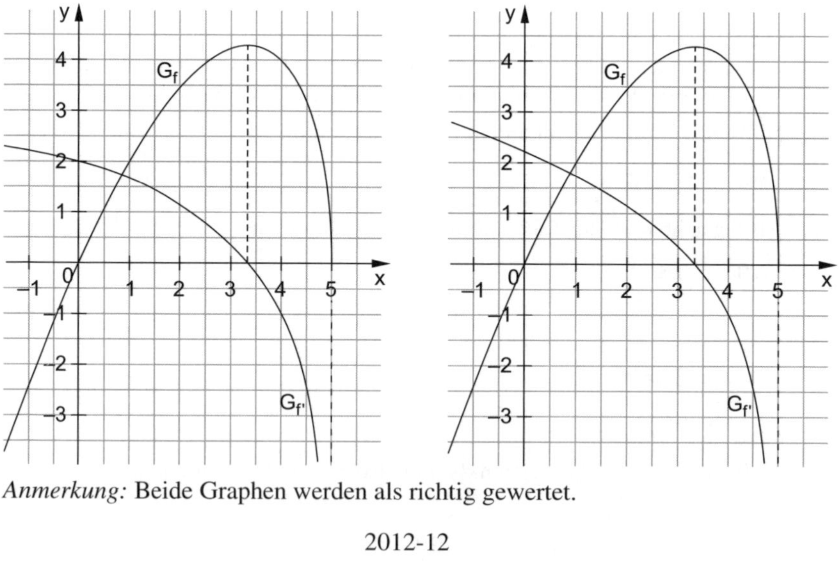

Anmerkung: Beide Graphen werden als richtig gewertet.

1\. a) $f(x)=\dfrac{2e^x}{e^x+9}$ mit $\mathbb{D}=\mathbb{R}$

Schnitt mit der x-Achse: $y=0$

$f(x)=0 \;\Rightarrow\; 2e^x=0 \;\Rightarrow$ nicht möglich, da $e^x>0$ für $x\in\mathbb{R}$ $\Rightarrow$ Kein Schnittpunkt mit der x-Achse vorhanden.

Schnitt mit der y-Achse: $x=0$

$$f(0)=\frac{2e^0}{e^0+9}=\frac{2\cdot 1}{1+9}=\frac{2}{10}=0{,}2$$

Schnittpunkt mit der y-Achse: $S(0\,|\,0{,}2)$

b) $$\lim_{x\to-\infty}\frac{2e^x}{e^x+9}=\frac{2\cdot 0}{0+9}=\frac{0}{9}=0$$

$$\lim_{x\to+\infty}\frac{2e^x}{e^x+9}=\lim_{x\to+\infty}\frac{2e^x}{e^x\left(1+\frac{9}{e^x}\right)}=\lim_{x\to+\infty}\frac{2}{1+\frac{9}{e^x}}=\text{„}\frac{2}{1+\frac{9}{\infty}}\text{“}=\frac{2}{1+0}=2$$

c) $$f'(x)=\frac{2e^x(e^x+9)-2e^x\cdot e^x}{(e^x+9)^2}=\frac{2e^x\cdot e^x+18e^x-2e^x\cdot e^x}{(e^x+9)^2}=\frac{18e^x}{(e^x+9)^2}$$

$f'(x)>0$, da mit $e^x>0$ für $x\in\mathbb{R}$ der Zähler positiv und auch der Nenner als Quadrat und wegen $e^x+9>9$ positiv ist.

Aus $f'(x)>0$ folgt, dass G_f streng monoton in $\mathbb{R}$ steigt.

d) Tangente: $y=mx+t$

Steigung: $m=f'(0)=\dfrac{18\cdot e^0}{(e^0+9)^2}=\dfrac{18\cdot 1}{(1+9)^2}=\dfrac{18}{100}=0{,}18 \;\Rightarrow\; y=0{,}18x+t$

Kurvenpunkt: $S(0\,|\,0{,}2)$ liegt auf der y-Achse $\Rightarrow$ $t=0{,}2$

Tangente in S: $y=0{,}18x+0{,}2$

e)

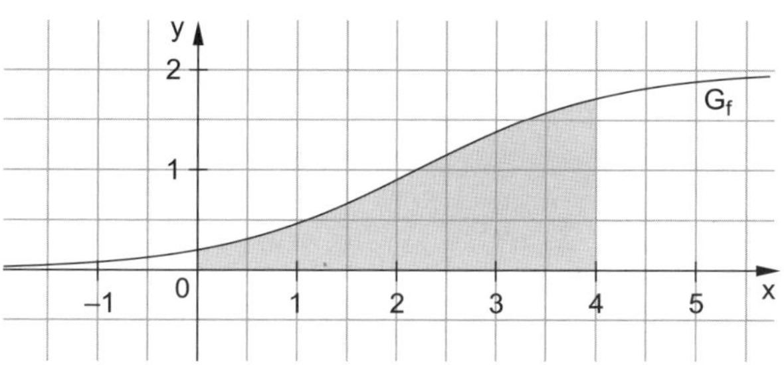

Gesucht ist die grau unterlegte Fläche:

$$A = \int_0^4 \frac{2e^x}{e^x+9}\,dx = 2 \cdot \int_0^4 \frac{e^x}{e^x+9}\,dx = 2 \cdot [\ln|e^x+9|]_0^4$$

$$= 2 \cdot (\ln|e^4+9| - \ln|e^0+9|) \approx 3{,}7$$

Anmerkung: Beim Bruch $\frac{e^x}{e^x+9}$ ist der Zähler die Ableitung des Nenners, somit lässt sich die Formel

$$\int \frac{f'(x)}{f(x)}\,dx = \ln|f(x)| + C$$

aus der Merkhilfe anwenden.

f) Da nach Teilaufgabe 1 c der Graph G_f in $\mathbb{R}$ streng monoton steigt, ist f(x) in $\mathbb{R}$ umkehrbar.

Aus der Angabe entnimmt man $\mathbb{D}_f = \mathbb{R}$, somit gilt $\mathbb{W}_{f^{-1}} = D_f = \mathbb{R}$.

Aus den Teilaufgaben 1 b und 1 c bzw. Abb. 2 ist zu entnehmen: $\mathbb{W}_f =]0; 2[$
Somit gilt $\mathbb{D}_{f^{-1}} = \mathbb{W}_f =]0; 2[$.

Der Graph $G_{f^{-1}}$ der Umkehrfunktion ergibt sich durch Spiegelung des Graphen G_f an der Winkelhalbierenden $y = x$.

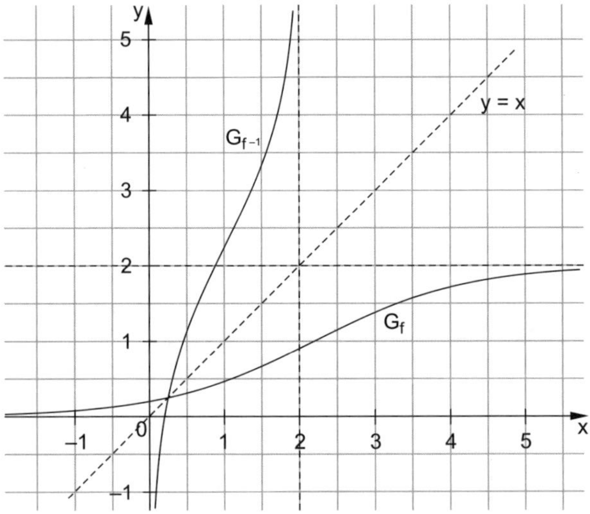

2. a) $f(0)=0{,}2$ (siehe Teilaufgabe 1 a)

$$f(2)=\frac{2e^2}{e^2+9}\approx 0{,}9$$

Die Sonnenblume hat somit zu Beginn der Beobachtung eine Höhe von 0,2 m und nach 2 Monaten eine Höhe von 0,9 m.
Sie ist somit um 0,9 m − 0,2 m = 0,7 m = 70 cm gewachsen.

b) $f(x)=1{,}5$

$$\frac{2e^x}{e^x+9}=1{,}5$$

$$2e^x=1{,}5e^x+13{,}5$$

$$0{,}5e^x=13{,}5$$

$$e^x=27$$

$$x=\ln 27$$

$$x\approx 3{,}3$$

Nach ca. 3,3 Monaten hat die Sonnenblume eine Höhe von 1,5 m erreicht.

Grafische Lösung:

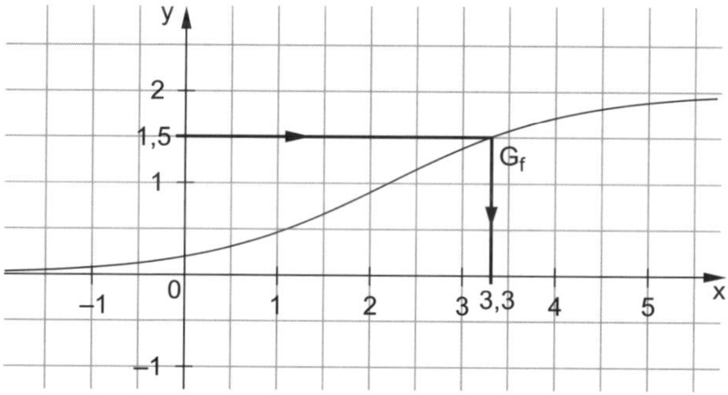

Ablesen des x-Wertes, für den $f(x)=1{,}5$ gilt: Man bestimmt den Schnittpunkt der Geraden $y=1{,}5$ mit dem Funktionsgraphen und liest den zugehörigen x-Wert ab.

c) Da f(x) in [0; 4] die Höhe der Blume angibt, gibt die Steigung von f(x) das Wachstum der Blume an. Die Blume wächst also dort am schnellsten, wo die Steigung am steilsten ist. Dies ist nach Abbildung 2 im Intervall [2; 2,5].

$\Rightarrow\ x_M \in\ ]2; 2{,}5[$

Anmerkung: Ein genauerer Wert ergibt sich rechnerisch, was hier aber **nicht** verlangt ist. Die Steigung (f'(x)) ist am steilsten (extrem), wenn $f''(x)=0$ gilt.

$$f'(x) = \frac{18e^x}{(e^x+9)^2} \quad \text{(siehe Teilaufgabe 1 c)}$$

$$f''(x) = \frac{18e^x(e^x+9)^2 - 18e^x \cdot 2(e^x+9) \cdot e^x}{(e^x+9)^4} = \frac{(e^x+9) \cdot [18e^x(e^x+9) - 36e^x \cdot e^x]}{(e^x+9)^4}$$

$$= \frac{18e^x \cdot e^x + 162e^x - 36e^x \cdot e^x}{(e^x+9)^3} = \frac{162e^x - 18e^x \cdot e^x}{(e^x+9)^3} = \frac{18e^x(9-e^x)}{(e^x+9)^3}$$

$$f''(x) = 0 \;\Rightarrow\; 18e^x(9-e^x) = 0 \;\Rightarrow\; 9-e^x = 0 \;\Rightarrow\; 9 = e^x \;\Rightarrow\; x = \ln 9 \approx 2{,}2$$

Also $x_M \approx 2{,}2$.

Hinweis: Liest man aus Abbildung 2 für $x_M = 2{,}1$ oder auch $x_M = 2{,}3$ oder $x_M = 2{,}4$ ab, so ergeben sich die zugehörigen Näherungswerte analog.

$$f'(2{,}2) = \frac{18 \cdot e^{2{,}2}}{(e^{2{,}2}+9)^2} \approx 0{,}5$$

oder: $f'(2{,}1) \approx 0{,}5$ bzw. $f'(2{,}3) \approx 0{,}5$ bzw. $f'(2{,}4) \approx 0{,}5$

Das maximale Wachstum beträgt somit ungefähr 0,5 m im Monat. Die maximale Wachstumsrate pro Tag beträgt (mit 1 Monat = 30 Tage) somit:

$$\frac{50\text{ cm}}{30\text{ Tage}} \approx 1{,}7\,\frac{\text{cm}}{\text{Tag}}$$

d) Tangente aus Teilaufgabe 1 d: $y = 0{,}18x + 0{,}2$

Beschreibt die Tangente das Wachstum vom Auskeimen (Höhe = 0) bis zum Beobachtungsbeginn (Höhe = f(0) = 0,2), so muss die Tangente die x-Achse (y = 0) näherungsweise im Punkt (–0,5 | 0) schneiden, da 2 Wochen = 14 Tage ≈ 0,5 Monate gilt.

Schnitt der Tangente mit der x-Achse:

$$0 = 0{,}18x + 0{,}2$$

$$0{,}18x = -0{,}2$$

$$x = -\frac{0{,}2}{0{,}18}$$

$$x \approx -1{,}1$$

Verliefe das Wachstum näherungsweise wie die Tangente, so würde vom Auskeimen bis zum Beobachtungsbeginn mehr als ein Monat vergehen.

oder:

Eine Gerade, die das Wachstum der Sonnenblume vom Auskeimen (Höhe = 0) bis zum Beobachtungsbeginn (Höhe = 0,2) darstellt, müsste durch die Punkte

- $P\left(-\frac{14}{30} \middle| 0\right)$ Auskeimen 14 Tage $\left(= \frac{14}{30} \text{ Monate}\right)$ vor Beobachtungsbeginn
- $Q(0 \mid 0{,}2)$ Beobachtungsbeginn

verlaufen.

Die Steigung dieser Geraden beträgt:

$$m = \frac{0{,}2}{\frac{14}{30}} \approx 0{,}43$$

Der Achsenabschnitt: $t = 0{,}2$

Gerade: $y = 0{,}43x + 0{,}2$

Sie verläuft also steiler als die Tangente aus Teilaufgabe 1 d, hat aber denselben Achsenabschnitt.

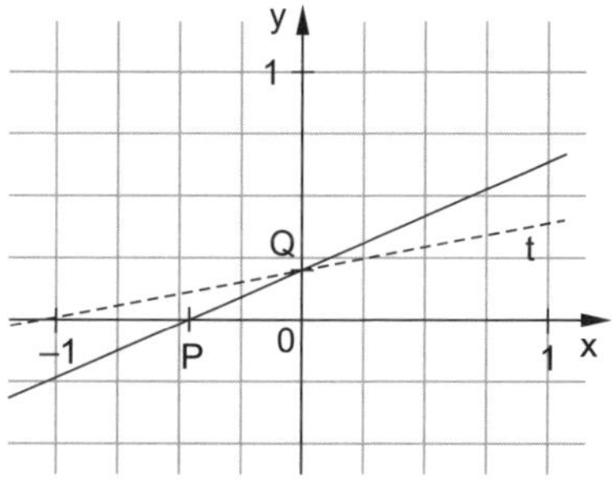

Die Annahme des Biologen steht also nicht in Einklang mit der Wirklichkeit.

e) Aus dem Text ist zu entnehmen:

- $g(0) = f(0) = 0{,}2$
  da: „zu Beobachtungsbeginn gleiche Höhe“
- $g\left(\frac{1}{2}x\right) = f(x)$
  da: „Sorte Tramonto erreicht im Vergleich zu Sorte Alba jede Höhe in der Hälfte der Zeit“

  Beispiel: Nach Teilaufgabe 2 b erreicht die Sorte Alba in 3,3 Monaten eine Höhe von 1,5 m, also erreicht die Sorte Tramonto die Höhe von 1,5 m in $\frac{1}{2} \cdot 3{,}3 = 1{,}65$ Monaten.
  $f(3{,}3) = 1{,}5$ und $g(1{,}65) = 1{,}5$

Funktionsgleichung I kommt nicht infrage, da:

$$y = \frac{2e^{x+k}}{e^{x+k} + 9} = f(x+k)$$

Hinweis: Dies entspricht einer Verschiebung des Graphen G_f um k in negative x-Richtung.

$$g(0) = \frac{2e^{0+k}}{e^{0+k} + 9} = f(0+k) = f(k) \quad \text{mit} \quad k > 0$$

Da der Graph von f(x) streng monoton steigt, gilt $f(k) > f(0)$ und somit $g(0) \neq f(0)$.

Funktionsgleichung II kommt nicht infrage, da:

$$y = k \cdot \frac{2e^x}{e^x + 9} = k \cdot f(x)$$

Hinweis: Dies entspricht einer Streckung des Graphen G_f um k in y-Richtung.

$g(0) = k \cdot f(0) \quad \text{mit } k > 0$

Somit ist $g(0) = f(0)$ nur für $k = 1$ erfüllt, dann wäre aber $g(x) = f(x)$.

f) $$y = \frac{2e^{kx}}{e^{kx} + 9} = f(kx)$$

Aus $g\left(\frac{1}{2}x\right) = f(x)$ folgt $g(x) = f(2x)$ und somit $k = 2$.

Abitur Mathematik (Bayern): Abiturprüfung 2012
Analysis I mit CAS

Teil 1

BE

1. Geben Sie zu den Funktionstermen jeweils den maximalen Definitionsbereich an und begründen Sie jeweils anhand des Terms der zweiten Ableitung, dass der zugehörige Graph keine Wendepunkte besitzt.

   a) $f(x) = \ln(x+3)$ 2

   b) $g(x) = \dfrac{3}{x^2-1}$ 3

2. Geben Sie jeweils den Term einer in $\mathbb{R}$ definierten Funktion an, die die angegebene Eigenschaft besitzt.

   a) Der Graph der Funktion f hat den Hochpunkt $(0|5)$. 2

   b) Die Funktion g ist an der Stelle $x = 5$ nicht differenzierbar. 2

3. Gegeben ist die Schar der in $\mathbb{R}$ definierten Funktionen

   $f_a\colon x \mapsto \sin(ax)$

   mit $a \in \mathbb{R}\setminus\{0\}$.

   a) Geben Sie zwei Werte für a so an, dass jeweils alle Nullstellen von f_a ganzzahlig sind. 2

   b) Nun sei $a = 2$. Berechnen Sie

   $$\int_1^b f_2(x)\,dx;$$

   dabei ist b die kleinste Nullstelle von f_2, die größer als 1 ist. Geben Sie einen Wert $c \in \mathbb{R}$ mit $c > b$ an, sodass

   $$\int_1^c f_2(x)\,dx = \int_1^b f_2(x)\,dx$$

   gilt. Begründen Sie Ihre Antwort anhand des Graphen von f_2. 5

4. Abbildung 1 zeigt den Graphen G_f einer in $]-\infty; 5]$ definierten Funktion f.
Skizzieren Sie in der Abbildung den Graphen der zugehörigen Ableitungsfunktion f'. Berücksichtigen Sie dabei insbesondere einen Näherungswert für f'(0), die Nullstelle von f' und das Verhalten von f' für $x \to 5$.

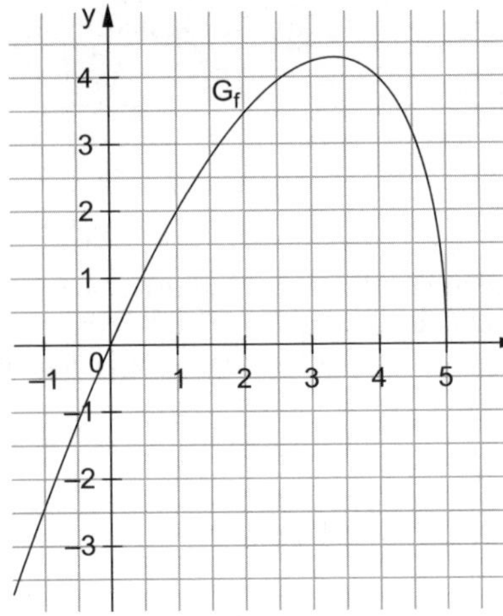

Abb. 1

4

20

Teil 2

BE

Gegeben ist die Funktion

$$f: x \mapsto \frac{2e^x}{e^x + 9}$$

mit Definitionsbereich $\mathbb{R}$. Abbildung 2 zeigt den Graphen G_f von f.

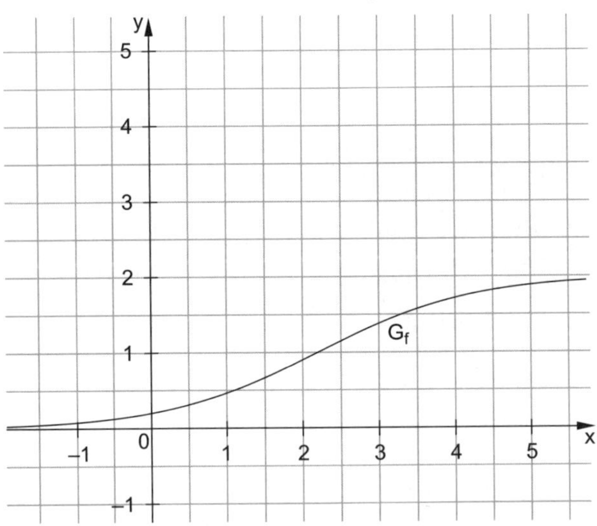

Abb. 2

1. a) Zeigen Sie rechnerisch, dass G_f genau einen Achsenschnittpunkt S besitzt, und geben Sie die Koordinaten von S an. 2

   b) Begründen Sie mithilfe des Funktionsterms von f, dass $\lim\limits_{x \to -\infty} f(x) = 0$ und $\lim\limits_{x \to +\infty} f(x) = 2$ gilt. 2

   c) Weisen Sie rechnerisch nach, dass G_f in $\mathbb{R}$ streng monoton steigt. 2

   d) Bestimmen Sie mithilfe eines geeignet gewählten Trapezes einen Näherungswert für den Inhalt der Fläche, die von G_f, der x-Achse sowie den Geraden $x = 1$ und $x = 4$ eingeschlossen wird. Um wie viel Prozent weicht dieser Näherungswert vom exakten Wert des Flächeninhalts ab? 5

   e) Begründen Sie, dass f in $\mathbb{R}$ umkehrbar ist. Geben Sie den Definitionsbereich und den Wertebereich der Umkehrfunktion f^{-1} an und zeichnen Sie den Graphen von f^{-1} in Abbildung 2 ein. 6

2. Das Wachstum von Sonnenblumen der Sorte Alba lässt sich modellhaft mithilfe der Funktion f beschreiben. Beginnt man die Beobachtung zwei Wochen nach der Auskeimung einer Sonnenblume dieser Sorte, so liefert f(x) für $x \in [0; 4]$ im Modell die Höhe der Blume in Metern. Dabei ist x die seit Beobachtungsbeginn vergangene Zeit in Monaten. In den Aufgaben 2 a bis 2 d werden ausschließlich Sonnenblumen der Sorte Alba betrachtet.

   a) Berechnen Sie auf der Grundlage des Modells, um wie viele Zentimeter eine Sonnenblume innerhalb der ersten zwei Monate nach Beobachtungsbeginn wächst. 2

   b) Berechnen Sie auf der Grundlage des Modells schrittweise und nachvollziehbar, wie viele Monate nach Beobachtungsbeginn eine Sonnenblume eine Höhe von 1,5 Metern erreicht. Beschreiben Sie, wie man den berechneten Wert grafisch überprüfen kann. 5

   c) Im Modell gibt es einen Zeitpunkt x_M, zu dem die Blumen am schnellsten wachsen. Bestimmen Sie x_M und ermitteln Sie anschließend einen Näherungswert für die maximale Wachstumsrate in Zentimetern pro Tag. 6

   d) Ein Biologe nimmt an, dass sich das Wachstum der Blumen vor Beobachtungsbeginn näherungsweise durch die Gleichung der Tangente an den Graphen von f im Achsenschnittpunkt S beschreiben lässt. Untersuchen Sie mithilfe einer Rechnung, ob diese Annahme damit in Einklang steht, dass vom Zeitpunkt des Auskeimens bis zum Beobachtungsbeginn etwa zwei Wochen vergehen. 5

Haben zu Beobachtungsbeginn Sonnenblumen der Sorte Tramonto die gleiche Höhe wie Sonnenblumen der Sorte Alba, so erreichen von da an die Sonnenblumen der Sorte Tramonto im Vergleich zu denen der Sorte Alba jede Höhe in der Hälfte der Zeit.
Das Wachstum von Sonnenblumen der Sorte Tramonto lässt sich modellhaft mithilfe einer in $\mathbb{R}$ definierten Funktion g beschreiben, die eine Funktionsgleichung der Form I, II oder III mit $k \in \mathbb{R}^+$ besitzt:

I $y = \frac{2e^{x+k}}{e^{x+k}+9}$ **II** $y = k \cdot \frac{2e^x}{e^x+9}$ **III** $y = \frac{2e^{kx}}{e^{kx}+9}$

Dabei ist x die seit Beobachtungsbeginn vergangene Zeit in Monaten und y ein Näherungswert für die Höhe einer Blume in Metern.

e) Begründen Sie, dass weder eine Gleichung der Form I noch eine der Form II als Funktionsgleichung von g infrage kommt. 4

f) Die Funktionsgleichung von g hat also die Form III. Geben Sie den passenden Wert von k an. 1

40

Tipps und Hinweise: Analysis I mit CAS

Teil 1

Aufgabe 1

- Die Logarithmusfunktion ist nur für positive Argumente definiert.
- Vollständig gekürzte gebrochen-rationale Funktionen haben Definitionslücken bei den Nullstellen des Nenners.
- Manche CAS haben einen Befehl zur Bestimmung der Definitionsmenge. Dessen Ergebnis gilt es aber immer auf Plausibilität zu prüfen.
- Bei einem Wendepunkt ist die zweite Ableitung null.

Aufgabe 2 a

- Die Überlegungen lassen sich mit dem Funktionenplotter des CAS verifizieren.
- Denken Sie an quadratische Funktionen.

Aufgabe 2 b

- Die Betragsfunktion besitzt eine Stelle, an der sie nicht differenzierbar ist.
- Sie können auch ihr CAS zu Hilfe nehmen, um zu überlegen, wo diese Stelle ist.
- Verschieben Sie diesen Knick in der Betragsfunktion so, dass er bei $x = 5$ ist.

Aufgabe 3 a

- Die Nullstellen lassen sich mit dem CAS berechnen. Beachten Sie, dass es unendlich viele Nullstellen gibt.
- Geben Sie zwei Werte Ihrer Wahl für a an, sodass die Nullstellen ganzzahlig sind.

Aufgabe 3 b

- Die Integralgleichung lässt sich mit dem CAS lösen. Beachten Sie wie in Teilaufgabe 3 a, dass es unendlich viele Lösungen gibt.
- Betrachten Sie die Flächenbilanz von $\int\limits_b^c f_2(x)\,dx$.

Aufgabe 4

- Am Hochpunkt ist die Ableitung null.
- Der Hochpunkt macht Aussagen über den Vorzeichenwechsel der Ableitung an dieser Stelle möglich.
- Näherungswerte für die Ableitung lassen sich aus dem Graphen als Näherungswerte für Tangentensteigungen ablesen.

Aufgabe 1 a

- „Rechnerisch" bedeutet, dass in Ihrer Lösung ein Ansatz erkennbar sein muss.
- Die e-Funktion hat keine Nullstellen.

Aufgabe 1 b

- „Mithilfe des Funktionsterms" bedeutet, dass eine Ausgabe des CAS-Befehls zur Grenzwertberechnung nicht ausreicht. Das Verhalten der Funktion muss konkret am Term erläutert werden.
- Grenzverhalten der e-Funktion: $\lim\limits_{x \to -\infty} e^x = 0$ und $\lim\limits_{x \to +\infty} e^x = +\infty$
- Zähler und Nenner können geschickt verändert werden (z. B. durch Erweitern), um das Verhalten der e-Funktion direkt erkennen zu können.

Aufgabe 1 c

- „Rechnerisch" bedeutet, dass eine Argumentation am Graphen, den der Funktionsplotter des CAS liefert, nicht ausreicht.
- Untersuchen Sie das Vorzeichenverhalten der Ableitung.

Aufgabe 1 d

- Die Formel für die Trapezfläche steht in der Merkhilfe. a und c sind die parallelen Seitenlängen und h die Höhe des Trapezes.
- Den Wert des bestimmten Integrals liefert der CAS-Rechner.

Aufgabe 1 e

- Umkehrbarkeit kann mit strenger Monotonie begründet werden.
- Definitions- und Wertebereich von Funktion und Umkehrfunktion sind jeweils vertauscht.
- Beim Zeichnen nutzt man die Achsensymmetrie zur Winkelhalbierenden $y = x$ des ersten Quadranten aus.

Aufgabe 2 a

- Berücksichtigen Sie, dass bei Beobachtungsbeginn $(x = 0)$ die Sonnenblume bereits eine Höhe von 0,2 m erreicht hat.

Aufgabe 2 b

- „Schrittweise und nachvollziehbar" bedeutet, dass der Lösungsweg in nachvollziehbaren Schritten dokumentiert werden muss. Wird das CAS verwendet, so ist zu kennzeichnen, bei welchen Schritten das CAS verwendet worden ist.
- Löst man z. B. mithilfe einer Gleichung, müssen die Äquivalenzumformungen schrittweise dokumentiert werden.
- Das CAS kann auf jeden Fall zur Kontrolle des Ergebnisses eingesetzt werden.
- Die Lösung einer Gleichung kann stets mithilfe des Schnittpunkts von Graphen (bzw. dessen x-Koordinate) gedeutet werden.

Aufgabe 2 c

- „Am schnellsten" bedeutet, dass die Änderung und damit die Ableitung maximal sind. Eine Wachstumsänderung wird also durch die Ableitung der Ableitungsfunktion von f beschrieben.
- Ein Extremwert der ersten Ableitung von f ist ein Wendepunkt von f.
- Rechnen Sie das Ergebnis in cm pro Tag um.
- Die Aufgabenstellung verlangt nicht den Nachweis der Wendepunkteigenschaft.

Aufgabe 2 d

- Zur Bestimmung der Tangentengleichung hält das CAS den Befehl *tangentLine* bzw. *tanLine* parat.
- 2 Wochen kann als halber Monat interpretiert werden.
- Bestimmen Sie, wo die Tangente die x-Achse schneidet, und überlegen Sie, ob dieser Wert mit dem Zeitpunkt des Aufkeimens in Einklang steht.

Aufgabe 2 e

- Sie können das CAS nutzen, um sich die Graphen für verschiedene Werte für k zu betrachten.
- Was passiert mit dem Graphen der Gleichung vom Typ I, wenn Sie für k verschiedene Werte testen? Was passiert analog mit dem Graphen der Gleichung vom Typ II?

Aufgabe 2 f

- Der Wert kann durch Aufstellen einer Gleichung ermittelt werden, indem Sie eine Beziehung zwischen den Funktionstermen von f und g herstellen.

Teil 1

1. a) $f(x) = \ln(x+3)$ hat die maximale Definitionsmenge $]-3; +\infty[$.

CAS: $f''(x) = \dfrac{-1}{(x+3)^2}$

f"(x) hat offensichtlich keine Nullstelle, also besitzt f keinen Wendepunkt.

Anmerkung: Der TI-Nspire hat den Befehl *domain*, um die Definitionsmenge einer Funktion anzeigen zu lassen.

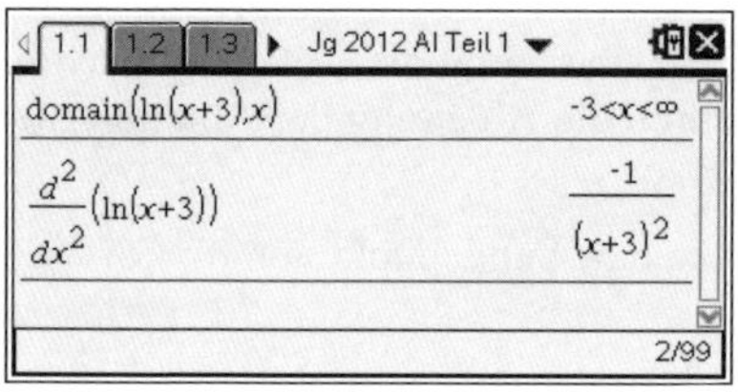

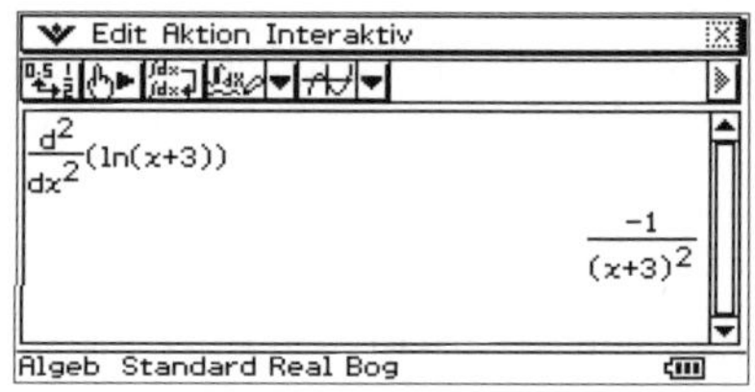

b) $g(x) = \dfrac{3}{x^2-1}$

Aus der Definitionsmenge müssen die Werte ausgeschlossen werden, für die der Nenner von g(x) null wird $\Rightarrow$ $\mathbb{D} = \mathbb{R} \setminus \{-1; 1\}$

CAS: $g''(x) = \dfrac{6 \cdot (3x^2+1)}{(x^2-1)^3}$

Beide Faktoren im Zähler von g"(x) sind echt größer als 0, egal welchen Wert man für x einsetzt. g"(x) besitzt daher keine Nullstelle, also hat g keinen Wendepunkt.

Anmerkung: Das CAS liefert für die Lösung der Gleichung $g''(x) = 0$ *false* bzw. *No Solution*. D. h., dass diese Gleichung keine Lösung besitzt, die Funktion g"(x) also nirgends den Wert 0 annimmt und daher keine Nullstellen hat.

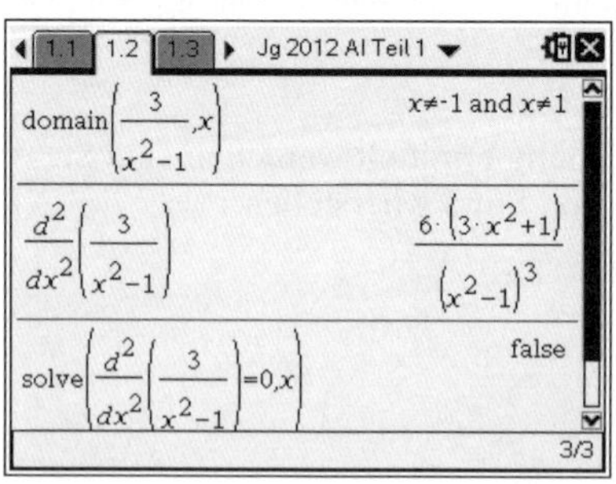

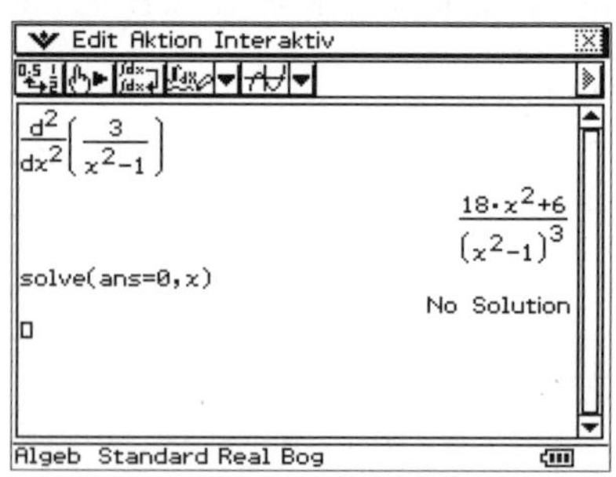

2. a) $f(x) = -x^2 + 5$

Anmerkung: Sie können Ihr CAS bei Ihren Überlegungen nutzen. Manchmal ist es hilfreich, verschiedene Graphen zu zeichnen.

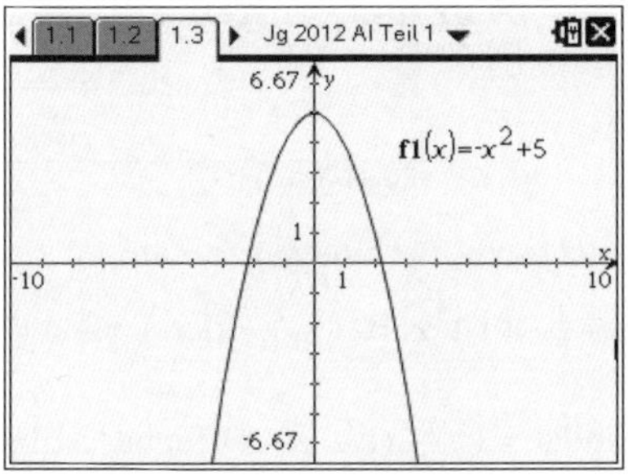

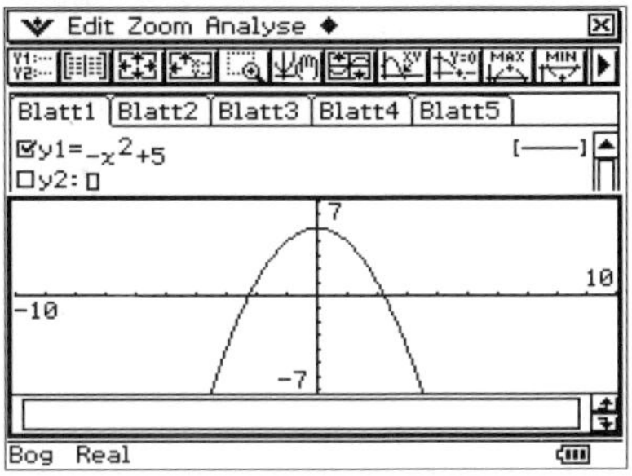

b) Ein mögliches Beispiel ist: $g(x) = |x - 5|$

oder:

Alternativ kann man auch den Term einer Funktion angeben, die an der Stelle 5 einen „Sprung“ besitzt, etwa:

$$g(x) = \begin{cases} x & \text{für } x \leq 5 \\ x + 1 & \text{für } x > 5 \end{cases}$$

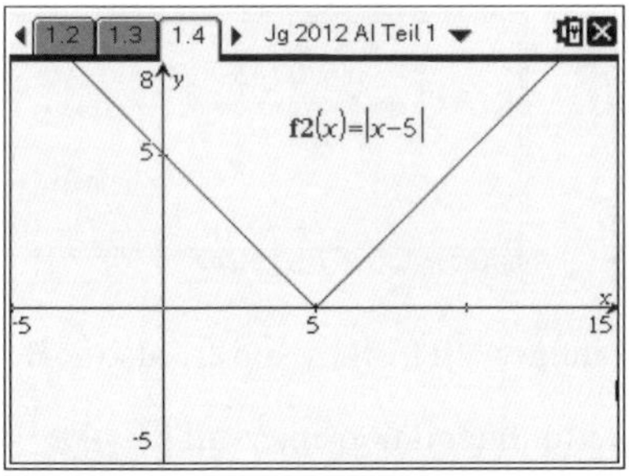

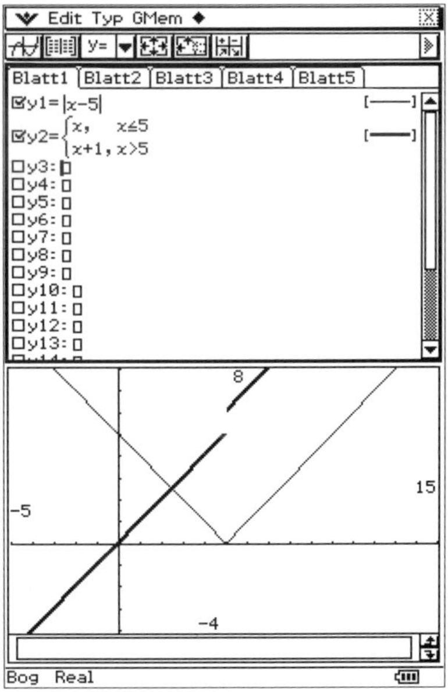

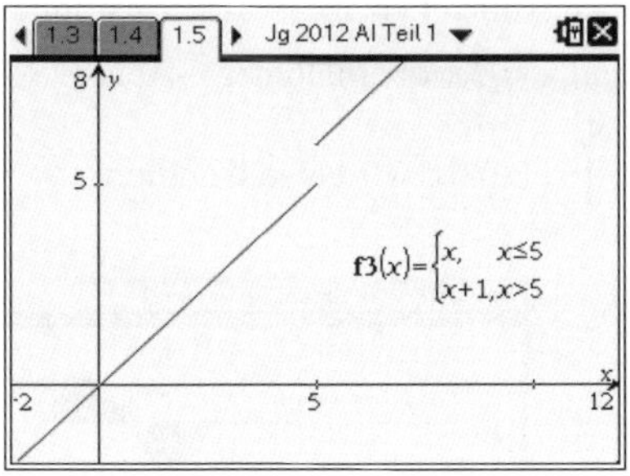

Anmerkung: Mit dem CAS lässt sich eine stückweise definierte Funktion als System von 2 Gleichungen definieren.

3. a) Das CAS liefert die Nullstellen: $x = k \cdot \frac{\pi}{a}$ $(k \in \mathbb{Z})$

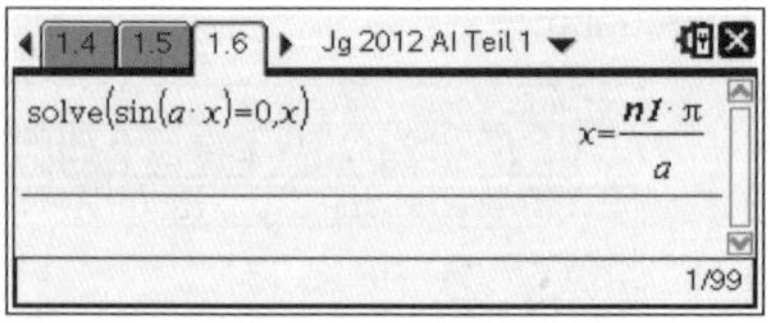

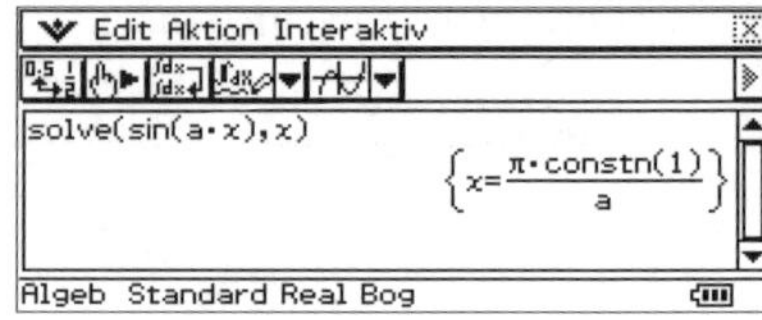

Hinweis: n1 (*n2*, *n3* usw.) bzw. *constn(1)* steht für eine ganze Zahl.

Der Term $k \cdot \frac{\pi}{a}$ ist ganzzahlig, falls $a = \frac{1}{k} \cdot \pi$ ist, z. B. $a = \pi$ oder $a = \frac{\pi}{2}$.

b) Die Nullstellen von $f_2(x) = \sin(2x)$ sind $x = k \cdot \frac{\pi}{2}$ $(k \in \mathbb{Z})$. Offenbar ist $b = \frac{\pi}{2}$.

$$\int_1^{\frac{\pi}{2}} \sin(2x)\,dx = \left[-\frac{1}{2}\cos(2x)\right]_1^{\frac{\pi}{2}} = -\frac{1}{2}\cos(\pi) + \frac{1}{2}\cos(2) = \frac{1}{2} + \frac{1}{2}\cos(2) \approx 0{,}29$$

Die angegebene Gleichung kann das CAS lösen und für c erhält man:

$$c = \frac{(2k-1)\cdot\pi}{2} = (2k-1)\cdot\frac{\pi}{2} \quad (k \in \mathbb{Z})$$

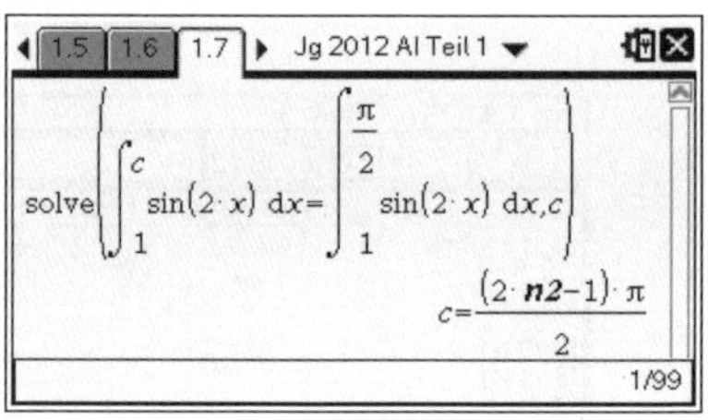

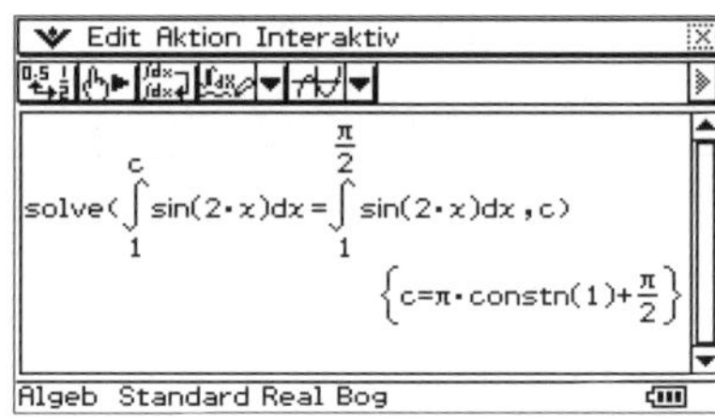

Der Parameter c ist also ein ungeradzahliges Vielfaches von $\frac{\pi}{2}$, also z. B. $\frac{3}{2}\pi$.

Begründung der Antwort am Graphen: Im Integrationsintervall $\left[\frac{\pi}{2}; \frac{3}{2}\pi\right]$ verläuft der Graph von $f_2(x)$ zwischen den Nullstellen $x = \frac{\pi}{2}$ und $x = \pi$ unterhalb und zwischen den Nullstellen $x = \pi$ und $x = \frac{3}{2}\pi$ oberhalb der x-Achse. Somit ist die Flächenbilanz 0. Zum Integral $\int_1^b f_2(x)\,dx$ wird also 0 addiert.

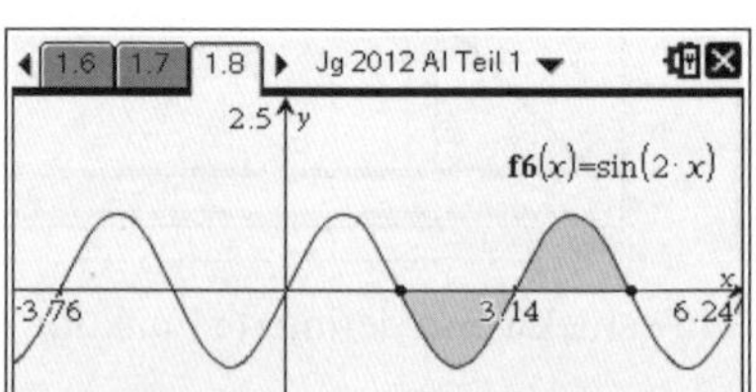

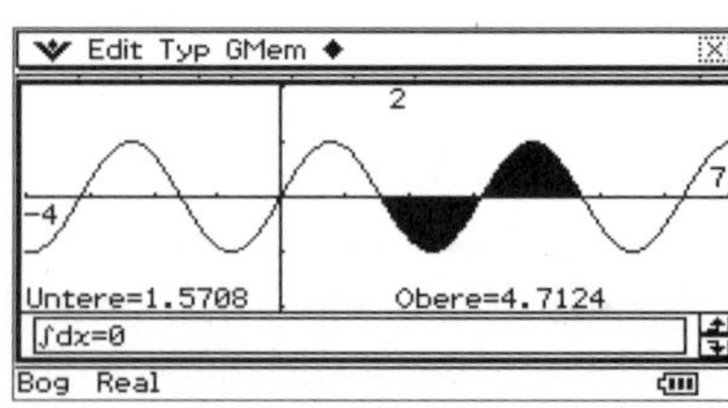

4. Näherungsweise ist $f'(0) \approx 2$. Am Hochpunkt ist der Wert der Ableitung null. Bei Annäherung an $x = 5$ strebt die Ableitung gegen $-\infty$ (senkrechte Asymptote $x = 5$).

Der Extremwert (Hochpunkt) befindet sich näherungsweise im Punkt $(3{,}3 \,|\, 4{,}25)$. Die Ableitungsfunktion f' besitzt also für $x \approx 3{,}3$ eine Nullstelle. Somit: $f'(3{,}3) = 0$

Damit ergibt sich z. B. der folgende Graph:

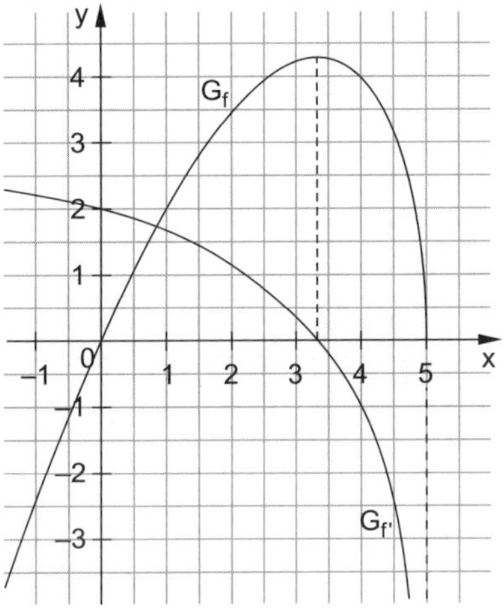

Teil 2

1. a) Da $e^x > 0$ für $x \in \mathbb{R}$, hat die Gleichung $\frac{2e^x}{e^x + 9} = 0$ keine Lösung. Schnittpunkte mit der x-Achse kann es also nicht geben.

CAS: $f(0) = 0{,}2$

$S(0 \,|\, 0{,}2)$ ist also der einzige Achsenschnittpunkt von G_f.

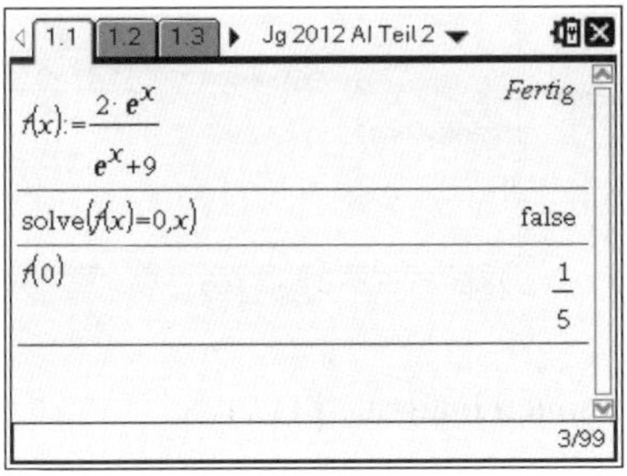

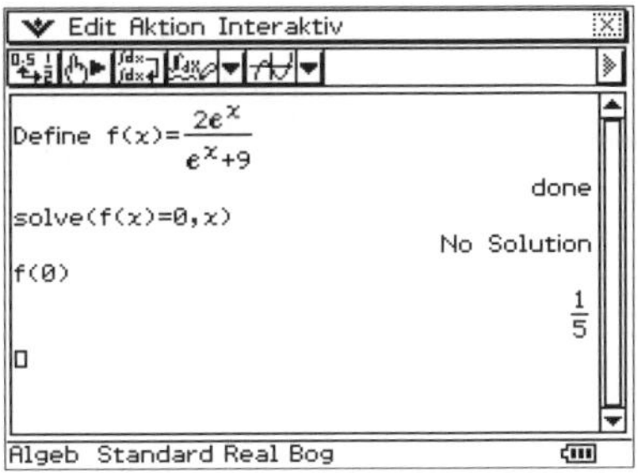

b) Für $x \to -\infty$ sieht man:

$$\lim_{x \to -\infty} \frac{2e^x}{e^x + 9} = \frac{0}{0+9} = 0$$

Für $x \to +\infty$ dividiert man Zähler und Nenner durch e^x und erhält:

$$\lim_{x \to +\infty} \frac{2e^x}{e^x + 9} = \lim_{x \to +\infty} \frac{2}{1 + \frac{9}{e^x}} = \frac{2}{1+0} = 2$$

c) Das CAS liefert den Term der Ableitungsfunktion: $\dfrac{18e^x}{(e^x + 9)^2}$

Dieser ist in $\mathbb{R}$ stets positiv, da sowohl Zähler als auch Nenner stets positiv sind. Daher ist G_f in $\mathbb{R}$ streng monoton steigend.

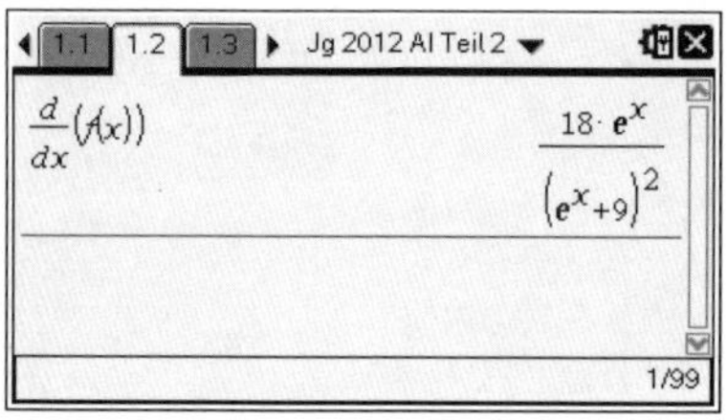

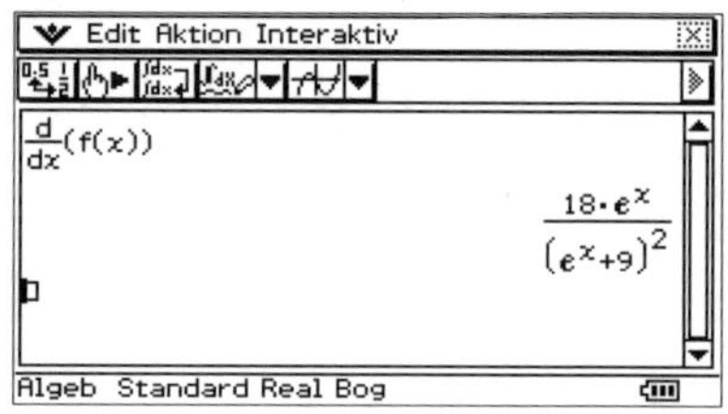

d) Als Eckpunkte des Trapezes bieten sich die Punkte $(1\,|\,0)$, $(4\,|\,0)$, $(1\,|\,f(1))$ und $(4\,|\,f(4))$ an. Die Flächeninhaltsformel für das Trapez übertragen auf den vorliegenden Fall liefert:

$$A_{\text{Trapez}} = \frac{f(1) + f(4)}{2} \cdot 3 \quad \text{(siehe Merkhilfe)}$$

Ein Näherungswert ist nach CAS: $A_{\text{Trapez}} \approx 3{,}27$

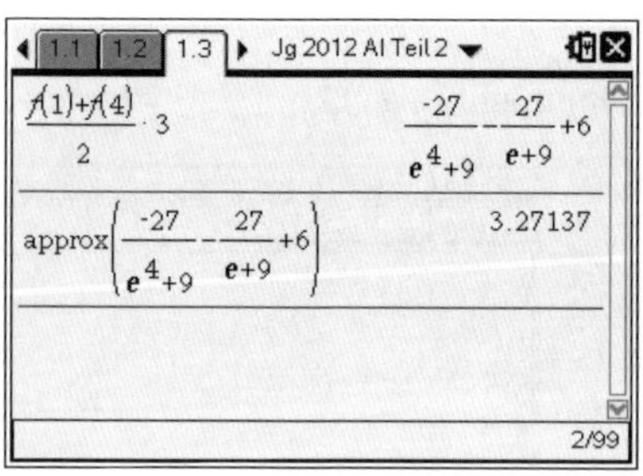

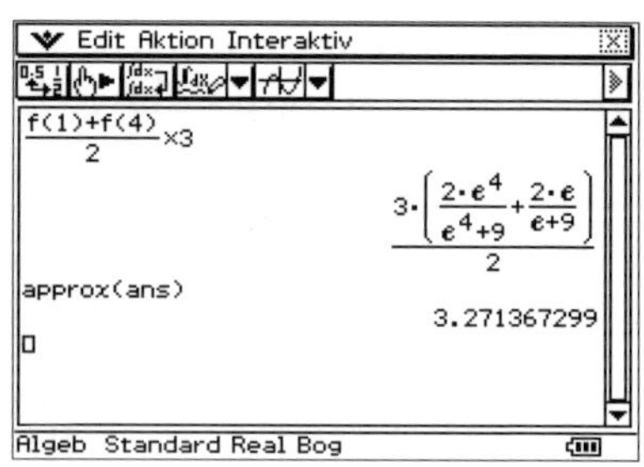

Der exakte Wert entspricht dem bestimmten Integral $\int_1^4 f(x)\,dx$.

CAS: Als prozentuale Abweichung erhält man etwa 3 %.

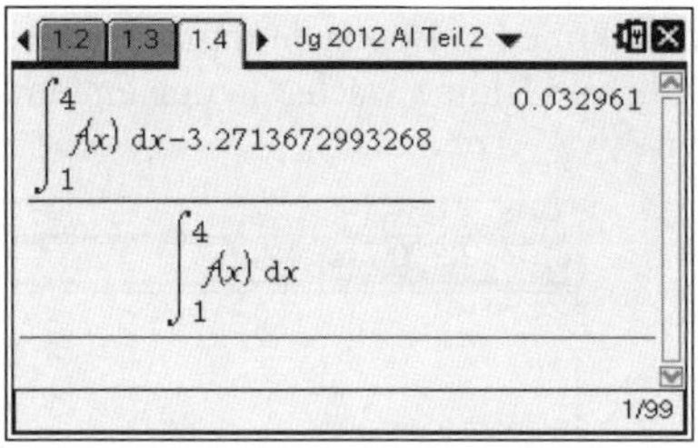

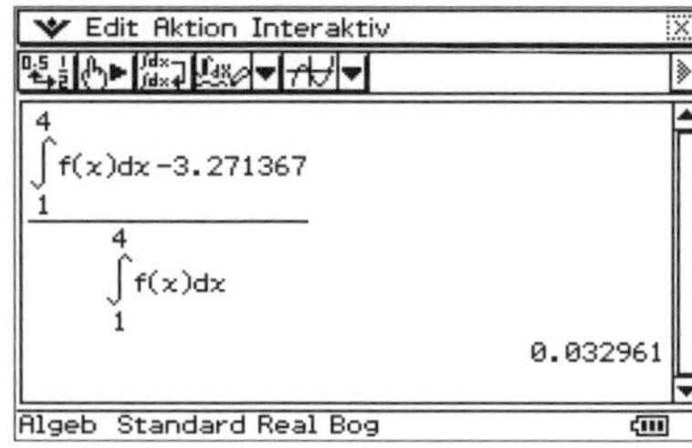

e) Wegen der strengen Monotonie (vgl. Teilaufgabe 1 c) ist f umkehrbar.
Der Definitionsbereich der Umkehrfunktion ist der Wertebereich von f (siehe Teilaufgabe 1 b) und umgekehrt, also:

$\mathbb{D}_{f^{-1}} =]0; 2[$

$\mathbb{W}_{f^{-1}} = \mathbb{R}$

Zum Zeichnen nutzt man die Symmetrie zur Geraden y = x aus.

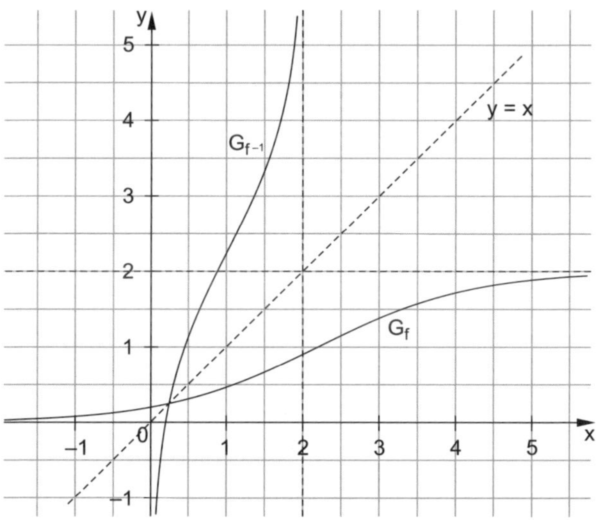

Anmerkung: Mit dem CAS können Sie den Term der Umkehrfunktion berechnen und zeichnen lassen. Dies kann für das Einzeichnen in Abbildung 2, was explizit gefordert ist, unterstützend sein.

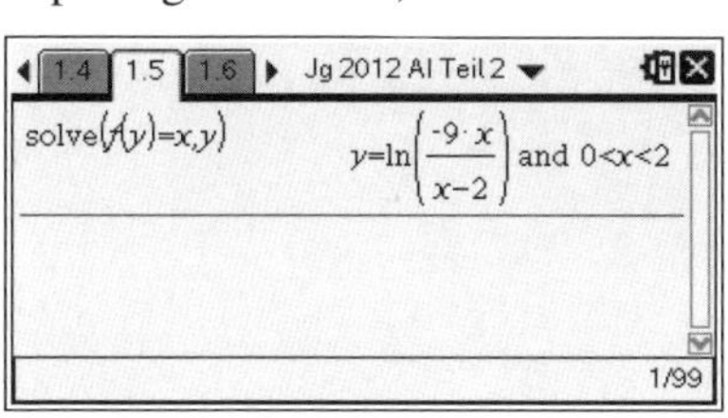

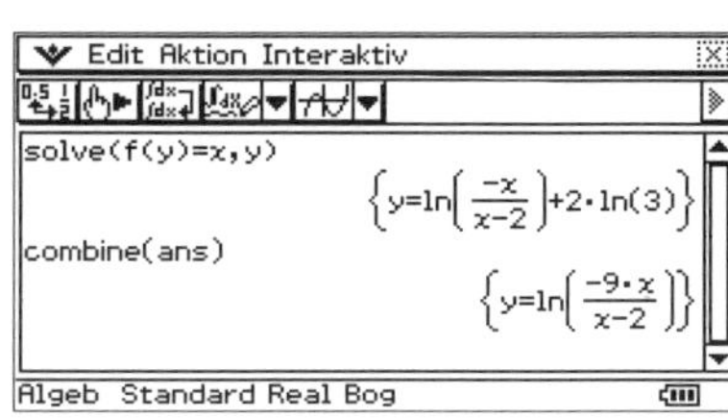

2. a) Zu berücksichtigen ist, dass die Sonnenblume bei Beobachtungsbeginn bereits eine Höhe aufweist (nämlich f(0)). D. h., die Blume wächst in den ersten zwei Monaten um f(2) – f(0) Meter, also um etwa 70 cm.

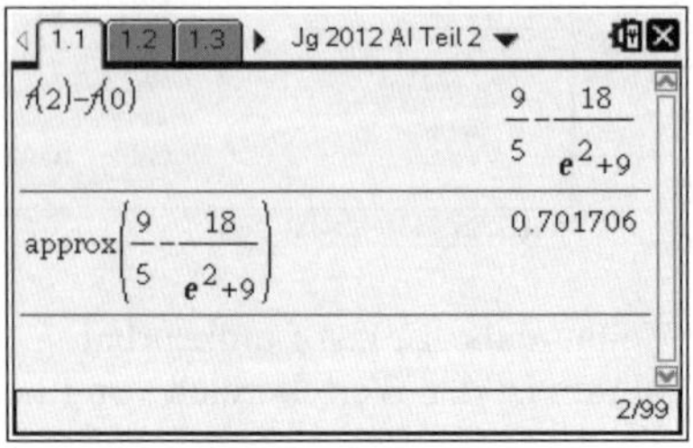

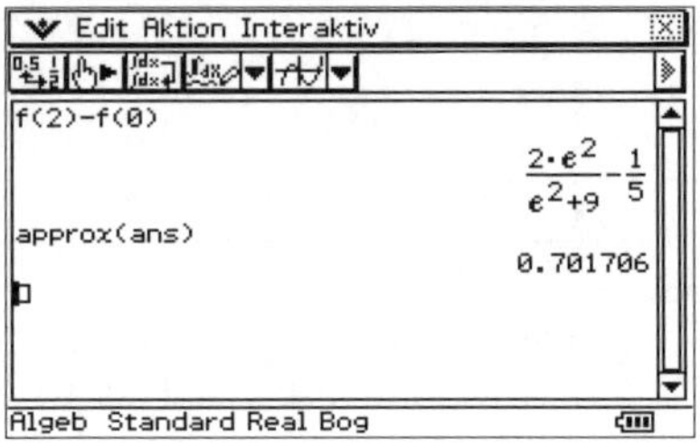

b) $f(x) = 1{,}5$

$$\frac{2e^x}{e^x + 9} = 1{,}5$$

$$2e^x = 1{,}5e^x + 13{,}5$$

$$0{,}5e^x = 13{,}5$$

$$e^x = 27$$

$$x = \ln 27$$

$$x \approx 3{,}3$$

Die Sonnenblume erreicht also etwa 3,3 Monate nach Beobachtungsbeginn eine Höhe von 1,5 Metern.

Grafisch ist 3,3 die x-Koordinate des Schnittpunktes von G_f mit der Geraden $y = 1{,}5$.

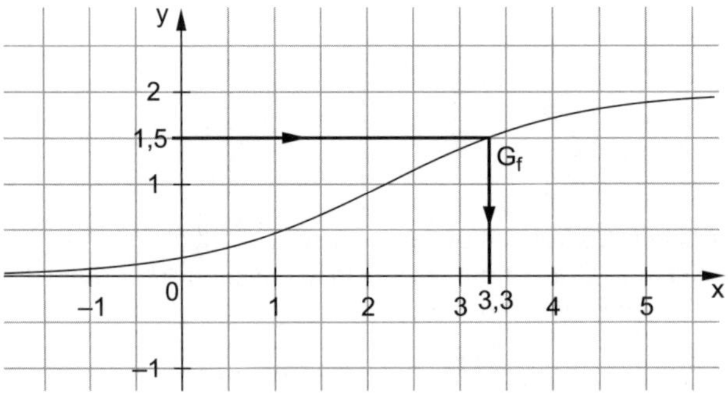

c) Der Punkt x_M liegt dort vor, wo maximales Wachstum vorliegt, d. h. wo die Ableitung maximal ist. Gesucht ist also der Wendepunkt, der sich mit dem CAS ermitteln lässt: $x \approx 2{,}2$

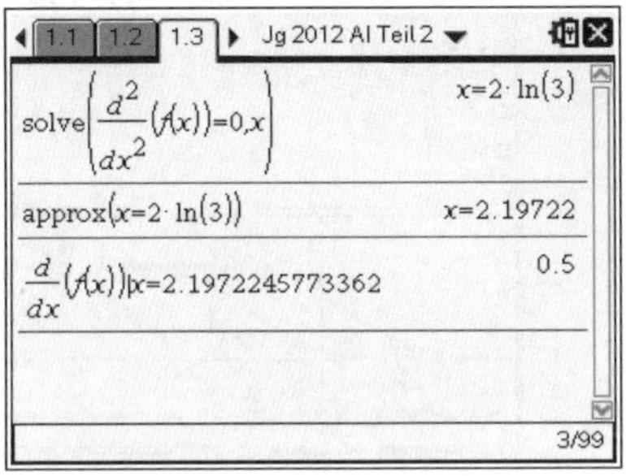

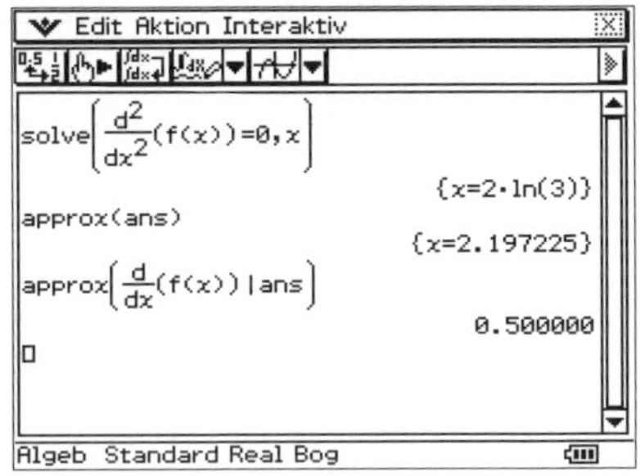

Die maximale Wachstumsrate beträgt wegen $f'(2{,}2) \approx 0{,}5$ also $\frac{1}{2} \frac{\text{m}}{\text{Monat}}$, woraus folgt:

$$\frac{1}{2} \cdot \frac{100\,\text{cm}}{30\,\text{Tage}} = \frac{5}{3} \frac{\text{cm}}{\text{Tag}}$$

Bemerkung: Ein Nachweis der Wendepunkteigenschaft (über Vorzeichenwechsel der zweiten Ableitung oder über den Wert der dritten Ableitung) war laut Aufgabenstellung nicht verlangt.

d) Zunächst ist die Gleichung der Tangente an G_f im Punkt S zu ermitteln. Dann schneidet man diese mit der x-Achse.

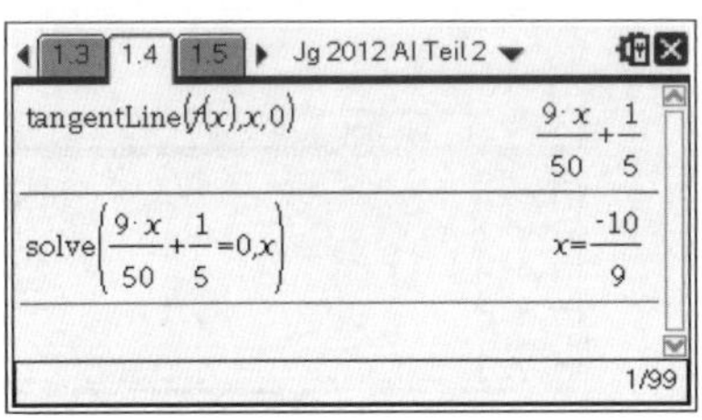

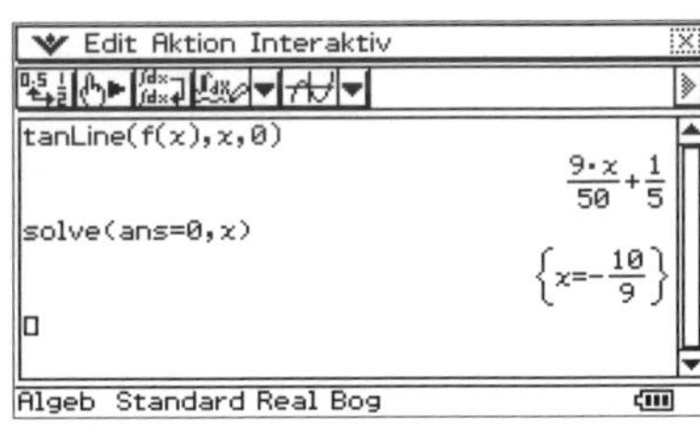

Mithilfe des CAS erhält man: $y = \frac{9}{50}x + \frac{1}{5}$

Diese Tangente schneidet die x-Achse bei: $-\frac{10}{9} \approx -1{,}1 \neq -0{,}5$

Dies steht also nicht in Einklang mit dem Zeitpunkt des Aufkeimens.

e) Gleichung I kommt nicht infrage, weil der Graph aus G_f durch Verschiebung um k $(k > 0)$ in negative x-Richtung hervorgeht. Die Blumen wären dann zu Beobachtungsbeginn $(x = 0)$ nicht gleich groß.

Gleichung II kommt nicht infrage, weil eine anfängliche gleiche Höhe nur mit $k = 1$ erreichbar wäre, was aber zu identischen Funktionstermen führen würde.

Anmerkung: Am CAS lassen sich Beispiele der angegebenen Funktionsterme zeichnen, um die Überlegungen zu unterstützen.

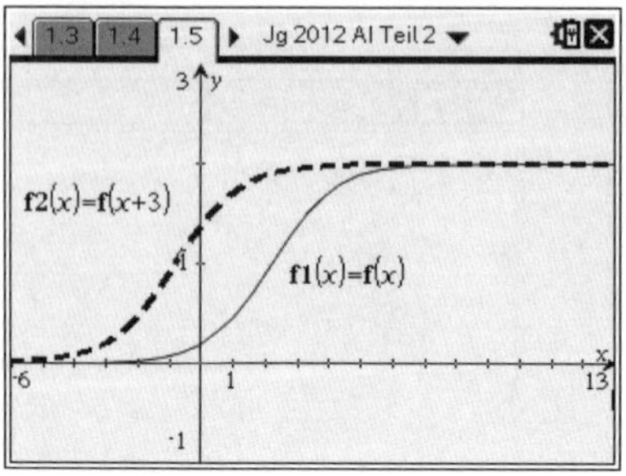

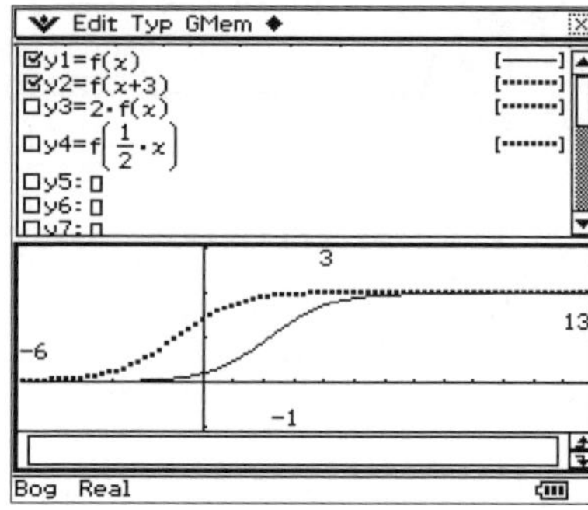

Beispiel für Gleichung I mit k = 3

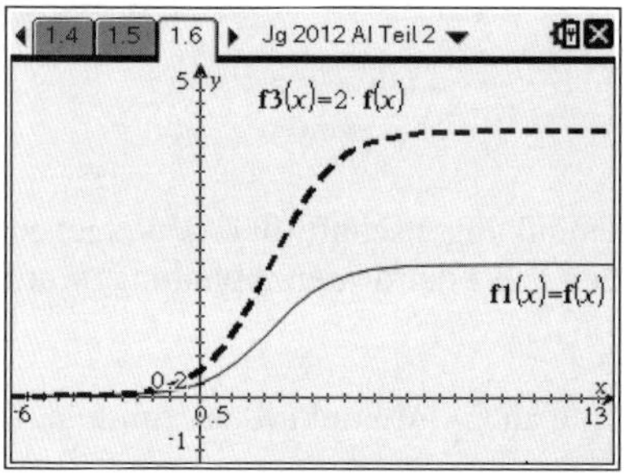

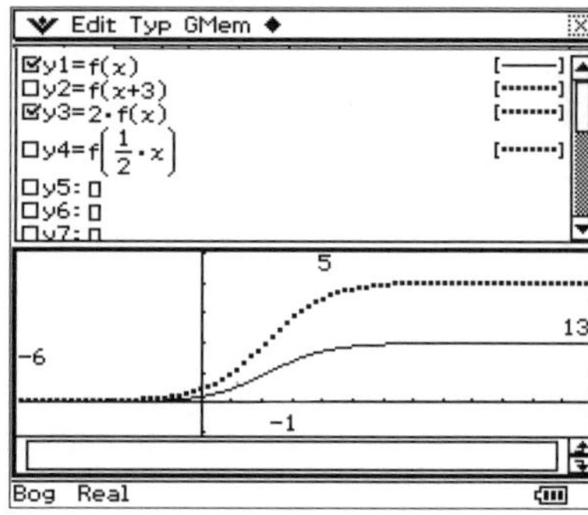

Beispiel für Gleichung II mit k = 2

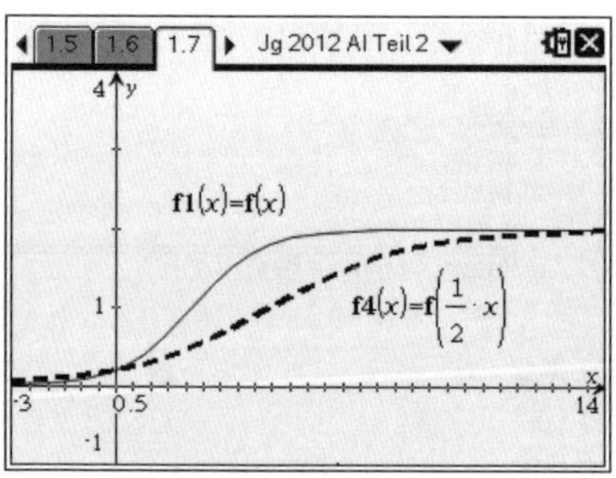

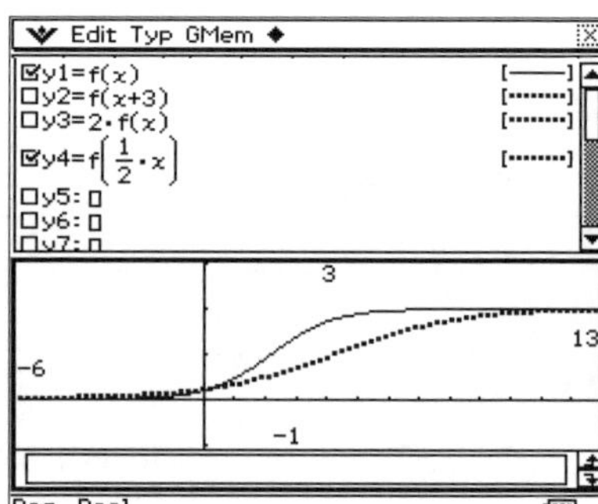

Beispiel für Gleichung III mit k = 0,5

f) Die Bedingung „in der Hälfte der Zeit“ kann man in die Gleichung f(2x) = g(x) übersetzen, woraus man k = 2 erhält.

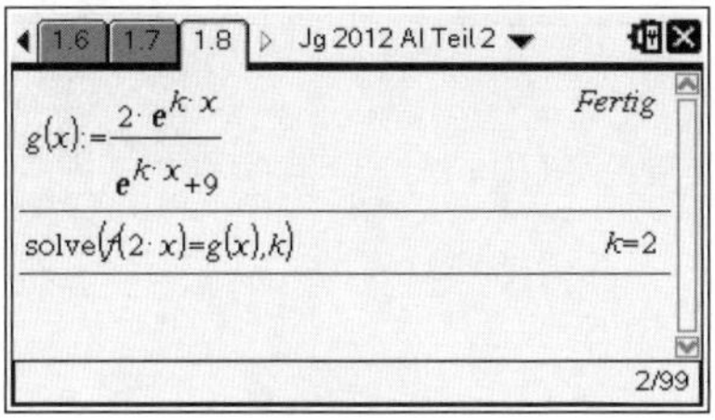

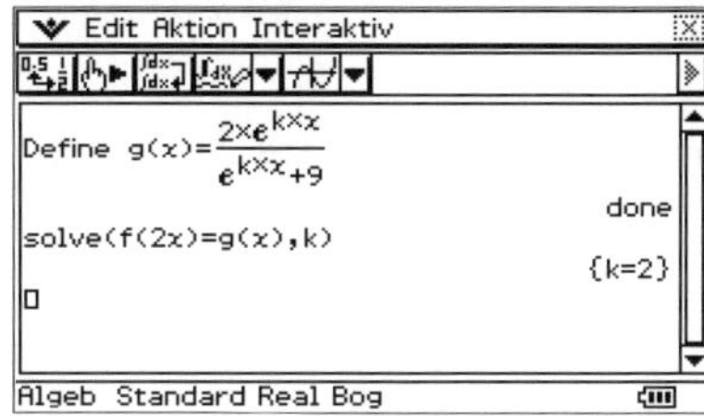

Abitur Mathematik (Bayern): Abiturprüfung 2012
Analysis II

Teil 1

BE

1. Gegeben ist die Funktion

$$f: x \mapsto \frac{2x+3}{x^2+4x+3}$$

mit maximaler Definitionsmenge $\mathbb{D}$. Bestimmen Sie $\mathbb{D}$ sowie die Nullstelle von f. 3

2. Gegeben ist die in $\mathbb{R}$ definierte Funktion

$$g: x \mapsto x \cdot e^{-2x}.$$

a) Bestimmen Sie die Koordinaten des Punktes, in dem der Graph von g eine waagrechte Tangente hat. 5

b) Geben Sie das Verhalten von g für $x \to -\infty$ und $x \to +\infty$ an. 2

3. Betrachtet wird die in $\mathbb{R}^+$ definierte Funktion

$$h: x \mapsto -\ln x + 3.$$

a) Geben Sie an, wie der Graph von h schrittweise aus dem Graphen der in $\mathbb{R}^+$ definierten Funktion $x \mapsto \ln x$ hervorgeht. 2

b) Bestimmen Sie die Gleichung der Tangente an den Graphen von h im Punkt $(1 \mid h(1))$. 4

4. a) Warum hat jede Integralfunktion mindestens eine Nullstelle? 1

b) Geben Sie den Term einer in $\mathbb{R}$ definierten Funktion f an, sodass die in $\mathbb{R}$ definierte Integralfunktion

$$F: x \mapsto \int_{-1}^{x} f(t)\,dt$$

genau zwei Nullstellen besitzt. Geben Sie die Nullstellen von F an. 3

20

Teil 2

BE

1. An einer Wand im Innenhof der von Antoni Gaudi gestalteten Casa Batlló in Barcelona findet man ein Keramikkunstwerk (vgl. Abbildung 1).
Der annähernd parabelförmige obere Rand des Kunstwerks soll durch den Graphen einer ganzrationalen Funktion modellhaft dargestellt werden. Auf dem Graphen sollen bei Verwendung des eingezeichneten Koordinatensystems die Punkte A(–2 | 0), B(2 | 0) und C(0 | 5) liegen (1 LE entspricht 1 m, d. h., das Kunstwerk ist 5 m hoch).

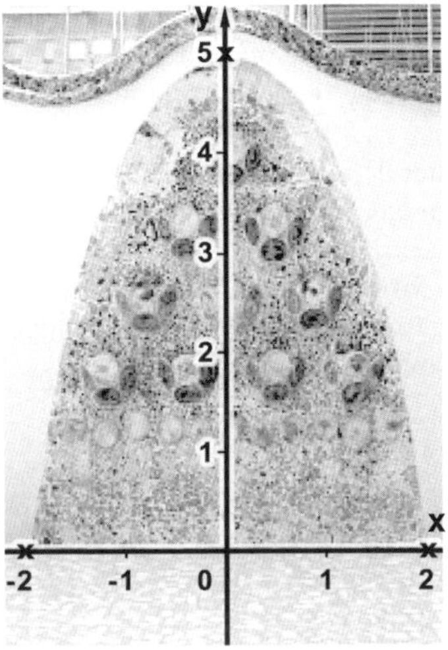

Abb. 1: Foto: Tony Hisgett, lizenziert unter cc-by-2.0

a) Ermitteln Sie den Term einer in $\mathbb{R}$ definierten quadratischen Funktion p, deren Graph durch die Punkte A, B und C verläuft.
[zur Kontrolle: $p(x) = -1{,}25x^2 + 5$] 3

Ein den oberen Rand des Kunstwerks genauer darstellendes Modell liefert der Graph der in $\mathbb{R}$ definierten ganzrationalen Funktion q vierten Grades mit $q(x) = -0{,}11x^4 - 0{,}81x^2 + 5$. Der Graph von q wird mit G_q bezeichnet.

b) Weisen Sie rechnerisch nach, dass G_q symmetrisch bezüglich der y-Achse ist, durch die Punkte A und B verläuft und genau einen Extrempunkt besitzt. 7

Abbildung 2 zeigt die Graphen von p und q.

c) Welcher der beiden dargestellten Graphen ist G_q? Begründen Sie Ihre Antwort. 2

d) Im Intervall]0; 2[gibt es eine Stelle x_0, an der der Wert der Differenz $d(x) = q(x) - p(x)$ maximal wird. Berechnen Sie x_0 sowie den Wert der zugehörigen Differenz. 5

e) Berechnen Sie mithilfe der Funktion q einen Näherungswert für den Flächeninhalt A des vom Kunstwerk eingenommenen Teils der Wand. 4

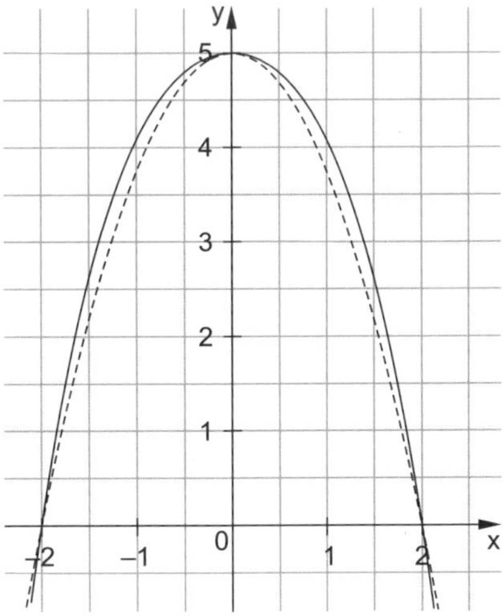

Abb. 2

f) Die Gerade mit der Gleichung y = 1,1 teilt im Modell den vom Kunstwerk eingenommenen Teil der Wand in zwei unterschiedlich gestaltete Bereiche. Beschreiben Sie, wie man mithilfe der Funktion q das Verhältnis der Flächeninhalte dieser beiden Bereiche näherungsweise bestimmen kann. Geben Sie dazu geeignete Ansätze an und kommentieren Sie diese. 4

2. Unter dem Wasserdurchfluss eines Bachs an einer bestimmten Stelle versteht man das Volumen des Wassers, das an dieser Stelle in einer bestimmten Zeit vorbeifließt. Die Funktion f beschreibt die zeitliche Entwicklung des Wasserdurchflusses eines Bachs an einer Messstelle, nachdem zum Zeitpunkt t = 0 eine bachaufwärts gelegene Schleuse geöffnet wurde. Abbildung 3 zeigt den Graphen G_f von f.

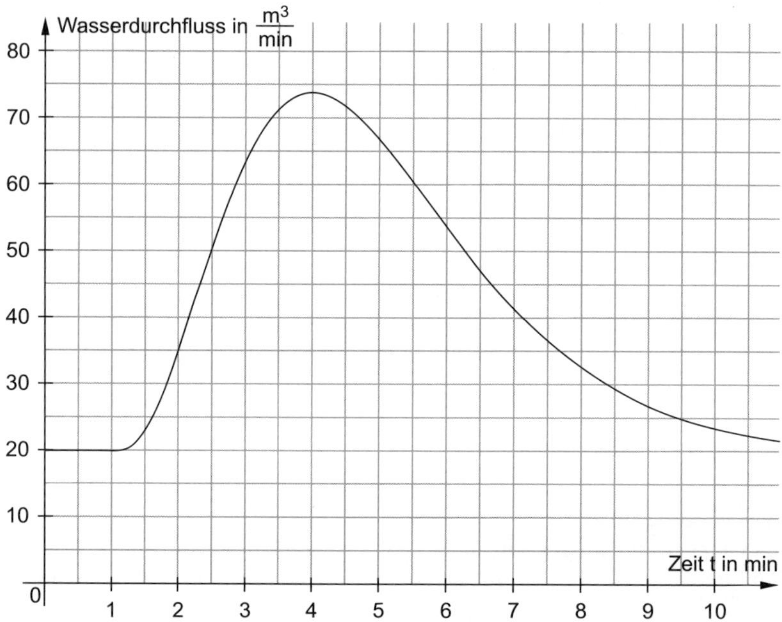

Abb. 3

a) Entnehmen Sie Abbildung 3 im Bereich t > 1 Näherungswerte für die Koordinaten des Hochpunkts sowie für die t-Koordinaten der beiden Wendepunkte von G_f und geben Sie unter Berücksichtigung dieser Näherungswerte die jeweilige Bedeutung der genannten Punkte im Sachzusammenhang an. 5

b) Bestimmen Sie $\int_1^4 f(t)\,dt$ näherungsweise mithilfe von Abbildung 3.

Deuten Sie den Wert des Integrals im Sachzusammenhang. 5

c) Bestimmen Sie mithilfe von G_f für $t=4$ und $t=3$ jeweils einen Näherungswert für die mittlere Änderungsrate von f im Zeitintervall [2; t]. Veranschaulichen Sie Ihr Vorgehen in Abbildung 3 durch geeignete Steigungsdreiecke. Welche Bedeutung hat der Grenzwert der mittleren Änderungsraten für $t \to 2$ im Sachzusammenhang? 5

40

Tipps und Hinweise: Analysis II

Teil 1

Aufgabe 1

- Um welche Art von Funktion handelt es sich?
- Was darf bei einem Bruch nie passieren?
- Division durch null ist nicht definiert.
- Für welche x-Werte hat der Nenner den Wert null?
- Die Merkhilfe liefert die Lösungsformel für quadratische Gleichungen.
- Ein Bruch hat den Wert null, wenn der Zähler den Wert null hat.

Aufgabe 2 a

- Welche Steigung besitzt eine waagrechte Tangente?
- Die Tangentensteigung wird durch die 1. Ableitung angegeben (siehe Merkhilfe).
- Beachten Sie beim Ableiten die Produktregel und denken Sie an die Kettenregel (nachdifferenzieren).
- Lösen Sie die Gleichung $g'(x) = 0$ nach x auf. Bedenken Sie, dass $e^x > 0$ für $x \in \mathbb{R}$ gilt.
- Gefragt ist nach den Punktkoordinaten. Sie müssen also auch den zugehörigen y-Wert berechnen.

Aufgabe 2 b

- Beachten Sie: $\lim\limits_{x \to +\infty} e^x = +\infty$ und $\lim\limits_{x \to -\infty} e^x = 0$
- Die Rechenregeln für Potenzen finden Sie in Ihrer Merkhilfe.
- Formen Sie den Term $x \cdot e^{-2x}$ entsprechend um.
- Der Grenzwert $\lim\limits_{x \to +\infty} \frac{x}{e^x} = 0$ steht in Ihrer Merkhilfe.

Aufgabe 3 a

- Es gilt:

$f(x) + a$	Verschiebung um a in y-Richtung
$f(x + a)$	Verschiebung um –a in x-Richtung
$a \cdot f(x)$	Dehnung/Stauchung in y-Richtung
$f(ax)$	Dehnung/Stauchung in x-Richtung
$-f(x)$	Spiegelung an der x-Achse
$f(-x)$	Spiegelung an der y-Achse

- Wie geht der Graph von $g(x) = -\ln x$ aus dem Graphen von $f(x) = \ln x$ hervor?
- Wie geht der Graph von $h(x) = -\ln x + 3$ aus dem Graphen von $g(x) = -\ln x$ hervor?

Aufgabe 3 b

Jede Tangente hat als Gerade die allgemeine Gleichung $y = mx + t$.

Die Steigung der Tangente ergibt sich mithilfe der 1. Ableitung (siehe Merkhilfe).

Einsetzen von Steigung und Punktkoordinaten (berechnen Sie dazu h(1)) in die allgemeine Geradengleichung liefert den Achsenabschnitt t.

Aufgabe 4 a

Für die Berechnung bestimmter Integrale gilt:

$\int_a^b f(x)\,dx = F(b) - F(a)$ (siehe Merkhilfe)

$\int_a^a f(x)\,dx = F(a) - F(a) = 0$

Aufgabe 4 b

Welcher Art von Funktion muss F angehören, um genau zwei Nullstellen zu besitzen?

Welche Art von Funktion muss f(t) sein, wenn die zugehörige Integralfunktion quadratisch ist?

Wie lautet die Gleichung der einfachsten linearen Funktion?

Bestimmen Sie die zugehörige Integralfunktion mit der unteren Grenze –1.

Berechnen Sie die entsprechenden Nullstellen.

oder:

Zeichnen Sie die lineare Funktion sowie die Gerade $x = -1$.

Welche Parallele zu $x = -1$ müssen Sie wählen, damit die eingeschlossenen Teilflächen oberhalb und unterhalb der x-Achse gleich groß sind?

Teil 2

Aufgabe 1 a

Wie lautet die allgemeine Gleichung einer quadratischen Funktion?

Jeder Punkt, der auf dem Graphen einer Funktion liegt, muss die Funktionsgleichung erfüllen.

Lösen Sie das Gleichungssystem aus drei Gleichungen mit drei Unbekannten.

oder:

Wie lautet die allgemeine Scheitelform einer Parabel?

- Setzen Sie die Koordinaten des Scheitelpunkts C und eines weiteren Kurvenpunkts (z. B. A) ein.
- Berechnen Sie die Unbekannte.

oder:

- Der Grafik lässt sich entnehmen, dass die Parabel nach unten geöffnet ist, achsensymmetrisch zur y-Achse verläuft und ihren Scheitel in C hat und durch A und B verläuft.
- Es handelt sich also um eine an der x-Achse gespiegelte, in x-Richtung gestreckte und um 5 Einheiten in positive y-Richtung verschobene Normalparabel.
- Geben Sie die entsprechende Funktionsgleichung an und setzen Sie zur Berechnung der Unbekannten A oder B ein.

Aufgabe 1 b

- Ist der Graph einer Funktion symmetrisch zur y-Achse, so muss gelten: $f(-x)=f(x)$
- Jeder Punkt, der auf dem Graphen einer Funktion liegt, muss die Funktionsgleichung erfüllen.
- Beachten Sie die Ableitungsregel in der Merkhilfe.
- Bedingung für einen Extremwert: $f'(x)=0$ (siehe Merkhilfe)

Aufgabe 1 c

- Abbildung 2 ist zu entnehmen, dass der gestrichelte Graph in]–2; 0[und]0; 2[unterhalb des durchgezogenen Graphen verläuft.
- Wählen Sie einen x-Wert aus]0; 2[(oder auch]–2; 0[) und berechnen Sie den zugehörigen Funktionswert sowohl für p(x) als auch für q(x).
- Vergleichen Sie die beiden Funktionswerte.

Aufgabe 1 d

- Setzen Sie q(x) und p(x) in d(x) ein und vereinfachen Sie den Term.
- d(x) besitzt für x_0 ein Maximum, wenn $d'(x_0)=0$ und $d''(x_0)<0$ gilt (s. Merkhilfe).
- Es ist auch nach dem Wert $d(x_0)$ gefragt.

Aufgabe 1 e

- Der Flächeninhalt lässt sich mithilfe eines bestimmten Integrals berechnen.
- Beachten Sie die Symmetrie der Fläche – das erleichtert das Rechnen.
- Die Formel zur Bestimmung der Stammfunktion finden Sie in der Merkhilfe.
- In welcher Einheit ergibt sich die Fläche? Beachten Sie die vorgegebene Längeneinheit.

Aufgabe 1 f

- Welcher Zusammenhang besteht zwischen den beiden Teilflächen und der in Teilaufgabe 1 e berechneten Fläche?
- Welches Verhältnis ist gesucht?
- Wie lässt sich die obere Fläche berechnen?
- Wie ergeben sich die Integrationsgrenzen der oberen Fläche?
- Welcher Art ist die Gleichung $q(x)=1{,}1$?
- Wie löst man eine biquadratische Gleichung?

Aufgabe 2 a

- Die y-Koordinate des Hochpunkts gibt den maximalen Wasserdurchfluss an.
- Wendepunkte befinden sich dort, wo $f''(t)=0$ gilt, wo also $f'(t)$ extrem wird.
- Die 1. Ableitung gibt die Änderungsrate von f(x), hier also die Änderung des Wasserdurchflusses an.
- Steigt f(x), so wird der Wasserdurchfluss größer, fällt f(x), so wird der Wasserdurchfluss geringer.

Aufgabe 2 b

- Mithilfe des bestimmten Integrals wird eine Fläche ermittelt.
- Welche Wassermenge wird durch ein „Einheitsquadrat" (Einheit in x-Richtung: 2 Kästchen $\hat{=}$ 1 min; Einheit in y-Richtung: 2 Kästchen $\hat{=}$ $10\,\frac{m^3}{min}$) dargestellt?
- Wie viele komplette Einheitsquadrate sind in der Fläche enthalten?
- Wie lassen sich Teil-Einheitsquadrate näherungsweise zu kompletten Einheitsquadraten zusammenfügen?
- Welche Fläche ergibt sich insgesamt?
- Beschreiben Sie, in welchem Zeitraum die durch die Fläche dargestellte Wassermenge fließt.

Aufgabe 2 c

- Zeichnen Sie die beiden Steigungsdreiecke ein.
- Die Steigung m ergibt sich durch $m=\frac{\Delta y}{\Delta x}$, also dem Quotienten aus der Änderung der y-Werte durch die Änderung der x-Werte.
- Der Grenzwert ergibt die 1. Ableitung an der Stelle $t=2$ (siehe Merkhilfe).
- Die Tangentensteigung gibt die momentane Änderungsrate an.

Lösungen

Teil 1

1. $f(x) = \dfrac{2x+3}{x^2+4x+3}$

$x^2+4x+3=0 \;\Rightarrow\; x_{1/2} = \dfrac{-4 \pm \sqrt{16-4\cdot 1\cdot 3}}{2} = \dfrac{-4\pm 2}{2} \;\Rightarrow\; x_1=-1;\; x_2=-3$

$\mathbb{D} = \mathbb{R} \setminus \{-1; -3\}$

$f(x)=0 \;\Rightarrow\; 2x+3=0 \;\Rightarrow\;$ Nullstelle: $x = -\dfrac{3}{2}$

2. a) $g(x) = x \cdot e^{-2x}$ mit $\mathbb{D} = \mathbb{R}$

waagrechte Tangente $\Leftrightarrow$ $g'(x)=0$

$g'(x) = 1 \cdot e^{-2x} + x \cdot e^{-2x} \cdot (-2) = e^{-2x} \cdot (1-2x)$

$g'(x)=0 \;\Rightarrow\; 1-2x=0$ da $e^{-2x} > 0$ für $x \in \mathbb{R}$

$-2x = -1$

$x = \dfrac{1}{2}$

$g\left(\dfrac{1}{2}\right) = \dfrac{1}{2} \cdot e^{-2\cdot\frac{1}{2}} = \dfrac{1}{2} \cdot e^{-1} = \dfrac{1}{2e}$

Im Punkt $\left(\frac{1}{2} \;\middle|\; \frac{1}{2e}\right)$ hat der Graph von g eine waagrechte Tangente.

b) $\lim\limits_{x \to -\infty} x \cdot e^{-2x} = „-\infty \cdot \infty“ = -\infty$

$\lim\limits_{x \to +\infty} x \cdot e^{-2x} = \lim\limits_{x \to +\infty} \dfrac{x}{e^{2x}} = \lim\limits_{x \to +\infty} \dfrac{x}{e^x \cdot e^x} = \lim\limits_{x \to +\infty} \dfrac{x}{e^x} \cdot \dfrac{1}{e^x}$

$= \lim\limits_{x \to +\infty} \dfrac{x}{e^x} \cdot \lim\limits_{x \to +\infty} e^{-x} = 0 \cdot 0 = 0$ (siehe Merkhilfe)

3. a) $h(x) = -\ln x + 3$ mit $\mathbb{D} = \mathbb{R}^+$

Durch Spiegelung des Graphen von $f(x) = \ln x$ an der x-Achse entsteht der Graph von $g(x) = -\ln x$.

Durch Verschiebung des Graphen von $g(x) = -\ln x$ um 3 Einheiten in positive y-Richtung („nach oben“) erhält man den Graphen von $h(x) = -\ln x + 3$.

b) Tangente: $y = mx + t$

Steigung: $m = h'(1) \Rightarrow h'(x) = -\frac{1}{x} \Rightarrow h'(1) = -1$

Punkt: $h(1) = -\ln 1 + 3 = 0 + 3 = 3 \Rightarrow P(1 \mid 3)$

Steigung und Punkt eingesetzt, ergibt: $3 = -1 \cdot 1 + t \Rightarrow t = 4$

Tangente: $y = -x + 4$

4. a) Da $\int_a^a f(t)\,dt = 0$ gilt, ist bei jeder Integralfunktion die untere Integrationsgrenze eine Nullstelle.

b) $F(x) = \int_{-1}^{x} f(t)\,dt$

F(x) besitzt genau zwei Nullstellen, wenn F(x) eine quadratische Funktion ist (mit Scheitel unterhalb der x-Achse, falls nach oben geöffnet, bzw. mit Scheitel oberhalb der x-Achse, falls nach unten geöffnet).

Wenn F(x) eine quadratische Funktion sein soll, muss f(t) eine lineare Funktion sein. Einfachste Möglichkeit:

$f(t) = t$

Somit:

$$F(x) = \int_{-1}^{x} t\,dt = \left[\frac{1}{2}t^2\right]_{-1}^{x} = \frac{1}{2}x^2 - \frac{1}{2}$$

$\frac{1}{2}x^2 - \frac{1}{2} = 0 \Rightarrow x^2 = 1 \Rightarrow$ Nullstellen: $x_1 = -1,\ x_2 = 1$

oder grafisch:

$F(-1) = \int_{-1}^{-1} t\,dt = 0$

(siehe Teilaufgabe 4 a)

$F(1) = \int_{-1}^{1} t\,dt = 0$

(da Fläche oberhalb der x-Achse = Fläche unterhalb der x-Achse)

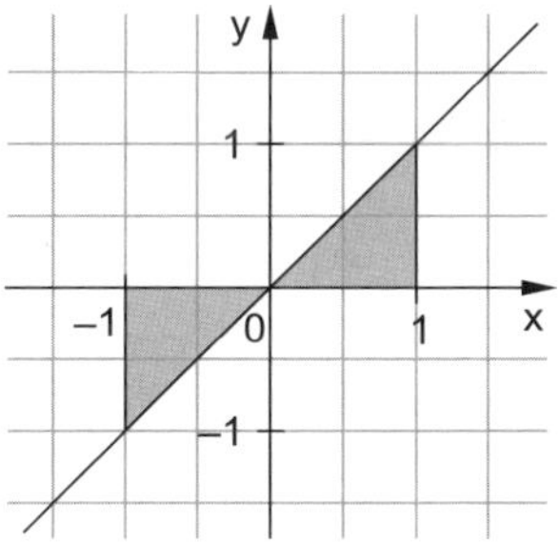

1. a) $p(x) = ax^2 + bx + c$

Einsetzen von A: $a \cdot (-2)^2 + b \cdot (-2) + c = 0 \quad \Rightarrow \quad \text{I} \quad 4a - 2b + c = 0$
Einsetzen von B: $a \cdot 2^2 + b \cdot 2 + c = 0 \quad \Rightarrow \quad \text{II} \quad 4a + 2b + c = 0$
Einsetzen von C: $a \cdot 0^2 + b \cdot 0 + c = 5 \quad \Rightarrow \quad \text{III} \quad c = 5$

I – II: $\quad -4b = 0 \quad \Rightarrow \quad b = 0$

b und c in I: $4a + 5 = 0 \quad \Rightarrow \quad a = -\frac{5}{4} = -1{,}25$

$p(x) = -\frac{5}{4}x^2 + 5 = -1{,}25x^2 + 5$

oder mit der Scheitelform:

$$\begin{aligned} p(x) &= a(x - x_S)^2 + y_S \\ &= a(x-0)^2 + 5 \\ &= ax^2 + 5 \end{aligned}$$

Einsetzen von A:

$0 = a \cdot (-2)^2 + 5 \quad \Rightarrow \quad 0 = 4a + 5 \quad \Rightarrow \quad a = -\frac{5}{4}$

$p(x) = -\frac{5}{4}x^2 + 5 = -1{,}25x^2 + 5$

oder mit der Grafik:

Der Graph von p(x) ist eine nach unten geöffnete Parabel, die den Scheitel im Punkt $C(0\,|\,5)$ hat (und damit achsensymmetrisch zur y-Achse ist).

$p(x) = ax^2 + 5$

Einsetzen von A:

$0 = a \cdot (-2)^2 + 5 \quad \Rightarrow \quad 0 = 4a + 5 \quad \Rightarrow \quad a = -\frac{5}{4}$

$p(x) = -\frac{5}{4}x^2 + 5 = -1{,}25x^2 + 5$

b) $q(x) = -0{,}11x^4 - 0{,}81x^2 + 5$

$q(-x) = -0{,}11(-x)^4 - 0{,}81(-x)^2 + 5 = -0{,}11x^4 - 0{,}81x^2 + 5 = q(x)$

$\Rightarrow$ G_q ist symmetrisch zur y-Achse.

oder:

G_q ist symmetrisch zur y-Achse, da q(x) nur geradzahlige Potenzen von x aufweist.

$q(-2) = -0{,}11 \cdot (-2)^4 - 0{,}81 \cdot (-2)^2 + 5 = -1{,}76 - 3{,}24 + 5 = 0 \quad \Rightarrow \quad A \in G_q$

$q(2) = -0{,}11 \cdot 2^4 - 0{,}81 \cdot 2^2 + 5 = -1{,}76 - 3{,}24 + 5 = 0 \quad \Rightarrow \quad B \in G_q$

oder:

$B \in G_q$, da q symmetrisch zur y-Achse und $A \in G_q$.

$q'(x) = -0{,}44x^3 - 1{,}62x$

$$q'(x) = 0 \;\Rightarrow\; -0{,}44x^3 - 1{,}62x = 0$$
$$x(-0{,}44x^2 - 1{,}62) = 0$$
$$\Rightarrow\; x_1 = 0 \quad \text{bzw.} \quad -0{,}44x^2 - 1{,}62 = 0$$
$$-0{,}44x^2 = 1{,}62$$
$$x^2 = -\frac{1{,}62}{0{,}44} \quad ↯ \; (\text{Quadrat} \geq 0!)$$

Somit besitzt G_q nur für $x = 0$ einen Extrempunkt, nämlich $(0 \,|\, 5)$.

Hinweis: Ein Nachweis der Art des Extremwerts ist nicht verlangt!

c) Im Intervall]0; 2[verläuft der gestrichelte Graph unterhalb des durchgezogenen Graphen. Man überprüft für ein x aus diesem Intervall, welcher Funktionswert kleiner ist.

$p(1) = -1{,}25 \cdot 1^2 + 5 = 3{,}75$

$q(1) = -0{,}11 \cdot 1^4 - 0{,}81 \cdot 1^2 + 5 = 4{,}08$

$\Rightarrow \; q(1) > p(1)$

G_q ist durch die durchgezogene Linie dargestellt.

d) $d(x) = q(x) - p(x) \quad \text{mit } x \in \;]0; 2[$

$$d(x) = -0{,}11x^4 - 0{,}81x^2 + 5 - (-1{,}25x^2 + 5)$$
$$= -0{,}11x^4 + 0{,}44x^2$$
$$= -0{,}11(x^4 - 4x^2)$$

d(x) ist extrem, wenn $d'(x) = 0$ gilt.

$d'(x) = -0{,}11(4x^3 - 8x)$

$$d'(x) = 0 \;\Rightarrow\; 4x^3 - 8x = 0$$
$$x(4x^2 - 8) = 0$$
$$\Rightarrow\; x_1 = 0 \notin \;]0; 2[\quad \text{bzw.} \quad 4x^2 - 8 = 0$$
$$x^2 = 2$$
$$x = \underset{(-)}{+}\sqrt{2}, \quad \text{nur } x = \sqrt{2}, \text{ da } x \in \;]0; 2[$$

Nachweis der Art des Extremums:

$d''(x) = -0{,}11(12x^2 - 8)$

$d''(\sqrt{2}) = -0{,}11(12 \cdot 2 - 8) < 0 \quad \Rightarrow \quad \text{für } x_0 = \sqrt{2} \text{ maximaler Wert}$

$d(\sqrt{2}) = -0{,}11(\sqrt{2}^4 - 4 \cdot \sqrt{2}^2) = -0{,}11 \cdot (4 - 8) = 0{,}44$

e) $A = \int_{-2}^{2} q(x)\,dx = 2 \cdot \int_{0}^{2} q(x)\,dx = 2 \cdot \int_{0}^{2} (-0{,}11x^4 - 0{,}81x^2 + 5)\,dx$

$$= 2 \cdot \left[-\frac{0{,}11}{5}x^5 - \frac{0{,}81}{3}x^3 + 5x\right]_0^2 = 2 \cdot [-0{,}022x^5 - 0{,}27x^3 + 5x]_0^2$$

$$= 2 \cdot [-0{,}022 \cdot 2^5 - 0{,}27 \cdot 2^3 + 5 \cdot 2 - 0] = 2 \cdot 7{,}136 = 14{,}272$$

Da die LE 1 m entspricht, beträgt die Fläche 14,272 m^2.

f) Die Parallele zur x-Achse $y = 1{,}1$ teilt die Fläche A (aus Teilaufgabe 1 e) in einen unteren Bereich A_1 und einen oberen Bereich A_2, wobei gilt:

$A_1 = A - A_2$

Das Verhältnis von oberer zu unterer Fläche berechnet sich somit zu:

$$\frac{A_2}{A_1} = \frac{A_2}{A - A_2}$$

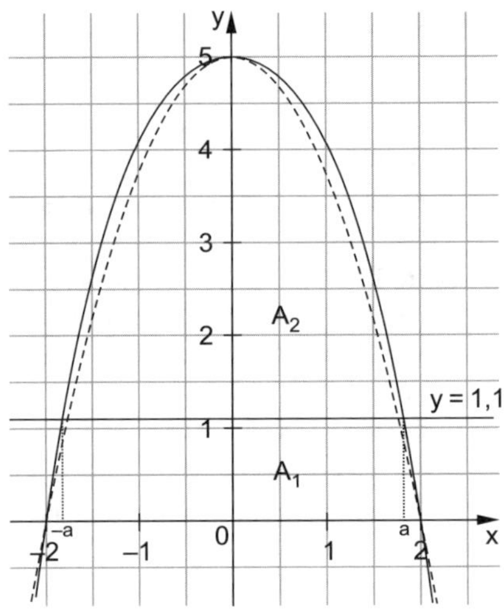

Um einen Näherungswert für dieses Verhältnis angeben zu können, benötigt man also die Größe der Fläche A_2. Es gilt:

$$A_2 = 2 \cdot \int_0^a (q(x) - 1{,}1)\,dx,$$

wobei a die positive Schnittstelle von q(x) mit der Geraden $y = 1{,}1$ ist.

$q(x) = 1{,}1 \quad \Rightarrow \quad -0{,}11x^4 - 0{,}81x^2 + 5 = 1{,}1$

$-0{,}11x^4 - 0{,}81x^2 + 3{,}9 = 0$

Substitution: $x^2 = z$

$-0{,}11z^2 - 0{,}81z + 3{,}9 = 0$

Man löst diese quadratische Gleichung mithilfe der Formel aus der Merkhilfe nach z auf. $z = x^2$ liefert dann die x-Werte.
a ist diejenige Lösung, für die $a > 0$ gilt.

oder:

Man gibt einen Näherungswert für das Verhältnis $\frac{A_2}{A_1} = \frac{A - A_1}{A_1}$ an, indem man A_1 durch eine Trapezfläche annähert.
Die große Parallele des Trapezes ist die Strecke zwischen A(–2 | 0) und B(2 | 0), hat also die Länge 4.

Die kleine Parallele des Trapezes ist die Strecke zwischen $(-a \mid 1{,}1)$ und $(a \mid 1{,}1)$, hat also die Länge 2a, wobei a die positive Schnittstelle von q(x) mit der Geraden $y = 1{,}1$ ist. a lässt sich wie im ersten Lösungsweg berechnen.
Die Höhe des Trapezes beträgt 1,1.

Somit ergibt sich: $A_1 = \frac{1}{2} \cdot (4 + 2a) \cdot 1{,}1$

2. a) Hochpunkt $(\approx 4 \mid \approx 74)$

4 Minuten nach Öffnen der Schleuse fließt an der Beobachtungsstelle die maximale Wassermenge pro Minute, nämlich $74\ \frac{m^3}{min}$ vorbei.

oder:

4 Minuten nach Öffnen der Schleuse ist der Wasserdurchfluss mit $74\ \frac{m^3}{min}$ an der Beobachtungsstelle maximal.

Wendepunkt 1 bei $t \approx 2{,}5$.
2,5 Minuten nach Öffnen der Schleuse steigt der Wasserdurchfluss an der Beobachtungsstelle am stärksten an.

Wendepunkt 2 bei $t \approx 5{,}8$.
5,8 Minuten nach Öffnen der Schleuse fällt der Wasserdurchfluss an der Beobachtungsstelle am stärksten ab.

b) $\int_1^4 f(t)\,dt \approx 143\ m^3$

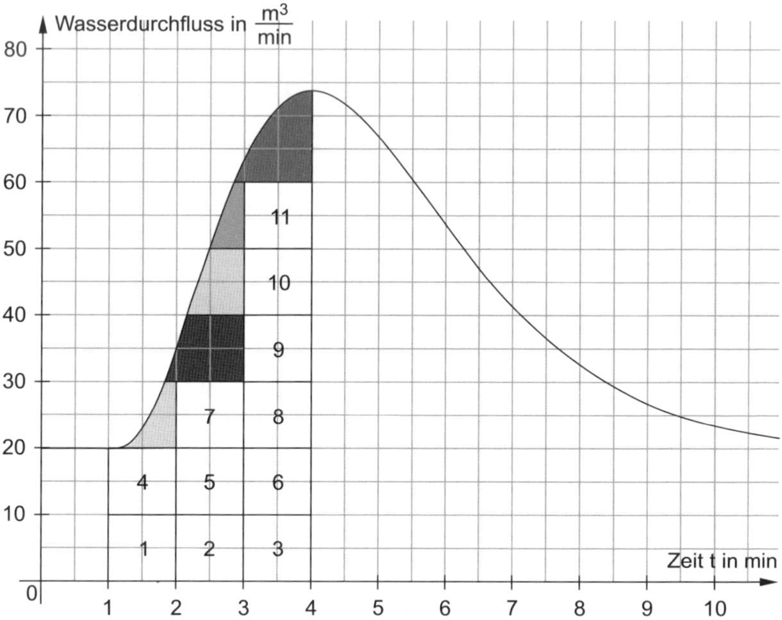

Jedes Quadrat aus 4 Kästchen liefert 10 m^3, da 2 Kästchen nach oben 10 $\frac{m^3}{min}$ und 2 Kästchen nach rechts 1 min darstellen. Es ergeben sich 11 vollständige Quadrate. Die Teilquadrate lassen sich entsprechend ihrer Einfärbung zu jeweils ungefähr einem Quadrat ergänzen ($\triangleq$ 3 weitere Quadrate). Es verbleibt ein Rest neben Quadrat 11.

Es vergeht 1 Minute nach Öffnen der Schleuse. In den folgenden 3 Minuten fließen ca. 143 m^3 Wasser an der Beobachtungsstelle vorbei.

c)

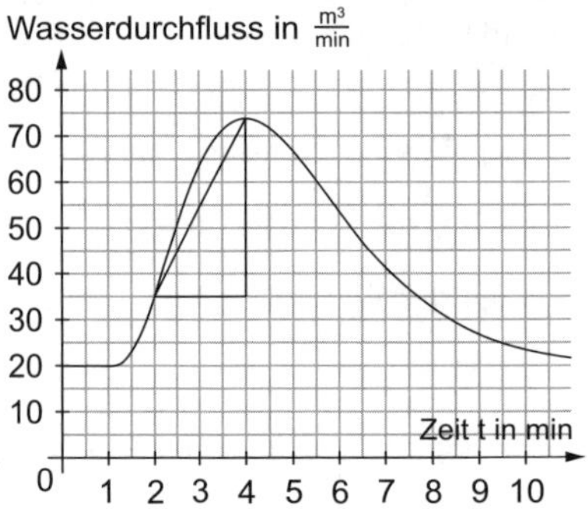

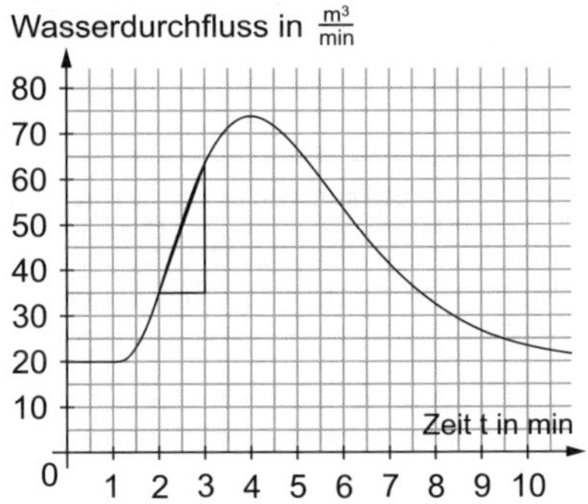

(2 | 35) (4 | 74)

(2 | 35) (3 | 63)

$$m = \frac{f(4) - f(2)}{4 - 2} \approx \frac{74 - 35}{4 - 2} = 19{,}5$$

$$m = \frac{f(3) - f(2)}{3 - 2} \approx \frac{63 - 35}{3 - 2} = 28$$

$\lim\limits_{t \to 2} = \frac{f(t) - f(2)}{t - 2}$ beschreibt die Steigung der Tangente im Punkt $P(2 \mid f(2) \approx 35)$

und somit die momentane Änderungsrate des Wasserdurchflusses an der Beobachtungsstelle 2 Minuten nach Öffnen der Schleuse.

Abitur Mathematik (Bayern): Abiturprüfung 2012
Analysis II mit CAS

Teil 1

BE

1. Gegeben ist die in $\mathbb{R}$ definierte Funktion

   $f\colon x \mapsto x \cdot e^{-2x}$.

   Bestimmen Sie schrittweise und nachvollziehbar die Koordinaten des Punktes, in dem der Graph von f eine waagrechte Tangente hat. 5

2. Geben Sie den Term einer gebrochen-rationalen Funktion g an, die bei $x=-2$ eine Polstelle mit Vorzeichenwechsel, bei $x=1$ eine Polstelle ohne Vorzeichenwechsel sowie bei $x=3$ eine doppelte Nullstelle besitzt und deren Graph durch den Punkt $(2\,|\,1)$ verläuft. 4

3. Betrachtet wird die in $\mathbb{R}^+$ definierte Funktion

   $h\colon x \mapsto -\ln x + 3$.

   a) Geben Sie an, wie der Graph von h schrittweise aus dem Graphen der in $\mathbb{R}^+$ definierten Funktion $x \mapsto \ln x$ hervorgeht. 2

   b) Überprüfen Sie rechnerisch, ob die Gerade mit der Gleichung $y=-x+4$ eine Tangente an den Graphen von h ist. 3

4. Begründen Sie, ohne zu rechnen, dass $\int_{-2}^{4} (x \cdot \cos x)\,dx = \int_{2}^{4} (x \cdot \cos x)\,dx$ gilt. 3

5. Geben Sie den Term einer in $\mathbb{R}$ definierten Funktion f an, sodass die in $\mathbb{R}$ definierte Integralfunktion

   $F\colon x \mapsto \int_{-1}^{x} f(t)\,dt$

   genau zwei Nullstellen besitzt. Geben Sie die Nullstellen von F an. 3

   20

BE

1. An einer Wand im Innenhof der von Antoni Gaudi gestalteten Casa Batlló in Barcelona findet man ein Keramikkunstwerk (vgl. Abbildung 1). Der annähernd parabelförmige obere Rand des Kunstwerks soll durch den Graphen einer Funktion modellhaft dargestellt werden. Der Graph soll bei Verwendung des eingezeichneten Koordinatensystems symmetrisch bezüglich der y-Achse sein und durch die Punkte $A(2|0)$ und $B(0|5)$ verlaufen (1 LE entspricht 1 m, d. h., das Kunstwerk ist 5 m hoch).

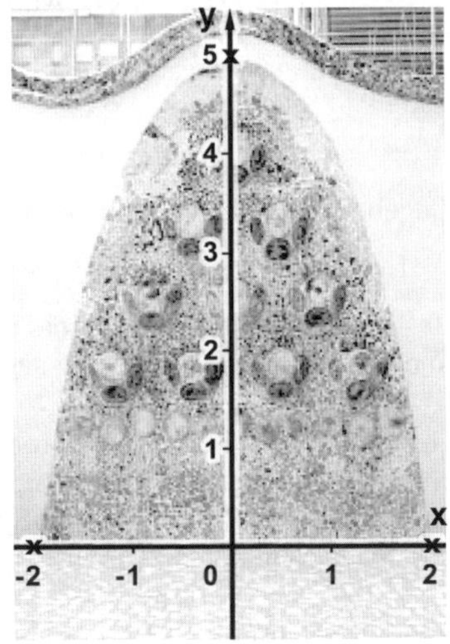

Abb. 1

a) Der obere Rand des Kunstwerks soll zunächst durch den Graphen einer in $\mathbb{R}$ definierten ganzrationalen Funktion q modellhaft dargestellt werden. Die Steigung des Graphen G_q von q im Punkt A soll $-6{,}76$ betragen. Geben Sie den Funktionsterm von q in der Form

$$q(x) = ax^4 + bx^3 + cx^2 + dx + e$$

an; bestimmen Sie dazu passende Werte für $a, b, c, d, e \in \mathbb{R}$. [zur Kontrolle: $q(x) = -0{,}11x^4 - 0{,}81x^2 + 5$] 5

b) Zeigen Sie mithilfe des Funktionsterms von q schrittweise und nachvollziehbar, dass G_q genau einen Extrempunkt besitzt. 4

c) Die Gerade g verläuft parallel zur x-Achse und teilt im Modell den vom Kunstwerk eingenommenen Teil der Wand in zwei unterschiedlich gestaltete Bereiche. Der Anteil des Flächeninhalts des oberen Bereichs am Flächeninhalt des gesamten vom Kunstwerk eingenommenen Teils der Wand beträgt 71,5 %. Der Punkt $D(a|q(a))$ ist der Schnittpunkt von G_q und g im I. Quadranten. Ermitteln Sie einen Näherungswert für a und bestimmen Sie näherungsweise eine Gleichung von g. 6

Stellt man den oberen Rand des Kunstwerks modellhaft durch den Graphen einer in $\mathbb{R}$ definierten quadratischen Funktion p dar, so ergibt sich der Term $p(x) = -1{,}25\,x^2 + 5$. Der Graph von p wird mit G_p bezeichnet.

d) Begründen Sie mithilfe der Funktionsterme von p und q, dass G_p und G_q genau drei gemeinsame Punkte besitzen. Für welche Werte $x \in \mathbb{R}$ verläuft G_q oberhalb von G_p? 4

e) Im Intervall]0; 2[gibt es eine Stelle x_0, an der der Wert der Differenz $d(x) = q(x) - p(x)$ maximal wird. Berechnen Sie x_0 sowie den Wert der zugehörigen Differenz. 3

f) Der obere Rand des Kunstwerks kann modellhaft auch durch den Graphen einer in [–2; 2] definierten Funktion $f\colon x \mapsto a\sin(b \cdot (x + c))$ dargestellt werden. Geben Sie passende Werte für $a, b, c \in \mathbb{R}$ an. 3

2. Unter dem Wasserdurchfluss eines Bachs an einer bestimmten Stelle versteht man das Volumen des Wassers, das an dieser Stelle in einer bestimmten Zeit vorbeifließt. Die Funktion f beschreibt die zeitliche Entwicklung des Wasserdurchflusses eines Bachs an einer Messstelle, nachdem zum Zeitpunkt $t = 0$ eine bachaufwärts gelegene Schleuse geöffnet wurde. Abbildung 2 zeigt den Graphen G_f von f.

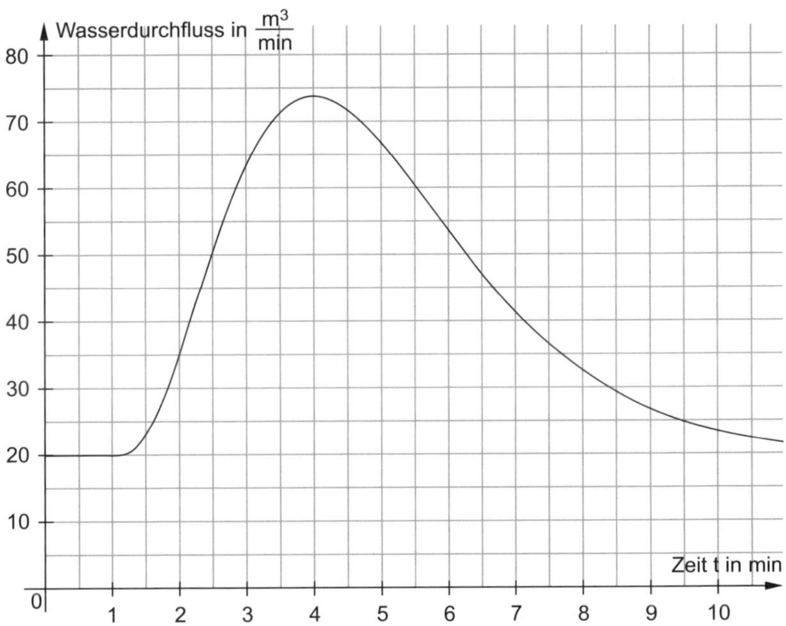

Abb. 2

a) Entnehmen Sie Abbildung 2 im Bereich $t > 1$ Näherungswerte für die Koordinaten des Hochpunkts sowie für die t-Koordinaten der beiden Wendepunkte von G_f und geben Sie unter Berücksichtigung dieser Näherungswerte die jeweilige Bedeutung der genannten Punkte im Sachzusammenhang an. 5

b) Bestimmen Sie $\int_1^4 f(t)\,dt$ näherungsweise mithilfe von Abbildung 2.

Deuten Sie den Wert des Integrals im Sachzusammenhang. 5

c) Bestimmen Sie mithilfe von G_f für $t=4$ und $t=3$ jeweils einen Näherungswert für die mittlere Änderungsrate von f im Zeitintervall [2; t]. Veranschaulichen Sie Ihr Vorgehen in Abbildung 2 durch geeignete Steigungsdreiecke. Welche Bedeutung hat der Grenzwert der mittleren Änderungsraten für $t \to 2$ im Sachzusammenhang? 5

40

Teil 1

Aufgabe 1

- „Schrittweise und nachvollziehbar" bedeutet, dass der Lösungsweg in nachvollziehbaren Schritten dokumentiert werden muss. Wird das CAS verwendet, so ist zu kennzeichnen, bei welchen Schritten es verwendet worden ist.
- Eine waagrechte Tangente hat die Steigung null, also ist dort die Ableitung null.

Aufgabe 2

- An Polstellen hat die vollständig gekürzte Darstellung der gebrochen-rationalen Funktion im Nenner eine Nullstelle.
- Ein Vorzeichenwechsel lässt sich mit linearen Faktoren oder Potenzen ungeraden Grades erzeugen. Bei geradem Grad liegt kein Vorzeichenwechsel vor.
- Mehrfache Nullstellen erkennt man an Faktoren mit Exponenten größer als 1.

Aufgabe 3 a

- $-f(x)$ anstelle von $f(x)$ ist eine Spiegelung an der x-Achse.
- $f(x)+a$ verschiebt den Graphen in y-Richtung.

Aufgabe 3 b

- Ist eine Gerade Tangente an einen Graphen, so hat die Gerade im Berührpunkt dieselbe Steigung wie der Graph.
- Achtung: Zu prüfen, ob die Gerade nur einen einzigen Schnittpunkt mit dem Graphen hat, reicht **nicht** aus, da man damit nicht auf eine Tangente schließen kann.

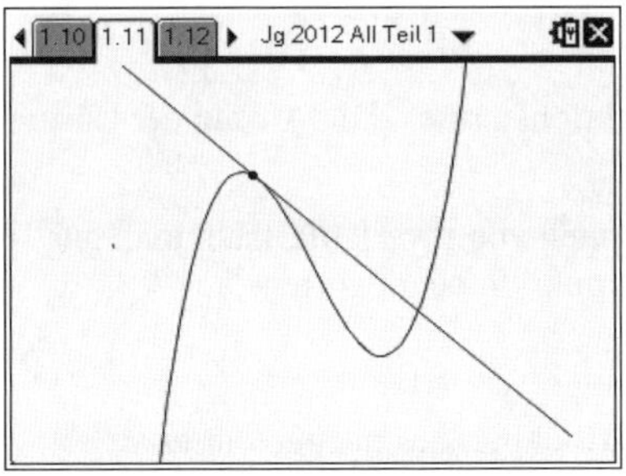

Tangente, aber mehrere Schnittpunkte

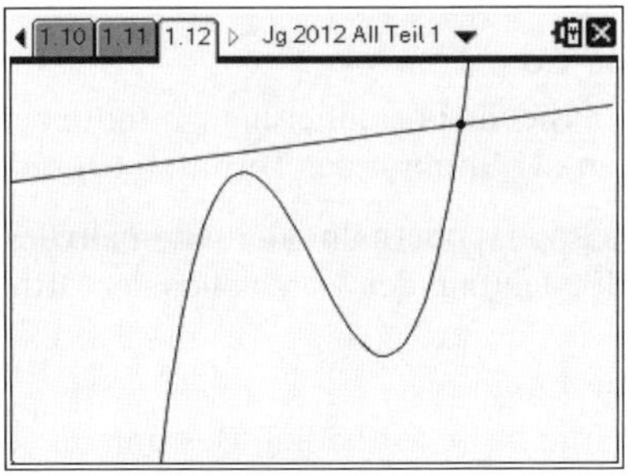

keine Tangente, aber genau einen Schnittpunkt

Aufgabe 4

- Da das Integrieren grafisch als Bilden einer Flächenbilanz gedeutet werden kann, kann es also auftreten, dass sich Teile von Flächen im Wert gegenseitig aufheben.

Aufgabe 5

- Eine Integralfunktion hat an der unteren Integrationsgrenze stets eine Nullstelle, die gesuchte Integralfunktion muss also noch genau eine weitere haben.
- Strenge Monotonie „verhindert" das Auftreten weiterer Flächenbilanzen.

Teil 2

Aufgabe 1 a

- Graphen von Polynomfunktionen sind symmetrisch zur y-Achse, wenn nur gerade Potenzen der Funktionsvariablen auftreten, d. h., $b=d=0$.
- Gleichungssysteme lassen sich schnell mit dem CAS lösen.

Aufgabe 1 b

- Hier reichen Ausgaben des CAS, die z. B. auf Eingaben wie „solve(d/dx f(x)=0,x)" beruhen, nicht aus, da explizit der Term der Funktion verwendet werden soll.
- Bei einer Extremstelle ist die erste Ableitung null.

Aufgabe 1 c

- Flächen zwischen zwei Graphen werden berechnet, indem man über die Differenzfunktion zwischen den Schnittpunkten der Graphen integriert.
- Der Aufgabentext enthält implizit den Hinweis, dass man die Parallele zur x-Achse, die durch den Punkt $D(a\,|\,q(a))$ verläuft, in der Form $y=q(a)$ ansetzen soll.

Aufgabe 1 d

- Beachten Sie die Formulierung „mithilfe der Funktionsterme". Die Anzahl der Lösungen ist an der Struktur der Terme zu begründen.
- Ob der Graph q oberhalb oder unterhalb des Graphen von p verläuft, kann man gut durch Betrachtung der Vorzeichen der Differenzfunktion beantworten.

Aufgabe 1 e

- Ein Maximalwert wird durch Bestimmung eines Hochpunktes nachgewiesen.
- Die Angabe des Intervalls]0; 2[kann dazu genutzt werden, den betrachteten Bereich bei Verwendung entsprechender Funktionalitäten des CAS einzuschränken.

Aufgabe 1 f

- a ist die Amplitude von $f(x) = a \cdot \sin(x)$.
- $\frac{2\pi}{b}$ ist die Periodendauer einer Funktion $g(x) = \sin(bx)$.
- Der Graph von $h(x) = \sin(x + c)$ ist verglichen mit dem von $\sin x$ um $-c$ in x-Richtung verschoben.
- Ein Gleichungssystem ist nicht zielführend, weil z. B. die Bedingung $f(2) = 0$ aufgrund der Periodizität zu unendlich vielen Lösungen führen würde.

Aufgabe 2 a

- Am Wendepunkt ist das Änderungsverhalten einer Funktion maximal.

Aufgabe 2 b

- Der Wert des bestimmten Integrals lässt sich als Flächeninhalt deuten.
- Betrachtet man die Einheiten, so ergibt sich aus $\frac{m^3}{min} \cdot min = m^3$ ein Hinweis auf die Deutung im Sachzusammenhang.

Aufgabe 2 c

- Die mittlere Änderungsrate lässt sich grafisch als Steigung einer Sekante veranschaulichen.
- Der Grenzwert der mittleren Änderungsrate ist die momentane Änderungsrate.

Lösungen

Teil 1

1. Waagrechte Tangenten liegen dort vor, wo die erste Ableitung null ist.

   CAS: $f'(x) = (1-2x) \cdot e^{-2x}$

   $f'(x) = 0 \;\Rightarrow\; x = 0{,}5$

   Der gesuchte Punkt ist $\left(\frac{1}{2} \,\middle|\, \frac{1}{2e}\right)$.

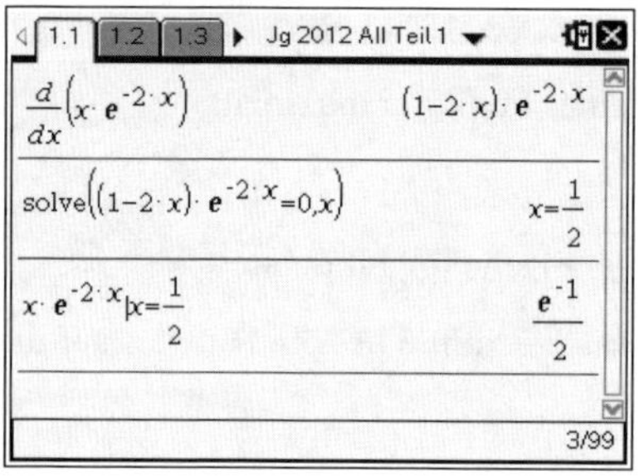

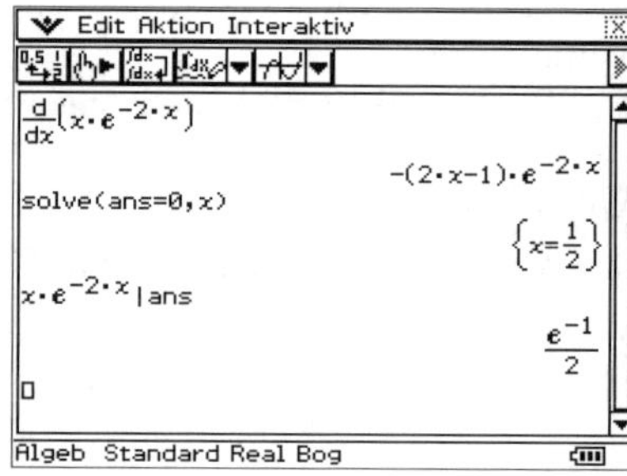

2. Polstelle mit Vorzeichenwechsel bei $x = -2$: $\quad \dfrac{1}{(x+2)}$

   Polstelle ohne Vorzeichenwechsel bei $x = 1$: $\quad \dfrac{1}{(x-1)^2}$

   Doppelte Nullstelle bei $x = 3$: $\quad \dfrac{(x-3)^2}{1}$

   Insgesamt also: $\quad \dfrac{a \cdot (x-3)^2}{(x+2) \cdot (x-1)^2}$

   (2 | 1) soll auf dem Graphen liegen: $\quad 1 = \dfrac{a \cdot (2-3)^2}{(2+2) \cdot (2-1)^2} = \dfrac{a}{4} \;\Rightarrow\; a = 4$

   Mögliche Funktionsgleichung ist also: $\quad g(x) = \dfrac{4 \cdot (x-3)^2}{(x+2) \cdot (x-1)^2}$

3. a) Zunächst wird der Graph von $x \mapsto \ln(x)$ an der x-Achse gespiegelt ($x \mapsto -\ln(x)$) und dann um 3 Einheiten in positive y-Richtung verschoben ($x \mapsto -\ln(x) + 3$).

   b) *Anmerkung:* Die Situation lässt sich zunächst im Funktionenplotter des CAS veranschaulichen. Das Werkzeug zum Schneiden von Funktionsgraphen liefert einen Schnittpunkt. Es lässt sich also vermuten, dass $y = -x + 4$ eine Tangente an den Graphen von h ist und zwar im Punkt (1 | 3).

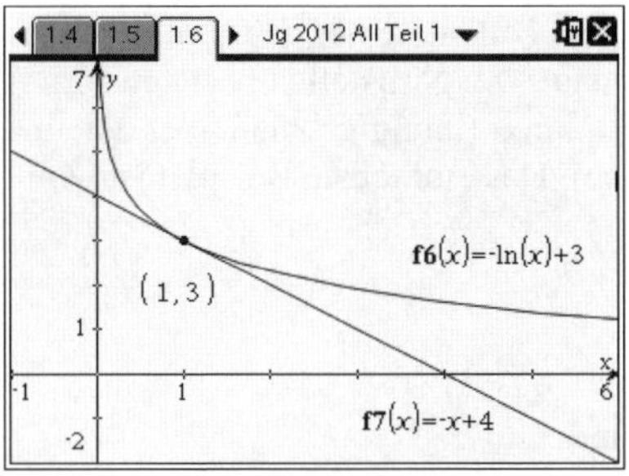

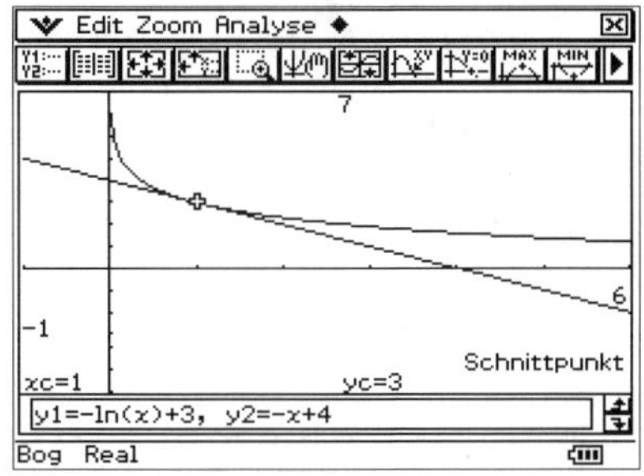

Dass (1 | 3) Schnittpunkt beider Graphen ist, ergibt sich aus $f(1) = h(1) = 3$. Nun muss noch nachgewiesen werden, dass die Ableitung von h an der Stelle $x = 1$ mit der Steigung der Geraden $f(x) = -x + 4$ identisch ist.

CAS: $h'(1) = -1$

Der Wert der Ableitung von h entspricht der Steigung der Geraden ($m = -1$). $y = -x + 4$ ist also wirklich eine Tangente an den Graphen von h.

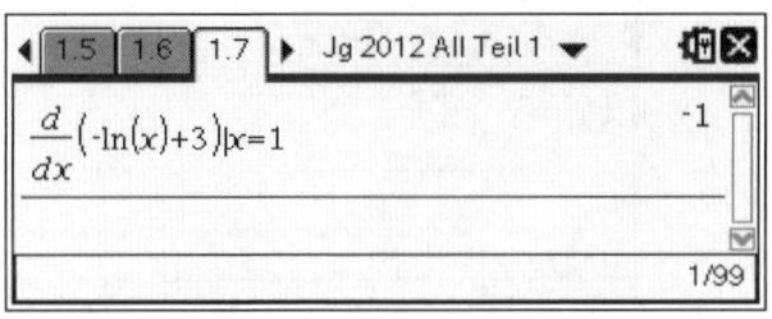

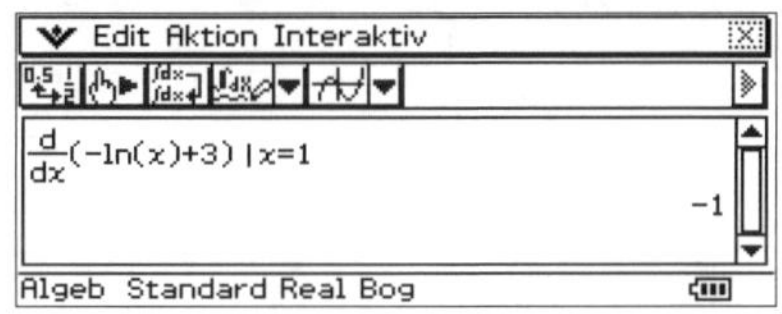

4. Die gegebene Funktion $f(x) = x \cdot \cos x$ kann mit dem Funktionenplotter grafisch veranschaulicht werden:

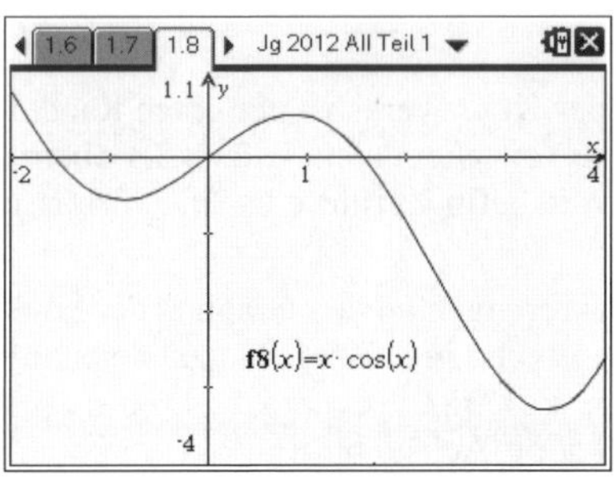

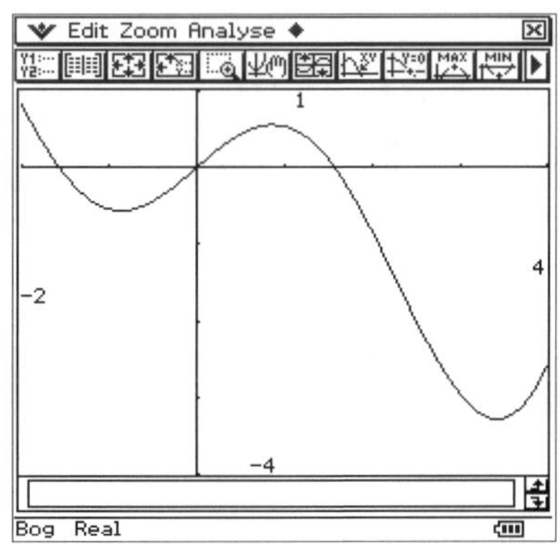

Der Graph von $f(x) = x \cdot \cos x$ ist punktsymmetrisch bezüglich des Ursprungs des Koordinatensystems. Wegen dieser Symmetrie gilt aufgrund der Flächenbilanz:

$$\int_{-2}^{2} (x \cdot \cos x)\, dx = 0$$

5. An der Stelle $x = -1$ liegt trivialerweise eine Nullstelle der gegebenen Integralfunktion vor. Da die Integralfunktion genau zwei Nullstellen besitzen soll, ist die Integrandenfunktion z. B. eine lineare Funktion (integriert man über eine lineare Funktion, so erhält man eine quadratische). Das einfachste Beispiel ist wohl $f(t) = t$, also:

   $$F: x \mapsto \int_{-1}^{x} t\, dt$$

   Die Nullstellen liefert das CAS: $x = -1$ und $x = 1$

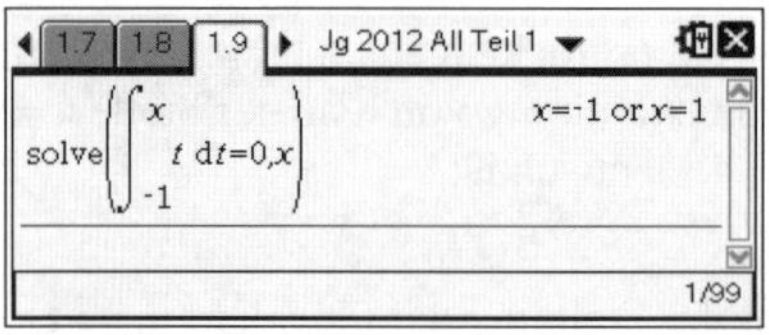

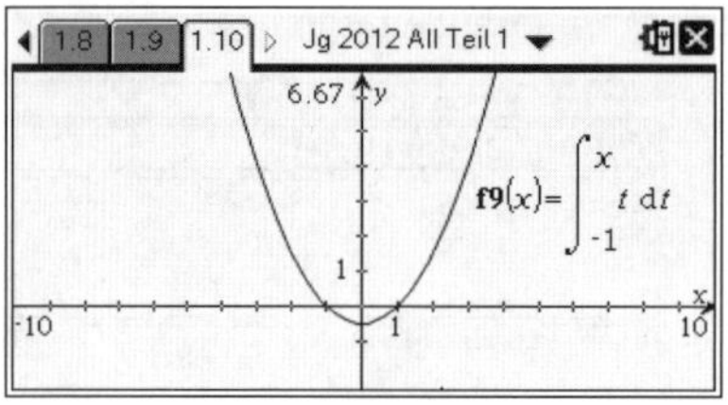

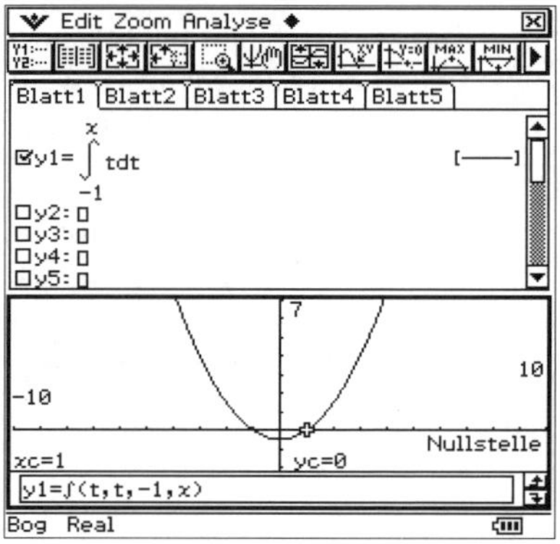

Teil 2

1. a) *Anmerkung:* Unter dem „oberen Rand" des Kunstwerks ist der obere Rand des annähernd parabelförmigen Abschnitts zu verstehen, nicht jedoch der obere Rand der Mauer, an der sich das Kunstwerk befindet (diese ist sinusförmig und im oberen Rand des Fotos erkennbar).

   Aus dem Text lassen sich folgende Anforderungen an den Graphen der Funktion $q(x) = ax^4 + bx^3 + cx^2 + dx + e$ ablesen und in entsprechende Gleichungen übersetzen:

   - Der Graph ist symmetrisch bezüglich der y-Achse: $b = d = 0$
   - $A(2\,|\,0)$ liegt auf dem Graphen von q: $q(2) = 0$
   - $B(0\,|\,5)$ liegt auf dem Graphen von q: $q(0) = 5$
   - Die Steigung des Graphen von q in A ist $-6{,}76$: $q'(2) = -6{,}76$

   Insgesamt ist also mit dem Ansatz $q(x) = ax^4 + cx^2 + e$ das Gleichungssystem

   I $q(2) = 0$

   II $q(0) = 5$

   III $q'(2) = -6{,}76$

   zu lösen.

Hinweis: Zur Berechnung wird der Funktionsterm mit f(x) angesetzt, damit im Anschluss die Ergebnisse als Koeffizienten in q(x) gespeichert werden können.

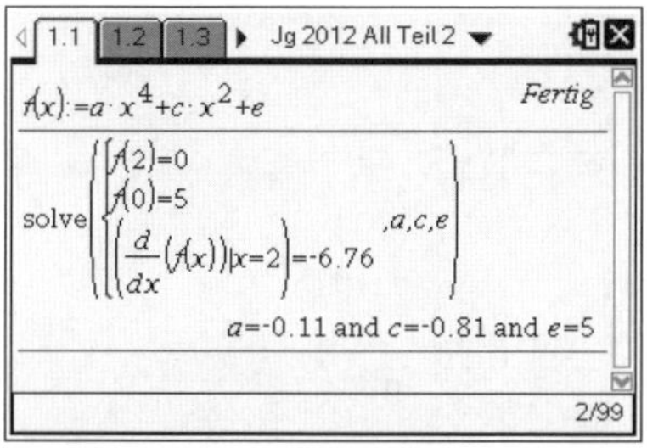

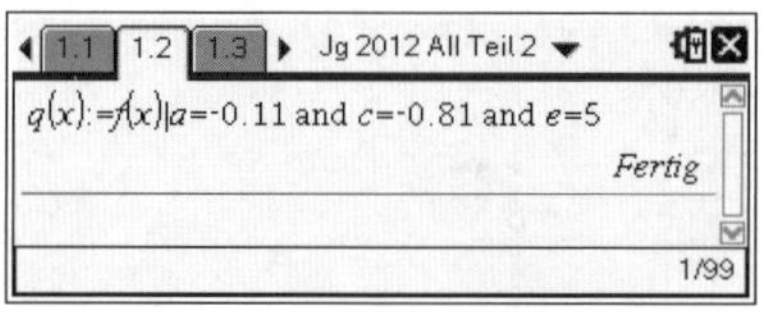

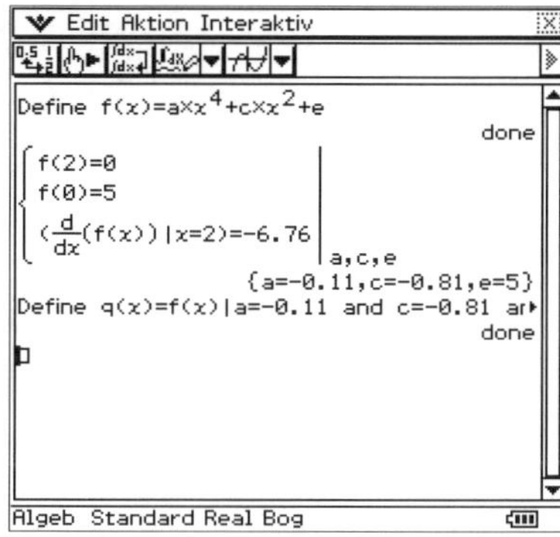

Das CAS liefert: $q(x) = -0{,}11x^4 - 0{,}81x^2 + 5$

b) *Anmerkung:* Die alleinige Argumentation, dass das CAS nur einen Extremwert liefert, reicht hier nicht aus, da am Funktionsterm nachvollziehbar begründet werden soll.

Als Ableitung von q(x) liefert das CAS:
$q'(x) = -0{,}44x^3 - 1{,}62x = -x \cdot (0{,}44x^2 + 1{,}62)$

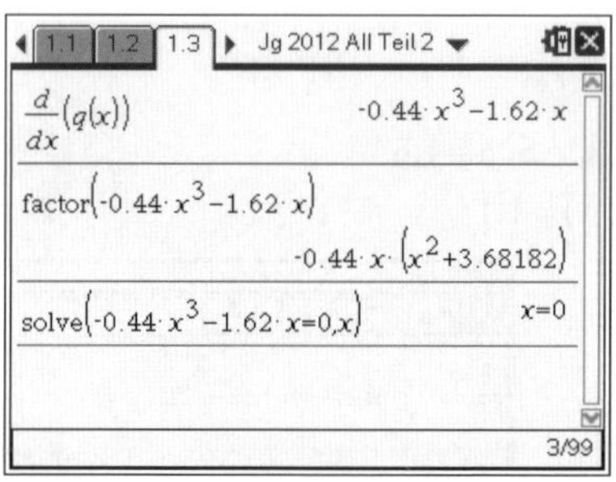

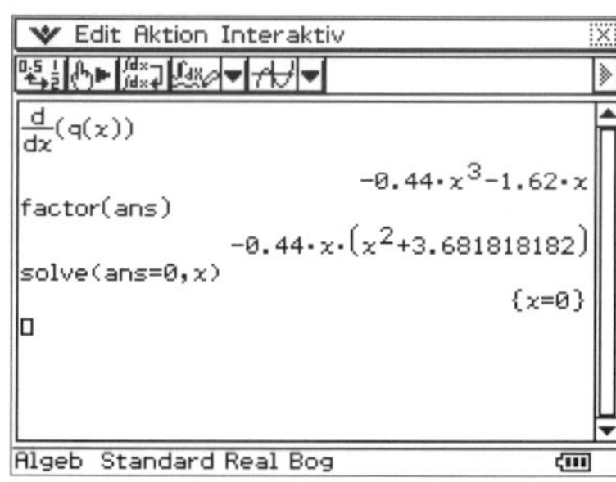

Der Term in der Klammer, also $(0{,}44x^2 + 1{,}62)$, wird nicht null und ist stets positiv. Folglich hat q'(x) genau eine Nullstelle, nämlich bei $x = 0$, welche einen Vorzeichenwechsel besitzt. q hat also genau einen Extrempunkt.

Hinweis: Die Bestimmung der Art des Extrempunkts ist nicht verlangt, könnte aber aus dem Vorzeichenwechsel sofort als Hochpunkt abgelesen werden.

c) 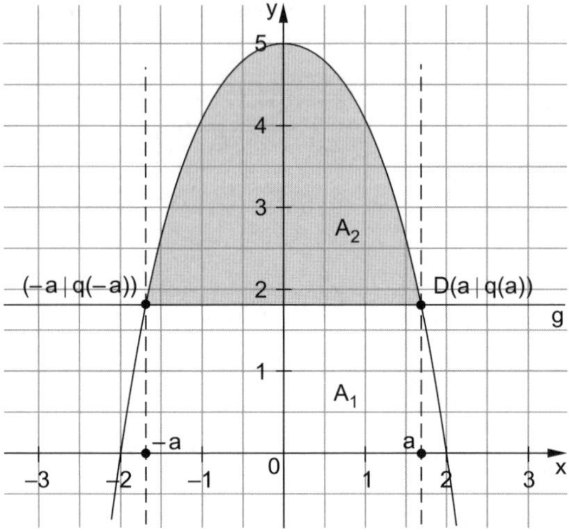

Zu bestimmen ist die in der Skizze grau unterlegte Fläche A_2, also die Fläche zwischen den Graphen von q(x) und g(x) = q(a). Da es im Intervall [−a; a] keine weiteren Schnittpunkte der beiden Graphen gibt, muss keine weitere Aufteilung (um etwa Flächenbilanzen zu berücksichtigen) erfolgen. Man integriert also über die Differenzfunktion q(x) − g(x) = q(x) − q(a) im Bereich von −a bis a. Dieses Flächenstück muss 71,5 % der gesamten Fläche sein, die der Graph von q mit der x-Achse im Bereich von –2 bis 2 einschließt:

$$\int_{-a}^{a} (q(x) - q(a))\,dx = 0{,}715 \cdot \int_{-2}^{2} q(x)\,dx$$

Als Ergebnis erhält man mithilfe des CAS: $a \approx 1{,}83$

Damit ergibt sich näherungsweise: $g(x) = 1{,}1$

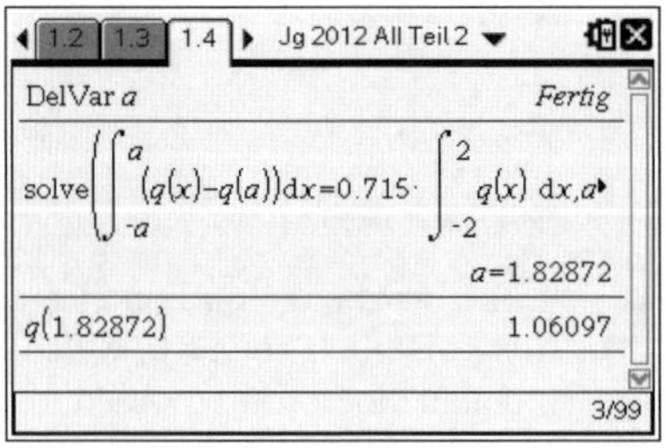

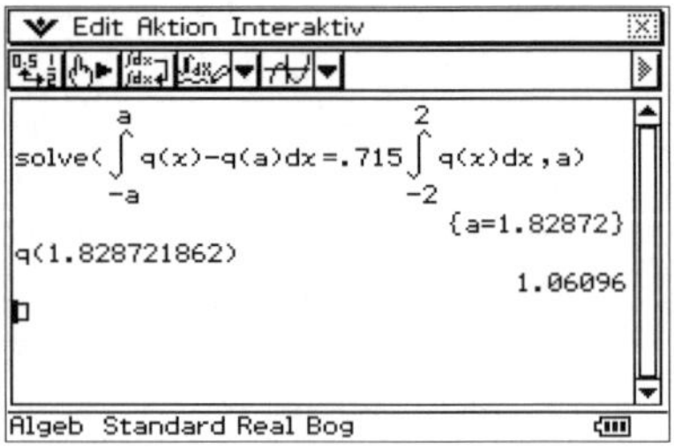

Hinweis: Die Variable a muss wegen Teilaufgabe 1 a vorher gelöscht werden.

d) *Anmerkung:* Die Angabe, dass der CAS-Befehl zum Lösen der Gleichung p(x) = q(x) genau drei Ergebnisse ausgibt, reicht nicht aus, da explizit eine Begründung mithilfe der Funktionsterme verlangt ist.

Aus p(x) = q(x) folgt:

$$-1{,}25x^2 + 5 = -0{,}11x^4 - 0{,}81x^2 + 5$$
$$0{,}11x^4 - 0{,}44x^2 = 0$$
$$0{,}11 \cdot x^2 \cdot (x^2 - 4) = 0$$
$$0{,}11 \cdot x^2 \cdot (x + 2) \cdot (x - 2) = 0$$

Die Gleichung hat genau drei Lösungen, nämlich –2, 0 und 2. Also haben die Graphen von p und q genau drei Schnittpunkte.

Z. B. die letzte Zeile der Gleichungsumformung zeigt $p(x) - q(x) = 0$. Man erkennt, dass für $-2 < x < 0$ und für $0 < x < 2$ der Term $p(x) - q(x)$ negativ ist, dort also der Graph von q oberhalb des Graphen von p verläuft.

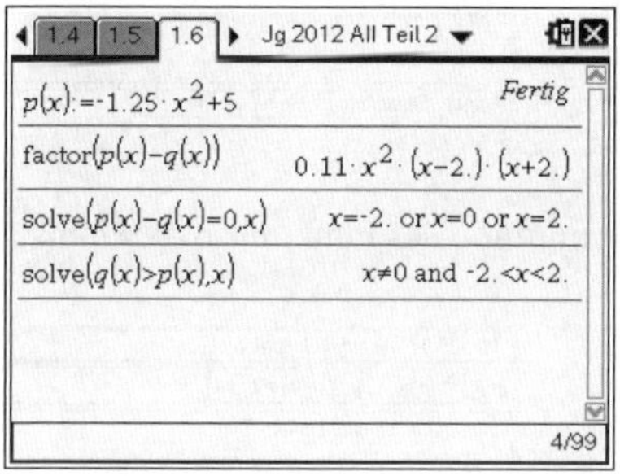

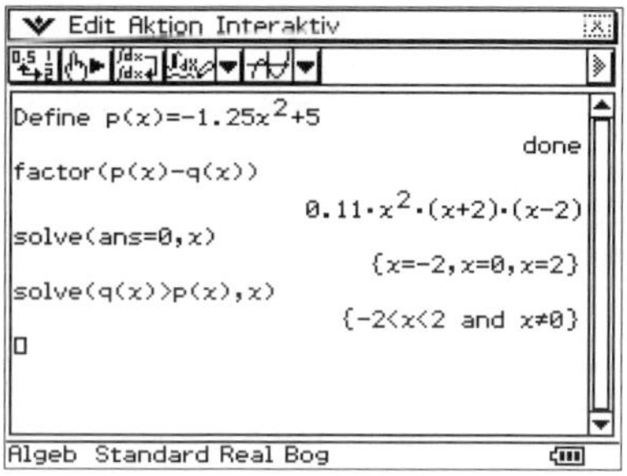

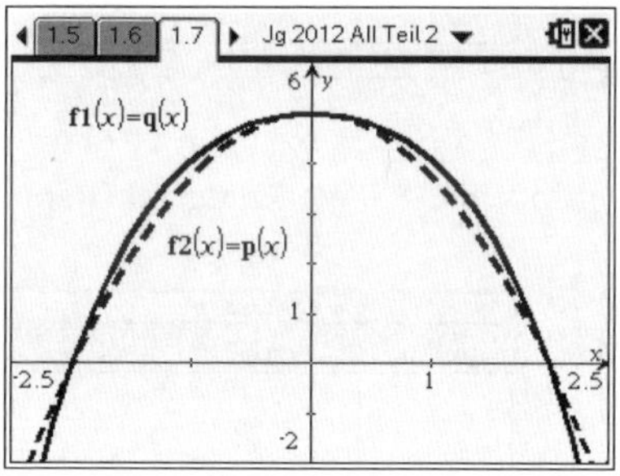

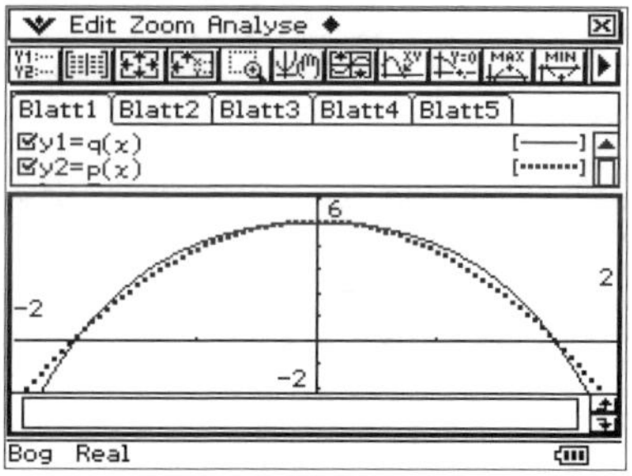

Hinweis: Der Graph von q ist durchgezogen, der von p gestrichelt.

e) Gesucht ist das Maximum der Differenzfunktion. Bei der Berechnung der Nullstellen der Ableitung von d schränkt man den Bereich der Lösungen auf das Intervall]0; 2[ein. Die erhaltene Nullstelle muss als Extrempunkt nachgewiesen werden.

CAS: $d'(x) = -0{,}44x^3 + 0{,}88x$

$$d'(x) = 0 \;\Rightarrow\; x_0 = \sqrt{2}$$
$$d''(\sqrt{2}) = -1{,}76$$

Da die zweite Ableitung an der Stelle $x_0 = \sqrt{2}$ negativ ist, liegt dort ein Hochpunkt vor.
Der zugehörige Wert der Differenz hat den Wert 0,44.

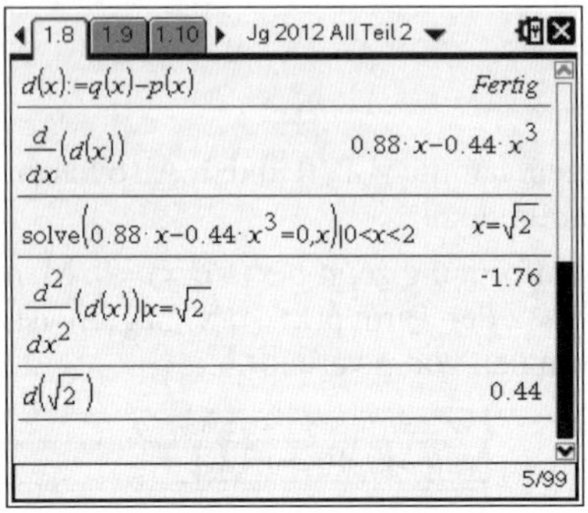

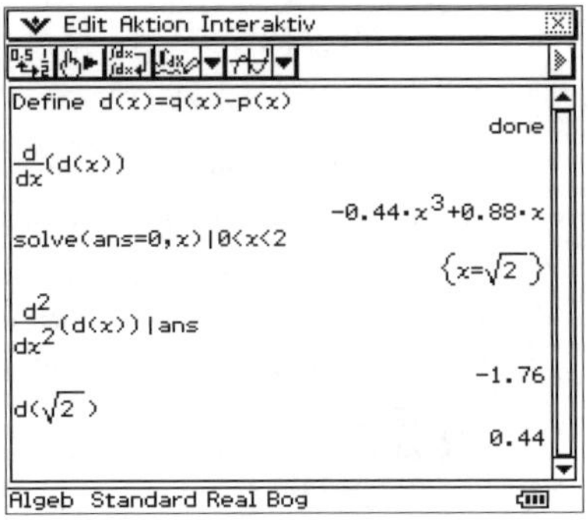

oder:

Am CAS kann auch der Befehl zur Ermittlung des Funktionsmaximums *fMax* genutzt werden.

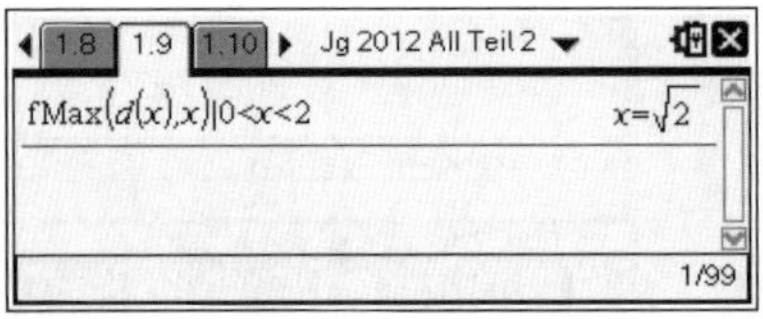

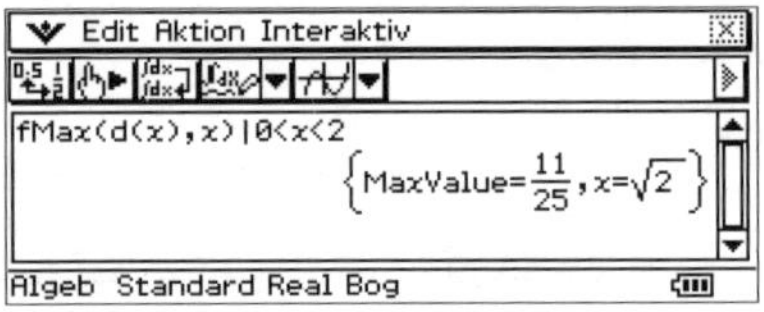

oder:

Der Hochpunkt lässt sich mit entsprechendem CAS-Werkzeug am Graphen ermitteln.

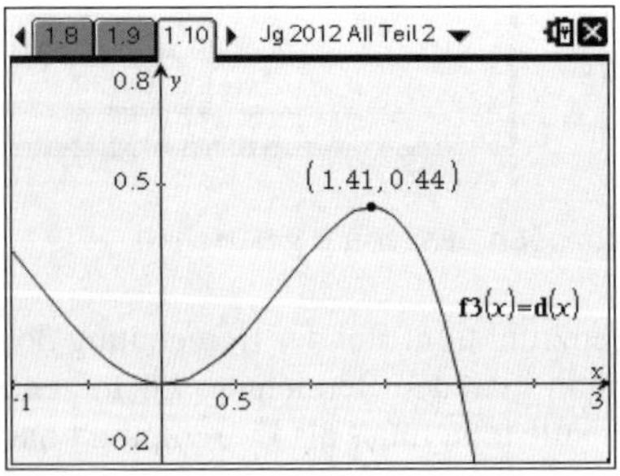

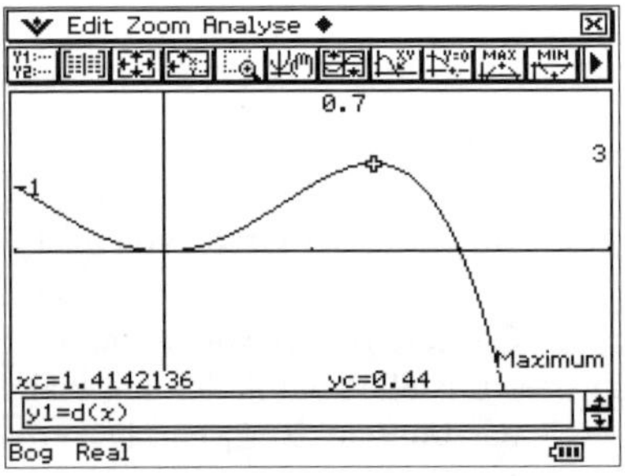

f) Wegen des Hochpunkts (0 | 5) und der Achsensymmetrie muss die Amplitude a = 5 sein.

Das Intervall [–2; 2] hat die Länge 4, weshalb die Periodenlänge T die Länge 8 haben muss. Allgemein hat eine Sinusfunktion die Periodenlänge $T = \frac{2\pi}{b}$.

Also: $\frac{2\pi}{b} = 8 \;\Rightarrow\; b = \frac{\pi}{4}$

Verglichen mit dem Graphen von $x \mapsto \sin x$ ist der gegebene Graph um 2 Einheiten in negative x-Richtung verschoben, also ist $c = 2$.

Damit ergibt sich insgesamt: $f\colon\; x \mapsto 5 \cdot \sin\left(\frac{\pi}{4} \cdot (x+2)\right)$

Anmerkung: Mit dem CAS können die Einflüsse von a, b und c mithilfe von Schiebereglern oder einer Dynamischen Grafik grafisch veranschaulicht werden. Dieses Vorgehen ist aber sehr zeitintensiv und am CASIO-Rechner nur für 2 Parameter realisierbar.

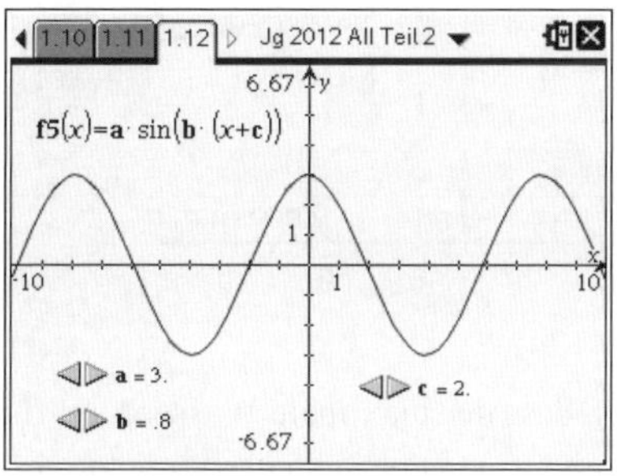

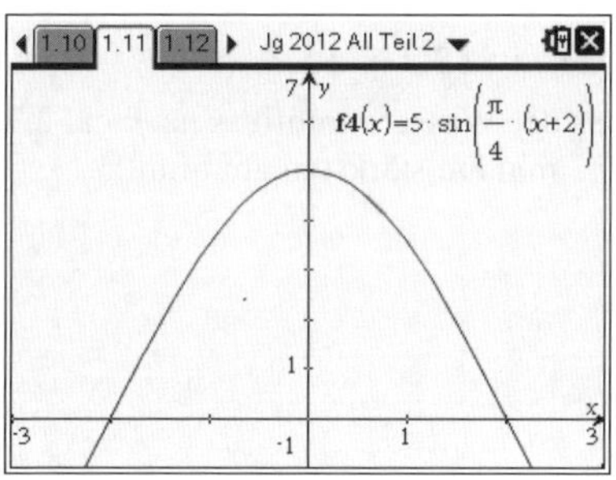

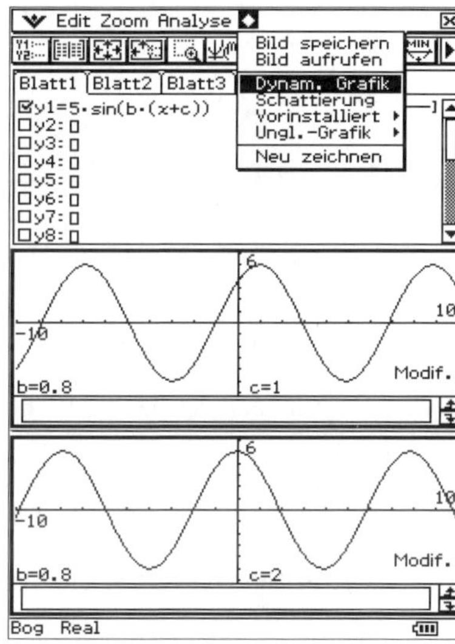

Bemerkungen:

- Das Aufstellen eines Gleichungssystems für $f\colon\; x \mapsto a \cdot \sin(b \cdot (x+c))$ anhand von ausgewählten Punkten ist nicht zielführend. Da es für jeden Punkt aufgrund der Periodizität unendlich viele Lösungsmöglichkeiten gibt, erhält man keine brauchbaren Lösungen vom CAS.
- Der obere Rand der Mauer, in der sich das annähernd parabelförmige Kunstwerk befindet, hat einen sinusförmigen Verlauf. Aufgrund der Beschreibung im einleitenden Aufgabentext sowie aufgrund der Teilaufgabe a ergibt sich, dass unter „oberer Rand des Kunstwerks" der parabelförmige Rand zu verstehen ist.

2. a)

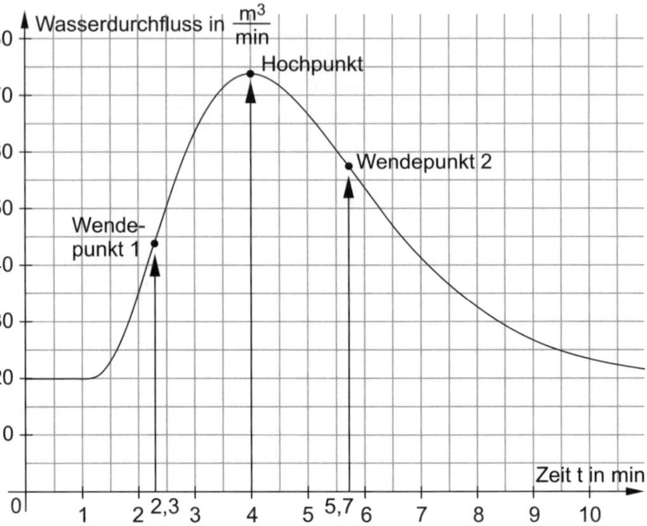

Koordinaten des Hochpunkts: etwa (4 | 74)

Im Sachzusammenhang bedeutet dies, dass der maximale Wasserdurchfluss ca. 74 $\frac{m^3}{min}$ beträgt und etwa 4 min nach Öffnen der Schleuse erreicht wird.

t-Koordinaten der beiden Wendepunkte: etwa 2,3 und 5,7

Im Sachzusammenhang heißt das, dass der Wasserdurchfluss nach ca. 2,3 min am stärksten zunimmt und nach ca. 5,7 min am stärksten abnimmt.

b)

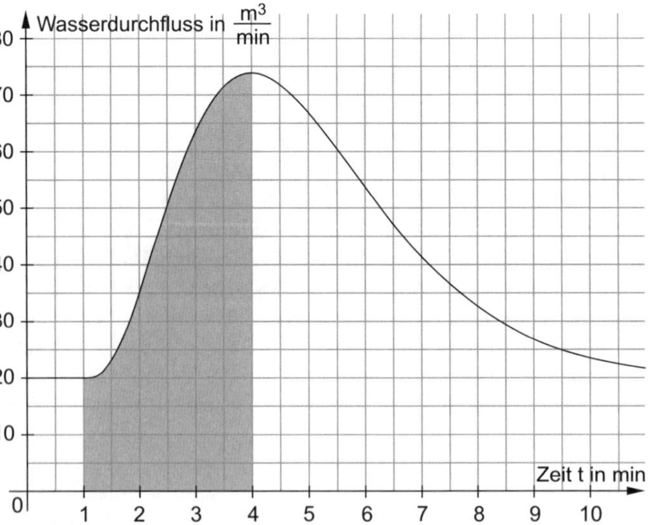

Zählt man die Kästchen der entsprechenden Fläche des bestimmten Integrals

$$\int_1^4 f(t)\,dt$$

(grau unterlegte Kästchen), so ergeben sich angenähert 56 volle Kästchen. Ein Kästchen entspricht einer Fläche von $\frac{1}{2}\,\text{min} \cdot 5\,\frac{\text{m}^3}{\text{min}} = 2{,}5\,\text{m}^3$. Also erhält man als Näherungswert:

$$\int_1^4 f(t)\,dt = 56 \cdot 2{,}5\,\text{m}^3 = 140\,\text{m}^3$$

Im Sachzusammenhang bedeutet dies, dass zwischen den Zeitpunkten 1 min und 4 min (nach dem Öffnen der Schleuse) insgesamt 140 m^3 Wasser an der Messstelle vorbeifließen.

c)

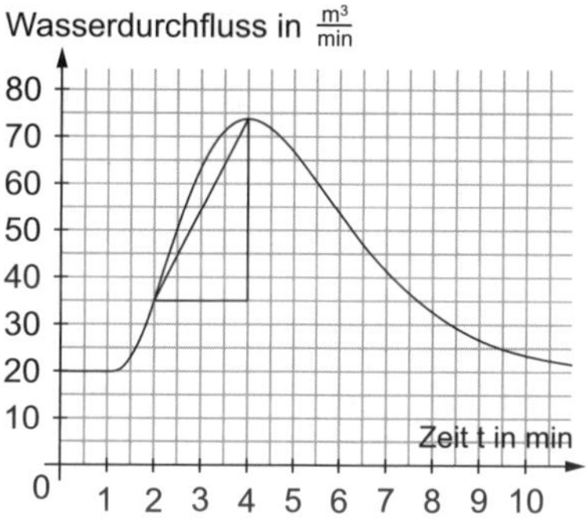

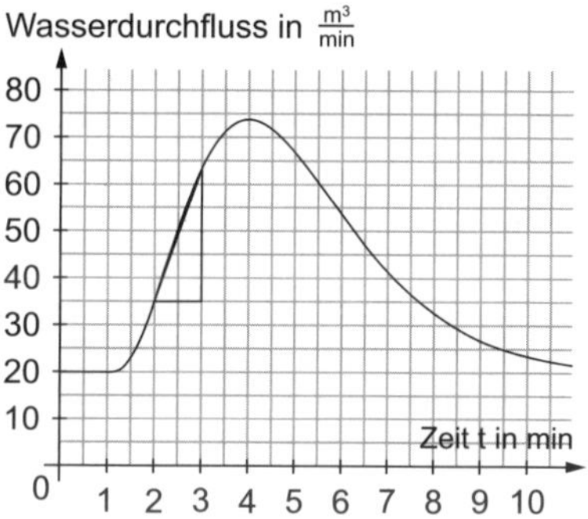

Die mittlere Änderungsrate im Intervall [2; 4] beträgt (siehe linke Abbildung):

$$\frac{f(4)-f(2)}{4-2} \approx \frac{74-35}{2} = 19{,}5$$

Die mittlere Änderungsrate im Intervall [2; 3] beträgt (siehe rechte Abbildung):

$$\frac{f(3)-f(2)}{3-2} \approx \frac{63-35}{1} = 28$$

Der Grenzwert der mittleren Änderungsrate für $t \to 2$ ist die momentane Änderungsrate an der Stelle $t = 2$, also die momentane Änderungsrate des Wasserdurchflusses zwei Minuten nach Öffnen der Schleuse.

Bemerkung: Aufgabe 2 zielt auf das Verständnis der Begriffe der Extremwerte, Wendepunkte, der mittleren und lokalen Änderungsrate, ihrer grafischen Bedeutung und Interpretation ab. Hieraus ergibt sich folglich, dass ein CAS-Rechner (als Rechenwerkzeug) an dieser Stelle keinen Einsatz findet.

Abitur Mathematik (Bayern): Abiturprüfung 2012
Stochastik I

BE

Für eine Quizshow sucht ein Fernsehsender Abiturientinnen und Abiturienten als Kandidaten. Jeder Bewerber gibt in einem online auszufüllenden Formular die Durchschnittsnote seines Abiturzeugnisses an.

1. Insgesamt bewerben sich dreimal so viele weibliche wie männliche Personen, wobei 80 % der weiblichen und 75 % der männlichen Bewerber eine Durchschnittsnote von 1,5 oder besser angeben. Bestimmen Sie den Anteil der Personen unter allen Bewerbern, die eine schlechtere Durchschnittsnote als 1,5 angeben. 4

2. Aus dem Bewerberfeld werden zwanzig weibliche und zehn männliche Personen zu einem Casting eingeladen, das in zwei Gruppen durchgeführt wird. Fünfzehn der Eingeladenen werden für die erste Gruppe zufällig ausgewählt. Die Wahrscheinlichkeit dafür, dass für die erste Gruppe zehn weibliche und fünf männliche Personen ausgewählt werden, wird mit p bezeichnet.

   a) Begründen Sie im Sachzusammenhang, dass p nicht durch den Term $\binom{15}{5}\cdot\left(\frac{1}{3}\right)^5\cdot\left(\frac{2}{3}\right)^{10}$ beschrieben wird. 2

   b) Bestimmen Sie die Wahrscheinlichkeit p mithilfe eines geeigneten Terms. 4

Nach dem Casting stehen die zehn Kandidaten der Quizshow fest.

3. Im Rahmen der Show müssen Aufgaben aus verschiedenen Fachgebieten gelöst werden. Die Anzahl der von einem Kandidaten zu lösenden Aufgaben aus dem Fachgebiet Mathematik ist gleich der Augensumme, die von ihm bei einmaligem Werfen zweier Würfel erzielt wird. Die beiden Würfel tragen jeweils auf zwei Seitenflächen die Augenzahl 0, auf drei Seitenflächen die Augenzahl 1 und auf einer Seitenfläche die Augenzahl 2.

   a) Berechnen Sie die Wahrscheinlichkeit dafür, dass der erste Kandidat genau zwei Aufgaben aus dem Fachgebiet Mathematik lösen muss. 4

   b) Die Zufallsgröße X beschreibt die Anzahl der von einem Kandidaten zu lösenden Aufgaben aus dem Fachgebiet Mathematik. Der Tabelle kann die Wahrscheinlichkeitsverteilung von X entnommen werden. Ermitteln Sie den fehlenden Wert der Wahrscheinlichkeitsverteilung sowie den Erwartungswert von X. 3

x	0	1	2	3	4
$P(X=x)$	$\frac{1}{9}$	$\frac{1}{3}$	$\frac{13}{36}$		$\frac{1}{36}$

c) Bestimmen Sie die Wahrscheinlichkeit dafür, dass genau einer der zehn Kandidaten keine Aufgabe aus dem Fachgebiet Mathematik lösen muss. 2

d) Bestimmen Sie, wie viele Kandidaten an der Quizshow mindestens teilnehmen müssten, damit mit einer Wahrscheinlichkeit von mehr als 90 % wenigstens ein Kandidat darunter ist, der keine Aufgabe aus dem Fachgebiet Mathematik lösen muss. 4

Für eine Aufgabe aus dem Fachgebiet Mathematik kommen zwei Kuverts zum Einsatz, die jeweils fünf Spielkarten enthalten. Es ist bekannt, dass das eine Kuvert genau zwei und das andere genau drei rote Spielkarten enthält. Der Showmaster wählt, jeweils zufällig, ein Kuvert und aus diesem zwei Karten aus.

e) Bestätigen Sie rechnerisch, dass die Wahrscheinlichkeit dafür, dass die beiden ausgewählten Karten rot sind, 20 % beträgt. 4

f) Der Showmaster zeigt die beiden ausgewählten Karten; sie sind tatsächlich rot. Der Kandidat wird nach der Wahrscheinlichkeit dafür gefragt, dass die beiden Karten aus dem Kuvert mit den drei roten Karten stammen. Bestimmen Sie diese Wahrscheinlichkeit. 3

30

Tipps und Hinweise: Stochastik I

Aufgabe 1

- Wie groß ist der Anteil der männlichen bzw. der weiblichen Bewerber?
- Wenn es dreimal so viele weibliche wie männliche Bewerber gibt, gibt es insgesamt vier Teile, von denen die Frauen drei und die Männer einen haben.
- $\frac{1}{4} = 0{,}25 = 25\ \%$ und $\frac{3}{4} = 0{,}75 = 75\ \%$
- Berechnen Sie zunächst den Anteil derer, die eine Durchschnittsnote $\leq 1{,}5$ haben.
- x % von y % = x % · y %
  Vor der Multiplikation die Prozente in Kommazahlen verwandeln.
- Wer keine Durchschnittsnote $\leq 1{,}5$ hat, hat eine schlechtere Durchschnittsnote als 1,5. Gegenereignis!

oder:

- Fertigen Sie eine Vierfeldertafel mit den Ereignissen „Geschlecht“ (männlich/weiblich) und „Durchschnittsnote“ ($\leq 1{,}5$ / $> 1{,}5$) an.
- Berechnen Sie hierzu den Anteil Männer/Frauen mit Durchschnittsnote $\leq 1{,}5$.
- x % von y % = x % · y %
  Vor der Multiplikation die Prozente in Kommazahlen verwandeln.
- Der gesuchte Wert lässt sich aus der Vierfeldertafel ablesen.

oder:

- Fertigen Sie ein Baumdiagramm (1. Ast „Geschlecht“, 2. Ast „Durchschnittsnote“).
- $P(D > 1{,}5) = P(♂ \cap D > 1{,}5) + P(♀ \cap D > 1{,}5)$

Aufgabe 2 a

- Welcher Formel der Merkhilfe entspricht der angegebene Term?
- Bei welcher Art des Ziehens wird mit diesem Term gerechnet?
- Passt diese Art des Ziehens zum Sachzusammenhang „Bewerberauswahl“?
- Beim Ziehen mit Zurücklegen kann eine Kugel auch mehrfach gezogen werden – sie liegt vor jedem Zug wieder in der Urne.

Aufgabe 2 b

- Die Merkhilfe bietet auch eine Formel für das Ziehen ohne Zurücklegen.
- Es werden insgesamt 15 aus den 30 Bewerbern (20 weibliche, 10 männliche) ausgewählt.
- In der Gruppe sollen 10 Frauen und 5 Männer sein.

Aufgabe 3 a

- Der Würfel besitzt 6 Seitenflächen, jedoch nur die drei Augenzahlen 0 (zweimal), 1 (dreimal) und 2 (einmal).
- Bestimmen Sie die Wahrscheinlichkeiten der einzelnen Augenzahlen beim einmaligen Werfen eines Würfels.
- Mit welchen Augenzahlen lässt sich beim zweimaligen Werfen (=einmaliges Werfen zweier Würfel) die Augenzahl 2 erzielen?
- In Teilaufgabe 3 b ist das richtige Ergebnis aufgelistet.

Aufgabe 3 b

- Die Anzahl der Mathematikaufgaben entspricht der erwürfelten Augensumme.
- Mögliche Augensummen sind 0, 1, 2, 3, 4. Ihre Wahrscheinlichkeiten sind in der Tabelle angegeben.
- Die Summe der Wahrscheinlichkeiten aller Augensummen muss 1 ergeben.

oder:

- Mit welchen Augenzahlen lässt sich beim zweimaligen Werfen die Augensumme 3 erzielen?
- Der Erwartungswert lässt sich mithilfe der Formel in der Merkhilfe berechnen.

Aufgabe 3 c

- Die Wahrscheinlichkeit, keine Mathematikaufgabe lösen zu müssen, ist für alle 10 Kandidaten gleich $\left(P(0) = \frac{1}{9}\right)$.
- Es handelt sich um eine Bernoulli-Kette der Länge $n = 10$ mit genau einem Treffer (siehe Merkhilfe).

Aufgabe 3 d

- Formulieren Sie „wenigstens ein Kandidat" über das Gegenereignis.
- Die Anzahl n der Kandidaten ist gesucht.
- Lösungsansatz: $1 - \left(\frac{8}{9}\right)^n > 0{,}9$
- Beim Auflösen der Ungleichung hilft Logarithmieren.
- Bedenken Sie, dass $\ln a < 0$ für alle $0 < a < 1$ gilt.
- n muss eine natürliche Zahl sein.
- **Für CAS-Nutzer:** Der Lösungsansatz lässt sich mit dem CAS lösen.

Aufgabe 3 e

- Mit welcher Wahrscheinlichkeit wird aus dem Kuvert mit 2 roten Karten als Erstes eine rote Karte gezogen?
- Mit welcher Wahrscheinlichkeit wird aus diesem Kuvert als Zweites wieder eine rote Karte gezogen?
- Bestimmen Sie die entsprechenden Wahrscheinlichkeiten für das Kuvert mit 3 roten Karten.
- Die Wahrscheinlichkeit, gewählt zu werden, ist für beide Kuverts gleich groß.
- Die gesuchte Wahrscheinlichkeit lässt sich auch mithilfe eines Baumdiagramms bestimmen.

Aufgabe 3 f

- Gesucht ist die Wahrscheinlichkeit, dass das Kuvert mit den 3 roten Karten gewählt wurde, unter der Bedingung, dass beide Karten rot sind.
- Berechnen Sie $P_{2\ \text{rot}}$(Kuvert mit 3 roten Karten) nach der Formel in der Merkhilfe.
- P(2 rot) kennen Sie aus Teilaufgabe 3 e.
- P(2 rot $\cap$ Kuvert mit 3 roten Karten) = P(es wird das Kuvert mit 3 roten Karten gezogen und daraus werden 2 rote Karten gewählt)

Lösungen

1. Da es dreimal so viele weibliche wie männliche Bewerber gibt, sind 75 % weiblich und 25 % männlich.

   Eine Durchschnittsnote $\leq 1{,}5$ haben insgesamt:

   $80\ \%$ von $75\ \% + 75\ \%$ von $25\ \% = 0{,}8 \cdot 0{,}75 + 0{,}75 \cdot 0{,}25 = 0{,}7875$

   Eine Durchschnittsnote $> 1{,}5$ haben insgesamt:

   $1 - 0{,}7875 = 0{,}2125 = 21{,}25\ \%$

   oder:

	männlich	weiblich	
Durchschnittsnote $\leq 1{,}5$	$0{,}75 \cdot 0{,}25 = 0{,}1875$	$0{,}8 \cdot 0{,}75 = 0{,}6$	**0,7875**
Durchschnittsnote $> 1{,}5$	**0,0625**	**0,15**	**0,2125**
	0,25	0,75	1

   Die fett gedruckten Werte sind aus der Vierfeldertafel heraus zu berechnen.

   $P(\text{Durchschnittsnote} > 1{,}5) = 0{,}2125 = 21{,}25\ \%$

   oder:

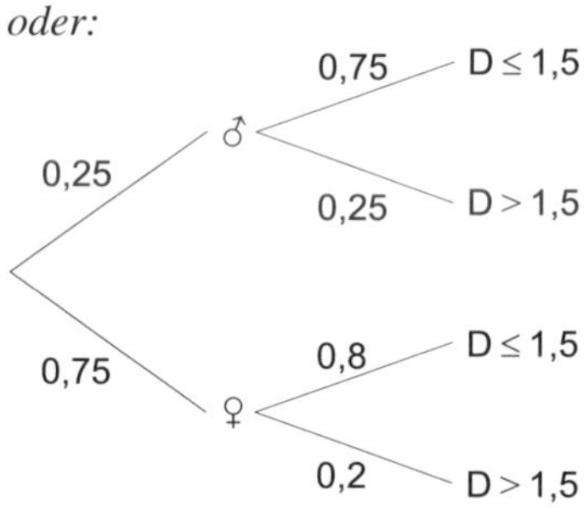

   $P(\text{Durchschnittsnote} > 1{,}5) = 0{,}25 \cdot 0{,}25 + 0{,}75 \cdot 0{,}2 = 0{,}0625 + 0{,}15 = 0{,}2125$
   $= 21{,}25\ \%$

2. a) Der Term $\binom{15}{5} \cdot \left(\frac{1}{3}\right)^5 \cdot \left(\frac{2}{3}\right)^{10}$ entspricht einem Ziehen **mit** Zurücklegen (siehe Merkhilfe). Die Urne, aus der 15-mal mit Zurücklegen gezogen wird, besitzt einen Trefferanteil von einem Drittel. Es sollen genau 5 Treffer erzielt werden.

   Zwar ist der Anteil der männlichen Personen hier ein Drittel (20 weibliche und 10 männliche Personen) und es sollen auch 5 männliche Personen ausgewählt werden, aber jeder Bewerber kann nur höchstens einmal teilnehmen. Es handelt sich beim Casting also um ein Ziehen **ohne** Zurücklegen.

b) $p = \dfrac{\binom{20}{10} \cdot \binom{10}{5}}{\binom{30}{15}} = \dfrac{184\,756 \cdot 252}{155\,117\,520} \approx 0{,}30015 = 30{,}015\,\%$ (siehe Merkhilfe)

3. a) Für jeden Würfel gilt:

Augenzahl	0	1	2
P(Augenzahl)	$\frac{2}{6}$	$\frac{3}{6}$	$\frac{1}{6}$

Die Augensumme 2 kann erzielt werden durch (0 | 2) oder (2 | 0) oder (1 | 1).
Somit gilt:

$$P(\text{Augensumme } 2) = \frac{2}{6} \cdot \frac{1}{6} + \frac{1}{6} \cdot \frac{2}{6} + \frac{3}{6} \cdot \frac{3}{6} = \frac{13}{36}$$

Anmerkung: Die Überprüfung des Ergebnisses kann in der Tabelle der Teilaufgabe 3 b erfolgen.

b) Da die Summe aller Wahrscheinlichkeiten 1 ergeben muss, erhält man:

$$P(X = 3) = 1 - \frac{1}{9} - \frac{1}{3} - \frac{13}{36} - \frac{1}{36} = \frac{1}{6}$$

oder:

Augensumme 3 ergibt sich durch (1 | 2) oder (2 | 1):

$$P(X = 3) = \frac{3}{6} \cdot \frac{1}{6} + \frac{1}{6} \cdot \frac{3}{6} = \frac{1}{6}$$

$$E(X) = 0 \cdot \frac{1}{9} + 1 \cdot \frac{1}{3} + 2 \cdot \frac{13}{36} + 3 \cdot \frac{1}{6} + 4 \cdot \frac{1}{36} = \frac{5}{3} = 1\frac{2}{3}$$ (siehe Merkhilfe)

c) $P = \binom{10}{1} \cdot \left(\frac{1}{9}\right)^1 \cdot \left(\frac{8}{9}\right)^9 \approx 0{,}38493 = 38{,}493\,\%$ (siehe Merkhilfe)

Hinweis für CAS-Nutzer:
Die Berechnung kann mithilfe der Verteilungsfunktion der Binomialverteilung erfolgen.

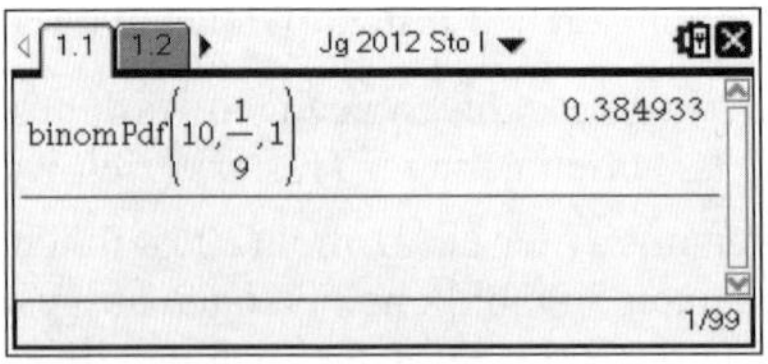

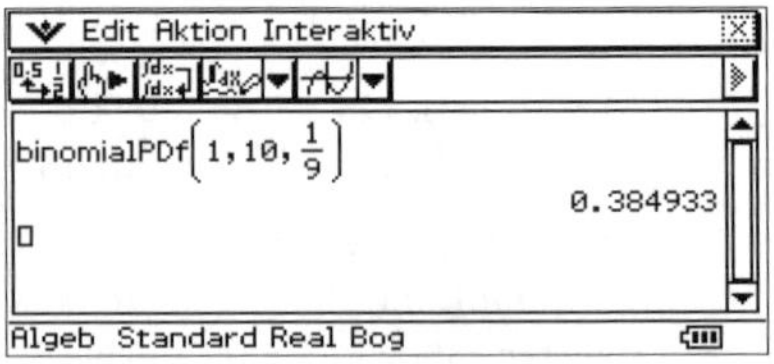

d) P(wenigstens 1 Kandidat ohne Mathe-Aufgabe) > 90 %
1 − P(kein Kandidat ohne Mathe-Aufgabe) > 0,9

$$1-\binom{n}{0}\cdot\left(\frac{1}{9}\right)^0\cdot\left(\frac{8}{9}\right)^n > 0{,}9$$

$$-\left(\frac{8}{9}\right)^n > -0{,}1$$

$$\left(\frac{8}{9}\right)^n < 0{,}1$$

$$\ln\left(\frac{8}{9}\right)^n < \ln 0{,}1$$

$$n\cdot\ln\left(\frac{8}{9}\right) < \ln 0{,}1$$

$$n > \frac{\ln 0{,}1}{\ln\left(\frac{8}{9}\right)} \qquad \text{Vorsicht: } \ln\left(\frac{8}{9}\right) < 0, \text{ da } \frac{8}{9} < 1$$

$$n > 19{,}55$$

Es müssten mindestens 20 Kandidaten teilnehmen.

Hinweis für CAS-Nutzer:
Die Ungleichung kann mit dem CAS über den *solve*-Befehl gelöst werden.

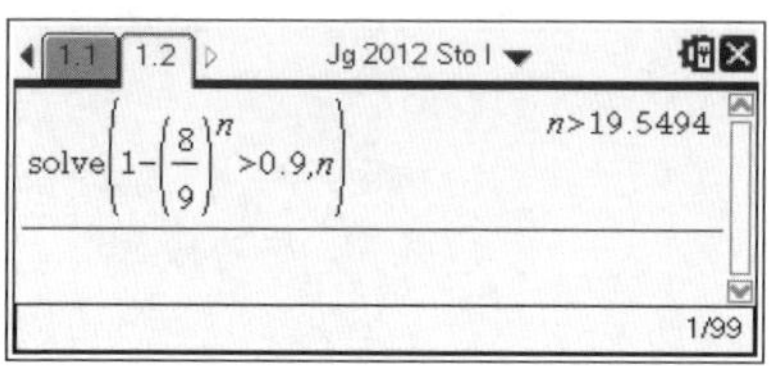

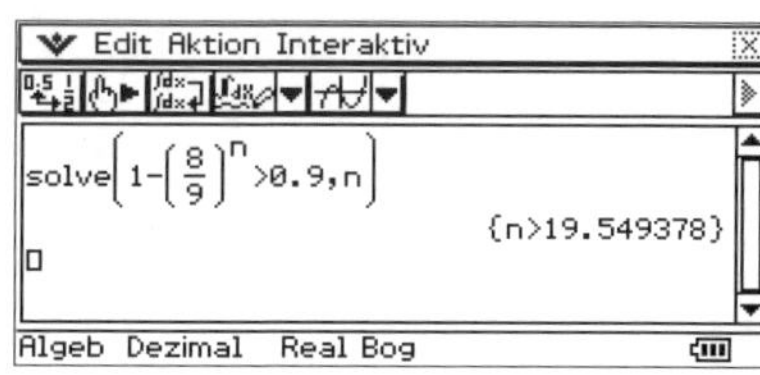

e) Kuvert A enthält 2 rote Karten $\Rightarrow$ $P_A(\text{rot}_1)=\frac{2}{5}$ und $P_A(\text{rot}_2)=\frac{1}{4}$

Kuvert B enthält 3 rote Karten $\Rightarrow$ $P_B(\text{rot}_1)=\frac{3}{5}$ und $P_B(\text{rot}_2)=\frac{2}{4}$

Jedes Kuvert wird mit gleicher Wahrscheinlichkeit gewählt: $P(A)=P(B)=\frac{1}{2}$

$$P(2\text{ rot}) = P(A)\cdot P_A(\text{rot}_1)\cdot P_A(\text{rot}_2) + P(B)\cdot P_B(\text{rot}_1)\cdot P_B(\text{rot}_2)$$

$$=\frac{1}{2}\cdot\frac{2}{5}\cdot\frac{1}{4}+\frac{1}{2}\cdot\frac{3}{5}\cdot\frac{2}{4}=\frac{1}{5}=0{,}2=20\ \%$$

oder:

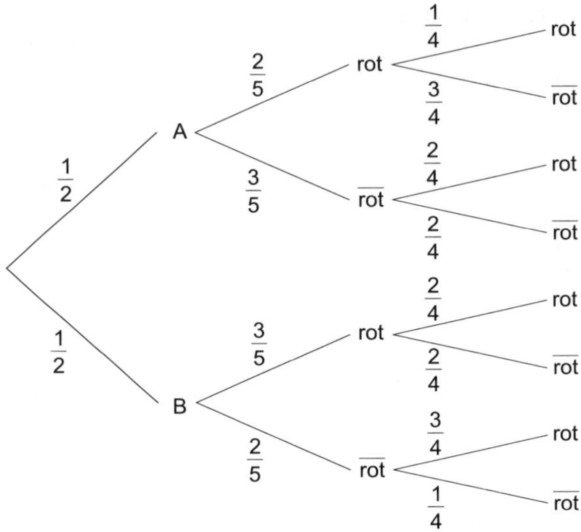

$$P(\text{A rot rot}) = \frac{1}{2} \cdot \frac{2}{5} \cdot \frac{1}{4}$$

$$P(\text{B rot rot}) = \frac{1}{2} \cdot \frac{3}{5} \cdot \frac{2}{4}$$

$$P(2\text{ rot}) = \frac{1}{2} \cdot \frac{2}{5} \cdot \frac{1}{4} + \frac{1}{2} \cdot \frac{3}{5} \cdot \frac{2}{4} = \frac{1}{5} = 0{,}2 = 20\ \%$$

f) Gesucht ist die bedingte Wahrscheinlichkeit:

$$P_{2\text{ rot}}(B) = \frac{P(2\text{ rot} \cap B)}{P(2\text{ rot})} = \frac{\frac{1}{2} \cdot \frac{3}{5} \cdot \frac{2}{4}}{\frac{1}{5}} = \frac{3}{4} = 0{,}75 = 75\ \% \quad \text{(siehe Merkhilfe)}$$

Abitur Mathematik (Bayern): Abiturprüfung 2012
Stochastik II

BE

1. Nachdem die Verfilmung eines bekannten Romans erfolgreich in den Kinos gezeigt wurde, veröffentlicht eine Tageszeitung das Ergebnis einer repräsentativen Umfrage unter Jugendlichen. Der Umfrage zufolge hatten 88 % der befragten Jugendlichen den Roman zum Zeitpunkt des Kinostarts noch nicht gelesen, 18 % sahen die Verfilmung. Von den Befragten, die laut Umfrage den Roman zum Zeitpunkt des Kinostarts bereits gelesen hatten, gaben 60 % an, die Verfilmung gesehen zu haben.

   Betrachtet werden folgende Ereignisse:

   R: „Eine aus den Befragten zufällig ausgewählte Person hatte laut Umfrage den Roman zum Zeitpunkt des Kinostarts bereits gelesen."

   V: „Eine aus den Befragten zufällig ausgewählte Person sah laut Umfrage die Verfilmung."

   a) Bestimmen Sie die Wahrscheinlichkeit dafür, dass eine aus den Befragten zufällig ausgewählte Person, die laut Umfrage den Roman zum Zeitpunkt des Kinostarts noch nicht gelesen hatte, angab, die Verfilmung gesehen zu haben. 5

   b) Beschreiben Sie das Ereignis $\overline{R} \cup \overline{V}$ im Sachzusammenhang und bestimmen Sie die Wahrscheinlichkeit dieses Ereignisses. 4

2. Ein Jahr später möchte die Tageszeitung ermitteln, ob sich durch die Verfilmung der Anteil p der Jugendlichen, die den Roman gelesen haben, wesentlich erhöht hat. Die Nullhypothese H_0: $p \leq 0{,}15$ soll mithilfe einer Stichprobe von 100 Jugendlichen auf einem Signifikanzniveau von 10 % getestet werden. Bestimmen Sie die zugehörige Entscheidungsregel. 5

Der Kurs Theater und Film eines Gymnasiums führt die Bühnenversion des Romans auf.

3. Für die Premiere wird die Aula der Schule bestuhlt; in der ersten Reihe werden acht Plätze für Ehrengäste reserviert. Bestimmen Sie die Anzahl der Möglichkeiten, die die fünf erschienenen Ehrengäste haben, sich auf die reservierten Plätze zu verteilen, wenn

   α) die Personen nicht unterschieden werden;

   β) die Personen unterschieden werden.

   Nennen Sie im Sachzusammenhang einen möglichen Grund dafür, dass die möglichen Anordnungen der Ehrengäste auf den reservierten Plätzen nicht gleichwahrscheinlich sind – unabhängig davon, ob die Personen unterschieden werden oder nicht. 4

4. Bei jeder Aufführung wird der Vorhang 15-mal geschlossen; dafür ist ein automatischer Mechanismus vorgesehen. Erfahrungsgemäß funktioniert der Mechanismus bei jedem Schließen des Vorhangs mit einer Wahrscheinlichkeit von 90 %. Nur dann, wenn der Mechanismus nicht funktioniert, wird der Vorhang von Hand zugezogen.

   a) Bestimmen Sie die Wahrscheinlichkeiten folgender Ereignisse:

      A: „Bei einer Aufführung wird der Vorhang kein einziges Mal von Hand zugezogen."

      B: „Bei einer Aufführung lässt sich der Vorhang zunächst viermal automatisch schließen, insgesamt wird der Vorhang jedoch genau zweimal von Hand zugezogen." 5

   b) Beschreiben Sie ein Urnenexperiment, mit dem sich das Verhalten des Mechanismus bei 15-maligem Schließen des Vorhangs simulieren lässt. 2

   c) Die Zufallsgröße X beschreibt, wie oft der Mechanismus beim Schließen des Vorhangs im Verlauf einer Aufführung nicht funktioniert. Bestimmen Sie die Wahrscheinlichkeit dafür, dass der Wert von X um mehr als eine Standardabweichung vom Erwartungswert der Zufallsgröße abweicht. 5

30

Tipps und Hinweise: Stochastik II

Aufgabe 1 a

- Dem Text zu entnehmen sind die Wahrscheinlichkeiten $P(\overline{R})$, $P(V)$ und die bedingte Wahrscheinlichkeit $P_R(V)$.
- Berechnen Sie $P(R \cap V)$.
- Die Formel für die bedingte Wahrscheinlichkeit (siehe Merkhilfe) lässt sich umformen:

  $$P_A(B) = \frac{P(A \cap B)}{P(A)} \quad \Rightarrow \quad P(A \cap B) = P_A(B) \cdot P(A)$$

- Welche Wahrscheinlichkeit ist gesucht?
- Was ist die Bedingung?
- Welche Wahrscheinlichkeiten benötigen Sie zur Berechnung von $P_{\overline{R}}(V)$?
- Wie ergibt sich $P(\overline{R} \cap V)$ aus den Ihnen schon bekannten Wahrscheinlichkeiten?

oder:

- Fertigen Sie eine Vierfeldertafel mit den beiden im Text definierten Ereignissen an.
- Die gesuchte bedingte Wahrscheinlichkeit lässt sich mithilfe der Formel aus der Merkhilfe berechnen.
- Die benötigten Wahrscheinlichkeiten $P(\overline{R} \cap V)$ und $P(\overline{R})$ können der Vierfeldertafel entnommen werden.

oder:

- Fertigen Sie ein Baumdiagramm (1. Ast: Ereignis R, 2. Ast: Ereignis V) an.
- Aus welchen Pfaden setzt sich $P(V) = 0{,}18$ zusammen?

Aufgabe 1 b

- Die Vereinigungsmenge umfasst alle Elemente, die in der einen **oder** in der anderen Menge (oder auch in beiden Mengen) enthalten sind.
- Die Wahrscheinlichkeit einer Vereinigungsmenge lässt sich mithilfe des Additionssatzes berechnen.
- $P(A \cup B) = P(A) + P(B) - P(A \cap B)$
- Die benötigten Wahrscheinlichkeiten ergeben sich aus Teilaufgabe 1 a.

oder:

- Es gilt: $\overline{A} \cup \overline{B} = \overline{A \cap B}$
- $\overline{A \cap B}$ ist das Gegenereignis zu $A \cap B$.

- $P(\overline{A \cap B}) = 1 - P(A \cap B)$
- Die Wahrscheinlichkeit von $R \cap V$ wurde in Teilaufgabe 1 a bereits bestimmt.

Aufgabe 2

- Die Nullhypothese ist gegeben.
- Stimmt man für $p \leq 0{,}15$, wenn möglichst viele oder möglichst wenige Jugendliche den Roman gelesen haben?
- Die Wahrscheinlichkeit, gegen p zu sein, obwohl $p = 0{,}15$, soll höchstens 10 % betragen.
- Lesen Sie in der Tabelle das kleinstmögliche k ab.
- In welchem Bereich spricht man sich gegen p aus? (Ablehnungsbereich)
- **Für CAS-Nutzer:** Das kleinstmögliche k kann im CAS durch systematisches Probieren schnell ermittelt werden. Möglich ist auch die Erzeugung einer Tabelle.

Aufgabe 3

- Werden die Personen nicht unterschieden, so geht es nur darum, ob ein Platz besetzt wird oder nicht.
- Auf wie viele Arten können von 8 Plätzen 5 besetzt werden?
- Aus den 8 Plätzen werden 5 ausgewählt.
- Wenn die Personen unterschieden werden, so geht es nicht nur darum, ob ein Platz besetzt wird, sondern auch von wem.
- Wie viele Wahlmöglichkeiten hat der 1. Ehrengast?
- Wie viele Wahlmöglichkeiten verbleiben dann für den 2. Ehrengast?
- Fahren Sie entsprechend bis zum 5. Ehrengast fort.
- Kann es eine Verbindung zwischen den Ehrengästen geben?
- Bedenken Sie mögliche Sym- oder auch Antipathien.

Aufgabe 4 a

- Das Schließen des Vorhangs entspricht einer Bernoulli-Kette der Länge 15 mit der Trefferwahrscheinlichkeit von 90 %.
- Wenn der Vorhang kein einziges Mal von Hand zugezogen wird, funktioniert der Mechanismus jedes Mal.
- Wie oft wird der Vorhang noch geschlossen, wenn der Mechanismus bereits viermal funktioniert hat?
- Beim anschließenden elfmaligen Schließen funktioniert der Mechanismus genau zweimal nicht.

Aufgabe 4 b

- Welche Bedingungen gelten für eine Bernoulli-Kette?
- Handelt es sich um ein Ziehen mit oder ohne Zurücklegen?
- Wie oft wird gezogen?
- Welche Farbverteilung der Kugeln muss vorliegen, damit die Trefferwahrscheinlichkeit 90 % beträgt?

Aufgabe 4 c

- X ist eine binomialverteilte Zufallsgröße (siehe Teilaufgaben 4 a und 4 b).
- Wie berechnen sich Erwartungswert und Standardabweichung einer binomialverteilten Zufallsgröße?
- Beachten Sie die Merkhilfe.
- Standardabweichung $= \sqrt{\text{Varianz}}$
- Welche Werte kann X annehmen, wenn X um mehr als eine Standardabweichung vom Erwartungswert abweichen soll?
- Es muss gelten: $X < E(X) - \sigma(X)$ oder $X > E(X) + \sigma(X)$
- **Für CAS-Nutzer:** Bei der Berechnung von Wahrscheinlichkeiten können die Verteilungsfunktionen der Binomialverteilung binomPdf und binomCdf direkt genutzt werden.
  Beim TI-Nspire können Sie für die untere und obere Grenze auch rationale Zahlen einsetzen.

oder:

- Wie lautet das Gegenereignis zu „X soll um mehr als eine Standardabweichung vom Erwartungswert abweichen"?
- Es muss gelten: $E(X) - \sigma(X) \leq X \leq E(X) + \sigma(X)$ darf nicht eintreten.

Lösungen

1. $P(\overline{R}) = 88\,\% = 0{,}88 \quad \Rightarrow \quad P(R) = 12\,\% = 0{,}12$

   $P(V) = 18\,\% = 0{,}18 \quad \Rightarrow \quad P(\overline{V}) = 82\,\% = 0{,}82$

   $P_R(V) = 60\,\% = 0{,}6 \quad \Rightarrow \quad P(R \cap V) = P_R(V) \cdot P(R) = 0{,}6 \cdot 0{,}12 = 0{,}072$ (Merkhilfe)

   a) Gesucht ist die bedingte Wahrscheinlichkeit:

   $$P_{\overline{R}}(V) = \frac{P(\overline{R} \cap V)}{P(\overline{R})} \quad \text{(siehe Merkhilfe)}$$

   Wegen $P(V) = P(R \cap V) + P(\overline{R} \cap V)$ gilt:

   $P(\overline{R} \cap V) = P(V) - P(R \cap V) = 0{,}18 - 0{,}072 = 0{,}108$

   oder:

	R	$\overline{R}$	
V	0,072	**0,108**	0,18
$\overline{V}$	**0,048**	**0,772**	**0,82**
	0,12	0,88	1

   Die fett gedruckten Werte sind aus der Vierfeldertafel heraus zu berechnen.

   $$P_{\overline{R}}(V) = \frac{P(\overline{R} \cap V)}{P(\overline{R})} = \frac{0{,}108}{0{,}88} \approx 0{,}12273 = 12{,}273\,\%$$

   oder:

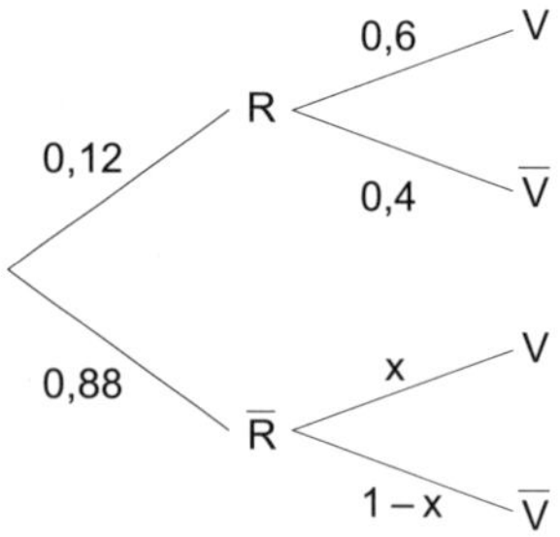

   mit $x = P_{\overline{R}}(V)$

   $$P(V) = P(R \cap V) + P(\overline{R} \cap V)$$
   $$0{,}18 = 0{,}12 \cdot 0{,}6 + 0{,}88 \cdot x$$
   $$0{,}18 - 0{,}072 = 0{,}88 \cdot x$$
   $$x = \frac{0{,}108}{0{,}88}$$
   $$x \approx 0{,}12273 = 12{,}273\,\%$$

b) $\overline{R} \cup \overline{V}$:

Eine aus den Befragten zufällig ausgewählte Person hat den Roman zum Zeitpunkt des Kinostarts noch nicht gelesen oder die Verfilmung nicht gesehen.

$$P(\overline{R} \cup \overline{V}) = P(\overline{R}) + P(\overline{V}) - P(\overline{R} \cap \overline{V}) \qquad \text{(Additionssatz)}$$
$$= 0{,}88 + 0{,}82 - 0{,}772 = 0{,}928 = 92{,}8\ \%$$

oder:

$$P(\overline{R} \cup \overline{V}) = P(\overline{R \cap V}) = 1 - P(R \cap V) = 1 - 0{,}072 = 0{,}928 = 92{,}8\ \%$$

2.

	für p 0 … k	gegen p k+1 … 100	Romanleser
p ≤ 0,15		≤ 10 %	

$$P = \sum_{i=k+1}^{100} B(100; 0{,}15; i) \leq 0{,}1 \qquad \textit{oder:} \quad P_{0,15}^{100}(X \geq k+1) \leq 0{,}1$$

$$1 - \sum_{i=0}^{k} B(100; 0{,}15; i) \leq 0{,}1 \qquad 1 - P_{0,15}^{100}(X \leq k) \leq 0{,}1$$

$$\sum_{i=0}^{k} B(100; 0{,}15; i) \geq 0{,}9 \qquad P_{0,15}^{100}(X \leq k) \geq 0{,}9$$

Ablesen in der Tabelle liefert: k = 20
Ablehnungsbereich: {21 … 100}

Haben mindestens 21 Jugendliche den Roman gelesen, so wird die Nullhypothese abgelehnt.

Hinweis für CAS-Nutzer:
Durch systematisches Probieren ist der Wert k = 20 schnell ermittelt.

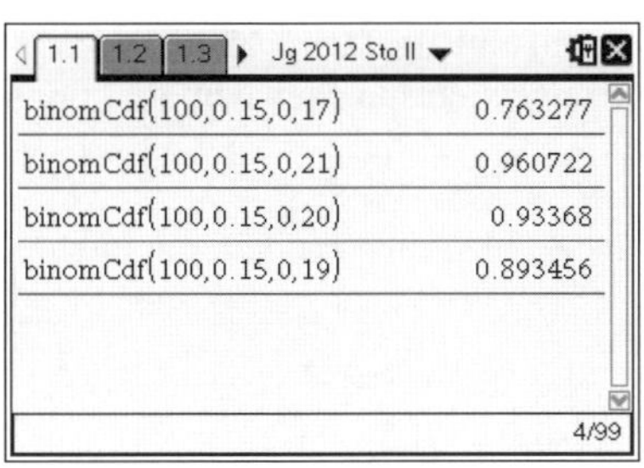

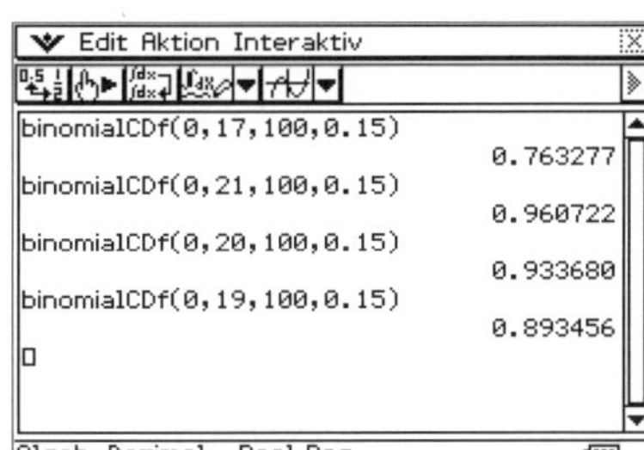

3. α) $\binom{8}{5} = 56$

Es werden 5 der 8 Plätze besetzt.

β) $8 \cdot 7 \cdot 6 \cdot 5 \cdot 4 = 6\,720$
Der 1. Ehrengast hat 8 mögliche Plätze zur Auswahl,
der 2. Ehrengast hat 7 mögliche Plätze zur Auswahl,
⋮
der 5. Ehrengast hat 4 mögliche Plätze zur Auswahl.

Ehrengäste kommen möglicherweise gemeinsam oder kennen sich, sodass sie sich nebeneinandersetzen, oder aber sie möchten gerade nicht neben einem anderen Ehrengast sitzen.

4. a) Ereignis A: Der Vorhangmechanismus funktioniert immer.
$P(A) = 0{,}9^{15} \approx 0{,}20589 = 20{,}589\ \%$

Ereignis B: Bei den weiteren 11 Schließvorgängen des Vorhangs funktioniert der Mechanismus zweimal nicht.

$$P(B) = 0{,}9^4 \cdot B(11; 0{,}1; 2) = 0{,}9^4 \cdot \binom{11}{2} \cdot 0{,}1^2 \cdot 0{,}9^9 = 0{,}13980 = 13{,}980\ \%$$

Hinweis für CAS-Nutzer:
Zur Berechnung kann man die Verteilungsfunktion der Binomialverteilung heranziehen.

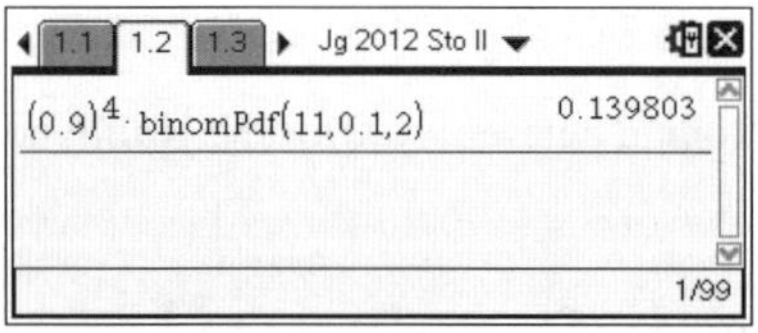

b) Aus einer Urne mit 9 roten Kugeln und 1 weißen Kugel wird 15-mal mit Zurücklegen eine Kugel gezogen. Die roten Kugeln entsprechen dem funktionierenden Mechanismus.

c) Da es sich bei X um eine binomialverteilte Zufallsgröße handelt, gilt (siehe Merkhilfe):

$E(X) = n \cdot p = 15 \cdot 0{,}1 = 1{,}5$

$\sigma(X) = \sqrt{Var(X)} = \sqrt{n \cdot p \cdot (1-p)} = \sqrt{15 \cdot 0{,}1 \cdot 0{,}9} = \sqrt{1{,}35} \approx 1{,}2$

X weicht von E(X) um mehr als σ(X) ab, wenn $X < 1{,}5 - 1{,}2 = 0{,}3$ oder wenn $X > 1{,}5 + 1{,}2 = 2{,}7$.

$$P = P(X = 0) + P(X \geq 3) = B(15; 0{,}1; 0) + \sum_{i=3}^{15} B(15; 0{,}1; i)$$

$$= B(15; 0{,}1; 0) + \left(1 - \sum_{i=0}^{2} B(15; 0{,}1; i)\right) \approx 0{,}20589 + 1 - 0{,}81594 = 0{,}38995$$

Anmerkung: Statt $\sum_{i=3}^{15} B(15; 0{,}1; i)$ und $\sum_{i=0}^{2} B(15; 0{,}1; i)$ können Sie auch

$P_{0,1}^{15}(X \geq 3)$ und $P_{0,1}^{15}(X \leq 2)$ schreiben.

Hinweis für CAS-Nutzer:
Es kann die Verteilungsfunktion der Binomialverteilung direkt genutzt werden.

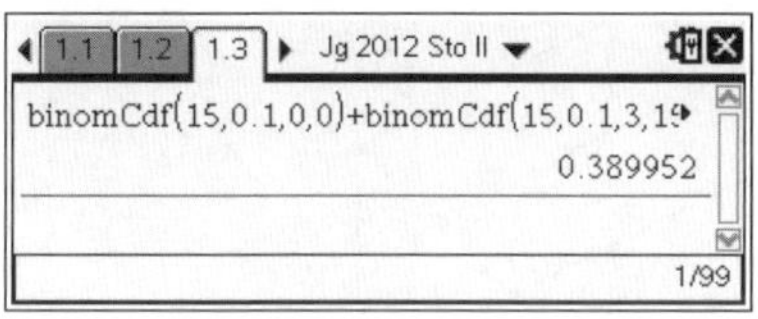

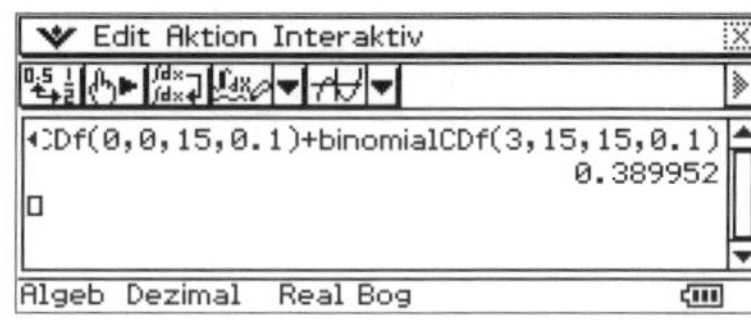

oder:

P(X weicht um mehr als eine Standardabweichung vom Erwartungswert ab)
= 1 – P(X weicht höchstens um eine Standardabweichung vom Erwartungswert ab)
$= 1 - P(0{,}3 \leq X \leq 2{,}7) = 1 - P(1 \leq X \leq 2) = 1 - (P(X = 1) + P(X = 2))$
$= 1 - (B(15; 0{,}1; 1) + B(15; 0{,}1; 2)) \approx 1 - (0{,}34315 + 0{,}26690) = 0{,}38995$

Hinweis für CAS-Nutzer:
Während der TI-Nspire rationale Zahlen für die untere und obere Grenze akzeptiert und eigenständig rundet, bringt der CASIO ClassPad eine Fehlermeldung und verlangt natürliche Zahlen als Grenzen.

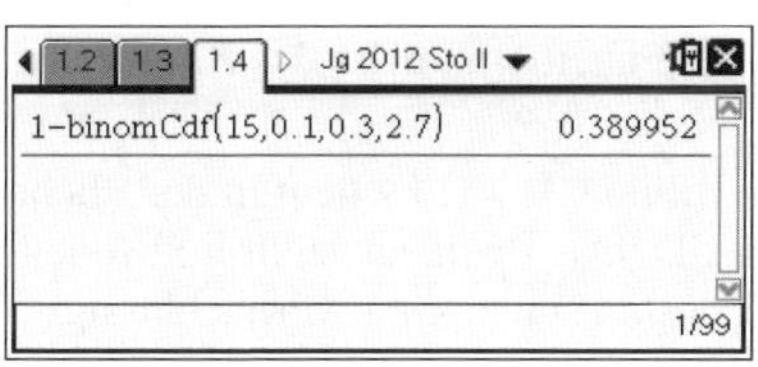

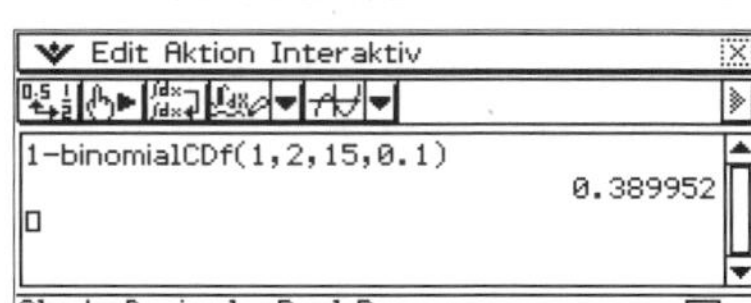

Abitur Mathematik (Bayern): Abiturprüfung 2012
Geometrie I

BE

Abbildung 1 zeigt modellhaft ein Dachzimmer in der Form eines geraden Prismas. Der Boden und zwei der Seitenwände liegen in den Koordinatenebenen. Das Rechteck ABCD liegt in einer Ebene E und stellt den geneigten Teil der Deckenfläche dar.

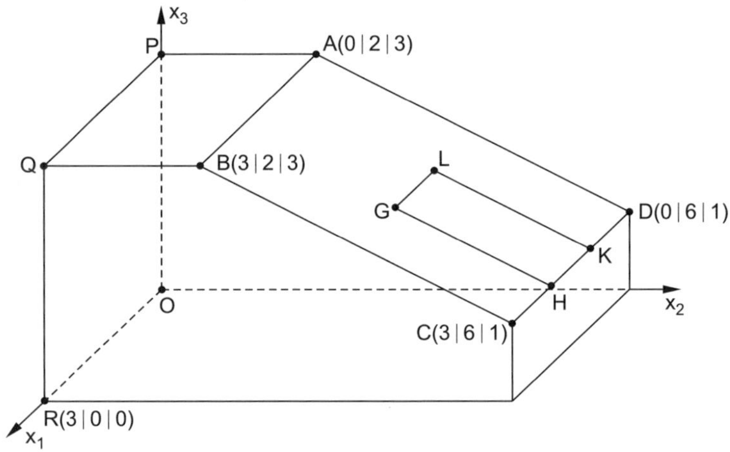

Abb. 1

a) Bestimmen Sie eine Gleichung der Ebene E in Normalenform.
[mögliches Ergebnis: E: $x_2 + 2x_3 - 8 = 0$] 4

b) Berechnen Sie den Abstand des Punktes R von der Ebene E. 2

Im Koordinatensystem entspricht eine Längeneinheit 1 m, d. h., das Zimmer ist an seiner höchsten Stelle 3 m hoch.

Das Rechteck GHKL mit G(2 | 4 | 2) hat die Breite $\overline{GL} = 1$. Es liegt in der Ebene E, die Punkte H und K liegen auf der Geraden CD. Das Rechteck stellt im Modell ein Dachflächenfenster dar; die Breite des Fensterrahmens soll vernachlässigt werden.

c) Geben Sie die Koordinaten der Punkte L, H und K an und bestimmen Sie den Flächeninhalt des Fensters.
[zur Kontrolle: $\overline{GH} = \sqrt{5}$] 5

d) Durch das Fenster einfallendes Sonnenlicht wird im Zimmer durch parallele Geraden mit dem Richtungsvektor $\vec{v} = \begin{pmatrix} -2 \\ -8 \\ -1 \end{pmatrix}$ repräsentiert. Eine dieser Geraden verläuft durch den Punkt G und schneidet die Seitenwand OPQR im Punkt S. Berechnen Sie die Koordinaten von S sowie die Größe des Winkels, den diese Gerade mit der Seitenwand OPQR einschließt. 6

e) Das Fenster ist drehbar um eine Achse, die im Modell durch die Mittelpunkte der Strecken [GH] und [LK] verläuft. Die Unterkante des Fensters schwenkt dabei in das Zimmer; das Drehgelenk erlaubt eine zum Boden senkrechte Stellung der Fensterfläche.
Bestimmen Sie die Koordinaten des Mittelpunkts M der Strecke [GH] und bestätigen Sie rechnerisch, dass das Fenster bei seiner Drehung den Boden nicht berühren kann.
[Teilergebnis: $M(2\,|\,5\,|\,1{,}5)$] 4

Abbildung 2 zeigt ein quaderförmiges Möbelstück, das 40 cm hoch ist. Es steht mit seiner Rückseite flächenbündig an der Wand unter dem Fenster. Seine vordere Oberkante liegt im Modell auf der Geraden

$$k\colon \overrightarrow{X} = \begin{pmatrix} 0 \\ 5{,}5 \\ 0{,}4 \end{pmatrix} + \lambda \cdot \begin{pmatrix} 1 \\ 0 \\ 0 \end{pmatrix},\ \lambda \in \mathbb{R}.$$

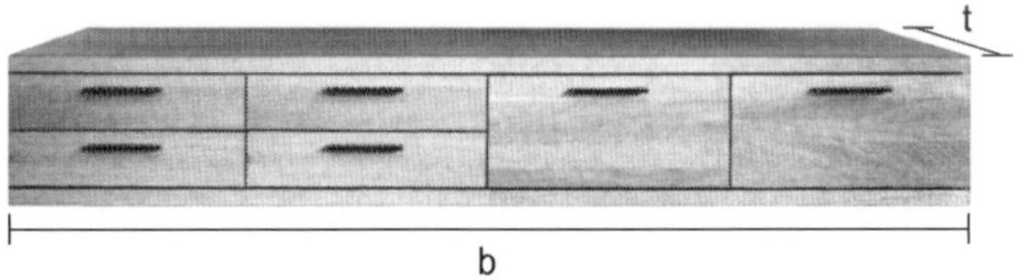

Abb. 2

f) Ermitteln Sie mithilfe von Abbildung 2 die Breite b des Möbelstücks möglichst genau.
Bestimmen Sie mithilfe der Gleichung der Geraden k die Tiefe t des Möbelstücks und erläutern Sie Ihr Vorgehen. 4

g) Überprüfen Sie rechnerisch, ob das Fenster bei seiner Drehung am Möbelstück anstoßen kann. 5

30

Tipps und Hinweise: Geometrie I

Aufgabe a

- Welche Vektoren lassen sich als Richtungsvektoren der Ebene E verwenden?
- Sie benötigen einen Normalenvektor der Ebene E.
- Der Normalenvektor steht auf den Richtungsvektoren der Ebene senkrecht.
- Der Normalenvektor lässt sich mithilfe des Vektorprodukts zweier nicht-paralleler Richtungsvektoren bestimmen (siehe Merkhilfe).
- Setzen Sie den Normalenvektor und einen Ebenenpunkt (A, B, C oder D) in die Formel für die Normalenform der Ebene ein (siehe Merkhilfe).
- **Für CAS-Nutzer:** Normalenvektoren und Skalarprodukte können mit dem CAS berechnet werden.

Aufgabe b

- Verwenden Sie die Formel aus der Merkhilfe.

Aufgabe c

- Welche besondere Lage hat die Strecke [CD] im Koordinatensystem?
- Auch die Fensterkanten [GH] und [HK] haben diese Lage.
- Die Koordinaten von G und L (und auch die von H und K) unterscheiden sich also nur in der x_1-Koordinate, und zwar um 1, da $\overline{GL} = 1$.
- Zu welchen Zimmerkanten sind [GH] und [LK] parallel?
- Welche besondere Lage hat [AD] im Koordinatensystem?
- G und H (bzw. L und K) besitzen also dieselbe x_1-Koordinate.
- H und K liegen auf der Geraden g_{CD}, die parallel zur x_1-Achse verläuft. H und K besitzen also dieselben x_2- und x_3-Koordinaten wie C bzw. D.

  oder:
- Stellen Sie eine Gleichung der Geraden CD auf. Sie kennen die 1. Koordinate von H (bzw. K). Damit lassen sich der Parameter der Geradengleichung und daraus die weiteren Punktkoordinaten bestimmen.
- Die Flächenformel für das Rechteck lautet: $A = a \cdot b$
- $a = \overline{GL}$ ist Ihnen bekannt. Berechnen Sie $b = \overline{GH} = |\overrightarrow{GH}|$ mithilfe der Formel für den Betrag eines Vektors (siehe Merkhilfe).
- **Für CAS-Nutzer:** Den Betrag eines Vektors nennt man auch die Norm eines Vektors. Dafür gibt es einen entsprechenden CAS-Befehl.

Aufgabe d

- Stellen Sie für die „Sonnenstrahl"-Gerade durch G mit dem gegebenen Richtungsvektor eine Gleichung auf.
- Welche besondere Lage hat die Seitenwand OPQR im Koordinatensystem?
- Geben Sie eine Gleichung der Ebene OPQR in Normalenform an.
- Berechnen Sie die Koordinaten des Schnittpunkts S von Gerade und Ebene.
- Um den Schnittpunkt einer Geraden mit einer Ebene zu bestimmen, setzt man die Geradengleichung in die Normalenform der Ebene ein.
- Es ergibt sich eine Gleichung für den Parameter der Geraden.
- Berechnen Sie diesen Parameter.
- Einsetzen des Parameterwerts in die Geradengleichung liefert die Koordinaten des Schnittpunkts.
- Berechnen Sie den Winkel zwischen dem Sonnenstrahl und dem Normalenvektor der Ebene OPQR.
- Die Formel zur Berechnung des Winkels zwischen zwei Vektoren finden Sie in der Merkhilfe.
- Da Sie den spitzen Winkel zwischen Normalenvektor und Richtungsvektor suchen, setzen Sie Betragsstriche in der Formel.
- Der gesuchte Winkel ergänzt den berechneten zu 90°.

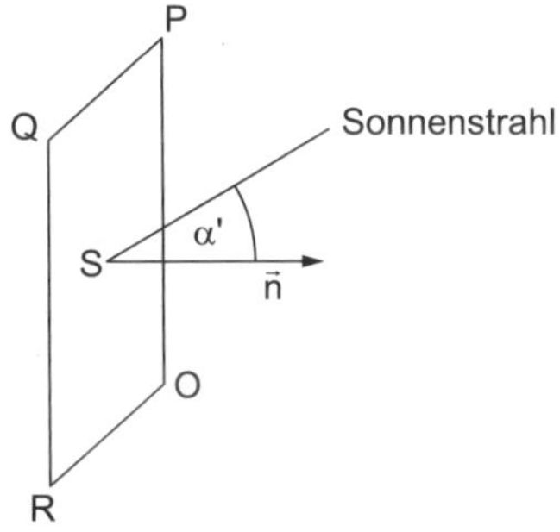

Aufgabe e

- Bestimmen Sie die Koordinaten des Mittelpunkts M mithilfe der Formel aus der Merkhilfe.
- Berechnen Sie die Länge des „Radius" des Fensterdrehkreises.
- Der Radius entspricht der Länge $\overline{MH}$ bzw. der halben Fensterlänge.
- Vergleichen Sie diesen Radius mit der Höhe des Punktes M über dem Boden.
- Die x_3-Koordinate von M gibt die Höhe von M über dem Boden an, da der Boden durch die x_1-x_2-Ebene dargestellt wird.

Aufgabe f

- Das Möbelstück ist so dargestellt, dass die Vorderseite maßstabsgetreu zu sehen ist.
- Die Höhe ist mit 40 cm angegeben.
- Messen Sie die abgebildete Höhe und Breite möglichst genau aus.

- Welcher Länge im Bild entspricht die wirkliche Höhe von 40 cm?
- Welcher wirklichen Breite entspricht die im Bild gemessene Breite?
- Welche besondere Lage hat die Gerade k im Koordinatensystem?
- Welche Koordinaten sind für alle Punkte der Geraden k gleich?
- Die hintere Oberkante des Möbelstücks liegt in der Ebene, die durch die Wand unter dem Fenster gebildet wird und die parallel zur x_1-x_3-Ebene verläuft. Welche Gleichung hat diese Ebene?
- Die Tiefe t entspricht dem Abstand zwischen der hinteren und der vorderen Oberkante in x_2-Richtung.

Aufgabe g

- Die Fensterkante [GH] bewegt sich in einem Kreis um M mit dem Radius $\overline{MH} = \sqrt{1,25}$. Dieser Kreis liegt in einer Ebene parallel zur x_2-x_3-Ebene. Wie lautet eine Gleichung dieser Ebene?
- Berechnen Sie den Schnittpunkt der Kreisebene mit der Geraden k, die die vordere Oberkante darstellt.
- Vergleichen Sie die Entfernung dieses Schnittpunkts von M mit dem Radius.
- Wie müsste der Vergleich ausfallen, wenn das Fenster die vordere Oberkante berühren oder gar am Möbelstück anstoßen würde?

oder:

- Welchen Abstand muss der Punkt M von der vorderen Oberkante k haben, damit das Fenster die Kante weder berührt noch an das Möbelstück anstößt?
- Berechnen Sie den Abstand des Punktes M von der Geraden k.

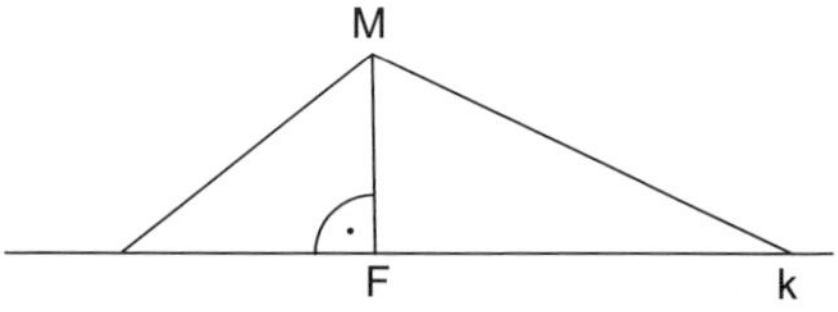

- Beachten Sie, dass der Abstand der Länge des Lots von M auf k entspricht.
- Sie haben die Bedingungen $\overrightarrow{MF} \perp k$ und $F \in k$.
- Ein Vektor steht auf einer Geraden senkrecht, wenn er auf dem Richtungsvektor der Geraden senkrecht steht.
- Zwei Vektoren stehen aufeinander senkrecht, wenn ihr Skalarprodukt null ergibt (siehe Merkhilfe).
- Ein Punkt liegt auf einer Geraden, wenn seine Koordinaten die Geradengleichung erfüllen.
- **Für CAS-Nutzer:** Der Abstand eines Punktes zu einer Geraden kann mit CAS auch als Minimum der Länge des Verbindungsvektors ermittelt werden.

Lösungen

a) Aus den beiden Richtungsvektoren aus E: $\vec{X} = \vec{A} + \lambda \cdot \overrightarrow{AB} + \mu \cdot \overrightarrow{AD}$, $\lambda, \mu \in \mathbb{R}$, lässt sich der Normalenvektor berechnen:

$$\vec{n}_E = \overrightarrow{AB} \times \overrightarrow{AD}$$

Mit $\overrightarrow{AB} = \vec{B} - \vec{A} = \begin{pmatrix} 3 \\ 2 \\ 3 \end{pmatrix} - \begin{pmatrix} 0 \\ 2 \\ 3 \end{pmatrix} = \begin{pmatrix} 3 \\ 0 \\ 0 \end{pmatrix}$ und $\overrightarrow{AD} = \vec{D} - \vec{A} = \begin{pmatrix} 0 \\ 6 \\ 1 \end{pmatrix} - \begin{pmatrix} 0 \\ 2 \\ 3 \end{pmatrix} = \begin{pmatrix} 0 \\ 4 \\ -2 \end{pmatrix}$ ergibt sich:

$$\vec{n}_E = \begin{pmatrix} 3 \\ 0 \\ 0 \end{pmatrix} \times \begin{pmatrix} 0 \\ 4 \\ -2 \end{pmatrix} = \begin{pmatrix} 0-0 \\ 0+6 \\ 12-0 \end{pmatrix} = \begin{pmatrix} 0 \\ 6 \\ 12 \end{pmatrix} \hat{=} \begin{pmatrix} 0 \\ 1 \\ 2 \end{pmatrix}$$

E: $\quad \vec{n}_E \circ [\vec{X} - \vec{A}] = 0 \quad$ (siehe Merkhilfe)

$$\begin{pmatrix} 0 \\ 1 \\ 2 \end{pmatrix} \circ \left[\vec{X} - \begin{pmatrix} 0 \\ 2 \\ 3 \end{pmatrix} \right] = 0$$

$$\begin{pmatrix} 0 \\ 1 \\ 2 \end{pmatrix} \circ \vec{X} - \begin{pmatrix} 0 \\ 1 \\ 2 \end{pmatrix} \circ \begin{pmatrix} 0 \\ 2 \\ 3 \end{pmatrix} = 0$$

$$x_2 + 2x_3 - 8 = 0$$

Hinweis für CAS-Nutzer:
Das CAS berechnet die Koordinatendarstellung der Normalenform. Das Skalarprodukt entspricht dem Befehl *dotP*, das Vektorprodukt dem Befehl crossP (das Vektorprodukt kann auch als Kreuzprodukt bezeichnet werden). Beim CASIO-Rechner muss die Darstellung noch durch den *expand*-Befehl vereinfacht werden.

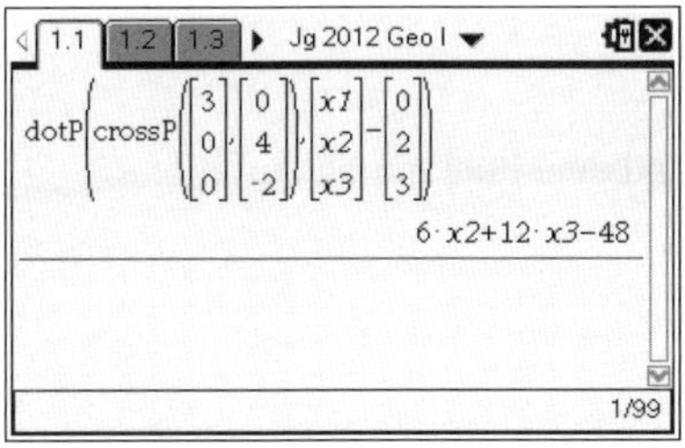

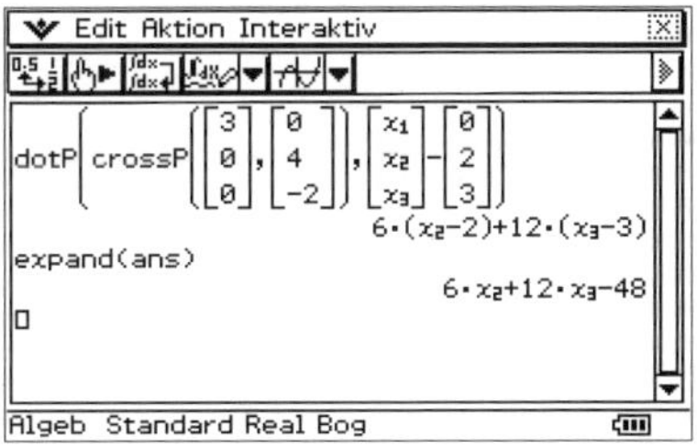

b) $e(R; E) = \dfrac{|0 \cdot 3 + 1 \cdot 0 + 2 \cdot 0 - 8|}{\sqrt{0^2 + 1^2 + 2^2}} = \dfrac{8}{\sqrt{5}} = \dfrac{8 \cdot \sqrt{5}}{\sqrt{5} \cdot \sqrt{5}} = \dfrac{8}{5}\sqrt{5}$

Hinweis für CAS-Nutzer:
Mit he(x1,x2,x3) wird die Hesse-Form der Ebene bezeichnet.

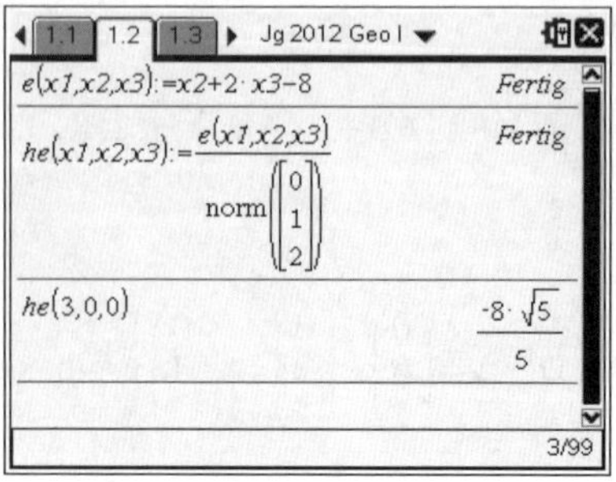

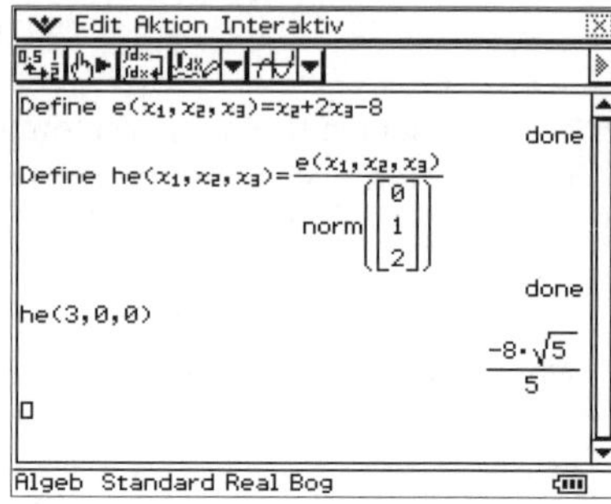

c) Da [GL] ∥ [HK] und

$$\overrightarrow{CD} = \vec{D} - \vec{C} = \begin{pmatrix} 0 \\ 6 \\ 1 \end{pmatrix} - \begin{pmatrix} 3 \\ 6 \\ 1 \end{pmatrix} = \begin{pmatrix} -3 \\ 0 \\ 0 \end{pmatrix} \triangleq \begin{pmatrix} 1 \\ 0 \\ 0 \end{pmatrix},$$

verlaufen [GL] und [HK] parallel zur x_1-Achse.

Die Koordinaten von G und L unterscheiden sich also nur in der x_1-Koordinate. Da $\overline{GL} = 1$, unterscheiden sie sich nur um 1, womit folgt:

$$\vec{L} = \vec{G} - \begin{pmatrix} 1 \\ 0 \\ 0 \end{pmatrix} = \begin{pmatrix} 2 \\ 4 \\ 2 \end{pmatrix} - \begin{pmatrix} 1 \\ 0 \\ 0 \end{pmatrix} = \begin{pmatrix} 1 \\ 4 \\ 2 \end{pmatrix} \quad \Rightarrow \quad L(1\,|\,4\,|\,2)$$

[GH] und [LK] verlaufen parallel zu [AD] und somit parallel zur x_2-x_3-Ebene. G und H (bzw. L und K) besitzen also dieselbe x_1-Koordinate.

$H(2\,|\,h_2\,|\,h_3)$ und $K(1\,|\,k_2\,|\,k_3)$

H und K liegen auf der Geraden CD und haben somit dieselben x_2- und x_3-Koordinaten wie C bzw. D:

$H(2\,|\,6\,|\,1)$ und $K(1\,|\,6\,|\,1)$

oder:

Man kann auch die Gerade CD aufstellen und eine Punktprobe durchführen.

$$g_{CD}: \vec{X} = \begin{pmatrix} 0 \\ 6 \\ 1 \end{pmatrix} + \sigma \begin{pmatrix} 1 \\ 0 \\ 0 \end{pmatrix} \qquad \sigma \in \mathbb{R}$$

$$H \in g_{CD} \quad \Rightarrow \quad \begin{pmatrix} 2 \\ h_2 \\ h_3 \end{pmatrix} = \begin{pmatrix} 0 \\ 6 \\ 1 \end{pmatrix} + \sigma \begin{pmatrix} 1 \\ 0 \\ 0 \end{pmatrix} \quad \Rightarrow \quad \sigma = 2 \text{ und } H(2\,|\,6\,|\,1)$$

$$K \in g_{CD} \quad \Rightarrow \quad \begin{pmatrix} 1 \\ k_2 \\ k_3 \end{pmatrix} = \begin{pmatrix} 0 \\ 6 \\ 1 \end{pmatrix} + \sigma \begin{pmatrix} 1 \\ 0 \\ 0 \end{pmatrix} \quad \Rightarrow \quad \sigma = 1 \text{ und } K(1\,|\,6\,|\,1)$$

Hinweis für CAS-Nutzer:
Diese Gleichungen lassen sich auch mit CAS lösen (spielt vor allem dann eine Rolle, wenn im Richtungsvektor der Geraden keine Nullen stehen).

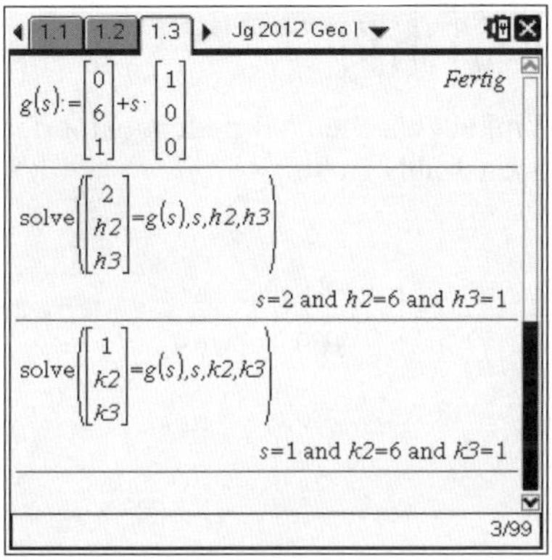

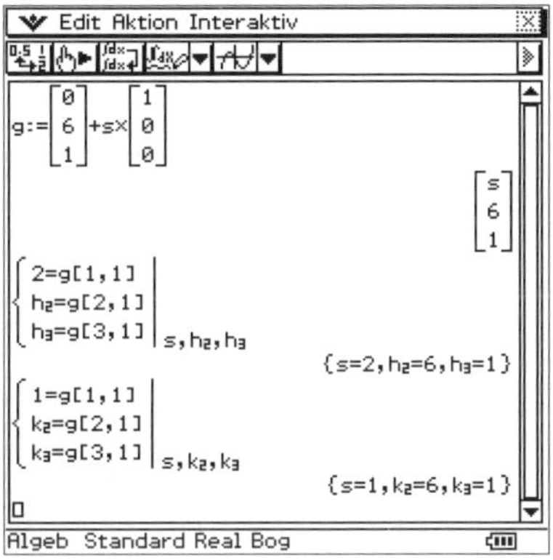

Für den Flächeninhalt des Fensters ergibt sich:

$$|\overrightarrow{GH}| = |\vec{H} - \vec{G}| = \left|\begin{pmatrix}2\\6\\1\end{pmatrix} - \begin{pmatrix}2\\4\\2\end{pmatrix}\right| = \left|\begin{pmatrix}0\\2\\-1\end{pmatrix}\right| = \sqrt{0^2 + 2^2 + (-1)^2} = \sqrt{5}$$

$$A_{GHKL} = \overline{GH} \cdot \overline{GL} = \sqrt{5} \cdot 1 = \sqrt{5}$$

Die Fläche des Fensters beträgt $\sqrt{5}$ m^2.

Hinweis für CAS-Nutzer:
Die Fläche lässt sich auch über das Vektorprodukt berechnen.

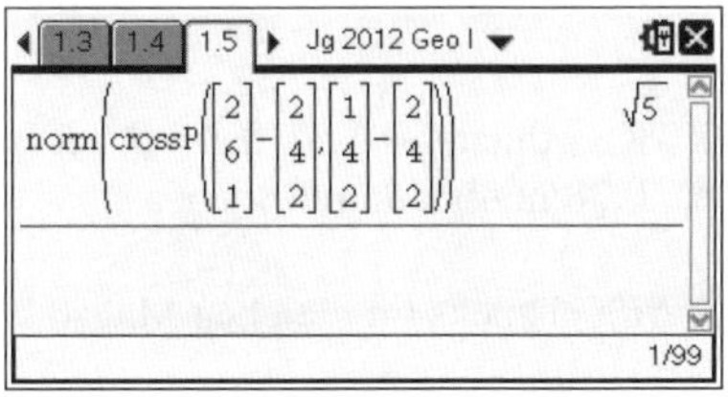

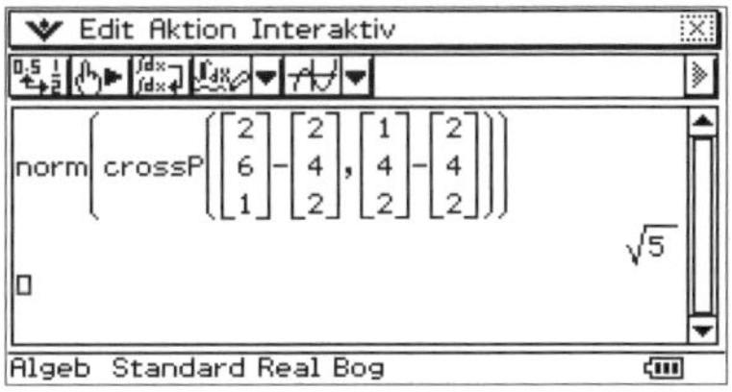

d) Sonnenstrahl: $\vec{X} = \begin{pmatrix}2\\4\\2\end{pmatrix} + \rho \cdot \begin{pmatrix}-2\\-8\\-1\end{pmatrix} \quad \rho \in \mathbb{R}$

Seitenwand OPQR $\hat{=}$ x_1-x_3-Ebene mit der Gleichung $x_2 = 0$

Sonnenstrahl $\cap$ x_1-x_3-Ebene: $4-8\rho=0 \;\Rightarrow\; \rho=\frac{1}{2}$

$$\vec{S}=\begin{pmatrix}2\\4\\2\end{pmatrix}+\frac{1}{2}\cdot\begin{pmatrix}-2\\-8\\-1\end{pmatrix}=\begin{pmatrix}1\\0\\1{,}5\end{pmatrix} \;\Rightarrow\; S(1\,|\,0\,|\,1{,}5)$$

Der gesuchte Winkel ergänzt den spitzen Winkel zwischen Normalenvektor der Ebene OPQR und Richtungsvektor des Sonnenstrahls zu 90°.

$$\cos\alpha'=\left|\frac{\begin{pmatrix}0\\1\\0\end{pmatrix}\circ\begin{pmatrix}-2\\-8\\-1\end{pmatrix}}{\sqrt{0^2+1^2+0^2}\cdot\sqrt{(-2)^2+(-8)^2+(-1)^2}}\right|=\left|\frac{-8}{1\cdot\sqrt{69}}\right|=\frac{8}{\sqrt{69}} \;\Rightarrow\; \alpha'\approx 15{,}6°$$

Der Einfallswinkel beträgt $90°-15{,}6°=74{,}4°$.

e) $$\overrightarrow{M_{GH}}=\frac{1}{2}(\vec{G}+\vec{H})=\frac{1}{2}\left[\begin{pmatrix}2\\4\\2\end{pmatrix}+\begin{pmatrix}2\\6\\1\end{pmatrix}\right]=\begin{pmatrix}2\\5\\1{,}5\end{pmatrix} \;\Rightarrow\; M(2\,|\,5\,|\,1{,}5)$$

Länge des Fensterstücks, das ins Zimmer ragt:

$$\overline{MH}=|\overrightarrow{MH}|=|\vec{H}-\vec{M}|=\left|\begin{pmatrix}2\\6\\1\end{pmatrix}-\begin{pmatrix}2\\5\\1{,}5\end{pmatrix}\right|=\left|\begin{pmatrix}0\\1\\-0{,}5\end{pmatrix}\right|=\sqrt{0^2+1^2+(-0{,}5)^2}$$

$$=\sqrt{1{,}25}\approx 1{,}12$$

oder:

$\overline{MH}=\frac{1}{2}\overline{GH}=\frac{1}{2}\sqrt{5}$ (siehe Teilaufgabe c)

Der Punkt M liegt 1,5 m über dem Boden (x_3-Koordinate ist 1,5), das Fenster hat einen „Radius" von ca. 1,12 m, bleibt also ca. 0,38 m über dem Boden.

f) In Abbildung 2 werden Höhe und Breite des Möbelstücks im gleichen Maßstab dargestellt (die Tiefe ist jedoch verzerrt).

Durch Abmessen der Höhe in der Abbildung 2 ergibt sich:

$12\text{ mm} \mathrel{\hat{=}} 40\text{ cm} \;\Rightarrow\; 3\text{ mm} \mathrel{\hat{=}} 10\text{ cm}$

Die Breite misst in der Abbildung 78 mm.

$78\text{ mm}=26\cdot 3\text{ mm} \mathrel{\hat{=}} 260\text{ cm}$

Die Breite des Möbelstücks beträgt somit etwa 2,6 m.

Für alle Punkte der Geraden k, die parallel zur x_1-Achse und damit auch parallel zu CD verläuft, gilt $x_2=5{,}5$.

Für alle Punkte der Wand unterhalb des Fensters gilt $x_2=6$.

Die Tiefe t des Möbelstücks beträgt somit:
$t = 6 - 5{,}5 = 0{,}5$

Die Tiefe beträgt 0,5 m.

g) Die Fensterkante [GH] bewegt sich in der zur x_2-x_3-Ebene parallelen Ebene T.

$T\colon x_1 = 2$

Die Kante k schneidet die Ebene T im Punkt F.

$T \cap k\colon \lambda = 2 \;\Rightarrow\; F(2\,|\,5{,}5\,|\,0{,}4)$

Ist $\overline{MF} > \overline{MH}$, so lässt sich das Fenster schwenken, ohne das Möbelstück zu berühren.

$$\overline{MF} = |\overrightarrow{MF}| = |\vec{F} - \vec{M}| = \left|\begin{pmatrix} 2 \\ 5{,}5 \\ 0{,}4 \end{pmatrix} - \begin{pmatrix} 2 \\ 5 \\ 1{,}5 \end{pmatrix}\right| = \left|\begin{pmatrix} 0 \\ 0{,}5 \\ -1{,}1 \end{pmatrix}\right| = \sqrt{0^2 + 0{,}5^2 + (-1{,}1)^2}$$

$$= \sqrt{1{,}46} \approx 1{,}21$$

Somit: $\overline{MF} > \overline{MH}$ ($\approx 1{,}12$ siehe Teilaufgabe e)

oder:

Ist der Abstand $d(M; k) > \overline{MH}$, so lässt sich das Fenster schwenken, ohne das Möbelstück zu berühren.
F sei der Fußpunkt des Lots von M auf k. Es muss gelten:

$$\overrightarrow{MF} \perp k \quad \Rightarrow \quad \overrightarrow{MF} \perp \vec{u}_k$$

$$\Rightarrow \qquad \overrightarrow{MF} \circ \vec{u}_k = 0$$

$$\left[\vec{F} - \begin{pmatrix} 2 \\ 5 \\ 1{,}5 \end{pmatrix}\right] \circ \begin{pmatrix} 1 \\ 0 \\ 0 \end{pmatrix} = 0$$

Da $F \in k$, gilt:

$$\left[\begin{pmatrix} \lambda \\ 5{,}5 \\ 0{,}4 \end{pmatrix} - \begin{pmatrix} 2 \\ 5 \\ 1{,}5 \end{pmatrix}\right] \circ \begin{pmatrix} 1 \\ 0 \\ 0 \end{pmatrix} = 0$$

$$\lambda - 2 = 0 \;\Rightarrow\; \lambda = 2 \;\Rightarrow\; F(2\,|\,5{,}5\,|\,0{,}4)$$

$$d(M; k) = |\overrightarrow{MF}| = |\vec{F} - \vec{M}| = \left|\begin{pmatrix} 2 \\ 5{,}5 \\ 0{,}4 \end{pmatrix} - \begin{pmatrix} 2 \\ 5 \\ 1{,}5 \end{pmatrix}\right| = \left|\begin{pmatrix} 0 \\ 0{,}5 \\ -1{,}1 \end{pmatrix}\right| = \sqrt{0^2 + 0{,}5^2 + (-1{,}1)^2}$$

$$= \sqrt{1{,}46} \approx 1{,}21$$

Somit $\overline{MF} > \overline{MH}$.

Hinweis für CAS-Nutzer:
Der Abstand des Punktes M von k lässt sich ermitteln, indem man das Minimum der Länge des Verbindungsvektors von M zu einem Geradenpunkt auf k bestimmt. Dies liefert wie vorher l = 2.

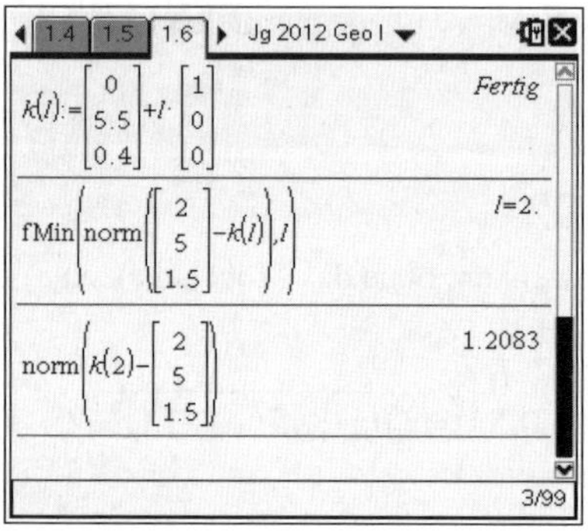

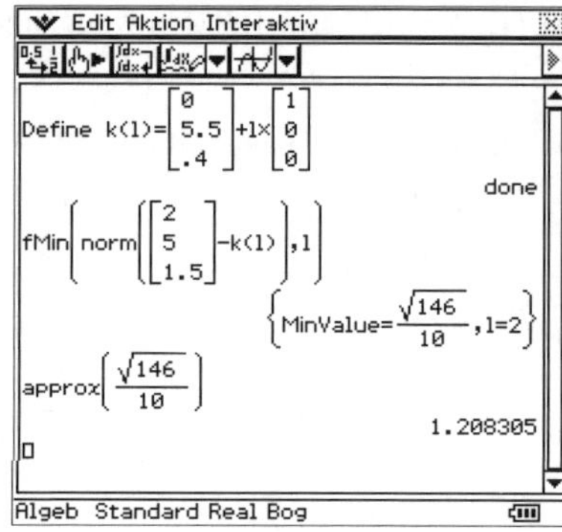

Abitur Mathematik (Bayern): Abiturprüfung 2012
Geometrie II

BE

In einem kartesischen Koordinatensystem sind die Punkte A(10 | 2 | 0), B(10 | 8 | 0), C(10 | 4 | 3), R(2 | 2 | 0), S(2 | 8 | 0) und T(2 | 4 | 3) gegeben. Der Körper ABCRST ist ein gerades dreiseitiges Prisma mit der Grundfläche ABC, der Deckfläche RST und rechteckigen Seitenflächen.

a) Zeichnen Sie das Prisma in ein kartesisches Koordinatensystem (vgl. Abbildung) ein. Welche besondere Lage im Koordinatensystem hat die Grundfläche ABC? Berechnen Sie das Volumen des Prismas. 6

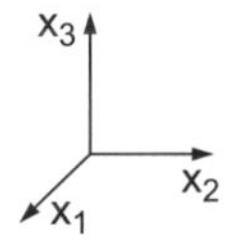

b) Ermitteln Sie eine Gleichung der Ebene E, in der die Seitenfläche BSTC liegt, in Normalenform.
[mögliches Ergebnis: E: $3x_2 + 4x_3 - 24 = 0$] 4

c) Berechnen Sie die Größe des spitzen Winkels, den die Seitenkanten [CA] und [CB] einschließen. 3

d) Die Ebene F enthält die Gerade CT und zerlegt das Prisma in zwei volumengleiche Teilkörper. Wählen Sie einen Punkt P so, dass er gemeinsam mit den Punkten C und T die Ebene F festlegt; begründen Sie Ihre Wahl.
Tragen Sie die Schnittfigur von F mit dem Prisma in Ihre Zeichnung ein. 3

e) Die Punkte A, B und T legen die Ebene H fest; diese zerlegt das Prisma ebenfalls in zwei Teilkörper. Beschreiben Sie die Form eines der beiden Teilkörper. Begründen Sie, dass die beiden Teilkörper nicht volumengleich sind. 3

Das Prisma ist das Modell eines Holzkörpers, der auf einer durch die x_1-x_2-Ebene beschriebenen horizontalen Fläche liegt. Der Punkt M(5 | 6,5 | 3) ist der Mittelpunkt einer Kugel, die die Seitenfläche BSTC im Punkt W berührt.

f) Berechnen Sie den Radius r der Kugel sowie die Koordinaten von W.
[Teilergebnis: $r = 1{,}5$] 6

g) Die Kugel rollt nun den Holzkörper hinab. Im Modell bewegt sich der Kugelmittelpunkt vom Punkt M aus parallel zur Kante [CB] auf einer Geraden g. Geben Sie eine Gleichung von g an und berechnen Sie im Modell die Länge des Wegs, den der Kugelmittelpunkt zurücklegt, bis die Kugel die x_1-x_2-Ebene berührt. 5

30

Tipps und Hinweise: Geometrie II

Aufgabe a

- Die Form des Koordinatensystems ist Ihnen vorgegeben.
- Beachten Sie die Verzerrung auf der x_1-Achse (Längeneinheit kürzer als bei x_2- und x_3-Achse).
- Welche Koordinate stimmt bei den Punkten A, B und C überein?
- Wie lautet die Gleichung der Ebene, in der A, B und C liegen?
- Zu welcher Koordinatenebene verläuft die Ebene durch A, B und C parallel?
- Das Volumen des Prismas lässt sich elementargeometrisch oder vektoriell berechnen.
- Die elementargeometrische Formel für das Volumen des Prismas finden Sie in der Merkhilfe.
- Die Längen aller Strecken, die parallel zur x_2-x_3-Ebene bzw. parallel zur x_1-Achse verlaufen, können unmittelbar abgelesen werden.
- Die Länge eines Vektors lässt sich mithilfe der Formel für den Betrag eines Vektors aus der Merkhilfe berechnen.

oder:

- Zur vektoriellen Berechnung des Volumens benutzen Sie das Spatprodukt, verwenden aber nicht wie bei der dreiseitigen Pyramide (siehe Merkhilfe) den Vorfaktor $\frac{1}{6}$, sondern nur $\frac{1}{2}$, da das dreiseitige Prisma ein halber Spat ist bzw. in das dreiseitige Prisma drei volumengleiche dreiseitige Pyramiden passen.
- **Für CAS-Nutzer:** Das Spatprodukt kann mit dem CAS berechnet werden.

Aufgabe b

- Welche Vektoren lassen sich als Richtungsvektoren der Ebene E verwenden?
- Sie benötigen einen Normalenvektor der Ebene E.
- Der Normalenvektor steht auf den Richtungsvektoren senkrecht.
- Der Normalenvektor lässt sich mithilfe des Vektorproduks zweier nicht-paralleler Richtungsvektoren bestimmen (siehe Merkhilfe).
- Setzen Sie den Normalenvektor und einen Ebenenpunkt (B, S, T oder C) in die Formel für die Normalenform der Ebene ein (siehe Merkhilfe).
- **Für CAS-Nutzer:** Normalenvektor und Skalarprodukt können mit dem CAS berechnet werden.

Aufgabe c

- Die Formel zur Berechnung eines Winkels zwischen zwei Vektoren finden Sie in der Merkhilfe.
- Da sich bei Verwendung der angegebenen Vektoren $\overrightarrow{CA}$ und $\overrightarrow{CB}$ ein spitzer Winkel ergibt, ist das Setzen von Betragsstrichen nicht nötig.

Aufgabe d

- Welche Größe des Prismas ist durch $\overline{CT}$ gegeben?
- Was muss mit der Grundfläche ABC geschehen, damit bei gleichbleibender Höhe das Prismenvolumen halbiert wird?
- Mit welchem Punkt der Grundlinie [AB] muss C verbunden werden, um die Fläche des Dreiecks ABC zu halbieren?
- Der Mittelpunkt einer Strecke berechnet sich nach der Formel in der Merkhilfe.
- Vervollständigen Sie Ihre Zeichnung durch die Strecke [CP].
- Wo schneidet die Ebene durch T, C und P die Seitenfläche ABSR bzw. die Deckfläche RST? Zeichnen Sie auch diese Strecken ein.

Aufgabe e

- Zeichnen Sie sich die Ebene H in die Zeichnung von Teilaufgabe a ein.
- Welche Form hat der entstandene Teilkörper ABCT?
- Was kann als Grundfläche, was als Höhe der Pyramide betrachtet werden?
- Welcher Zusammenhang besteht zwischen den Volumina von Prisma und Pyramide? Nutzen Sie Ihre Merkhilfe.
- Das Prismenvolumen haben Sie in Teilaufgabe a berechnet. Wie groß ist das Volumen des Teilkörpers ABCT?
- Wie groß ist somit das Volumen des anderen Teilkörpers ABSRT?
- Sind die beiden Volumina gleich groß?

Aufgabe f

- Die Strecke [MW] stellt einen Radius der Kugel dar.
- Dieser Radius muss auf der Seitenfläche BSTC senkrecht stehen.
- $\overline{MW} = r$ ist der Abstand des Punktes M von der Ebene BSTC.
- Benutzen Sie die Formel für den Abstand eines Punkts von einer Ebene aus der Merkhilfe. Die Gleichung der Ebene BSTC haben Sie in Teilaufgabe b aufgestellt.

- Da [MW] auf BSTC senkrecht steht, liegt W sowohl auf dem Lot zu BSTC durch M als auch auf der Ebene BSTC.
- Richtungsvektor des Lots ist der Normalenvektor der Ebene.
- Um den Schnittpunkt einer Geraden mit einer Ebene zu bestimmen, setzt man die Geradengleichung in die Normalenform der Ebene ein.
- Es ergibt sich eine Gleichung für den Parameter der Geraden.
- Berechnen Sie diesen Parameter.
- Einsetzen des Parameterwerts in die Geradengleichung liefert die Koordinaten des Schnittpunkts.

Aufgabe g

- Stellen Sie die Gleichung der Geraden g durch M und parallel zu [CB] auf.
- Wo liegt der Mittelpunkt der Kugel, wenn die Kugel die x_1-x_2-Ebene berührt?
- Wenn die Kugel den Holzkörper so weit hinabgerollt ist, dass die Kugel die x_1-x_2-Ebene berührt, liegt der Kugelmittelpunkt M' sowohl auf der Geraden g als auch auf der Ebene $x_3 = r = 1{,}5$. Berechnen Sie die Koordinaten von M'.
- Um den Schnittpunkt einer Geraden mit einer Ebene zu bestimmen, setzt man die Geradengleichung in die Normalenform der Ebene ein.
- Es ergibt sich eine Gleichung für den Parameter der Geraden.
- Berechnen Sie diesen Parameter.
- Einsetzen des Parameterwerts in die Geradengleichung liefert die Koordinaten des Schnittpunkts.
- Die Länge des Weges, den der Kugelmittelpunkt zurücklegt, entspricht der Länge der Strecke [MM'].
- Berechnen Sie die Länge des Vektors $\overrightarrow{MM'}$ mithilfe der Formel für den Betrag eines Vektors aus der Merkhilfe.

Lösungen

a)

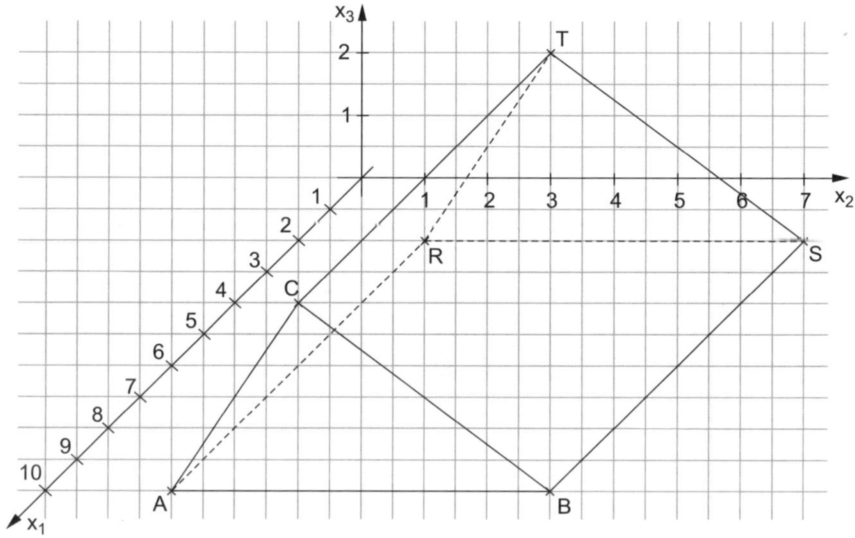

Für die Ebene durch A, B und C gilt $x_1 = 10$, sie ist also parallel zur x_2-x_3-Ebene.

Anmerkung: Auch die Ebene durch R, S und T ist parallel zur x_2-x_3-Ebene. Für sie gilt $x_1 = 2$.

Das Volumen kann entweder elementargeometrisch oder vektoriell berechnet werden.

- elementargeometrisch: (siehe Merkhilfe)
  Da die Grundfläche parallel zur x_2-x_3-Ebene verläuft, lassen sich die Längen $\overline{AB} = 6$ und $h_\Delta = 3$ unmittelbar aus der Zeichnung ablesen. Die Prismenhöhe entspricht dem Abstand (= 8) der beiden Ebenen $x_1 = 10$ und $x_1 = 2$ bzw. der Länge der zur x_1-Achse parallelen Strecke [AR] mit A(**10**|2|0) und R(**2**|2|0).

  Oder etwas umständlicher:

  $$\overline{AB} = |\overrightarrow{AB}| = |\vec{B} - \vec{A}| = \left| \begin{pmatrix} 10 \\ 8 \\ 0 \end{pmatrix} - \begin{pmatrix} 10 \\ 2 \\ 0 \end{pmatrix} \right| = \left| \begin{pmatrix} 0 \\ 6 \\ 0 \end{pmatrix} \right| = 6$$

  $$h_\Delta = x_{3C} - x_{3A} = 3 - 0 = 3$$

  $$h_{Prisma} = \overline{AR} = |\overrightarrow{AR}| = |\vec{R} - \vec{A}| = \left| \begin{pmatrix} 2 \\ 2 \\ 0 \end{pmatrix} - \begin{pmatrix} 10 \\ 2 \\ 0 \end{pmatrix} \right| = \left| \begin{pmatrix} -8 \\ 0 \\ 0 \end{pmatrix} \right| = 8$$

  Somit:

  $$V_{Prisma} = G \cdot h_{Prisma} = \frac{1}{2} \cdot \overline{AB} \cdot h_\Delta \cdot h_{Prisma} = \frac{1}{2} \cdot 6 \cdot 3 \cdot 8 = 72$$

- vektoriell:

$$V_{Prisma} = \frac{1}{2} \cdot |\overrightarrow{AB} \circ (\overrightarrow{AC} \times \overrightarrow{AR})| = \frac{1}{2} \cdot \left| \begin{pmatrix} 0 \\ 6 \\ 0 \end{pmatrix} \circ \left[\begin{pmatrix} 0 \\ 2 \\ 3 \end{pmatrix} \times \begin{pmatrix} -8 \\ 0 \\ 0 \end{pmatrix} \right] \right|$$

$$= \frac{1}{2} \cdot \left| \begin{pmatrix} 0 \\ 6 \\ 0 \end{pmatrix} \circ \left[\begin{pmatrix} 0-0 \\ -24-0 \\ 0+16 \end{pmatrix} \right] \right| = \frac{1}{2} \cdot |0 - 144 + 0| = 72$$

Hinweis für CAS-Nutzer:
Definiert man die Ortsvektoren im CAS, so lässt sich das Spatprodukt sehr elegant eingeben.

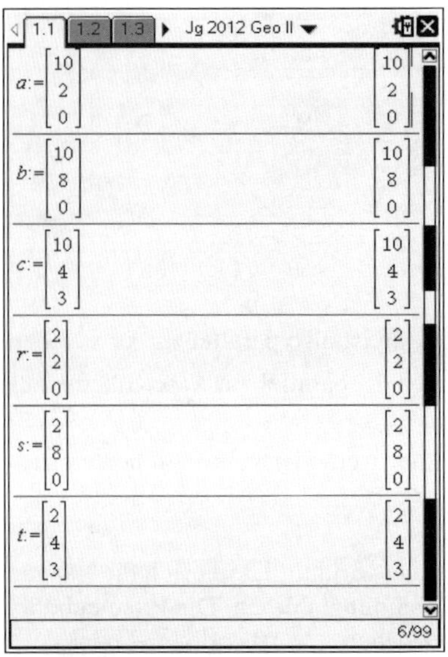

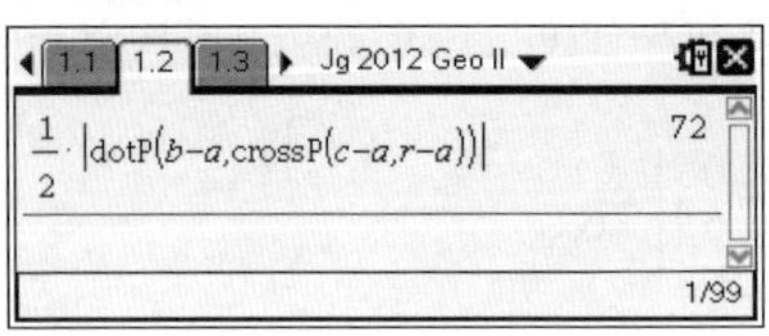

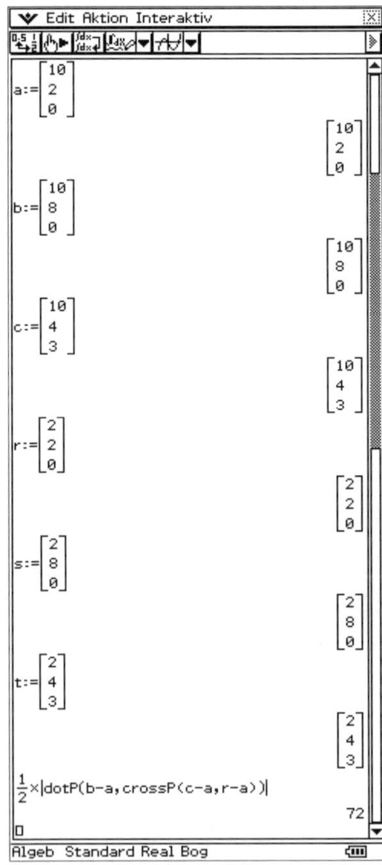

b) Aus den beiden Richtungsvektoren aus E: $\vec{X} = \vec{B} + \lambda \cdot \overrightarrow{BS} + \mu \cdot \overrightarrow{BC}, \lambda, \mu \in \mathbb{R}$, lässt sich der Normalenvektor berechnen:

$$\vec{n}_E = \overrightarrow{BS} \times \overrightarrow{BC} = \begin{pmatrix} 2-10 \\ 8-8 \\ 0-0 \end{pmatrix} \times \begin{pmatrix} 10-10 \\ 4-8 \\ 3-0 \end{pmatrix} = \begin{pmatrix} -8 \\ 0 \\ 0 \end{pmatrix} \times \begin{pmatrix} 0 \\ -4 \\ 3 \end{pmatrix} = \begin{pmatrix} 0-0 \\ 0+24 \\ 32-0 \end{pmatrix} = \begin{pmatrix} 0 \\ 24 \\ 32 \end{pmatrix} \triangleq \begin{pmatrix} 0 \\ 3 \\ 4 \end{pmatrix}$$

E: $\vec{n}_E \circ [\vec{X} - \vec{B}] = 0$ (siehe Merkhilfe)

$$\begin{pmatrix} 0 \\ 3 \\ 4 \end{pmatrix} \circ \left[\vec{X} - \begin{pmatrix} 10 \\ 8 \\ 0 \end{pmatrix} \right] = 0$$

$$3x_2 + 4x_3 - (0 + 24 + 0) = 0$$

$$3x_2 + 4x_3 - 24 = 0$$

Hinweis für CAS-Nutzer:

Die Koordinatendarstellung der Normalenform lässt sich mit dem CAS berechnen.

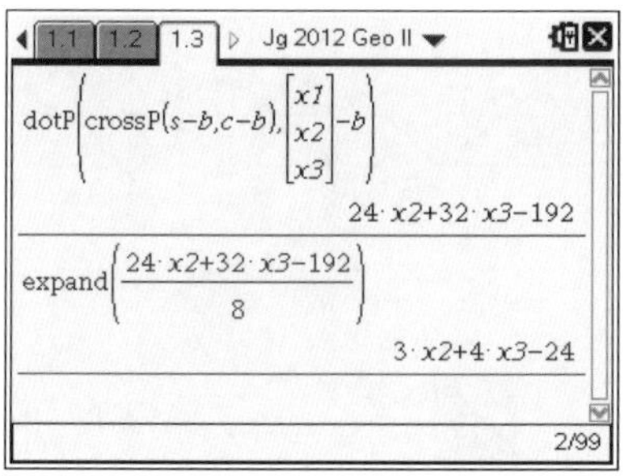

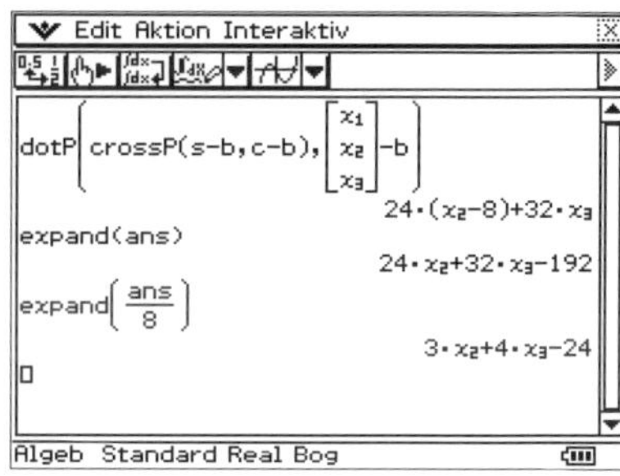

c) $\cos\alpha = \dfrac{\overrightarrow{CA} \circ \overrightarrow{CB}}{|\overrightarrow{CA}| \cdot |\overrightarrow{CB}|}$ (siehe Merkhilfe)

$$\cos\alpha = \frac{\begin{pmatrix} 0 \\ -2 \\ -3 \end{pmatrix} \circ \begin{pmatrix} 0 \\ 4 \\ -3 \end{pmatrix}}{\sqrt{0^2 + (-2)^2 + (-3)^2} \cdot \sqrt{0^2 + 4^2 + (-3)^2}} = \frac{0 - 8 + 9}{\sqrt{13} \cdot 5} = \frac{1}{5\sqrt{13}}$$

$$\alpha = 86{,}8°$$

Anmerkung: Es können auch Betragsstriche gesetzt werden, sie sind hier aber nicht nötig.

d) Die Kante [CT] entspricht der Höhe des Prismas. Damit die beiden Teilkörper volumengleich sind, muss die Grundfläche ABC in zwei gleich große Dreiecke zerlegt werden. Da der Punkt C beiden Teilgrundflächen angehören muss, muss P der Mittelpunkt der Strecke [AB] sein.

$$\vec{P} = \frac{1}{2}(\vec{A} + \vec{B}) = \frac{1}{2} \cdot \left[\begin{pmatrix} 10 \\ 2 \\ 0 \end{pmatrix} + \begin{pmatrix} 10 \\ 8 \\ 0 \end{pmatrix} \right] = \begin{pmatrix} 10 \\ 5 \\ 0 \end{pmatrix} \quad \Rightarrow \quad P(10\,|\,5\,|\,0)$$

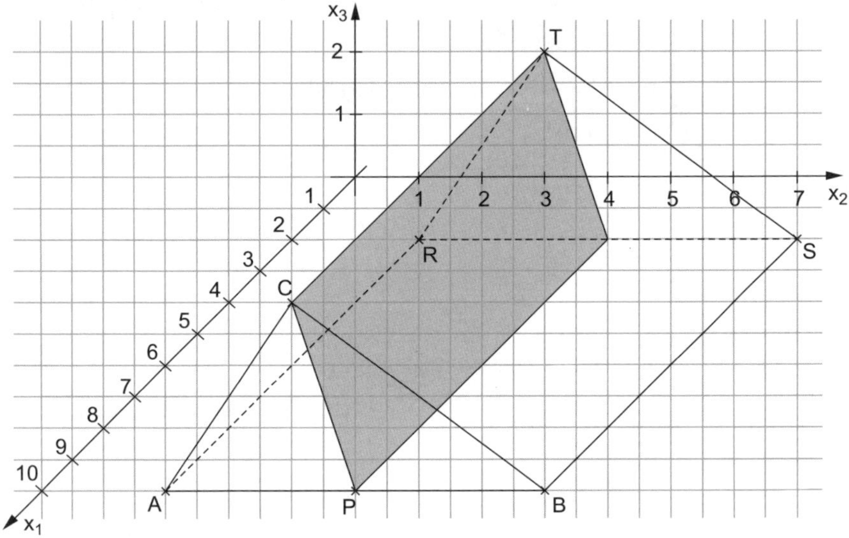

e)

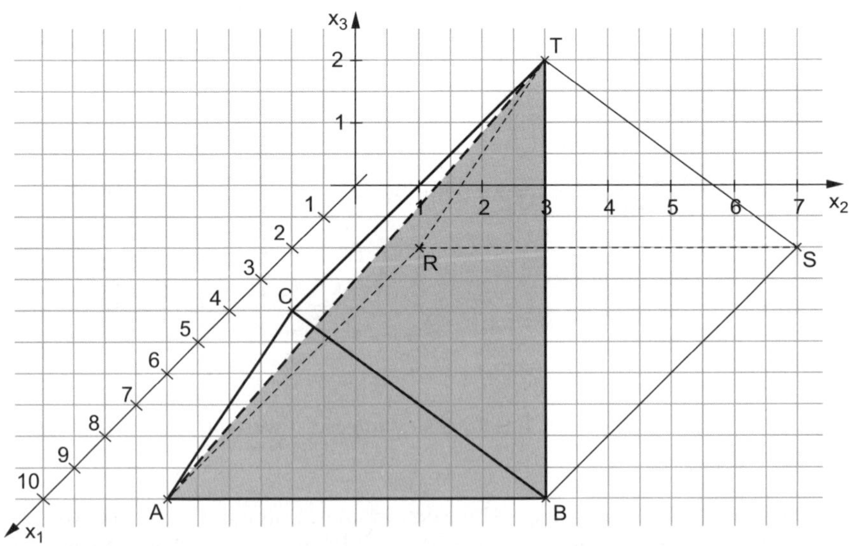

Der Teilkörper ABCT ist eine Pyramide mit der Grundfläche ABC und der Höhe [CT] = Prismenhöhe.

Das dreiseitige Prisma ABCRST hat das halbe Spatvolumen (siehe Teilaufgabe a), die dreiseitige Pyramide ABCT hat den sechsten Teil des Spatvolumens (siehe Merkhilfe), somit nimmt die Pyramide den dritten Teil des Prismenvolumens ein.

Für das Volumen von ABCT gilt somit:

$$V_{ABCT} = \frac{1}{3} \cdot V_{Prisma} = \frac{1}{3} \cdot 72 = 24$$

Der andere Teilkörper ABSRT hat somit das Volumen:

$$V_{ABSRT} = 72 - 24 = 48 \quad \textit{oder:} \quad V_{ABSRT} = \frac{2}{3} \cdot V_{Prisma} = \frac{2}{3} \cdot 72 = 48$$

Die beiden Teilkörper sind also nicht volumengleich.

f) Betrachtet man den Holzkörper von vorn in Richtung der x_1-Achse, so erscheint die Seitenfläche BSTC als Strecke und die Kugel als Kreis.

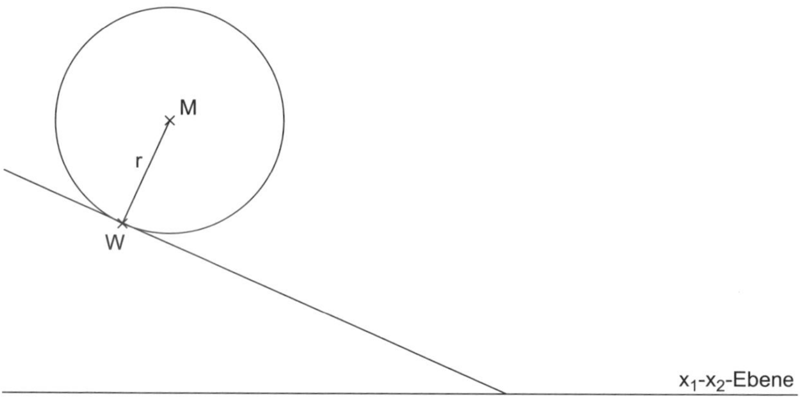

Der Radius r entspricht dem Abstand des Mittelpunkts M von der Seitenfläche BSTC:

$$r = e(M; BSTC) = \frac{|0 \cdot 5 + 3 \cdot 6{,}5 + 4 \cdot 3 - 24|}{\sqrt{0^2 + 3^3 + 4^2}} = \frac{7{,}5}{5} = 1{,}5 \quad \text{(siehe Merkhilfe)}$$

Der Berührpunkt W ist der Schnittpunkt des Lots ℓ durch M auf die Seitenfläche mit der Seitenfläche. Der Normalenvektor der Ebene E, in der die Seitenfläche liegt, ist gleich dem Richtungsvektor der Geraden durch M, die senkrecht auf E steht.

$$\ell: \overrightarrow{X} = \begin{pmatrix} 5 \\ 6{,}5 \\ 3 \end{pmatrix} + \sigma \cdot \begin{pmatrix} 0 \\ 3 \\ 4 \end{pmatrix} \quad \sigma \in \mathbb{R}$$

$$\ell \cap E:\ 3(6{,}5+3\sigma)+4(3+4\sigma)-24=0$$
$$19{,}5+9\sigma+12+16\sigma-24=0$$
$$7{,}5+25\sigma=0$$
$$\sigma=-0{,}3$$

$$\overrightarrow{W}=\begin{pmatrix}5\\6{,}5\\3\end{pmatrix}-0{,}3\cdot\begin{pmatrix}0\\3\\4\end{pmatrix}=\begin{pmatrix}5\\5{,}6\\1{,}8\end{pmatrix}\quad\Rightarrow\quad W(5\,|\,5{,}6\,|\,1{,}8)$$

g) Die Gerade g verläuft durch M und ist parallel zu [CB].

$$g:\ \overrightarrow{X}=\overrightarrow{M}+\rho\cdot\overrightarrow{CB}=\begin{pmatrix}5\\6{,}5\\3\end{pmatrix}+\rho\cdot\begin{pmatrix}0\\4\\-3\end{pmatrix}\quad \rho\in\mathbb{R}$$

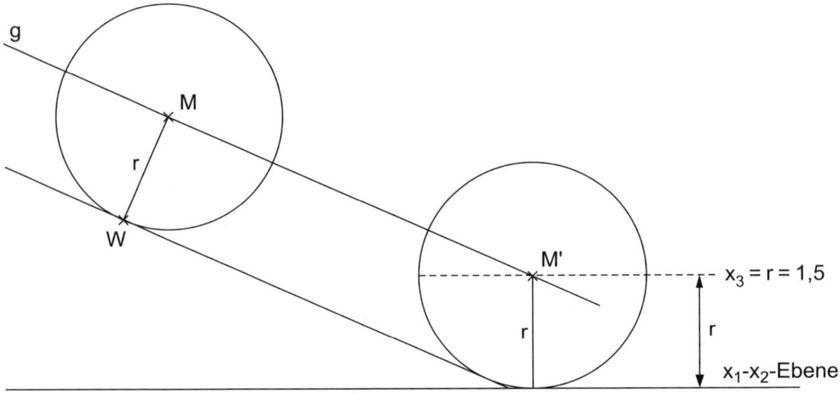

Die Kugel berührt die x_1-x_2-Ebene, wenn sich der Kugelmittelpunkt um $r=1{,}5$ oberhalb der x_1-x_2-Ebene befindet. In der Gleichung von g muss also $x_3=1{,}5$ gelten.

$$1{,}5=3-3\rho\ \Rightarrow\ \rho=0{,}5\ \Rightarrow\ \overrightarrow{M}'=\begin{pmatrix}5\\6{,}5\\3\end{pmatrix}+0{,}5\cdot\begin{pmatrix}0\\4\\-3\end{pmatrix}=\begin{pmatrix}5\\8{,}5\\1{,}5\end{pmatrix}\quad\Rightarrow\quad M'(5\,|\,8{,}5\,|\,1{,}5)$$

Die Länge des Weges, den der Kugelmittelpunkt zurücklegt, entspricht $\overline{MM'}$.

$$\overline{MM'}=|\overrightarrow{MM'}|=|\overrightarrow{M}'-\overrightarrow{M}|=\left|\begin{pmatrix}5\\8{,}5\\1{,}5\end{pmatrix}-\begin{pmatrix}5\\6{,}5\\3\end{pmatrix}\right|=\left|\begin{pmatrix}0\\2\\-1{,}5\end{pmatrix}\right|=\sqrt{0^2+2^2+(-1{,}5)^2}=2{,}5$$

(Bitte blättern Sie um)

Geographie

Geographie 1	Best.-Nr. 94911
Geographie 2	Best.-Nr. 94912
Abitur-Wissen Entwicklungsländer	Best.-Nr. 94902
Abitur-Wissen Europa	Best.-Nr. 94905
Abitur-Wissen Der asiatisch-pazifische Raum	Best.-Nr. 94906
Abitur-Wissen GUS-Staaten/Russland	Best.-Nr. 94908
Kompakt-Wissen Abitur Geographie Q11/Q12	Best.-Nr. 9490108
Lexikon Erdkunde	Best.-Nr. 94904

Abiturprüfung 2013

Optimale Unterstützung für Schülerinnen und Schüler bei der selbstständigen Vorbereitung auf die **Abiturprüfung in Bayern:**

- Wertvolle **Hinweise** zum Ablauf des Abiturs.
- **Original-Prüfungsaufgaben und Übungsaufgaben im Stil des Abiturs** machen mit den Inhalten vertraut und geben Gelegenheit zum selbstständigen Üben unter Prüfungsbedingungen.
- Ausführliche, **schülergerechte Lösungen** sowie hilfreiche Tipps und Hinweise zum Lösen der Aufgaben.

Abitur Mathematik – Bayern	Best.-Nr. 95001
Abitur Physik – Bayern	Best.-Nr. 95301
Abitur Biologie – Bayern	Best.-Nr. 95701
Abitur Chemie – Bayern	Best.-Nr. 95731
Abitur Geschichte – Bayern	Best.-Nr. 95761
Abitur Sozialkunde – Bayern	Best.-Nr. 95801
Abitur Geographie – Bayern	Best.-Nr. 95901
Abitur Wirtschaft und Recht – Bayern	Best.-Nr. 95851
Abitur Deutsch – Bayern	Best.-Nr. 95401
Abitur Englisch mit MP3-CD – Bayern	Best.-Nr. 95461
Abitur Französisch mit MP3-CD – Bayern	Best.-Nr. 95501
Abitur Latein – Bayern	Best.-Nr. 95601
Abitur Sport – Bayern	Best.-Nr. 95980
Abitur Kunst – Bayern	Best.-Nr. 95961

Natürlich führen wir noch mehr Titel für alle Fächer und Stufen: Alle Informationen unter www.stark-verlag.de

Studi-Kompass

Wie geht es nach dem Abitur weiter?

Die Reihe **Studi-Kompass** gibt Antworten auf Fragen zum Studium:

→ Detaillierte Informationen zu jeder Hochschule – und Hochschulstadt – in Deutschland sowie alle wichtigen Adressen und Ansprechpartner

→ Zahlreiche Berufsbilder, mögliche Tätigkeitsfelder und Arbeitsmarktprognosen für Absolventen

→ Online-SelfAssessment zur Unterstützung der Schülerinnen und Schüler bei der persönlichen Studienentscheidung

Wirtschaftswissenschaften und Wirtschaftsingenieurwesen, Ausgabe Nord	Best.-Nr. 20088A
Wirtschaftswissenschaften und Wirtschaftsingenieurwesen, Ausgabe Süd	Best.-Nr. 20088B
Ingenieurwissenschaften, Ausgabe Nord	Best.-Nr. 20010A
Ingenieurwissenschaften, Ausgabe Süd	Best.-Nr. 20010B
Psychologie und Pädagogik	Best.-Nr. 20094
Biologie, Chemie, Pharmazie	Best.-Nr. 20073
Mathematik und Physik, Ausgabe Nord	Best.-Nr. 20030A
Mathematik und Physik, Ausgabe Süd	Best.-Nr. 20030B
Rechtswissenschaften, Ausgabe Nord	Best.-Nr. 20085A
Rechtswissenschaften, Ausgabe Süd	Best.-Nr. 20085B
Sprach- und Literaturwissenschaften	Best.-Nr. 20040
Kulturwissenschaften	Best.-Nr. 20076
Politik- und Sozialwissenschaften	Best.-Nr. 20020
Medien, Ethnologie und Journalistik	Best.-Nr. 20080
„So finde ich das passende Studienfach!" Leitfaden zum Online-SelfAssessment inkl. Aktivierungs-Code	Best.-Nr. 20000
Aktivierungs-Code zum Online-SelfAssessment	Best.-Nr. 20000C

Bestellungen bitte direkt an:
STARK Verlagsgesellschaft mbH & Co. KG · Postfach 1852 · 85318 Freising
Tel. 0180 3 179000* · Fax 0180 3 179001* · www.stark-verlag.de · info@stark-verlag.de
*9 Cent pro Min. aus dem deutschen Festnetz, Mobilfunk bis 42 Cent pro Min.
Aus dem Mobilfunknetz wählen Sie die Festnetznummer: 08167 9573-0

Lernen • Wissen • Zukunft
STARK

22_VM9